现代钨矿选矿

邱显扬　董天颂　主编

北　京
冶　金　工　业　出　版　社
2012

内 容 提 要

本书共分11章，较为系统全面地论述了黑钨矿、黑白钨混合矿和白钨矿的选矿技术及有关选厂的选矿工艺，同时对钨共生矿及钨伴生矿的选冶联合工艺及技术也分别进行了阐述。在各种类型的钨矿选矿技术方面，书中重点介绍了近几年来钨选矿新工艺、新设备和新药剂的应用及其发展前景和发展方向。同时，书中对微细粒钨矿选矿技术的发展也进行了适当介绍。全书共有插图111幅、表格192个、主要参考文献76条。

本书可供从事选矿行业及相关专业的科研、设计人员、资源勘查与管理人员及大专院校师生参考。

图书在版编目(CIP)数据

现代钨矿选矿/邱显扬，董天颂主编．—北京：冶金工业出版社，2012．2

ISBN 978-7-5024-5790-7

Ⅰ．①现…　Ⅱ．①邱…　②董…　Ⅲ．①钨矿床—选矿

Ⅳ．①TD954

中国版本图书馆 CIP 数据核字(2011)第274986号

出 版 人　曹胜利

地　　址　北京北河沿大街嵩祝院北巷39号，邮编100009

电　　话　(010)64027926　电子信箱　yjcbs@cnmip.com.cn

责任编辑　程志宏　美术编辑　彭子赫　版式设计　孙跃红

责任校对　卿文春　责任印制　李玉山

ISBN 978-7-5024-5790-7

北京鑫正大印刷有限公司印刷；冶金工业出版社出版发行；各地新华书店经销

2012年2月第1版，2012年2月第1次印刷

169mm×239mm；20.5印张；396千字；308页

68.00元

冶金工业出版社投稿电话：(010)64027932　投稿信箱：tougao@cnmip.com.cn

冶金工业出版社发行部　电话：(010)64044283　传真：(010)64027893

冶金书店　地址：北京东四西大街46号(100010)　电话：(010)65289081(兼传真)

序

钨是一种重要的稀有金属。我国钨资源丰富，钨的地质储量、钨精矿产量和钨产品的贸易量都居世界第一位。

20世纪80年代以前，我国的钨资源开采是以黑钨矿为主，黑白钨混合矿和白钨矿资源较少，处理此类型矿石的选矿厂不多，因此这一阶段选矿技术的主要研究对象是黑钨矿石。进入80年代以后，我国地质勘探重点放在大、中型白钨矿的找矿上，已探明的白钨矿资源储量有了较大增长。为了适应这一变化，选矿研究的重点也转向白钨矿及黑白钨混合矿的选矿研究上。

我国的白钨矿及黑白钨混合矿多数属细粒嵌布的矿石，适于浮选分离。原矿中除含黑钨矿、白钨矿之外，一般还含有较多的萤石、方解石等含钙矿物，这些可浮性较好的矿物的存在，使浮选分离钨矿物变得更为困难。为此选矿工作者对白钨矿及黑白钨混合矿进行了浮选新工艺、新药剂的研究，取得了很好的研究成果，并且在生产中得到应用，使矿山的技术指标进一步提高，也提高了钨选矿的整体水平。

本书有以下几方面的特点：

(1) 系统阐述了白钨矿浮选新工艺。国外多数白钨矿选厂是采用“彼得洛夫法”，即加温精选法。而我国的白钨矿浮选精选作业，根据矿石性质的不同，既可用加温精选法，也可用常温精选法。即使用加温精选法，也已省去了加温后的脱泥和脱药作业，从而使精选作业简化，选矿成本更低。

(2) 介绍了白钨矿浮选新药剂及其应用。过去国外多数白钨矿选厂采用的捕收剂是油酸。国内目前白钨选厂使用了各种类型系列化的脂肪酸改性捕收剂，不但有更好的捕收性能，而且选择性强，选矿药剂费用更低。

(3) 研究并成功应用“柿竹园法”对多金属矿中黑钨矿与白钨矿进行选别与分离取得了优异的生产指标。本书详细介绍了柿竹园法的选矿工艺特点和今后的发展方向，特别是用 GYB 新型组合捕收剂混合浮选黑钨矿与白钨矿是钨选矿技术的一个新突破。

(4) 本书除总结和分析了黑钨矿选厂常见的工艺流程特点之外，还介绍了一些选矿新设备和新工艺，如动筛跳汰机、螺旋选矿机、高频振动细筛以及钨细泥选矿新工艺、选冶联合新工艺等。

(5) 本书还介绍了国内外二十多座各种类型的钨选厂的矿石性质、选矿工艺和技术特点，这些选厂的矿石性质各异，分选工艺各自有自身的优点和尚需改进提高的问题。

这是一本全面系统，理论与实践紧密结合的优秀专著，其中包括了编著者和所在单位许多创新性研究成果，也归纳总结了国内外钨矿物加工的技术成就。就个人所见，这是一本此领域的科技力作。本人愿对此书编著者的辛勤劳动和重要贡献致以衷心感谢。相信这本书的出版对于钨矿的选矿研究与工业技术发展将会产生重要的影响和推动作用。

中国科学院院士
中国工程院院士

2011 年 8 月

前　言

钨是一种稀有金属，在地壳中的含量极低。钨具有难以替代的优良性能，因而在钢铁工业、汽车工业、装备制造、交通运输、电子信息、矿山采掘和能源等产业中起着重要的作用。

我国钨资源的储量、生产量、消费量和贸易量都居世界第一位。我国钨矿遍布29个省、市、自治区。在20世纪80年代以前，已探明的钨矿储量以黑钨矿石为主，大约占总储量的50%，黑白钨混合矿石占30%，白钨矿石占20%。80年代以后，由于勘探方向的改革，重点放在大型白钨矿的勘查上，相继发现了多个大型白钨矿床，因此已探明的白钨矿石储量有较大幅度增长，目前已探明的钨矿保有储量中，白钨矿石占72.1%，黑钨矿石占20.4%。

20世纪80年代以前，受到选矿技术和选矿成本的制约，白钨矿很少开发利用，白钨选厂的处理能力仅占所有钨选厂总处理能力的5%，因此绝大部分钨精矿来自黑钨矿选厂，选矿工作者的着眼点和研究方向也主要集中于黑钨矿石的选矿上。

据统计，2007年钨精矿产量80kt，其中黑钨精矿产量约60kt，约占总产量的75%，而白钨精矿产量约20kt，约占25%。与钨矿查明资源储量以白钨矿为主的特点正好相反，这组数据表明黑钨矿的开发利用已经明显过度。

尽管在新中国成立以前已有40年的钨矿开采历史，但真正大规模开采是在新中国成立后的60年内进行的。经过几代人的努力，我国的黑钨矿选矿技术有了飞跃的发展，选矿工艺从早期的单一重选工艺到目前的重选、浮选、磁选、湿法冶金等多种方法的联合工艺，从单一回收钨到综合回收多种有用金属，从单一钨矿床开发利用到伴生、共生矿床中钨矿物的开发利用，充分展示了选矿技术的发展进程。

20世纪80年代以后，特别是进入21世纪以来，随着黑钨矿资源的不断减少，人们的注意力已转移到白钨矿及黑白钨共生矿的选矿上来，着力研究白钨矿及黑白钨共生矿的选矿新工艺和选矿新药剂，并在这方面取得了突破性进展，主要表现在以下几个方面：

（1）我国白钨矿及黑白钨混合矿多属细粒嵌布的矿石，适于浮选分离。原矿中除含黑钨矿、白钨矿之外，一般还含有较多的萤石、方解石等含钙矿物，这些可浮性较好的脉石矿物的存在，使浮选分离钨矿物变得更为困难。国外白钨选厂的白钨浮选工艺多数是采用“彼得洛夫法”，即加温精选法；我国白钨矿浮选的精选作业，根据矿石性质的不同，可选用加温精选法或常温精选法。我国的加温精选法与国外相比，省去了加温后的脱泥和脱药作业，使精选作业更简化，选矿成本更低。

（2）过去国外多数白钨选厂采用的捕收剂是油酸，目前国内白钨选厂使用各种类型脂肪酸改性捕收剂。这种新型捕收剂不但有更好的捕收性能，而且选择性强，选矿药剂费用更低。

（3）在白钨浮选设备中，一些选厂使用了大型浮选柱，如洛阳栾川钼业公司、湖南柿竹园多金属矿以及栾川地区的太保山、大东坡、长青、九扬、双峰等矿业公司。这些白钨选厂使用浮选柱浮选白钨矿，不仅提高了技术指标、降低了选矿成本，而且可以实现自动化管理。由于白钨浮选技术的进步，我国相继有多个大型白钨选厂投产，如江西香炉山钨矿、甘肃小柳沟钨矿、河南钼业公司栾川钨选厂等。我们有理由相信，在不久的将来，白钨的选矿产业发展会更迅速，白钨精矿产量将有跳跃式提升，在钨精矿产量中占有主要份额。

（4）细粒黑白钨共生矿浮选进展更迅速，无论是黑、白钨矿的选择性捕收剂或者是脉石矿物的组合抑制剂的研制和应用，都取得了很好效果。苯甲羟肟酸、亚硝基苯胲胺盐等螯合类捕收剂成功取代了原来使用的混合甲苯胂酸、苄基胂酸、苯乙烯膦酸等易带来环境污染的捕收剂，提高了钨矿浮选效率，还可以同时浮选黑钨矿和白钨矿。湖南柿竹园多金属矿选矿工艺使用了这些新型药剂的柿竹园法后，工艺流程简化，钨的选矿回收指标有所提高。柿竹园多金属矿新型钨矿浮选药剂的研制和成功应用，为细粒级钨矿的浮选，特别是为细粒嵌布的黑白钨混合型钨矿床的开发利用提供了技术支撑，使多金属共生的黑、白钨选矿技术达到了一个新的水平。

除此之外，黑钨选矿方面也使用了一些新技术和新设备，在重选工艺中进一步推广应用了动筛跳汰机，扩大了跳汰作业应用的粒度范围，使该作业入选粒度上限达到40mm，可取代粗选中的光电选矿作业，提高了废石选出率；用该跳汰设备还可取代下动型圆锥隔膜跳汰机和旁动隔膜跳汰机，不但提高了跳汰作业回收率，还节约了用水量。在细粒级钨矿选矿中，螺旋选矿机和螺旋溜槽业已获得应用，用它代替摇床粗选，可获得与摇床相似的指标，在提高处理能力的同时，既可节约占地面积，又大大节省电耗和水耗，目前已进入工业应用阶段，福建行洛坑钨矿选矿工艺中就采用了该设备。高梯度强磁机也开始在黑钨选矿中应用，它不仅提高了细粒级黑钨矿的选矿效率，而且还简化了选矿流程。细粒分级设备已开始使用高频振动细筛取代原有的水力分级设备，使分级效率大为提高，为选矿创造了有利的条件。在黑钨选厂的选矿工艺方面，过去的细泥处理工艺基本上为单一重选流程，现在已发展为浮选－磁选、磁选－浮选等新工艺。

一些白钨选厂也在粗选段或精选段采用高梯度强磁选机除去具有磁性的脉石矿物。某些黑白钨混合矿选厂正在研究用高梯度强磁选机进行分组，使黑钨矿和白钨矿分别进入不同的浮选回路，以便两种矿物的浮选能在最优化的条件下进行，从而取得更好的技术指标和降低药剂成本。

钨精矿从2007年10月1日起执行新的行业标准。由于湿法冶金技术的进步，黑、白钨精矿不一定要严格分离，选矿新工艺和浮选新药剂能对黑白钨混合精矿发挥作用，新行业标准预示着混合型钨矿床有效开发利用的美好前景。但是选矿工艺中还有许多薄弱环节，如我国原矿预先抛废技术还比较落后，钨细泥的处理技术和设备还有待进一步研究等。黑钨的浮选工艺及药剂，特别是精选工艺还有待进一步研究和完善，目前黑钨浮选精矿往往还达不到商品精矿的品位要求。

钨资源和其他矿产资源一样，是一种不可再生资源，资源的大量消耗必然会引起新的危机。与2002年相比，2008年我国可开采的钨基础储量减少了19.61%，其中黑钨基础储量减少了45.55%，白钨基础储量减少了16.84%。因此我们必须通过选矿技术的进步，尽量提高钨矿中各种有用成分的综合利用率，从而减缓钨资源的消耗所产生的压力。

本书着重论述了黑钨矿、黑白钨混合矿和白钨矿的选矿技术及有关选厂的选矿工艺，同时对钨共生矿及钨伴生矿的选冶联合工艺及技术也分别进行了论述。在各种类型的钨矿选矿技术方面，本书着重介绍了近几年来钨选矿新工艺、新设备和新药剂的应用及其发展前景和发展方向。细粒钨矿物的回收一直是选矿难题，由于粗粒易选的黑钨矿床越来越少，因此人们的注意力也逐渐转移到细粒钨矿的回收上，并不断探索回收细粒钨矿的新技术，尽管这些新技术还处于实验室研究阶段，但可以使我们开阔视野，拓宽思路，为此本书对微细粒钨矿选矿技术的发展也进行了介绍，以供选矿工作者参考。

邱显扬、董天颂为本书的主编，张忠汉、周晓彤、高玉德、汤玉和、何晓娟、梁冬云参加了编写。本书在编写过程中还得到王淀佐院士、刘牡丹、张洪国的大力支持和帮助，在此深表感谢。

本书中还参考了其他同行的一些研究成果和数据，在此向他们一并表示感谢。由于编者水平所限，书中若有不足及错误之处，恳请广大读者批评指正。

编 者

2011年8月于广州

目　录

1　绪论 ………………………………………………………… 1

1.1　钨的基本性质和用途 ……………………………………… 1

1.1.1　钨的性质 ………………………………………………… 1

1.1.2　钨及钨合金的应用 ……………………………………… 2

1.1.3　钨化合物的性质及其应用 ……………………………… 6

1.2　我国钨矿业发展史 ………………………………………… 6

2　钨矿物和钨资源 ……………………………………………… 10

2.1　钨矿物 ……………………………………………………… 10

2.1.1　黑钨矿类矿物（钨锰铁矿） …………………………… 11

2.1.2　白钨矿类矿物 …………………………………………… 12

2.1.3　钨华 ……………………………………………………… 13

2.1.4　水钨华 …………………………………………………… 13

2.1.5　斜钨铅矿 ………………………………………………… 13

2.1.6　钨铋矿 …………………………………………………… 13

2.1.7　钨锌矿 …………………………………………………… 13

2.1.8　钨铅矿 …………………………………………………… 13

2.1.9　辉钨矿 …………………………………………………… 14

2.1.10　钨锑贝塔石 …………………………………………… 14

2.2　钨矿床类型 ………………………………………………… 14

2.2.1　钨矿床的成因类型 ……………………………………… 14

2.2.2　钨矿床的工业类型 ……………………………………… 16

2.3　钨矿床一般工业要求 ……………………………………… 17

2.4　钨矿资源 …………………………………………………… 18

2.4.1　世界钨矿资源 …………………………………………… 18

2.4.2　中国钨矿资源 …………………………………………… 22

2.5　钨精矿质量标准 …………………………………………… 29

2.6　世界钨精矿产量及供求情况 ……………………………… 31

3　黑钨矿的选矿 …… 35

3.1　黑钨矿床的矿石性质及选矿方法概述 …… 35
3.2　预先丢废 …… 37
3.2.1　人工手选 …… 39
3.2.2　光电选矿 …… 40
3.2.3　重介质选矿法 …… 42
3.2.4　动筛跳汰机丢废法 …… 45
3.2.5　辐射法丢废 …… 46
3.2.6　多种方法的联合丢废 …… 47
3.2.7　对我国预选工艺发展的几点看法 …… 48
3.3　重选段工艺及设备 …… 48
3.3.1　磨矿工艺 …… 50
3.3.2　跳汰选别 …… 54
3.3.3　摇床选别 …… 59
3.4　精选段工艺及设备 …… 65
3.4.1　枱浮作业 …… 67
3.4.2　磁选作业 …… 70
3.4.3　电选作业 …… 72
3.4.4　其他分离方法 …… 74
3.5　有用组分的综合回收 …… 76
3.5.1　含钼、铋、铜矿物的浮选流程 …… 77
3.5.2　含铜、铅、锌矿物的浮选分离 …… 83
3.5.3　含钼、铜、铅、锌矿物的浮选分离 …… 83
3.5.4　选－冶联合工艺流程 …… 85
3.6　钨细泥的处理 …… 88
3.6.1　黑钨选厂钨细泥概况 …… 88
3.6.2　细泥的选别工艺 …… 91
3.6.3　钨细泥回收发展趋势 …… 101
3.7　黑钨选厂的技术指标 …… 104
3.7.1　黑钨选厂的选矿综合指标 …… 104
3.7.2　黑钨选厂的选矿工艺发展方向 …… 107

4　白钨矿的选矿 …… 110

4.1　粗粒嵌布型白钨矿的重选工艺 …… 110

4.2　细粒嵌布型白钨矿浮选工艺 …… 111
4.2.1　硫化矿浮选 …… 111
4.2.2　白钨矿的粗选 …… 114
4.2.3　白钨矿的精选 …… 117
4.3　白钨矿浮选药剂的进展 …… 122
4.3.1　捕收剂的现状和进展 …… 123
4.3.2　调整剂的现状和进展 …… 126
4.4　浮选柱在白钨矿浮选中的应用 …… 128

5　黑白钨矿的选矿 …… 131

5.1　黑白钨共生矿资源特点 …… 131
5.2　黑白钨共生矿主要选矿工艺 …… 131
5.2.1　中细粒嵌布的黑白钨共生矿选矿工艺 …… 131
5.2.2　细粒嵌布的黑白钨共生矿的选矿工艺 …… 142
5.3　黑钨矿浮选药剂 …… 153
5.3.1　黑钨矿的可浮性 …… 153
5.3.2　捕收剂的现状和进展 …… 154
5.3.3　调整剂的现状和进展 …… 158

6　钨共生矿的选冶联合工艺 …… 160

6.1　钨共生矿床 …… 160
6.2　钽铌钨共生矿的选冶联合工艺 …… 160
6.2.1　江西大吉山钨矿69号矿体的选冶联合流程 …… 160
6.2.2　栗木矿新木锡－钽铌－钨多金属矿选冶联合工艺 …… 162
6.3　钨锡共生矿选冶联合流程 …… 166
6.3.1　苏打焙烧 …… 169
6.3.2　浸出 …… 169
6.3.3　净化 …… 169
6.3.4　合成 …… 169

7　钨伴生矿的选冶联合工艺 …… 171

7.1　我国伴生钨矿资源类型 …… 171
7.1.1　含钨的钼矿床 …… 171
7.1.2　含钨的铜（铅、锌）矿床 …… 171
7.1.3　含钨的锡矿床 …… 172

7.1.4　含钨的铁矿床 …… 172
7.1.5　含钨的金矿床 …… 172
7.1.6　含钨的铌、钽矿床 …… 172
7.1.7　含钨的硫铁矿床 …… 172
7.2　国内外伴生钨矿的选矿工艺 …… 173
7.2.1　含钨钼矿石的选矿工艺 …… 173
7.2.2　含钨铜（铅锌）矿石的选矿工艺 …… 177
7.2.3　含钨锡矿石的选矿工艺 …… 179
7.2.4　含钨钽铌矿石的选矿工艺 …… 179

8　钨矿石选矿新技术 …… 182

8.1　化学选矿 …… 182
8.1.1　化学选矿法制备钨产品 …… 182
8.1.2　钨产品的化学除杂 …… 184
8.2　细粒选矿技术 …… 185
8.2.1　载体浮选 …… 186
8.2.2　剪切絮凝浮选 …… 186
8.2.3　油团聚分选 …… 190

9　黑钨矿选矿实例 …… 193

9.1　江西大吉山钨矿 …… 193
9.1.1　矿床类型和矿石特性 …… 193
9.1.2　选矿方法及工艺流程 …… 194
9.1.3　尾矿设施和回水利用 …… 198
9.1.4　选矿厂主要技术经济指标 …… 198
9.2　江西西华山钨矿 …… 199
9.2.1　矿床类型和矿石特性 …… 200
9.2.2　选矿方法及工艺流程 …… 200
9.2.3　尾矿设施和回水利用 …… 205
9.2.4　选矿厂主要技术经济指标 …… 205
9.3　盘古山钨矿 …… 206
9.3.1　矿床类型和矿石特性 …… 206
9.3.2　选矿方法和工艺流程 …… 207
9.3.3　尾矿设施和废水处理 …… 212
9.3.4　选矿厂主要技术经济指标 …… 212

9.4　瑶岗仙钨矿 …… 213
9.4.1　矿床类型和矿石特性 …… 213
9.4.2　选矿方法及工艺流程 …… 214
9.4.3　尾矿设施和回水利用 …… 218
9.4.4　选矿厂主要技术经济指标 …… 218
9.5　江西浒坑钨矿 …… 219
9.5.1　矿床类型和矿石特性 …… 219
9.5.2　选矿方法和工艺流程 …… 220
9.5.3　主要技术经济指标 …… 224
9.6　葡萄牙帕拉什凯拉钨矿 …… 227
9.6.1　矿床类型和矿石特性 …… 227
9.6.2　选矿方法及工艺流程 …… 227
9.6.3　主要技术经济指标 …… 230
9.7　加拿大普列森特山钨矿 …… 230
9.7.1　矿床类型和矿石特性 …… 230
9.7.2　选矿方法及工艺流程 …… 230
9.8　韶关精选厂 …… 232
9.8.1　矿物原料组成及其特性 …… 232
9.8.2　选矿方法及工艺流程 …… 233
9.8.3　尾矿及三废处理 …… 235
9.8.4　主要技术经济指标 …… 238

10　黑、白钨矿选矿实例 …… 239

10.1　柿竹园多金属矿 …… 239
10.1.1　选厂概况 …… 239
10.1.2　地质概况 …… 239
10.1.3　矿石性质 …… 239
10.1.4　选矿工艺 …… 241
10.1.5　选矿技术指标 …… 244
10.1.6　选矿经济指标 …… 245
10.2　行洛坑钨矿 …… 246
10.2.1　选厂概况 …… 246
10.2.2　地质概况 …… 247
10.2.3　矿石性质 …… 247
10.2.4　选矿方法和选矿工艺 …… 252

10.2.5　选矿技术指标 …… 254
10.2.6　选矿经济指标 …… 256
10.3　莲花山钨矿 …… 256
10.3.1　矿床类型及矿石特性 …… 256
10.3.2　选矿方法及工艺流程 …… 257
10.3.3　尾矿设施和废水处理 …… 259
10.3.4　选矿厂技术经济指标和主要设备 …… 260
10.4　澳大利亚卡宾山钨矿 …… 261
10.4.1　矿床类型和矿石特性 …… 261
10.4.2　选矿方法及工艺流程 …… 261
10.4.3　主要技术指标 …… 262
10.5　赣州有色冶炼厂 …… 263
10.5.1　原料组成特性 …… 263
10.5.2　精选工艺 …… 263
10.5.3　主要技术指标 …… 268

11　白钨矿选矿实例 …… 270

11.1　香炉山白钨矿 …… 270
11.1.1　选矿厂概述 …… 270
11.1.2　矿石性质 …… 270
11.1.3　选矿方法和选矿工艺 …… 271
11.1.4　选矿技术指标 …… 271
11.1.5　选矿经济指标 …… 271
11.2　小柳沟白钨矿 …… 274
11.2.1　2000t/d 选矿厂 …… 274
11.2.2　试验选厂 …… 278
11.3　洛钼集团白钨矿 …… 282
11.3.1　洛钼集团钨业一公司 …… 282
11.3.2　钨业二公司 …… 286
11.4　荡坪钨矿 …… 287
11.4.1　矿床类型和矿石特性 …… 287
11.4.2　选矿方法及工艺流程 …… 287
11.4.3　尾矿设施和废水处理 …… 289
11.4.4　生产技术经济指标 …… 290
11.5　美国坦佩犹特钨矿 …… 291

11.5.1　矿床类型和矿石特性 …… 292
11.5.2　选矿方法及工艺流程 …… 292
11.5.3　主要技术指标和设备 …… 293
11.6　奥地利米特西尔钨矿 …… 294
11.6.1　矿床类型和矿石特性 …… 294
11.6.2　选矿方法及工艺流程 …… 294
11.6.3　尾矿处理 …… 297
11.6.4　主要技术经济指标 …… 297
11.7　瑞典伊克斯约贝格白钨矿 …… 298
11.7.1　矿床类型和矿石特性 …… 298
11.7.2　选矿方法及工艺流程 …… 299
11.7.3　尾矿设施 …… 300
11.7.4　主要技术经济指标 …… 301
11.8　加拿大勘探有限公司白钨矿 …… 301
11.9　美国蒙大拿州格伦选厂 …… 304

参考文献 …… 306

1 绪　　论

钨元素是瑞典化学家舍勒（C. W. Scheele）于1781年从当时称为重石的矿物（现称白钨矿）中发现的，并以瑞典文 tung（重）和 sten（石头）的复合词 tungsten 命名这种新元素。1783年西班牙人德卢亚尔兄弟（F. de Elhujar）从黑钨矿中制得氧化钨，并用碳还原为钨粉。1900年，钨开始用于生产钨钢，1908年又以钨丝（灯泡发光材料）用于工业生产灯泡。1923年德国研制成功 WC－Co 硬质合金，并于1926年由德国克虏伯公司投入生产，从而大大扩大了钨的应用范围。钨的消耗逐年增加，目前已被誉为“工业的牙齿”，全世界钨的年消耗量由1910年的2500t增加到2004年的50000t，其应用领域不断扩大。

1.1 钨的基本性质和用途

1.1.1 钨的性质

钨是高熔点稀有金属，属于元素周期系中第六周期（第二长周期）的 VIB 族。钨是一种银白色金属，外形似钢，蒸气压很低，蒸发速度也较小。它的主要物理性质如表1-1所示。

表1-1　钨的主要物理性质

物理性质	数　值
原子序数	74
相对原子质量	183.85
原子体积/$cm^3 \cdot mol^{-1}$	9.53
密度/$g \cdot cm^{-3}$	19.35
晶体结构及晶格常数/nm	α－W：体心立方，a＝3.16524（25℃） β－W：立方晶体，a＝5.046（630℃以下稳定）
熔点/℃	3410±20
沸点/℃	5927
熔化潜热/$kJ \cdot mol^{-1}$	40.13±6.67
升华热/$kJ \cdot mol^{-1}$	847.8（25℃）
蒸发热/$kJ \cdot mol^{-1}$	823.85±20.9（沸点）
电阻温度系数/$℃^{-1}$	0.00482

续表 1-1

物理性质	数　值
电子逸出功/eV	4.55
弹性模量/MPa	35000～38000（丝材）
扭力模量/MPa	～36000
压缩性/cm·kg^{-1}	2.917～7
变　形	有两种变形——α 和 β。在标准温度和常压下，α 型是稳定的体心立方结构。β 型钨只有在有氧存在条件下才能出现，它在 630℃ 以下是稳定的，在 630℃ 以上又转化为 α 钨，并且这一过程是不可逆的

钨的氧化价从 −2 价到 +6 价，低氧化价（−2 到 +1）仅存在于有机金属化合物和 π 受主配合基型化合物中。在高氧化价时，钨呈酸性，而在低价时呈碱性，其最高配位数为 8。

室温下钨不和水反应，但高于 600℃时，它易和蒸汽反应生成氧化物。室温下块状钨不与任何浓度的盐酸、硫酸或氢氟酸发生反应；热硝酸或硝酸和氢氟酸的混合物与钨反应生成 WO_3，仅在有氧化剂如过氧化氢存在时，王水才能侵蚀钨。

碱或氨的水溶液在无氧存在时不腐蚀钨，钨能抵抗熔融氢氧化钠或氢氧化钾的侵蚀，但当这些熔体含有氧化剂如硝酸盐、亚硝酸盐或氯酸盐等时，钨将受到激烈的侵蚀。在较低温度下，钨和 NH_3 作用生成氮化物，与 CO 作用生成碳化物，在高温下，N_2O、NO 和 NO_2 能侵蚀钨，在 1200℃时，CO_2 能与之相互作用。氢并不溶解于钨中，至今尚未确证出任何形式的钨的氢化物。

钨具有优异的物理、力学和化学性能，其密度是钢的 2.5 倍，熔点高达 3410℃；钨的硬度在金属中名列前茅，只有加热到很高温度，才能进行压力加工。钨具有良好的导电和导热性能，在 20℃下的比电阻为 $5.5\times10^{-5}\Omega\cdot cm$，热导率是模具钢的 5 倍，膨胀系数只有钢的 1/2～1/3。钨在高温下具有最小的蒸发速度和最低的电子逸出功，钨不仅具有很强的电子发射能力，而且对 γ 射线和 X 射线的吸收能力优于铅。钨的可塑性强，一根 1kg 重的钨棒，可以拔成长约 400km、直径只有 0.01mm 的细丝。这种细丝在 3000℃高温环境中，仍具有一定强度，而且发光率高，使用寿命长，是制造各种灯泡灯丝的良好材料。白炽灯、碘钨灯，乃至世界上最新颖的灯泡、灯管，都是用钨丝制造。钨具有稳定的化学性能，在室温下不与各种酸、碱发生化学反应，在浓硝酸和水土中也只有表面层被氧化。钨的碳化物具有极高的硅微硬度和强度，此外，钨还具有良好的可加工性，可进行机械加工和焊接。

1.1.2 钨及钨合金的应用

18 世纪 50 年代发现了钨对钢性质的影响，19 世纪末到 20 世纪初，钨钢开始生产和广泛应用。1900 年在巴黎世界博览会上，首次展出了高速钢，从此钨的提取工业得到了迅猛发展。这种钢的出现标志了金属切割加工领域的重大技术进步，钨成为最重要的合金元素之一。1900 年，俄国发明家 A. H. Ладыгин 首先建议在照明灯泡中应用钨，1909 年，Кулидж 采用压力加工的工艺方法制定了粉末冶金法之后，钨才在电真空技术中得到广泛的应用。

1927～1928 年研制出以碳化钨为主要成分的硬质合金，这是钨工业发展史的一个重要阶段。这些合金各方面的性质都超过了最好的工具钢，在现代技术中得到了广泛的使用。

钨主要用于制备金属加工、石油天然气及其他矿石的开采及建筑领域中各种硬质合金切削工具和钻头，也用于切割用的碳化钨和耐磨材料中，还用于制造重金属合金、灯丝、电极、电子工业、钢材、特种合金、耐磨合金和催化剂、颜料等化学制品。钨的主要消费结构及各国消耗量如表 1-2 及表 1-3 所示。除中国之外，欧盟仍是最大的消费者，其消费量占世界总量的 27%，美国是仅次于中国的最大消费国。

表 1-2 钨的消费结构 (%)

项　目	欧　洲	美　国	独联体	日　本	中　国
硬质合金	62	66	55	53	41
钢材及特种合金	24	9	30	12	35
钻　头	6	16	10	7	16
其　他	8	9	5	28	8

表 1-3 世界钨消费量 (t)

国家或地区	2000 年	2001 年	2002 年	2003 年	2004 年
西　欧	12350	17600	8050	15150	6400
美　国	8950	9700	8300	8850	2800
日　本	8000	6850	5450	5950	3300
中　国	14000	16000	18000	21000	12000
其　他	4900	4850	5900	6150	3200
合　计	48200	55000	45700	57100	27700

钨的应用领域主要包括以下几个方面：

(1) 硬质合金。钨在硬质合金领域的用量最大，占钨总消耗量的一半以上。由于钨具有硬度高等独特的物理性质，可用于制造钨钢。用钨钢制造工具，强度比普通钢工具高几倍乃至几十倍；用钨钢制造炮筒、枪筒，在连续射击时，即使筒身被弹丸摩擦得滚烫，仍能保持良好的弹性和机械强度。在金属切削机床上，用钨钢做车刀，温度高达1000℃仍能坚硬如故。将含钨3%～15%的钨铬钴合金钢喷镀或堆焊到普通钢零件的表面，就等于给零件穿上坚硬的“盔甲”，既能耐温抗压，又能抵抗腐蚀，减少磨损，使用寿命可延长几十倍。

（2）钢材及特种合金。钨大部分用于生产特种钢。目前广泛采用的高速钢含有9%～24%的钨。高速钢的特点是在空气中有高的强化回火温度（700～800℃），能自动淬火，因此，直到600～650℃它还保持高的硬度和耐磨性。含钨的钢用于制造各种工具，如钻头、铣刀、拉丝模、阴模阳模和气支工具等零件。钨磁钢是钨含量为5.2%～6.2%、碳含量为0.68%～0.78%、铬含量为0.3%～0.5%的永磁体钢，钨钴磁钢含有11.5%～14.5%的钨、5.5%～6.5%钼、11.5%～12.5%钴的硬磁材料，它们具有高的磁化强度和矫顽磁力。作为最难熔的金属，钨是许多热强合金的必要成分，如钨（含量3%～15%）、铬（含量25%～35%）、钴（含量45%～65%）和碳（含量0.5%～0.75%）组成的某种合金，主要用于制造强耐磨的零件，例如航空发动机的活门、压模热切刀的工作部件、涡轮机叶轮、挖掘设备、犁头的表面涂层。在航空、火箭以及在要求高热强度的机器零件、发动机和一些仪器的其他部件中，钨和其他难熔金属（如钽、铌、钼、铼）的合金用作热强材料、触头材料和高密度合金。

美国曾经使用一种新型固体燃料，使火箭燃气温度超过3000℃，在此情况下，最难熔化的钨质喷管也难以招架。科学家经过研究，制造了一种新型钨合金——“自冷却渗银多孔钨合金”，当火箭在空中高速飞行时，用这种新合金制造的高温高压喷管，会连续喷出熠熠烈焰，渗在喷管表面的银在高温下首先蒸发，蒸发的同时吸收热量，这样就达到自动冷却和防止温升过高的目的，使遭受3000℃高温炙烤的喷管仍能够保持原有形状。

20世纪50年代人们开始研制钨及钨合金穿甲弹。20世纪70年代，英国、美国、西德等国用液相烧结高密度钨合金（W－Ni－Fe和W－Ni－Cu）做大口径脱壳穿甲弹芯及枪榴弹（穿甲弹）弹头，从而大大提高了弹芯的韧性，增加了穿甲威力，1999年8月26日，《美国金属市场报》报道了新钨芯子弹从该月开始使用，新铜壳钨子弹使用钨－聚合物复合材料代替老的铅/锑合金芯。为了避免铅制子弹对环境的污染，美国计划用钨合金制造“绿色子弹”，所谓“绿色子弹”仅是指其对环境污染较少而言，其杀伤力比铅制子弹有过之而无不及。按照美国军队武器研究开发与工程中心（AARDEC）Wade Bunting经理绿色子弹方案计划，1999年美国决定生产100万枚钨合金子弹，最终把军队所有的子弹芯全部换成新钨芯子弹，则每年需要消耗钨5500多吨，相当于现今世界钨年消耗量的1/8。美国Ceracon公司研发了功能梯度钨基高密度合金，这种功能梯度钨基高密度合金可能应用于无铅弹药，这种无铅弹药具有巨大的潜在市场。美国还研究出新的钨基合金，并用于哥伦比亚号航空航天飞机中。

（3）照明工业。照明工业和电子工业也是钨的重要应用领域。钨在这方面的应用主要是由于它熔点高、机械强度大，并能在灯的正常工作温度下产生较低的蒸气压力，所以钨成为制造灯用金属材料中最重要的一种材料。表面光滑的钨在3000K时发光效能为40%，比碳在3000K的发光效能高；同样，黑体在此温度下也不如钨的效能，但是钨在光谱红外区的发射率比在可见区域内低，所以与其他材料制成的灯泡相比，钨丝灯泡是一种具有更高发光效率的辐射源。

自1908年生产2500个钨丝灯泡至今的100多年中，其应用范围不断扩大，广泛用作白炽灯、荧光灯、抗震灯、高压钠灯、卤钨灯等各种各样灯泡的钨丝，以及用作普通电子管、整流管、显像管、X射线管、仪表显示等电子器件的电热灯丝。

钨也可用于制作短弧汞灯和氙灯。钨在2000℃以上能发射大量电子，不利于电极的设计，影响电极寿命，如果在电极上涂一种或多种碱土金属氧化物，也可大幅度提高电极的电子发射能力，发射层上加热产生大量的自由电子，使电极能在不很高的温度下，改善灯的性能，提高寿命。这两种灯的电极可采用氧化钍含量0.5%~3.0%钨电极，特别是在发射层可能产生溅射的大功率灯中，多采用这种钍钨电极。金属卤化物灯也须用钍钨电极，因为钍金属氰化物与卤素反应会形成一种不挥发体。相反，钍和钨与卤素反应却能产生金属卤化物的迁移循环，而使钍钨的金属蒸气再次沉积在白炽电极上。

用钨制作的荧光灯在日常生活中被广泛应用，其电极特征是在多螺旋灯丝中的一次线圈中充填含一定百分比的碱金属复合碳酸盐和氧化锆之后，再将混合有一种以上、含量为1%~3%的W、Ta、Nb、Mo等还原性高熔点金属粉末的上述碳酸盐充填到多螺旋灯丝最终卷线部位，作为电子发射物质。

（4）化学工业。近年来钨在这方面的应用不断增加，广泛用作耐蚀、耐磨零件以及用于制作催化剂。

（5）石油化工。钨主要用于制作脱硫加氧精制催化剂，特别是二硫化钨（WS_2），目前世界各国都把它用于石油精炼的催化剂，其性能优越，具有裂解性能高、催化活性稳定可靠、使用寿命长等优点。据不完全统计，我国1990年在这一领域的消耗量为25t，到1992年增长到80t左右，1996年达到100t。随着我国精炼产业的高速发展，二硫化钨作为催化剂的用量将会迅速增加，2010年用量达到600t以上。除用作催化剂之外，由于WS_2是一种活性较强的化合物，在其他工业部门的应用也有很大的发展潜力，如在润滑剂方面的应用国内已有试用报道。

（6）高技术领域。在此应用领域中，高纯硅化钨由于其电阻仅为多晶硅的1/10，而用在256千位以上的超大规模集成电路中取代多晶硅作栅板电极材料，取代铝合金作接线材料。高纯钨（6N）可取代铝及铝化合物作集成电路陶瓷零件的线路材料、半导体的电接点和内部连线。钨和钨铜合金可用作硅晶片的散热材料，用钨丝缠绕的管可用作等离子体喷嘴的内套等。

1.1.3 钨化合物的性质及其应用

1.1.3.1 碳化钨

钨的碳化物具有高的硬度、耐磨性和难熔性，含有85%～95%质量分数的碳化钨、5%～14%的钴及钛、钽和铌的合金钢，在加热到1000～1100℃时仍具有高的硬度和耐磨性，硬质合金刀具的切削速度远远超过最好的工具钢刀具的切削速度。第二次世界大战以来，碳化钨也被广泛使用在穿甲武器的弹芯上。

1.1.3.2 钨酸钠

钨酸钠用于生产某些类型的油漆和颜料，在纺织工业中用于布匹加重，钨酸钠与硫酸铵和磷酸铵混合可制造耐火布匹和防水布匹。钨酸钠亦可用来生产磷钨酸和磷钨钼酸的酸型有机染料和颜料，这些色料光泽好，耐晒，不溶于水和亚麻油，可用于油质或水质的颜料、油墨、塑料、橡胶、造纸和石蜡中。钨酸钙和钨酸镁在荧光灯和电视显像管中可用作荧光材料，钨酸及钨酸盐也可用作催化剂等，钨酸在纺织工业中是媒染剂与染料，在化学工业中是用于制取高辛烷汽油的催化剂。

1.1.3.3 其他化合物

在石油工业中的加氢处理、加氢裂化、脱氢、异构化、聚合、重整、水化、脱水、羟基化和环氧化等过程中，WO_3 和 WS_2 可用作催化剂，在有机合成中，如在合成汽油的制取中可用作固体的润滑剂和催化剂。

1.2 我国钨矿业发展史

1908～1936年是我国钨矿手工开采期，最初只是在西华山钨矿露天拾拣和采出块钨。1914年又在湖南宜章县的瑶岗仙和河北省迁安县的大泉沟鹦鹉山发现了钨矿，并开始民采，当年全国手拣块钨的产量（WO_3 含量60%的精矿）达到18t。第一次世界大战爆发后，钨精矿需求迅猛增加，开采钨矿获利丰厚，南方诸省兴起钨矿勘查、采矿热潮。1918年又在江西的大吉山、盘古山、下垄、漂塘、荡坪，广东的石人嶂等地发现钨矿区，大量民工拥入矿山开采。1918年全国钨精矿产量达到10577t，占当年世界总产量31992t的33.1%，跃居世界第一位。当时钨矿的选矿全部是手工作业，这种手工工艺极其落后，细粒钨矿物基本无法回收，资源浪费极大，而且，此时钨矿全由私商经营，只收购钨砂，再转售给中、外商行出口。

1936～1948年，钨矿生产绝大部分仍为民窿手工采选。1936年3月，国民党政府“资源委员会”在江西南昌设立钨业管理处，并在湖南长沙设立分处，对钨精矿统购统销，实行专营。钨业管理处除统一收购钨精矿外，也在大吉山、西华山、岿美山、画眉坳、小龙和瑶岗仙等矿区引入少量的选矿机械和建立简单的分选工艺，改善了钨精矿的质量。1936 年从德国购进了旋转式磁选机，安装在湖南长沙和江西大余等地进行“净砂”的集中精选，以脱除锡、硫等杂质，这是我国钨矿选矿首次应用选矿机械和首次出现磁选工艺。1941 年，“资源委员会”锡业管理处在广西桂林建立选炼厂，使用了从美国购进的汀氏（Dings）磁选机，对广西、湖南、广东等地所产的钨、锡毛砂进行精选。1942 年，在湖南零陵兴建了反射焙烧炉进行焙烧除砷，进一步提高了钨精矿的质量，这也是我国钨矿选矿中采用化学处理工艺的开始。1943 年，在湖南沅陵境内的东安矿区首次发现了与金、锑共生的白钨矿，开始了在回收金、锑的同时一并回收白钨矿，此后，我国钨矿选矿就进入了黑钨矿和白钨矿同时回收的时代。1947 年，在湖南瑶岗仙矿区发现了矽卡岩型白钨矿床，但未正式采选。1948 年“资源委员会”从美国丹佛（Dever）设备公司购进了一整套处理能力为 100～150t/d 的重选设备。1952 年 12 月，以此设备为主要生产工具的小型重选厂竣工投产，不过这个钨矿选矿厂投产不久就发现了许多严重缺陷，工艺流程难以畅通，生产过程并不顺利。

为了适应我国国民经济发展的需要，新中国成立后，国家将地质资源较丰富、开采条件较好的大吉山、西华山和岿美山三个矿区列入第一个五年计划中的苏联援建的 156 项重点建设项目中，新建大吉山、西华山和岿美山选矿厂的生产规模分别为日处理合格矿石 1600t、1875t 和 1560t，分别于 1959 年 1 月、1960 年 4 月和 1960 年 7 月正式竣工投产，这是我国，也是世界当时最大的三座黑钨矿选矿厂。“一五”期间，我国还在 18 个钨矿区建了中、小型机械化钨选厂 21 座，其中处理合格矿石能力为 500t/d 的选厂有盘古山，250t/d 的选矿厂有画眉坳、浒坑、瑶岗仙、湘东、石人嶂等 7 座，125t/d 的选厂计有小龙、漂塘、杨眉寺等 3 座，50t/d 的选厂有漂塘的大龙山、铁山垅的黄沙、荡坪的生龙口和半边山、湘西、湘东的腰坡里、大埠的石人坑、杨眉寺的平安垴、金华山等 10 座，这些选厂基本都采用重选工艺。

1967 年，我国第一座采用全浮选工艺的白钨矿选矿厂——荡坪钨矿宝山选矿厂投入生产。投产初期，沿用了以油酸为捕收剂的“彼得洛夫法”加温浮选，后改用 731 氧化石蜡皂为捕收剂的常温浮选法，不但使白钨回收率由原工艺的 64% 提高到 80% 左右，还节省了能源，选矿药剂的费用也下降了 60%。这是我国首次成功地在白钨选矿生产中大规模采用氧化石蜡皂常温浮选法。此后，这种工艺在我国其他钨矿的白钨浮选中逐步推广应用。

随着我国经济建设及改革开放的深入，产业结构的调整，国家开始大力发展钨的深加工产业，力求以钨制品取代钨精矿出口。与 1990 年相比，1998 年我国钨品出口中钨精矿的比重由46.5%减少到0.4%，氧化钨、钨酸盐、钨铁、钨粉、钨材的比重增加到99.6%，尤其是深加工品的钨粉、钨材等的出口比重由1990年的2%增加到2004年的34.5%。从2000年起，我国完全停止了钨精矿的出口，反而开始从国外购进钨精矿，同时，也注意了钨生产和出口配额的控制，促使国际和国内钨精矿价格的上涨，这样，大大增加了钨矿企业的利润空间，推动了钨矿业的发展。

进入21世纪以来，因为钨市场的需求强劲，市场对钨的选矿技术提出了更高的要求，推动了钨选矿技术的进步和发展。根据矿石性质的不同，白钨浮选精选工艺既可用加温精选法，也可用常温精选法，即使用加温精选法，也已省去了“彼得洛夫法”加温后的脱泥和脱药作业，从而使精选作业更简化，选矿成本更低。国内目前白钨选厂使用了各种类型的脂肪酸改性捕收剂，产品已系列化。这种捕收剂，不但有更好的捕收性能，而且选择性强，选矿药剂费用更低。一些选厂使用了大型浮选柱，如洛阳栾川钼业公司、湖南柿竹园多金属矿等。这些白钨选厂，使用浮选柱浮选白钨，不仅提高了技术指标，选矿成本降低，而且可以实现自动化管理。

细粒黑白钨共生矿浮选进展更迅速，无论是黑、白钨矿的选择性捕收剂或是脉石矿物的组合抑制剂的研制和应用，都取得了很好效果。苯甲羟肟酸、亚硝基苯胲胺盐等螯合类捕收剂成功取代了原已应用的混合甲苯胂酸、苄基胂酸、苯乙烯膦酸等易带来环境污染的捕收剂，提高了钨矿浮选效率，还可以同时浮选黑钨矿和白钨矿。湖南柿竹园多金属矿选矿工艺使用了这些新型药剂的柿竹园法后，生产流程简化，钨的选矿回收指标也有所提高。柿竹园多金属矿的钨新型浮选药剂的研制和成功应用，为细粒级钨矿的浮选，特别是为细粒嵌布的黑白钨混合型钨矿床的开发利用提供了技术支撑，使多金属共生的黑、白钨选矿技术达到了一个新的水平。

除此之外，黑钨选矿方面也使用了一些新技术和新设备，在重选工艺中进一步推广应用了动筛跳汰机，扩大了跳汰作业应用的粒度范围，使该作业入选粒度上限达到40 mm，可取代粗选中的光电选矿作业，提高了废石选出率。用该跳汰设备还可取代下动型圆锥隔膜跳汰机和旁动隔膜跳汰机，不但提高了跳汰作业回收率，还节约了用水量。在细粒级钨矿选矿中开始注意了螺旋选矿机和螺旋溜槽的应用。用它代替摇床粗选，可获得与摇床相似的指标，在提高处理能力的同时，既可节约占地面积，又大大节省电耗和水耗。目前已进入工业应用阶段，在福建行洛坑钨矿选矿工艺中就采用了该设备。高梯度强磁机也开始在黑钨选矿中应用，可以提高细粒级黑钨矿选矿效率，还简化了选矿流程。细粒分级设备已开始使用高频振动细筛取代原有的水力分级设备，使分级效率大为提高，为选矿创造了有利的条件。

在黑钨选厂的选矿工艺方面，过去的细泥处理工艺基本上为单一重选流程，现在已发展为浮选－磁选、磁选－浮选等新工艺，一些白钨选厂也在粗选段或精选段用高梯度强磁选机除去具有磁性的脉石矿物。某些黑白钨混合矿选厂，正在研究采用高梯度强磁选机进行分组，使黑钨矿和白钨矿分别进入不同的浮选回路，以便两种矿物的浮选能在最优化的条件下进行，取得更好的技术指标和降低药剂成本。

同时，一些品位低、矿石性质复杂的钨资源也逐渐开始被开发利用。福建行洛坑矿的黑白钨共生矿，原矿 WO_3 含量仅为0.21%，由于采用了先进的选矿工艺和大处理能力的重选设备，使得该资源已开始利用。从前不被重视的含钨尾矿资源也开始被人们注意，例如河南栾川钼矿床中含有低品位的白钨矿，钨的总储量高达600kt，截至1999年底，丢弃在尾矿中的 WO_3 金属量已达39kt，自2000年以来，国内外一些科研机构进行了回收钼尾矿中钨金属的选矿试验，浮钨的工艺逐步完善，取得较好的选矿试验指标。

由于白钨矿浮选药剂和浮选工艺取得了突破性的进展，加上黑白钨共生矿选矿技术的进步，近十年我国已建成了多个大型白钨选厂和黑白钨共生矿选厂，如江西香炉山钨矿（处理能力为2050t/d），甘肃小柳沟钨选厂（处理能力为2000t/d），河南洛钼集团钨业一公司选厂（处理能力为6000t/d），河南洛钼集团钨业二公司选厂（处理能力为9000t/d），福建行洛坑钨选厂（处理能力为5000t/d），柿竹园多金属矿新建选厂（处理能力为2000t/d）等。

21世纪的前10年，是钨业大发展的10年，钨精矿年产量增长迅速并保持着较高的生产水平，2004年至2009年达到了80kt/a。我国钨矿的选矿经历了由单纯的手拣露天块钨到简单的水力洗矿，由简单机械重选到规范化流程重选，从单一重选工艺到重选、浮选、磁选等多种工艺的应用，从单一回收钨矿物到综合回收伴生多金属矿物，从单独钨矿床开发利用到伴生于其他矿床中钨矿物回收的发展，充分展示了中国钨矿选矿业随国家经济发展而不断发展的进程。

2 钨矿物和钨资源

2.1 钨矿物

钨是一种分布较广泛的元素，几乎遍见于各类岩石中，但含量较低，通过有关地质作用加以富集才能形成矿床作为商品矿石开采。钨在地壳中的平均含量为 1.3×10^{-6}，在花岗岩中含量平均为 1.5×10^{-6}，其相对丰度在金属中居第 18 位，在元素中居第 26 位。

钨在自然界主要呈六价阳离子态，其离子半径为 0.68×10^{-10}m，由于 W^{6+} 离子半径小，电价高，具有强极化能力，易形成络阴离子，因此钨主要以络阴离子形式存在，$[WO_4]^{2-}$ 与溶液中的 Fe^{2+}、Mn^{2+}、Ca^{2+} 等阳离子结合形成黑钨矿或白钨矿沉淀。黑钨矿结晶温度为 320 ~ 240℃，白钨矿的结晶温度为 200 ~ 300℃。在表生作用下，由于含钨矿物较稳定，常形成砂矿，但在酸性条件下，含钨矿物可被分解，并以 WO_3 形式溶于地表水中，在一定条件下形成某些钨的次生矿物，有时以矿物微粒或离子形式被黏土或铁锰氧化物吸附而集聚于页岩、泥质细砂岩及铁锰矿层中。近年来，在古老的变质岩系中发现有层控钨矿床和钨的矿源层，说明在变质作用过程中，钨也能发生某种程度的富集。

钨的重要矿物均为钨酸盐，在成矿作用过程中能与 $(WO_4)^{2-}$ 络阴离子结合的阳离子仅有几个，主要有 Ca^{2+}、Fe^{2+}、Mn^{2+}、Pb^{2+}，其次为 Cu^{2+}、Zn^{2+}、Al^{3+}、Fe^{3+}、Y^{3+} 等，因而矿物种类有限，目前在地壳中仅发现有 20 余种钨矿物和含钨矿物，即黑钨矿族：钨锰矿、钨铁矿、黑钨矿；白钨矿族：白钨矿（钙钨矿）、钼白钨矿、铜白钨矿；钨华类矿物：钨华、水钨华、高铁钨华、钇钨华、铜钨华、水钨铝矿；不常见的钨矿物：钨铅矿、斜钨铅矿、钼钨铅矿、钨锌矿、钨铋矿、锑钨烧绿石、钛钇钍矿（含钨）、硫钨矿等。主要钨矿物的物理性质见表 2-1。

表 2-1 主要钨矿物及其性质

矿 物	分子式	WO_3 含量 /%	密度 /g·cm^{-3}	莫氏硬度	颜 色	磁 性
黑钨矿	$(Fe,Mn)WO_4$	76.5	7.3	5 ~ 5.5	淡褐黑、铁黑色等	弱磁性
白钨矿	$CaWO_4$	80.6	5.9 ~ 6.2	4.5 ~ 5	白、淡黄	非磁性

续表 2-1

矿　物	分子式	WO_3 含量/%	密度/$g \cdot cm^{-3}$	莫氏硬度	颜　色	磁　性
钨铁矿	$FeWO_4$	76.3	7.5	5	黑　色	弱磁性
钨锰矿	$MnWO_4$	76.6	7.2	4~4.5	褐、红褐及黑色	弱磁性
钨华	$WO_3 \cdot H_2O$	86.2	5.5	2.5~3	光亮黄色或淡黄绿色	
钨铜矿	$CuWO_4$	74.5	3~3.5	4.5~5	橄榄绿	
钨酸铅矿	$PbWO_4$	50.9	7.8~8.1	2.7~3	绿、褐红及淡黄灰色	

尽管已发现的钨矿物和含钨矿物有 20 余种，但其中具有开采经济价值的只有黑钨矿和白钨矿。

2.1.1 黑钨矿类矿物（钨锰铁矿）

钨锰铁矿化学组成为（Mn，Fe）WO_4，在黑钨矿的化学组成中，锰－铁呈完全类质同象，根据分子式中锰和铁原子数的不同，分为三个亚种：钨锰矿、钨锰铁矿和钨铁矿。此三种黑钨矿中 WO_3 的含量均可达到 76% 以上，当其中锰含量高于 17.6% 时，便成为钨锰矿；当其中锰含量小于 5.9% 时，便成为钨铁矿；当其中锰含量介于两者之间即含锰为 5.9% ~17.6% 时便成为钨锰铁矿，如表2-2所示。化学构成为：$MnWO_4$；理论化学组成：MnO 23.42%，WO_3 76.38%；$FeWO_4$理论化学组成为 FeO 23.65%，WO_3 76.35%。黑钨矿的混入物有镁、钙、铌、钽、钪、钇和锡等。黑钨矿类矿物的物理性质和化学性质如表 2-3 所示。

表 2-2　黑钨矿亚种的划分

亚种名称	成　　分	M 位的原子分数/%	
		Mn	Fe
钨锰矿	$(Mn_{1.0-0.8}Fe_{0.0-0.2})WO_4$ 或 $MnWO_4$	100~80	0~20
钨锰铁矿	$(Mn_{0.8-0.2}Fe_{0.2-0.8})WO_4$ 或 $MnWO_4$	80~20	20~80
钨铁矿	$(Mn_{0.2-0.0}Fe_{0.8-1.0})WO_4$ 或 $MnWO_4$	20~0	80~100

表 2-3　黑钨矿类矿物的物理性质和化学性质

性　质	钨铁矿	钨锰铁矿	钨锰矿
化学式(纯)	$FeWO_4$	$(Mn,Fe)WO_4$	$MnWO_4$
WO_3 含量/%	76.3	76.5	76.6
Mn 含量/%	0~3.6	3.6~14.5	14.5~18.1
Fe 含量/%	18.4~14.7	14.7~3.7	3.7~0
晶体结构	单斜晶系	单斜晶系	单斜晶系

续表 2-3

性　质		钨铁矿	钨锰铁矿	钨锰矿
晶格参数/nm	*a*	0. 471	0. 47	0. 485
	b	0. 570	0. 574	0. 577
	c	0. 594	0. 499	0. 498
	β	90°	90°26′	90°3′
解　理		在一个方向完全解理	在一个方向完全解理	在一个方向完全解理
颜　色		黑色	暗灰色到黑色	红褐色到黑色
韧　性		极脆	极脆	极脆
光　泽		半金属光泽到金属光泽	半金属光泽到金属光泽	半金属光泽到金属光泽
断　口		不平整	不平整	不平整
条　痕		暗褐色	暗褐色	棕红色到绿黄色
透明度		解理面不透明到半透明	不透明	不透明到半透明
通常产状		结晶完整,块状结晶	不规则块状,板状晶体的放射状集合体	薄板状晶体的放射状集合体

我国赣南地区钨矿床产出的主要是钨锰铁矿，主要成分铁、锰的含量，常因形成条件不同而不同。一般说来，高温形成的钨锰铁矿中铁的含量偏高，随着形成温度的下降铁的含量降低，而锰的含量增高。同样，在钨锰铁矿同一晶体内也呈现这种分带性，内部带比外部带含更多的铁。关于黑钨矿中铌、钽、钪的赋存状态，以往认为是以类质同象方式混入，但是后来的工作发现它们主要以微细的包体存在于黑钨矿中。

2.1.2　白钨矿类矿物

白钨矿类矿物只有一种具有经济价值的矿物——白钨矿（钨酸钙矿），钼可能取代白钨矿中的钨形成一种带有钼酸钙矿 $CaMoO_4$ 的部分系列，但大多数白钨矿只含有少量钼。白钨矿物理性质和化学性质见表 2-4。

表 2-4　白钨矿物理性质和化学性质

化学式（纯）		$CaWO_4$	韧　性	极脆
WO_3 含量/%		80. 6	光　泽	玻璃光泽到树脂光泽
晶体结构		正方晶系	断　口	不平整
晶格参数/nm	*a*	0. 5257	条　痕	白色
	c	1. 1373	透明度	透明到半透明
	a/c	1/2. 165	通常产状	块状和细粒状，有时以假黑钨矿形态存在，通常为正方晶体
解　理		在四个方向良好		
颜　色		淡黄色、褐色，通常为白色		

2.1.3 钨华

钨华为黑钨矿、白钨矿的变化产物，化学组成为 $WO_2(OH)_2$，钨华的化学成分质量分数为 WO_3 86.2%，Fe_2O_3 4.14%，FeO 1.21%，CaO 0.54%，H_2O 7.72%。钨华属斜方晶系，呈放射状针状晶体集合体，风化后呈粉末状到土状，颜色为亮黄、姜黄、金黄至深橙黄色，松脂光泽，透明，硬度为2.5～3，密度为5.5g/cm^3。

2.1.4 水钨华

水钨华的化学组成为 $WO(OH)_4$，化学成分质量分数为 WO_3 80.31%，H_2O 12.52%，SiO_2 6.65%。水钨华属单斜晶系，板状晶体，浅黄绿色到深绿色，玻璃光泽，风化后呈土状光泽，硬度为2～2.5，密度为4.64g/cm^3。

2.1.5 斜钨铅矿

斜钨铅矿化学组成 $PbWO_4$，化学成分质量分数为 WO_3 50.7%，PbO 49.06%，属单斜晶系，棱柱状结构。晶体形状通常为板状，解理完全，颜色为黄棕色、淡黄色、灰色等，硬度2.5～3，密度8.46g/cm^3。

2.1.6 钨铋矿

钨铋矿性脆，化学组成 Bi_2WO_6，矿石中的 Bi、W 变化不定，比例通常为2∶1，钨可被钼代替，此外还常含有镁、钙、铝、铁等混入物。钨铋矿属四方晶系，细粒致密块状，隐晶质集合体，颜色为浅白、黄、绿黄、黄灰色，几乎不透明，硬度3～3.5，密度6.8～7.8g/cm^3。

2.1.7 钨锌矿

钨锌矿化学组成 $ZnWO_4$，理论化学成分质量分数，ZnO 25.98%，WO_3 74.02%，矿石中常混入铁、锰、钙等。单斜晶系，棱柱状结构，晶体形态呈细粒块状或呈微细板状晶体，解理完全，带树脂光泽，颜色为暗褐色到黑色，显微晶体为红色，带红色内反射，密度为6.70g/cm^3。

2.1.8 钨铅矿

钨铅矿化学组成 $PbWO_4$，理论化学成分质量分数，WO_3 50.92%，PbO 47.78%，矿石中的钨可被钼代替，属四方晶系，晶体常呈双锥状或厚板状，柱面有水平条纹，锥面也常有条纹，呈暗淡黄、黄褐至褐或浅红褐色，浅黄红至红色，透明至半透明，条痕无色，半金刚光泽或松脂光泽，硬度2.5～3，密度7.9～

$8.34g/cm^3$。

2.1.9 辉钨矿

辉钨矿的形成可能与含硫化氢和碳酸的热水溶液作用于白钨矿有关，化学式为 WS_2，理论上含 W76.16%，属六方晶系，呈鳞片状集合体，铅灰色，条痕黑灰色，不透明，硬度 2.5，密度 $7.18 \sim 7.4g/cm^3$。辉钨矿在矿相显微镜下呈白色，具强双反射和非均质性，无内反射，常见于铅－银接触交代矿床，与黄铁矿、闪锌矿、方铅矿、黝铜矿、黑钨矿、辉银矿及石英共生，一起产出的矿物有石英、方解石、白钨矿、磁黄铁矿、闪锌矿、黄铁矿、黄铜矿等。

2.1.10 钨锑贝塔石

钨锑贝塔石的化学组成为 $(Ca,Y,Sb,Mn)_2(Ti,Ta,Nb,W)_2(O,OH)_7$，化学成分质量分数为 WO_3 5.00%，CaO 10.73%，FeO 1.88%，MnO 6.19%，Sb_2O_3 7.77%，Ta_2O_5 20.00%，Nb_2O_5 8.65%，属斜方晶系，黑色，浅灰到灰黄色条痕，在薄片中呈红褐色，贝壳状断口，硬度为 5.5，密度 $4.74g/cm^3$。

2.2 钨矿床类型

2.2.1 钨矿床的成因类型

随着钨矿地质研究工作的不断深入，新中国成立 60 多年来，先后报道过的钨矿床分类方案不下十多种，各自反映了不同的研究目的和研究重点。20 世纪 50 年代以前，中国钨矿床的分类，受 W. 林格仑（1911 年）、P. 尼格里（1925 年）、史奈德洪（1932 年）等分类方案的影响，主要在岩浆一元论的基础上，以成矿物理化学条件为准绳，强调温度、压力和距离岩体的位置；50 年代末期，则着重于成矿环境对矿石建造的影响，企图融合成因与工业利用于一体；60 年代中期以后，由于钨矿床的发现越来越多，引起人们开始综合考虑成矿地球化学条件、沉积作用和变质作用及成矿岩浆的种种不同来源及其控矿作用的差异等，促使人们逐步认识到成矿物质的多源化、成矿作用的多样化、成矿时代的多期化，以及多种机制联合控矿的特征，从而导致钨矿床的分类发生了重要变革。

矿床类型的划分是否符合客观实际及其应用的效果如何，主要取决于野外实践对矿床成因的研究程度，多元成矿的理论认识应当作为划分钨矿类型的主要依据。

2.2.1.1 成矿物质的多源性

总的来说，钨的物质来源可以分为岩源和层源两种。岩源是指成矿物质来源于岩浆岩，并演化衍生钨矿床；层源指成矿物质来源于地层（包括具有固定层位的火山沉积），成矿物质主要摄取于一定层位或一定岩性的地层，由某种地质作用（岩浆作用、动热变质作用、花岗岩化混合岩化作用、热卤水作用、火山喷气作用、表生淋滤作用等）使其活化、迁移、富集成矿。此外，相对矿床位置而言，又有自源与他源之别，自源是就地取材的同生沉积，容矿层即是矿源层；他源则属异地迁移堆积，是受后期地质作用而成矿。上述岩源、层源、自源、他源可以形成各具特征的不同矿床，也可以通过一定构造作用形成多源复成矿床。

2.2.1.2 成矿条件的多样性

钨矿床的成矿条件，具有地层、构造、岩浆岩多种因素及其复合控矿的特点。地层沉积建造是供矿、容矿的基本因素之一，不同的容矿建造机制分别决定矿床类型的差异，如碳酸盐岩建造一般形成矽卡岩或似矽卡岩型钨矿床，而硅铝质建造则往往产生交代岩或角岩，形成岩体浸染型、细脉浸染型、脉型、角砾岩筒型钨矿床。不同的构造－岩浆机制，将产生各具特征的矿床类型，例如由深大断裂从深部带来的壳幔混源型岩脉，可以形成斑岩型、角砾岩筒型钨矿，而来自壳源型的岩脉则形成脉型或矽卡岩型钨矿。各种成矿条件联合控矿，必然产生多型矿床的共生与复合。

2.2.1.3 成矿作用的多因性

主要是矿液性质、成矿环境、围岩条件等，例如不同成分和浓度的矿质，通过不同的导矿构造和容矿构造，不断与围岩发生作用，必然使其介质的酸碱度、硫氧逸度、盐度、温度和压力等发生变化，在适当的环境中，分别制约着不同类型钨矿床的形成。

2.2.1.4 提供找矿预测信息

矿床的分类还应当考虑在找矿实践中使用是否方便，特别是能否提供预测找矿的信息，这是非常重要的。如果是在花岗岩区找矿，就应当考虑不同岩浆－成矿系列，从而根据客观地质条件，发现同一系列中的各型矿床；如果是在沉积－变质岩区找矿，就应当考虑特定沉积建造、层位，岩性对供矿和容矿的控制作用。因此，有关岩浆成矿系列和地层控矿条件，不仅是成矿的基本因素，而且可为预测找矿提供必要的信息。

根据全国100多处大、中型钨矿床的成矿地质特征，应用上述分类原则，我们对中国钨矿床的成因类型建立了“类”、“亚类”、“型”三级划分单元。

“类”是钨矿床分类的最高级单位，在地壳演化过程中，钨元素按分散、集中、成矿的地球化学演进途径，基本上遵循沉积（包括火山）作用形成矿源层，从而再分两个途径演进：一是经过分熔、重熔间接衍生为岩控钨矿床；一是经过种种再造机制以及变质作用，直接以地层为前提形成层控钨矿床。各类钨矿床又经表生氧化淋滤作用，再向沉积转化，形成表生钨矿床。

“亚类”是钨矿床分类的二级单位。岩控钨矿床的矿源取决于不同花岗岩类的岩源，徐克勤等（1981）所建立的陆壳改造源和壳幔过渡同熔源就是岩源钨矿的两大主要矿源的理论，理应作为划分钨矿床成因亚类的主要依据。对于层控钨矿，由于包括自源、他源、混合源等，情况复杂，主次地位不易准确判断，只划分改造和叠加两个亚类。

“型”是钨矿床成因分类最基本的单元，主要根据成矿机制及其矿化特征来划分，如细脉浸染型，钠长花岗岩型、云英岩型、矽卡岩型等。但是由于不同矿源和不同成矿前提，往往形成具有相似矿化特征的钨矿床，从而出现跨亚类的现象，如石英脉型、角砾岩筒型等。

钨矿床的成因分类如表 2-5 所示。

表 2-5 钨矿床成因类型划分表

类	亚 类	型	典型矿床
岩控钨矿	壳源改造花岗岩成矿	花岗岩细脉浸染型	福建行洛坑、江西下桐岭
		钠长花岗岩型	江西大吉山（69 岩体）
		云英岩型	江西洪水寨
		花岗伟晶岩型	广东白石岗
		矽卡岩型	江西宝山 湖南新田岭
		石英－萤石型	湖南深坑里
		石英（长石）脉型	广东锯板坑、江西西华山
		蚀变角砾岩型	广西八步岭、江西虎家尖
		角砾岩筒型	江西大湖塘狮子崖
	壳幔混源同熔花岗(闪长)岩成矿亚类	斑岩型	广东莲花山、江西阳储岭
		角砾岩筒型	江西船子岽、李公岭
		火山岩型	福建广坪
层控钨矿	层控再造成矿亚类	似矽卡岩型	江西高湖、和尚滩
		动热变质型	湖南沃溪
	层控叠加成矿亚类	混合岩－似矽卡岩型	江西永平、云南南秧田
		石英脉－似矽卡岩型	江西岗鼓山、甘肃塔儿沟
		云英岩－复合矽卡岩型	湖南柿竹园
		石英脉－交代岩型	广西大明山、江西隘山
现代表生钨矿		氧化淋滤型	广东大宝山、江西塔前
		冲积砂矿型	江西丰田

2.2.2 钨矿床的工业类型

目前我国具有工业意义的矿床可以分为以下四类。

2.2.2.1 石英大脉型钨矿床

矿体产于花岗岩类岩体与浅变质岩的内外接触带，呈独立的含矿石英大脉，矿石中常含黑钨矿、锡石、辉钼矿、绿柱石、黄铜矿、方铅矿、闪锌矿、菱铁矿、毒砂、白钨矿。钨原矿品位中等到富，矿床规模大到小型，典型的矿床如西华山、大吉山、锯板坑等。这类矿床是当前开发的主要工业类型矿床，在全国探明储量中约占25%。

2.2.2.2 石英细脉型钨矿床

矿床产于花岗岩或变质岩中，矿体呈较密集的含钨石英细脉，矿床规模多为大中型，矿物组合同石英大脉型钨矿床，典型的矿床如漂塘、上坪、行洛坑等。这类矿床储量在全国探明储量中约占10%。

2.2.2.3 矽卡岩型钨矿床

矿体呈透镜状、似层状，形态复杂，矿石中常含有白钨矿、黑钨矿、锡石、辉钼矿、黄铜矿、方铅矿、闪锌矿、菱铁矿、毒砂、磁黄铁矿、磁铁矿和萤石等。矿石品位变化较大，规模大到巨大，典型的矿床如柿竹园、瑶岗仙、新田岭。这类矿床储量在全国探明储量中约占40%。

2.2.2.4 细脉浸染型钨矿床

矿床中的矿体呈微细密集含钨石英细脉产出，矿石呈浸染状构造，矿体规模、矿石品位变化均较大，典型矿床如莲花山、阳储岭、三道庄等。这类矿床的储量在全国探明储量中约占8%。

此外还有伟晶岩型、云英岩型、次火山岩－角砾岩筒型和残坡积、冲积砂型钨矿床，这些矿床的储量较少，工业价值也较小。

2.3 钨矿床一般工业要求

钨矿床工业要求（或称矿产工业要求）的重要技术指标，包括矿床边界品位（WO_3%）、工业品位（WO_3%）、可采厚度（m）和夹石剔除厚度（m）。钨矿床的一般工业要求如表2-6所示，典型矿床工业要求实例见表2-7。

表2-6 钨矿床一般工业要求（DZ/TO201—2002）

项　目	要　求	备　注
边界 WO_3 品位/%	0.06~0.1	坑采厚度小于0.8m时应考虑米百分值计算
最低工业 WO_3 品位/%	0.12~0.2	
可采厚度/m	≥1~2	
夹石剔除厚度/m	≥2~5	

表 2-7 钨矿床工业要求实例

矿 床 类 型	边界 WO_3 品位/%	工业 WO_3 品位/%	可采厚度 /m	夹石剔除厚度/m
江西大吉山石英大脉型钨矿床	0.1	0.15	0.8	
江西盘古山石英大脉型钨矿床	0.08	0.12	0.8	
江西上坪石英细脉带型钨矿床	0.1	0.15	1	5
福建行洛坑石英细脉浸染型钨矿床	0.1	0.15	2	2
广东莲花山石英细脉浸染型钨矿床	0.12	0.18	1	4
湖南柿竹园石英细脉云英岩－矽卡岩型钨多金属矿床	0.1 伴生组分 Mo 0.01 Bi 0.04	0.15 0.04 0.07	2	

钨矿床中伴生的组分通常有锡、钼、铋、铜、铅、锌、锑、金、银、钴、铍、锂、铌、钽、稀土、硫、磷、砷、压电水晶、熔炼水晶、萤石等，其中，硫、磷、砷、钼、钙、锰、铜、锡、硅、铁、锑、铋、铅、锌等对钨的冶炼工艺和钨制品有害。对各类钨精矿产品所含的这些有害杂质，国家已制定行业标准，因此，这些有害组分，要经过选冶技术途径富集综合回收，变害为益，变废为宝，综合利用。表 2-8 为钨矿床中伴生组分综合评价参考值。

表 2-8 钨矿床伴生组分综合评价参考表

组 分	Cu	Pb	Zn	Sn	Mo	Bi	Sb	Co	BeO	Li_2O
含量/%	0.05	0.2	0.5	0.03	0.01	0.03	0.5	0.01	0.03	0.3
组 分	Ta_2O_5	Nb_2O_5	TR_2O_3	Ga	Ge	Cd	In	S	Au/g · t^{-1}	Ag/g · t^{-1}
含量/%	0.01	0.02	0.03	0.001	0.001	0.002	0.001	4	0.1	1

2.4 钨矿资源

2.4.1 世界钨矿资源

世界钨储量集中分布在中国、俄罗斯、加拿大和美国，这四个国家钨储量占世界总储量的 76%，其中大约 40% 在中国，15% 在加拿大，10% 在美国。除中国和美国外，具有重大钨资源潜力的国家有澳大利亚、奥地利、玻利维亚、巴西、缅甸、加拿大、哈萨克斯坦、朝鲜、韩国、葡萄牙、西班牙、土耳其、塔吉克斯坦、乌兹别克斯坦、土库曼斯坦和泰国。

国外已开采的主要矿床有矽卡岩白钨矿矿床、石英型黑钨矿矿床、斑岩型矿床等。矽卡岩白钨矿矿床是目前最重要的钨矿类型，其储量约占世界总储量的

1/2，开采量约占国外开采总量的1/4以上，矿石储量较集中，易形成大型矿区，矿石中主要钨矿物为白钨矿；石英脉型黑钨矿矿床是当前世界上生产黑钨矿的主要类型，其储量约占钨总储量的1/4左右，除中国外，大型矿区不多见，矿石矿物以黑钨矿为主，有少量白钨矿；斑岩型矿床品位低（0.1%左右），其储量约占钨矿总储量的1/4，矿石矿物中黑钨矿和白钨矿几乎各占一半。除上述矿床类型外，还有砂岩型、伟晶岩型、卤水型和热泉型，这些矿床的工业意义较小。

据美国地质调查局2009年公布的世界钨矿储量，中国是钨矿储量最大的国家，加拿大、俄罗斯和美国分别位居第2、第3和第4，2008年世界钨储量的分布情况如表2-9所示。从2002年至2007年，由于中国的钨地质勘查工作有了较大进展，中国已探明的钨储量和基础储量有了大幅度的增加，占世界总储量的比例发生变化，2007年中国已探明钨储量和基础储量分别占世界的62.06%和66.67%，表2-10为1994~2007年中国钨储量与世界钨储量情况。

表2-9 2008年世界钨储量的分布情况（钨含量）

国家或地区	储量/kt	基础储量/kt	位 次
中国	1800.0	4200.0	1
加拿大	260.0	490.0	2
俄罗斯	250.0	420.0	3
美国	140.0	200.0	4
玻利维亚	53.0	100.0	5
朝鲜		35.0	6
奥地利	10.0	15.0	7
葡萄牙	4.7	62.0	8
其他国家	440.0	750.0	
全世界	3000.0	6300.0	

表2-10 1994~2007年中国与世界钨资源储量（钨含量）

年 份	储量/kt			基础储量/kt		
	中国	世界	中国占世界比例/%	中国	世界	中国占世界比例/%
2007	1800	2900	62.06	4200	6300	66.67
2006~2002	1800	2900	62.06	4200	6200	67.74
2001	770	1900	40.53	1100	3100	35.48
2000	820	2000	41.00	1200	3200	37.50
1999	850	2000	42.50	1200	3200	37.50

续表 2-10

年　份	储量/kt			基础储量/kt		
	中国	世界	中国占世界比例/%	中国	世界	中国占世界比例/%
1998	870	2000	43.50	1200	3200	37.50
1997	920	2100	48.10	1300	3300	39.39
1996	940	2100	44.76	1300	3300	39.39
1995	960	2100	45.71	1300	3300	39.39
1994	1020	2300	44.34	1370	3300	41.52

世界钨矿床主要分布在环太平洋成矿带（加拿大、美国、玻利维亚、朝鲜、中国等东南沿海）、地中海北岸（土耳其、法国、奥地利、德国等）、南乌拉尔、中亚西亚及中国新疆、甘肃等地，其中环太平洋成矿带的钨矿总量占世界钨矿总量的一半以上，我国的南岭钨锡成矿带就位于环太平洋成矿带的西岸。国外特大型钨矿床多为矽卡岩型，主要有加拿大马克通（Mactung）、坎通（Cantung）矽卡岩型白钨床，美国派恩克里克（Pine Creek）矽卡岩型白钨矿床和克莱梅克斯（Climax）斑岩钨床，韩国上洞（Sangdong）矽卡岩型白钨矿床，澳大利亚金岛（KingIsland）矽卡岩型白钨矿床，土耳其乌卢达格（Uludag）矽卡岩型白钨矿床等。我国著名的三个超大型钨矿床为湖南柿竹园和新田岭钨锡铋钼多金属矿床、豫西栗川三道庄钨钼矿床和闽西清流行洛坑黑钨矿、白钨矿共生矿床。

奥地利 Mittersill 矿和葡萄牙的 Beralt 矿是欧洲两个重要的钨矿山，目前仍然在生产。其他有潜力的钨资源国家在独联体，特别是俄罗斯和哈萨克斯坦，但近几年该潜力能否被挖掘仍是个问题。Tymyan 矿开采的矿床是世界上最大的钨矿床之一，近期可能根据储量扩大产量规模。哈萨克斯坦有钨资源，该国总的采矿能力虽有所增加，但目前还没有扩大钨产量计划的报道。西班牙、法国、挪威均有较大储量的钨资源。英国的 Hemerdon 钨矿床目前归加拿大的北美钨公司所有。

非洲卢旺达和乌干达边境有一定钨产量，尼日利亚和南非可能有钨资源，目前没有开采计划，因此，近 10 年非洲基本不会有可观的钨供应。

过去几年，玻利维亚和秘鲁是南美洲较大的钨生产国，墨西哥和巴西也有规模的生产。玻利维亚是世界第三大钨生产国，但近年来产量大幅度下滑。Ckoljlla 矿储量较大，但是矿石品位低。加拿大最有可能成为美洲钨的新来源地，北美钨公司已经在 2001 年 12 月重新开采 Cantung 矿，计划每年生产 2000t 以上的钨，北美钨公司仍然拥有 Mactung 矿床，其他有潜力的钨资源包括 Mt. Pleasant 矿。

亚太地区，越南 Tiberon 矿业有限公司一直在开发 NuiPhao 矿床，目前已经开始投入生产；韩国 Sangdong 钨矿是在钨价低迷期间最晚关闭的矿山之一；泰国有储量丰富的钨资源，不过通常伴生在锡资源中。

世界主要钨矿床见表2-11。

表2-11 世界主要钨矿床（不包括中国）

矿　床	国　家	储量/kt	WO_3 品位/%
Tymyauz	俄罗斯	304.8	0.6
Vstok－2	俄罗斯	127.7	0.58
Uludag	土耳其	70	0.50
Dzhida	俄罗斯	46.9	0.43
Boguty	俄罗斯	25.9	0.60
Malyiken	挪威	22.6	0.90
Mittersill	奥地利	22.5	0.50
Panasquiera	葡萄牙	21.9	0.36
Maykhurinsk	俄罗斯	20	0.40
Santa Comba	西班牙	18	0.50
Akchatau	哈萨克斯坦	13.7	0.50
Salau	法国	12.6	1.4
Montredon	法国	12.6	0.63
Ingichika	乌兹别克斯坦	12.3	0.43
Krantzberg	纳米比亚	3.6	0.40
Mactung	加拿大	547.2	0.96
Logtung	加拿大	162	0.10
Mt. Pleasant	加拿大	69.3	0.21
Cantung	加拿大	34.3	1.32
Chicote Crande	玻利维亚	19.2	0.80
Choljlla	玻利维亚	11.2	0.40
Kami	玻利维亚	5.8	0.97
Bolsa Nagra	玻利维亚	5.2	1.04
Pasta Bueno	秘鲁	4.6	0.46
Enramada	玻利维亚	4	0.80
Tasna	玻利维亚	3.3	0.84
Chambilaya	玻利维亚	2.9	0.58
King Island	澳大利亚	78.2	1.03
Sangdong	韩国	73.1	0.86
Khao Soon	泰国	25	1.00

2.4.2 中国钨矿资源

2.4.2.1 中国钨矿床地质特征

中国钨矿的基本地质特征，可概括为分布广、产地多、规模大、品位高、伴生组分复杂、矿石类型繁多，特别以高度发育的石英脉型钨矿床著称于世。我国29个省、市、自治区有钨矿床或矿化点产出，其中21个省、市、自治区计算了钨矿工业储量或远景预测储量。中国钨矿床的一大特色是类型丰富多彩，除现代热泉沉积矿床和含钨热卤水矿床尚未发现外，几乎世界上所有已知的钨矿成因类型，中国都有产出。

2.4.2.2 中国钨矿成矿带划分

前已述及，中国钨矿遍布29个省、市、自治区。20世纪80年代以前，已探明的钨矿储量以黑钨矿石为主，大约占50%，黑白钨混合矿石占30%，白钨矿石占20%；80年代以后，由于勘探方向的改变，探明的白钨矿石储量有较大幅度增长，目前钨矿保有储量中白钨矿石占72.1%，黑钨矿石占20.4%。我国钨矿床产于各个重要地质历史时期，主要是产于前震旦系－下古生界变质岩中的似矽卡岩型、矽卡岩型或动热变质型钨矿。燕山旋回滨太平洋构造－岩浆活动期是中国钨矿最重要的成矿期，钨矿遍布于兴安岭、燕辽、秦岭，特别是华南褶皱系，产地广阔，类型繁多；海西期以天山及兴安岭等区褶皱系为主，产出矽卡岩型及石英脉型钨矿。

现根据钨元素地球化学的分区性，结合大地构造位置，以北纬30°（相当于横贯中国中部的昆仑－秦岭纬向构造带稍南）为界，将钨矿成矿带划分为中国北部和中国南部分别叙述。

A 中国北部

a 吉黑成矿带

本带北起小兴安岭，经张广才岭南达辽东半岛，张广才岭海西褶皱带主要由古生界组成，广泛分布海西期及燕山期花岗岩。与海西期花岗岩有关的钨矿有翠宏山铁（钨）多金属矿、二股西山和赵家湾子钨矿；与燕山期花岗岩有关的钨矿有白石应钨矿和弓棚子铜钨锌矿。辽东半岛局部地段出露太古－元古界混合岩，分布有燕山期花岗岩，形成以岫岩为中心的钨矿汇集区，多属石英脉型，并有个别矽卡岩型矿化点。

b 内蒙古－大兴安岭成矿带

本带位于呼和浩特以东，东北部处于内蒙古地轴北缘和大兴安岭地槽褶皱系的交接处，赋矿地层有太古界、元古界、下古生界、石炭系变质岩和上侏罗统火山岩系。与钨矿有关的侵入岩体，主要是燕山期黑云母花岗岩、花岗斑岩及石英斑岩，以及少数海西期花岗岩。已知钨矿（点）30多处，几乎都是石英脉型钨矿，其中具有代表性的有太仆寺白石头洼钨矿，该矿的侵入岩体属于燕山期花岗岩，其余如锡林郭勒盟的沙拉哈达及秋林沟、哲里木盟的石匣沟钨矿均属燕山期花岗岩。此外，在大兴安岭南端尚有东山湾石英细脉带型钨锡矿床。

c 燕山成矿带

该矿带位于北京－山海关一线，燕山沉降带和华北地台的接壤处，是燕山旋回强烈构造－岩浆活动区，赋矿地层主要为太古界混合杂岩及上元古界变质岩。该矿带燕山期花岗岩广泛发育，比较典型的矿床如蓟县沿河钨矿，有北西方向平行延伸的裂隙充填钨矿脉近300条；密云沙厂钨矿，含钨石英脉产于太古代片麻岩及古老环斑花岗岩中，成矿可能与燕山期球粒霏细岩脉有关。平谷牛角峪钨矿，产于震旦系下统南口群石英岩中；矽卡岩型钨矿则见于冀西北涞源县的于城。

d 东秦岭成矿带

本带地处豫陕边境的栾川－卢氏－洛南－蓝田一线，位于中朝准地台南缘，相当于秦岭褶皱系东端，是中国腹地重要的钨钼成矿区，赋矿地层为中元古界长城系和上元古界青白口系。与成矿有关的燕山期浅成－超浅成花岗岩类小岩体发育，著名的栾川三道庄和夜长坪钨钼矿床均为斑岩型和矽卡岩型；其次有上房沟钨钼矿床；灵宝的文峪、杨寨峪和东闯矿区为多金属硫化物石英脉型含金钨矿；洛南的解家河和蓝田的清山峪钨矿均属石英脉型钨矿。

e 祁连－西秦岭成矿带

本带属祁连－秦岭成矿带的西段。祁连褶皱带西北段，有肃北县塔儿沟钨矿，分布在海拔3000m以上，矿床呈透镜体产于前震旦系片岩、石英岩、大理岩中，也有石英脉钨矿穿插其中；其次有野马滩钼钨矿。肃南县有大道口、古大板河、干巴河垴石英脉型钨（钼）矿。西秦岭的夏河、岷县、和政一带，有较多的钨矿床，以矽卡岩型白钨矿为主，石英脉型黑钨矿及网脉白钨矿次之，例如夏河县的阿夷山、白木沟矽卡岩型白钨矿、老槐沟石英脉型铜钨矿等。

f 天山－北山成矿带

本带包括阴山以西的北山－天山褶皱系，区内钨矿的成矿时代大部为海西期，个别为加里东期及燕山期。新疆温泉的奇克斯台、居里申钨矿和库斯台钨锡矿、哈密琼洛克及绿州泉钨矿，都是石英脉型。精河奈楞格勒钨矿属斑岩型，星星峡白石头钨矿属矽卡岩型，向东延至甘肃柳园明水附近的红尖兵山石英脉型钨矿，再往东到额济纳旗有鹰嘴红山和七一山石英脉型钨矿和钨钼矿。

g 武当－淮阳隆起成矿带

本带目前仅发现一些零星分布的矽卡岩型和似矽卡岩型白钨矿床（点），例如湖北应山的王家屋脊。另外，淮阳地盾古老变质岩系分布区的祁门、屯溪、绩溪各县，已发现际下、竹林、新岭、老岭等矽卡岩型白钨矿床。

h 下扬子台褶成矿带

沿长江下游鄂皖苏一线断续分布，主要为矽卡岩型白钨矿床，分别产于燕山期花岗岩和古生界不同层位的接触部位，如湖北阳新阮家湾和付家山、大冶龙角山等，安徽青阳百丈崖钨钼矿和宣城铜山－乔麦山钨钼铜矿，江苏盱眙的矽卡岩型白钨矿和溧壁的钼钨矿等。

B 中国南部

a 东南沿海成矿带

本区地处政和－大埔深断裂以东，自福建、广东沿海直达海南岛，相当于中国东南沿海褶皱系。带内有著名的粤东澄海莲花山斑岩型钨矿床，产于侏罗系变质砂砾岩中。从福建漳浦、云霄至广东汕头，还有吴坑、骆驼山、大帽山等石英脉型、云英岩型钨矿床。

b 江南台隆成矿带

本带呈东西向横亘于湘赣两省北部，赋矿地层主要由元古界板溪群和双桥山群组成褶皱基底，盖层为震旦系－志留系，间有上古生界。本矿带矿床类型较多，改造型和同熔型花岗岩并存，湘西沃溪－西安一带为层控型钨金锑矿；赣北九岭－障公山一带有大湖塘、蓑衣洞细脉带型、大脉型及角砾岩型钨矿；赣东北阳储岭、邦彦坑则为斑岩型及角砾岩筒型钨矿；东乡枫岭钨铁铜硫矿床，产于石炭系硅质岩、火山碎屑岩及硅质灰岩中，与围岩整合，为一火山热液喷气层控改造矿床。

c 武夷山加里东隆起成矿带

本带沿赣闽边境武夷山脉分布，东界政和－大埔深断裂带，西抵鹰潭－安远大断裂带，北界浙赣断陷处，向南延至粤东海西上叠坳陷处，相当于华夏褶皱带中的隆起区。带内钨矿类型较多，武夷山北段，沿石炭系藕塘底组顺层形成永平钨铜矿床；闽北隆起清流县有行洛坑特大型细脉浸染型钨矿；燕山期含矿岩体侵入震旦系上统变质岩系地层而成矿；江西境内多处分布东华山石英脉型钨矿，向南延至瑞金，大多是于震旦纪地层中产出的胎子岽角砾岩筒型钨矿床；闽西邵武、顺昌、将乐县境，在震旦纪地层中已发现新路口、南排山等钨矿；武夷山南端闽南粤东坳陷区的永安、武平、焦岭、大埔境内，分布有牛头窝、下坝、五人坑、中栏坑等钨矿床。

d 湘赣粤加里东隆起成矿带

本带位于华南褶皱系的中央地带，是华南钨矿最集中的地区，赋矿地层以震旦－寒武系为基底，相间出现海西－燕山坳陷区和断陷带，拥有大小钨矿床（点）多达500余处。武功山－玉华山区以石英脉型钨矿为主，产于震旦系浅变质岩中，如武功山、明月山、浒坑、下桐岭、徐山、邓阜仙等钨矿。诸广山区，其东麓为江西境内的崇余犹地区，钨矿床最为密集，著名的西华山石英大脉型钨矿、漂塘大型细脉带型钨矿以及木梓园、棕树坑、淘锡坑、杨眉寺等钨矿均集中在此区；诸广山西麓，地处湘东南海西上叠坳陷的泥盆系中，上统碳酸盐层与燕山期花岗岩接触地带，柿竹园地区产出特大型钨锡铋钼矿床，新田岭产出矽卡岩型钨矿床，瑶岗仙产出石英脉型钨矿，附近和尚滩又产出矽卡岩型白钨矿。于山地区，重要的石英脉型矿床有大王山、画眉坳、小龙、上坪、盘古山、黄沙、铁山垅等钨矿。九连山地区，自西向东分布有瑶岭、石人嶂、梅子窝、师姑山及锯板坑特大型石英脉型钨矿床，再向东进入江西境内，有大吉山、岿美山、官山等钨矿，间有个别钨铍铌钽矿床。

e　湘桂粤海西－印支坳陷成矿带

本带包括丹池坳陷、湘桂坳陷、粤中坳陷三部分。丹池坳陷燕山期花岗岩侵入泥盆系，产出伴生黑钨矿、白钨矿的大厂锡多金属矿床，拉么则是以钨为主的多金属矿床。坳陷东南武鸣境内，有特大型大明山石英脉型、网脉型及层控型钨矿。桂北雪峰隆起南缘分布有平硐岭、两累石英脉型钨矿及红岗山、九毛钨锡铜矿床。桂东北雪峰隆起东南缘分布有矽卡岩型钨锡铜矿床和石英脉型钨锡锑矿床，如高桂山、大坝田、油麻岭等。湘桂坳陷富贺钟地区，泥盆系发育，燕山期花岗岩侵入其中，产出珊瑚长营岭大型钨锡石英脉矿床及八步岭石英角砾岩脉钨矿。粤中坳陷位于阳春、清源等地，上古生界发育，产出与花岗岩有关的矽卡岩型、斑岩型钨锡多金属矿床，如小南山、九曲岭等。

f　康滇地轴成矿带

本带位于扬子准地台西端川滇南北向褶皱带，钨矿产地较少，主要是晋宁期花岗岩侵入于昆阳群和会理群碳酸盐层而形成的矽卡岩型钨矿，如安宁九道湾钨铁矿和会理岔河锡钨矿。

g　滇桂台褶成矿带

本带位于华南褶皱系滇桂台向斜的西南端，西与红河断裂相接，北为康滇地轴末端，是一个成矿有利地带。个旧卡房矽卡岩型白钨矿产于中三叠统碳酸盐岩层与燕山期花岗岩接触带，麻栗坡老君山花岗岩体外围产出矽卡岩型钨锡矿床，附近南秧田寒武纪地层中发现层控型似矽卡岩白钨矿床。

h　三江钨锡成矿带

本带位于云南西部怒江、澜沧江、金沙江流域，属特提斯－喜马拉雅构造域的东端，相当于三江褶皱系，本区已知矿床主要是矽卡岩型和石英脉型。矽卡岩型矿床有鹤庆马头湾和中甸红铜钨矿，石英脉型矿床有中甸麻花坪和腾冲新歧钨锡矿。另外，澜沧江西岸有云龙志本山、昌宁柯街及薅坝地等钨锡矿。本带向南延伸与缅甸、马来西亚锡钨成矿带遥相衔接。

2008 年中国钨矿资源储量分布情况列入表 2-12 中。应该指出的是，我国公布的钨资源的基础储量与美国地质调查局 2009 年公布的世界钨矿储量中的中国基础储量数据相差很大，其原因目前还不清楚。

表 2-12　2008 年中国钨矿资源储量分布情况

省（区）	矿区数/个	基础储量/kt	储量/kt	资源量/kt	查明资源储量/kt
全国	383	2351. 2	1388. 5	3260. 5	5611. 7
北京	3			1. 5	1. 5
河北	1			0. 8	0. 8
内蒙古	21	48. 6	18. 5	139. 4	188. 0
辽宁	2			0. 6	0. 6
吉林	4	0. 3		9. 8	10. 1
黑龙江	8	48. 8	35. 9	145. 8	194. 6
浙江	7	6. 8	5. 8	3. 7	10. 5
安徽	4	8. 7	1. 4	32. 7	41. 4
福建	13	137. 2	115. 1	164. 6	301. 8
江西	134	468. 5	335. 0	589. 9	1058. 4
山东	2	0. 3		46. 8	47. 1
河南	4	348. 6	270. 7	111. 3	459. 9
湖北	8	5. 6		49. 3	54. 9
湖南	62	1078. 8	537. 5	853. 1	1931. 9
广东	51	24. 2	9. 6	323. 6	347. 8
广西	20	72. 0	2. 7	244. 7	316. 7
海南	1	0. 3	0. 2	1. 2	1. 5
四川	1			0. 2	0. 2
贵州	3			10. 5	10. 5
云南	21	49. 4	24. 5	165. 9	215. 3
甘肃	6	53. 1	31. 6	339. 9	393. 0
青海	3			18. 5	18. 5
新疆	4			6. 7	6. 7

数据来源：《2009 年中国钨工业年鉴》，中国钨业协会，2009。

由于我国白钨矿品位低、富矿少，因而长期以来我国主要开采的是高品位、易采、易选的黑钨矿，目前我国 75% 以上的钨精矿是由黑钨矿生产的，因此黑钨矿消耗速度快，储量不断减少，形成钨矿储量以白钨矿为主的局面。据统计，2007 年底我国黑钨矿基础储量 491. 3kt，白钨矿基础储量 1737. 0kt，混合钨矿基础储量 180. 3kt，分别占钨矿基础储量的 20. 4%、72. 1% 和 7. 5%。另据统计，全国有 29 个大型、超大型钨矿床，其中白钨矿床 20 个（含以白钨为主和黑白钨共生矿以及伴生有关多金属矿的白钨矿）；全国有四个超大型钨矿，其中三个是白钨矿床（即湘南柿竹园和新田岭的钨锡铋钼多金属矿、豫西栾川三道庄钨钼矿和闽西清流行洛坑黑白钨共生矿）。经过多年研究，我国从白钨矿中选钨回收率低以及钨、钼分离等问题已基本解决，今后白钨矿的开发利用将逐渐增加。

根据中国钨业协会统计，我国钨矿保有储量中，钨品位（WO_3）大于0.5%的仅占20%（主要是石英脉型黑钨矿）；而在白钨矿的工业储量中，品位大于0.5%的仅占2%左右，与国外相比，中国白钨矿质量处于劣势，而黑钨矿品位富、矿床大、易采易选，优势明显。我国混合钨矿矿区一共23个，目前只有江西丰城徐山、于都庵前滩和湖南道县三个矿区在开采。

我国伴生钨储量约占总储量的20%，大部分随主矿产开发而综合回收，如云南个旧锡矿，湖北大冶有色金属公司所属的铜矿山（如大冶龙角山、铜绿山、封山洞等），江西铜业公司所属的铜矿山（如永平铜矿、东乡铜矿、德兴铜矿等）以及一些钼矿山等，在选矿过程中均已综合回收钨精矿，成为矿山各种精矿产品之一。我国钨矿多为矽卡岩型钨矿床、热液充填多金属型钨矿、岩浆后期高中温热液型矿床等类型，多数为共、伴生矿床，单一矿床少，通常与铜、钼、锑、锡、铋、铌、钽以及金、银等共、伴生，其中常以独立矿物存在的有锡、钼、铋、铅、锌、铍、稀土等，以类质同象分散在钨矿和硫化矿物中的有铌、钽、镓、铟、铊、镉、银等，综合利用价值大。据统计，湖南、江西、广东三省的钨矿床中，钨储量与锡、铋、钼、铜、铅、锌六种主要伴生金属总储量的比例大约为1/1.1，伴生金属总储量大于钨总储量，综合回收对合理利用矿产资源、对提高企业经济效益十分有利。

2.4.2.3　黑钨矿资源状况

我国有单一黑钨和以黑钨为主、白钨为副的黑钨矿区154个，共有钨储量1447.2kt，其中工业储量592kt，远景储量855kt，其中已在开采的矿区124个，储量为1311kt，占黑钨总储量的90.6%，尚有30个矿区的136kt储量未被开采利用。黑钨矿区以万吨储量规模为主，主要集中在27个万吨级储量规模矿区中，大吉山等十大黑钨矿山共有储量945kt，占黑钨总储量的65.2%，其中工业储量仅有372kt，占39.4%。我国黑钨矿床只有5个矿区的矿石品位在0.5%以上，储量约399kt，其余储量的矿石品位均在0.24%以下。中国黑钨矿及黑白钨混合矿资源储量（WO_3）前12位的矿区情况如表2-13所示。

表2-13　中国黑钨矿及黑白钨混合矿资源储量（WO_3）前12位的矿区情况

矿　　区	储量/t	基础储量/t	资源储量/t	矿石品位/%	矿产特征
广西武鸣大明山钨矿区	0	0	152187	0.236	单一矿
福建行洛坑钨矿区	71606	119344	143853	0.233	黑白钨

续表 2-13

矿　　区	储量/t	基础储量/t	资源储量/t	矿石品位/%	矿产特征
甘肃肃北县塔尔沟钨矿区	2392	5436	129075	0.736	黑白钨
江西下桐岭钨矿区	42661	63369	119801	0.225	黑钨为主
广东锯板坑钨矿区	0	93514	95239	0.63	黑钨为主
江西漂塘钨锡钼矿区	64473	81026	81026	0.203	共生
广西珊瑚钨锡钼矿区	0	66703	66703	1.09	黑钨为主
江西全南大吉山钨矿区	36731	42409	50481	1.898	黑钨为主
江西阳储岭钨钼矿区	0	0	49721	0.2	黑钨为主
江西武宁大湖塘钨矿区	0	39354	39354	0.163	共生
湖南宜章瑶岗仙钨矿区	16152	23074	35579	1.269	黑钨为主
江西崇义新安子钨锡矿区	25942	30169	30169	1.037	共生
前 12 位黑钨矿区合计	259957	564398	993188		

2.4.2.4　白钨矿资源

根据 2002 年《中国矿产资源年报》公布的数据，截至 2000 年底我国白钨矿保有储量为 3698.4kt，占全国钨矿总保有储量的 72.1%，其中工业储量为 1653.8kt，占白钨矿总储量的 44.7%。白钨矿储量主要集中分布在中部地区，占全国钨矿总储量的 59.1%，占全国白钨矿总储量的 81.6%；西部地区储量占全国钨储量的 8.6%，占全国白钨矿总储量的 12.2%；东部地区储量占全国钨总储量的 4.4%，占全国白钨矿总储量的 6.2%。全国已探明有白钨矿储量的有 16 个省区，储量多的依次为湖南、河南、江西，分别占全国白钨总储量的 46%、17% 和 12%。我国的白钨资源丰富，主要由 40 多个大中型、超大型矿床组成，共计白钨保有储量（WO_3）在 3000kt 以上。全国有 29 个大型、超大型钨矿床，其中白钨矿床 20 个（含以白钨为主和黑白钨共生矿以及伴生有关的多金属矿床的白钨矿）。中国大型白钨矿资源情况如表 2-14 所示。

表 2-14　中国大型白钨矿资源情况

矿　　区	储量/kt	基础储量/kt	资源储量/kt	矿石品位/%	矿石特征
湖南柿竹园钨锡钼铋矿区	423	562	715	0.344	黑白钨
湖南汝城白云仙钨矿			66.5	0.617	黑白钨
湖南汝城砖头坳钨矿			66.5	0.67	白钨为主
江西都昌县阳储岭			57.4	0.2	白钨为主
江西分宜县下桐岭			120.9	0.225	黑白钨
江西丰城市徐山			81.5	0.84	黑白钨矿

续表 2-14

矿　　区	储量/kt	基础储量/kt	资源储量/kt	矿石品位/%	矿石特征
云南个旧锡钨多金属矿田			42.3	0.232	白钨
甘肃肃北县塔尔沟	2.4	5.4	129	0.736	黑白钨矿
甘肃肃南县小柳沟				0.6～0.93	白钨
河南栾川三道庄钨钼矿区		284	422	0.117	伴生
湖南新田岭钨钼铋矿区	156	303	320	0.37	伴生
衡南县川口矿杨林坳钨矿区	0	98.8	292	0.46	白钨
宜章县瑶岗仙钨矿白钨矿区	75.2	204	224	0.276	白钨
修水县香炉山钨矿区	0	169	201	0.741	白钨
清流县行洛坑钨矿区	128.6	124.2	151.7	0.233	黑白钨矿
河南栾川南泥湖钨钼矿区	74.5	0	141.8	0.103	伴生
逊克县翠宏山铁多金属矿区	0	17	122	0.329	伴生
曲江县大宝山多金属矿区	13.3		106.1	0.05	伴生
桂阳县黄沙坪铅锌矿南部铁矿			103	0.254	伴生
铅山县永平天排山铜硫矿区			102	0.079	伴生

我国白钨资源矿区规模较大，储量较集中，储量100kt以上的矿区共有10个，共有储量2590kt，占白钨总储量的69.3%，其中柿竹园、三道庄、新田岭三个矿区的储量占一半以上；5～10万吨规模的矿区共有5个，储量共350kt，占白钨总储量的9.38%；10～50kt规模的矿区共27个，储量620.6kt，占白钨总储量的16.61%；10kt规模以下的矿区共44个，仅有储量174.5kt，占白钨总储量的4.67%，个别矿区储量少的只有几十吨。

总的说来，我国白钨矿区矿石品位不高，品位在1%以上的仅有一个小矿区，即湖南西安钨矿，储量仅1520kt；矿石品位在0.6%以上的矿区有12个，储量359kt，占白钨总储量的9.6%，其中香炉山钨矿储量217kt，占60%以上；品位在0.5%～0.6%之间的矿区有3个，储量27kt，占白钨总储量的0.7%；其余70个矿区矿石品位在0.5%以下，储量3350kt，占白钨储量的90%左右。

2.5 钨精矿质量标准

对钨精矿质量的标准，国际上并不统一，通常是冶炼厂根据自己具备的工艺条件，来选购所需的钨精矿。我国1981年制定的钨精矿质量标准对钨精矿品位要求比较严格，一般含 WO_3 要大于65%。2007年制定的新钨精矿质量标准则对钨精 WO_3 含量分为50%、55%、60%、65%和68%五个等级，有利于某些难选钨矿保持较高的回收率。由于湿法冶金技术的进步，新标准中增加了黑白钨混合精矿产品，这对黑白钨分离困难的钨选厂是有利的，新标准中还增加了钨细泥精矿产品，有利于选厂强化钨细泥的回收。钨精矿质量标准见表 2-15。

表 2-15　钨精矿质量标准（YS/T231—2007）

品种			WO_3（不小于）/%	杂质含量（不大于）/%									用途举例
类型	类别	品级		S	P	As	Mo	Ca	Mn	Cu	Sn	SiO_2	
黑钨精矿	一类	特级	68	0.4	0.03	0.10		5.0		0.06	0.15	7.0	优质钨铁、直接炼合金钢
		一级	65	0.7	0.05	0.15		5.0		0.13	0.20	7.0	钨铁
		二级	60	0.7	0.05	0.20		5.0		0.15	0.20		
	二类	一级	65	0.7	0.10	0.10	0.05	3.0		0.25	0.20	5.0	仲钨酸铵、硬质合金、钨材、钨丝、触媒
		二级	65	0.8	0.10	0.15	0.05	5.0		0.25	0.25	7.0	
		三级	60	0.9	0.10	0.15	0.10	5.0		0.3	0.30		
		四级	55	1.0	0.10	0.15	0.20	5.0		0.30	0.35		
		五级	50	1.2	0.12	0.15	0.20	6.0		0.35	0.40		
白钨精矿	一类	特级	68	0.4	0.03	0.03			0.5	0.03	0.03	2.0	优质钨铁、直接炼合金钢
		一级	65	0.7	0.05	0.15			1.0	0.13	0.20	7.0	钨铁
		二级	60	0.7	0.05	0.20			1.5	0.25	0.20		
	二类	一级	65	0.7	0.10	0.10	0.05		1.0	0.25	0.20	5.0	仲钨酸铵、硬质合金、钨材、钨丝、触媒
		二级	65	0.8	0.10	0.10			1.5	0.25	0.20	7.0	
		三级	60	0.9	0.10	0.15			2.0	0.3	0.20		
		四级	55	1.0	0.10	0.15			2.0	0.3	0.35		
		五级	50	1.2	0.12	0.15			2.0	0.3	0.40		
混合钨精矿			65	0.7	0.10	0.10				0.25	0.20	5.0	仲钨酸铵、硬质合金
钨细泥			30	2.0	0.5	0.30				0.5			

说明：（1）产品按矿物类型分为黑钨精矿和白钨精矿两种，按冶炼方法分为一类和二类，一类主要供火法冶炼用，二类供湿法冶炼用，按化学成分划分为特级、一级、二级、三级、四级、五级、混合钨精矿和钨细泥，共计 18 个品种。混合钨精矿是指黑钨、白钨没有严格分离的钨精矿，钨细泥是指粒度小于 0.074mm（WO_3 含量为 30% ~40%）、杂质含量较高的钨矿产品，供湿法冶炼用。

（2）供火法冶炼制钨铁和合金钢的钨精矿，对硫、磷和重金属元素的含量要求严格，这些元素在冶炼过程中不能被脱除，炼成的钨钢具有热脆性或冷脆性而降低其力学性能；钼是钢中的有益元素，一般不限制钼含量，但制作钨丝、钨材时，对钼就有严格要求。

世界典型钨精矿化学成分如表2-16所示。

表2-16　世界典型钨精矿化学成分（质量分数）　（%）

成分	白钨矿						黑钨矿	
	韩国	墨西哥	加拿大	泰国	澳大利亚	奥地利	中国	玻利维亚
WO_3	71.4	69.7	68.9	66.4	72.0	31.4	65.8	60.5
CaO	20.3	10.0	16.9	19.88	20.3	13.9	2.14	2.30
Mg	0.3	0.03	0.84	0.8	0.25	2.4	0.04	
B		0.01	0.01	0.004	0.01	0.0001	0.005	
Al	2.0	0.22	0.23	1.24	1.0	2.49	0.40	1.17
Si	0.77	1.35	2.94	2.44	0.60	16.3	1.36	2.73
Sn	0.01	0.01	0.01	3.0	0.04	0.001	1.0	
Pb	0.025	0.10	0.025	0.25	0.02	0.03	0.068	
P	0.016	0.014	0.007	0.17	0.008	0.995	0.0137	0.22
As		0.0066	0.002	0.17	0.002	0.0021	0.058	1.0
Bi	0.010	0.010	0.006	0.10	0.006	0.0025	0.045	0.20
S		0.056	0.41			0.062	0.50	1.16
F						0.135	0.101	
Ti	0.001	0.025	0.075	0.070	0.030	0.060	0.23	
V	0.004	0.010	0.010	0.008	0.010	0.005	0.015	
Cr	0.001	0.010	0.010	0.002	0.010	0.008	0.0075	0.005
Mo	1.21	0.51	0.070	0.01	2.0	0.157	0.003	2.53
MnO		0.258	0.645	0.516	0.052		10.8	
FeO	0.31	3.74	3.23	0.93	0.28	1.37	13.2	17.0
Co		0.010	0.010	0.005	0.010	0.001	0.050	
Ni	0.003	0.010	0.010	0.005	0.010	0.0023	0.010	
Cu	0.025	0.010	0.010	0.10	0.010	0.001	0.75	0.039

2.6　世界钨精矿产量及供求情况

世界钨矿主要生产国包括中国、俄罗斯、加拿大、美国、奥地利、葡萄牙、玻利维亚、朝鲜、乌兹别克斯坦、吉尔吉斯斯坦和捷克等，近10年来钨矿产量增长较多的国家主要是中国、奥地利、葡萄牙和乌兹别克斯坦等。

（1）中国。中国是世界最大的钨矿生产国，2003年中国钨矿产量52000t，比2002年增加了5.05%，占世界钨矿总产量的83.7%。近年来，中国钨矿产量大致保持在年产7880kt的水平，在世界上占绝对优势，中国钨矿生产主要集中在江西(66%)、湖南(19%)、云南(6%)、广东(5%)等省，其他省份占4%。

（2）苏联。苏联主要钨矿产地是哈萨克斯坦、大高加索和远东地区。矽卡岩型白钨矿多产于苏联中部，储量很大，是苏联钨矿产量的主要来源，石英脉型黑钨矿及其产量居次要地位。苏联最重要的钨矿山是北高加索的特尔内奥兹钨钼矿，矿石以白钨矿为主，伴生钼、铜等元素，钨矿储量约55kt，矿石 WO_3 品位为0.2%~0.4%，矿石采选能力为5000t/d，年产白钨精矿约4000t，除此之外，苏联还有7个白钨矿、4个黑钨矿和1个铁钨-白钨矿矿石在生产，但规模均不大。

（3）加拿大。加拿大钨矿储量在国外居第一，钨矿床主要分布在西北和育空地区交界处，这里是世界著名钨矿（白钨矿）区之一，其中坎通钨矿是国外最大的钨矿山之一，处理能力为1000t/d，年产白钨精矿能力达3000t，马克通和洛格通是该区另外两个储量很大的白钨矿矿床，尚未开发。东南部的普莱森特山(MountPleasant）是加拿大重要的黑钨矿矿山，选矿规模2000t/d，年产黑钨精矿1500t。

（4）美国。美国有较大型钨矿五个：派恩克里克、斯普林格（Springer)、斯特劳伯里（Strauberry)、爱默森（Emerson）和克莱梅克斯（Climax)，前四个均为白钨矿，派恩克里克是美国最大的钨矿山，年产白钨矿精矿1100t。美国还有一种特殊类型的钨矿，即加利福尼亚东南部的瑟尔斯湖盐湖型含钨卤水矿，钨资源量68kt，含钨56g/t。1978年曾进行试验性生产，每分钟抽取卤水6800L，经离子交换和蒸发获得含三氧化钨44%的钨精矿，回收率为92.5%。

（5）澳大利亚。澳大利亚钨矿山主要有金岛及卡拜因山。金岛为澳大利亚最重要的钨矿山，由多尔芬和博尔赫德两个地下采区组成，钨储量大（65.8kt），品位较高（0.64%~0.80%)，为白钨矿。昆士兰州的卡拜因山是澳大利亚黑钨矿的重要产地，1987年卡拜因山钨矿停产。

2004~2007年世界钨矿山钨精矿产量情况如表2-17所示，2004~2009年国内钨精矿产量情况如表2-18所示。

表2-17 2004~2007年各国钨矿山产量（矿石和精矿中的含钨量） (t)

国　家	2004年	2005年	2006年	2007年
中　国	43970	37803	41129	41426
俄罗斯	3000	3000	3000	3000
加拿大		565	2612	2700
奥地利	1335	1280	1153	1117
葡萄牙	720	735	740	750

续表 2-17

国　家	2004 年	2005 年	2006 年	2007 年
玻利维亚	508	669	1094	1395
乌兹别克斯坦	300	300	300	300
吉尔吉斯斯坦	100	100	100	100
缅　甸	35	35	35	35
卢旺达	156	557	1436	1400
乌干达	80	45	95	108
巴　西	15	12	10	8
其他国家地区		21	7	385
合　计	50219	45122	51711	52724

数据来源：《2009 年中国钨工业年鉴》，中国钨业协会，2009。

表 2-18　2004～2009 年国内钨精矿产量（折合 65% 钨精矿量）

年份	2004 年	2005 年	2006 年	2007 年	2008 年	2009 年
产量/kt	853780	726970	798640	804380	844700	990000

世界对钨的需求量在不断增长，表 2-19 列出了 2002～2003 年世界对钨原料的需求情况。

表 2-19　2002～2003 年世界对钨原料的需求（钨金属量）　(t)

国家或地区	2002 年	2003 年	市场份额/%
西　欧	8050	15150	31
日　本	5450	5950	12
美　国	8300	8850	18
其他市场经济国家	4300	5300	11
中　国	10000	13000	28

在钨产品的国际贸易中，中国占据统治地位，其次是俄罗斯、加拿大、奥地利、玻利维亚等国家。2003 年美国钨精矿和钨品的进口量为 12600t，精矿进口量增长幅度较大，其中中国是最大的供应国，占 49%，俄罗斯占 11%，加拿大占 10%，其他还有玻利维亚、德国、葡萄牙等，钨品包括仲钨酸铵、钨氧化物、钨铁合金、钨精矿、钨金属粉、钨废料、碳化物粉等。

1995 年以前中国大量出口钨精矿，1949～1995 年共出口钨精矿 877kt，占全部产量的 48.7%，创汇总额 30.92 亿美元。1995 年开始，为保护资源，生产和出口高附加值的钨产品，促进产品结构调整，提高经济效益，我国停止钨精矿出口，并对初级钨冶炼产品实行出口总量控制——配额制，在出口产品中，钨精矿出口量基本为零，配额初级冶炼产品出口量得到一定控制，硬质合金、加工材产品出口量逐年有较大增长。虽然实行出口总量控制，但中国依然是世界第一钨贸易大国，供应了全球80%以上的钨需求量，出口总量仍偏大。2003 年中国主要钨品（不包括硬质合金和合金粉）出口量为 26043. 3t，比 2002 年增加了 5993. 8t，增幅为 29. 2%。2004 年后，中国钨品出口贸易发生了历史性变化，2007 年 APT、钨铁和钨丝年均出口价分别是 2003 年的 6. 38 倍、6. 66 倍和 2. 48 倍。2007 年钨品出口量比 2003 年仅增长 11. 43%，但出口额却达到 10. 39 亿美元，比 2003 年增长 329. 33%。1985 ~2008 年中国钨品出口情况如表 2-20 所示。

表 2-20 1985 ~ 2008 年中国钨品出口统计（钨） (t)

年 份	钨精矿	钨材	硬质合金	钨铁	配额钨品	混合料
1985	10846	0	91	2810	4136	0
1990	10599	275	402	4509	7045	0
1995	134	145	730	1140	19503	0
2000	0	917	912	3883	18136	643
2005	0	2048	2656	4568	21225	3019
2008	72	2300	3200	3675	17342	2939

3 黑钨矿的选矿

3.1 黑钨矿床的矿石性质及选矿方法概述

钨矿选矿工艺的合理性，取决于该工艺对矿石性质的适应性。矿石性质包括矿石的矿物组成（黑钨矿与白钨矿的比例、伴生有用矿物的种类、脉石矿物种类）、有用矿物的嵌布粒度、有用元素的赋存状态、矿物共生状态、围岩类型等。由于黑钨矿与白钨矿的物理性质不同，这两种矿物的分选方法也不同，伴生有用矿物的种类和含量不同，其分选工艺也有差异，矿物的嵌布粒度不同也会使选矿工艺发生根本性变化，如粗粒嵌布的白钨矿可以用重选法回收，但细粒嵌布的白钨矿则适于用浮选法回收。

钨矿石中钨的价值远大于伴生硫化矿（如辉钼矿、辉铋矿、黄铜矿、闪锌矿等）价值时，可采用以钨为主的选矿工艺，若硫化矿的价值高时，则应采用以回收硫化矿为主的选矿工艺。矿物组成复杂的矿石常采用重选、浮选、电选、磁选甚至包括化学选矿在内的多种选矿方法做联合工艺。针对不同矿石所采用的选矿方法列入表3-1中，表中所列的选矿方法仅是大概的，对某一具体矿石来说，由于矿石性质的多样性，需要通过试验研究才能确定合理的选矿方法和选矿工艺。

表3-1 不同矿物组合的常用选矿方法

主要矿物组合	常用选矿方法	主要矿物组合	常用选矿方法
白钨矿、简单矿物	重选、浮选、磁选	黑钨矿、锡石	重选、浮选、磁选
白钨矿、硫化矿	重选、硫化矿浮选	黑钨矿、白钨矿	重选、浮选、磁选
白钨矿、锡石	重选、浮选、电选	黑钨矿、硫化矿	重选、硫化矿浮选、磁选
白钨矿、方解石、磷灰石	重选、浮选、浸出	黑钨矿、白钨矿、硫化矿	重选、硫化矿浮选、磁选
黑钨矿、简单矿物	重选、浮选、磁选	黑钨矿、白钨矿、钽铌铁矿	重选、水冶

黑钨矿矿石特点是原矿品位低（我国黑钨矿的原矿平均品位仅0.3%左右），矿石开采贫化率高，有的矿山贫化率甚至高达70%～80%，矿物组成复杂，给分选带来困难。表3-2列出了黑钨矿床中常见的一些矿物及其物理性质，表3-3列出了我国典型的黑钨矿或以黑钨为主的黑白钨混合矿的矿石性质。

表 3-2 黑钨矿床中常见矿物的物理性质

按密度分类	矿 物	密度/g·cm^{-3}	磁 性				导电性		可浮性
			强磁性	中磁性	弱磁性	非磁性	导体	非导体	用黄药类捕收剂
重矿物（密度 >3.5 g/cm^3）	钨铁矿	7.5	—	中磁性	—	—	导体	—	不浮
	钨锰铁矿	7.3	—	—	弱磁性	—	导体	—	不浮
	锡石	7.0	—	—		非磁性	导体	—	不浮
	白钨矿	6.0	—	—		非磁性	—	非导体	不浮
	磁铁矿	5.0	强磁性	—		—	导体	—	不浮
	黄铁矿	5.0		—		非磁性	—	非导体	可浮
	磁黄铁矿	4.8		中磁性		—	—	非导体	可浮
	辉钼矿	4.9	—	—		非磁性	导体	—	可浮
	辉铋矿	6.5	—	—		非磁性	导体	—	可浮
	黄铜矿	4.3	—	—		非磁性	导体	—	可浮
	闪锌矿	4.0	—	—		非磁性		非导体	可浮
轻矿物（密度 <3.5 g/cm^3）	石榴石	3.4		中磁性	—	—	—	非导体	不浮
	蓝晶石	3.5			—	非磁性		非导体	不浮
	绿帘石	3.3			弱磁性	—		非导体	不浮
	橄榄石	3.3			弱磁性	—		非导体	不浮
	硅线石				—	非磁性		非导体	不浮
	磷灰石	3.2			弱磁性	—		非导体	不浮
	萤石	3.1			—	非磁性		非导体	不浮
	黑云母	3			弱磁性	非磁性		非导体	不浮
	白云母	3			—	非磁性		非导体	不浮
	长石	2.7			—	—		非导体	不浮
	石英	2.65			—	非磁性		非导体	不浮

表 3-3 典型黑钨矿或黑白钨混合矿的矿石性质

矿床工业类型	矿山	原矿 WO_3 品位/%	主要钨矿物	钨矿物嵌布粒度/mm	伴生金属矿物	脉石矿物
石英大脉型	大吉山	0.29	黑钨为主	10 ~ 0.15	辉钼矿、辉铋矿、自然铋	石英、黑云母、方解石
	西华山	0.25	黑钨为主	5 ~ 0.01	锡石、绿柱石、白钨矿	石英、长石、云母、石榴石
	盘古山	0.225	黑钨为主	10 ~ 0.15	辉铋矿、泡铋矿、黄铁矿等	石 英

续表 3-3

矿床工业类型	矿山	原矿 WO_3 品位/%	主要钨矿物	钨矿物嵌布粒度/mm	伴生金属矿物	脉石矿物
石英大脉型	锯板坑	0.66	黑钨为主	8 ~ 0.6	锡石、黄铁矿、黄铜矿、方铅矿、铁闪锌矿	石英、绿泥石、黄玉
	瑶岗仙	0.28	黑、白钨	18 ~ 0.3	锡石、黄铁矿、黄铜矿、方铅矿、闪锌矿	石　英
石英细脉型	行洛坑	0.23	黑、白钨	1.28 ~ 0.02	辉钼矿、辉铋矿、自然铋、黄铁矿、黄铜矿、萤石	石英、长石、云母
	荡　坪	0.5	黑、白钨	0.3 ~ 0.1	辉钼矿、辉铋矿、黄铁矿、方铅矿、闪锌矿	石英、长石、云母

对黑钨矿或以黑钨矿为主的矿石，其选矿工艺一般由以下几个部分组成：

（1）破碎预先丢废得到合格矿；

（2）重选丢尾矿得到粗精矿；

（3）粗精矿的精选分离和综合回收，得到最终精矿；

（4）细泥处理；

常见的黑钨矿选矿原则流程如图 3-1 所示。

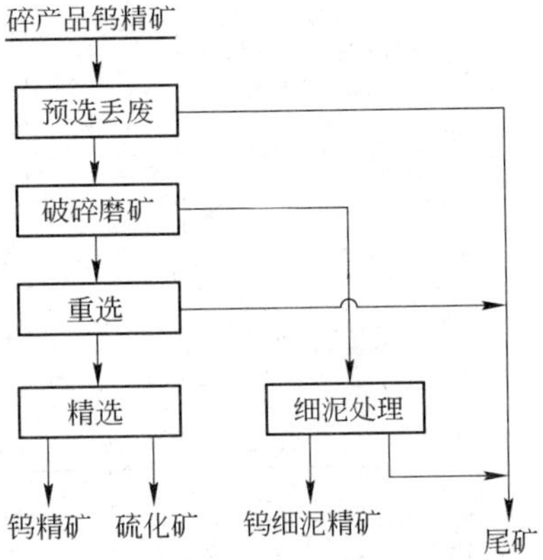

图 3-1　黑钨矿选矿原则流程

3.2　预先丢废

我国开采的大脉型钨矿品位、厚度变化都很大，矿脉分支复合、膨大缩小以及断层破坏现象都比较严重。

矿脉长度：自数十米到 2000m，由许多断续的小矿脉组成，这种小矿脉长度一段在 200m 以下。

矿脉延深：自数十米到 800m，一般为 300m 左右，在垂直方向的交替变化也很大。

矿脉倾角：自十几度到 90°，30° 以下的缓倾斜矿脉较少，绝大部分为急倾斜。

矿脉厚度：自数百毫米到 3000mm 以上，平均约 400 ~ 500mm。

由于矿脉较薄，大多数矿山采矿的贫化率都比较高，最高达 80% ~ 90%，最低亦在 20% 以上，平均贫化率在 70% 以上。预选富集工艺是为了提高出窿原矿品位，丢弃远低于重选尾矿品位的废石。废石一般属难磨物料，预先丢弃大量废石，可节省水、电和原材料消耗，从而可节省大量选矿成本。实践证明，预选富集效果的好坏，废石选出率的高低，不仅直接影响重选作业的效益，而且也影响选矿厂的处理能力，对选厂技术经济指标起着重要作用。预选富集方法已由过去单一手选方法发展为多种方法的联合工艺，表 3-4 列出了我国一些钨选厂曾使用的预先丢废状况。

表 3-4 钨选厂预先丢废状况

选　厂	围岩类型	围岩密度 /g·cm^{-3}	丢废方式	丢废产率 /%	丢废的金属损失/%
大吉山	砂岩、闪长岩	2.96~3.08	手选	53.2	—
盘古山	变质岩	2.79	手选	51.0	—
樟斗	变质岩	—	手选	67.59	—
杨坑山	变质砂岩、板岩	2.75~2.8	手选	57.02	—
隘上	变质砂岩、板岩	2.7~2.8	手选	61.74	—
岿美山	石英斑岩、闪长岩	2.78~3.1	手选	34.63	—
白石山	变质岩	2.68~2.72	手选+光电	61.3	3.5
大平	变质岩	—	手选+光电	71.6	9.7
大龙山	变质砂岩	2.77~2.8	手选+光电	65.6	3.02
小龙	变质岩	2.68	手选+光电	58.90	—
画眉坳	千枚岩、砂岩	2.7~3.0	手选+光电	44.76	—
瑶岭	变质岩、板岩	2.66	手选+光电	60.18	—
西华山	花岗岩	—	手选	34.59	2.75
小樟坑	花岗岩	2.65	手选	47.49	—
浒坑	花岗岩	—	手选	44.23	3.2
下垄	花岗岩	2.6~2.65	手选	67.70	—
洋塘	花岗岩	2.66	手选+重介质	52.65	2~5
红岭	花岗岩	2.64~2.65	手选+重介质	50~60	3~6.23
湘东	花岗岩		手选+重介质	52.2	3.46

黑钨选矿厂采用的预选富集方法有人工手选、光电选矿、重介质选矿和动筛跳汰机法。我国多数黑钨选厂是采用人工手选法来预选丢废，部分选厂曾采用重介选矿法和光电选矿法，如湖南湘东钨矿、广东洋塘钨矿应用重介质旋流器，广东红岭钨矿应用了重介质涡流分选器，另外有江西白石山选厂、漂塘选厂、樟东坑选厂、盘古山选厂、西华山选厂和汝城选厂曾用重介质旋流器或重介质涡流分选器进行过预选丢废试验；江西白石山选厂、画眉坳选厂、大平选厂、大龙山选

厂、小龙选厂、广东瑶岭选厂、龙颈选厂应用了光电选矿机。生产实践证明，重介质选矿和光电选矿对节约劳动力，减轻工人劳动强度，提高处理量和降低选矿成本都起到一定作用。

3.2.1 人工手选

人工手选以矿石表面色差为基础，是预选富集的一种简易方法。为使含矿脉石与围岩（废石）表面本来的颜色和光泽差异显露出来，提高手选工效，使黏附在矿石表面的矿泥不随丢弃的废石而损失，造成金属流失，原矿手选前必须洗矿、分级。目前生产中手选粒度范围为 18～200mm，一般 -18mm～120mm 粒级物料采用手选，其中 -120 +90mm 粒级矿石在条格筛上手选，格筛下 -90mm 部分经振动筛筛分，按粒级（-90 +50mm、-50 +35mm、-35 +18mm）进入不同皮带上手选，皮带运行速度为 8～10m/min，带宽有 450mm、700mm、1200mm 三种规格。手选的效率在一定程度上与入选的粒径有直接的关系，一般认为 +50mm 以上物料手选的效率较高，-50mm 粒级的物料，手选效率大为降低。

从出窿原矿中选出废石称为反手选，而从出窿原矿中选出合格钨矿称为正手选，根据矿石性质不同，有的选厂各级全部采用反手选，而有的选厂则采用反手选和正手选相结合的流程。

预选原料是出窿原矿通过粗碎并经洗矿筛分后分成的各粒级矿石，各粒级矿石中主要有废石、脉石、连生体及块钨，各粒级特性如表 3-5 所示。

表 3-5 预选物料特性

粒级/mm	产率/%	纯废石含量/%	脉石含量/%	连生体含量/%	块钨含量/%
-160 +65	47.98	85.83	6.92	7.20	0.05
-65 +40	15.58	84.88	9.62	5.37	0.13
-40 +30	7.40	79.70	17.32	2.74	0.24
-30 +25	4.43	87.75	9.83	1.84	0.58
-25	24.61				
合　计	100.00				

针对矿石的特性，过去采用的手选流程为四级手选流程，其中有三级反手选，一级正手选，即对 -40 +30mm 粒级进行正手选，图 3-2 为大吉山钨矿原手选原则流程。2003 年对正手选后的矿石进行分析测定，发现该皮带矿石层太厚，只能手选粗粒有用矿物，而覆盖在下层的中细粒有用矿物难以手选干净，造成尾矿超标。2004 年对粗选手选工艺作了改进，将原流程的正手选作业改为反手选，从而丢废流程由三级反手选一级正手选改为四级反手选，以减少钨的金属损失。

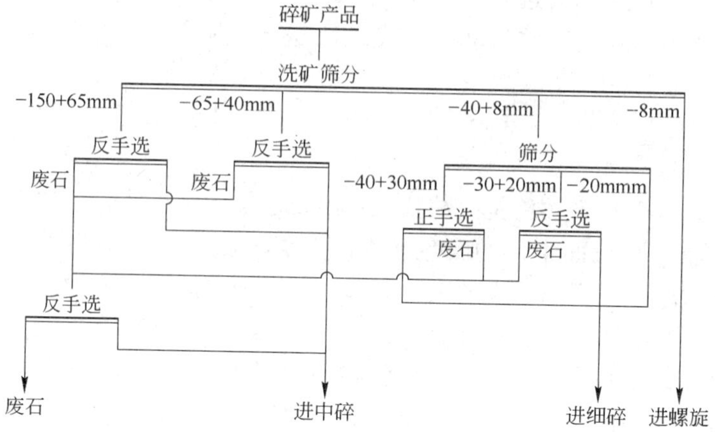

图 3-2 大吉山钨矿原手选原则流程

根据某地生产统计，手选的废石丢弃率为50%左右，富集比2左右，作业回收率96.5%～99.0%，手选1t废石成本仅为重选的1/10，但手选耗费大量劳动力（手选工约占选厂操作工的1/3～1/2），劳动强度大，能选别粒度下限仅20mm左右，即使投入大量劳动力，废石选出率达到50%，合格矿中仍有60%的废石。可见进一步提高废石选出率，减轻劳动强度，提高生产率，关键之一在于拣选机械化。

3.2.2 光电选矿

石英脉钨矿床是当前我国钨矿开发中最重要的矿床，矿石中含矿脉石主要是石英，绝大部分呈白色或灰白色。围岩随其种类不同，颜色可分为黑色、灰色、浅绿色、肉红色、黄色等。根据矿石光学性质的差异，在可见光谱区产生的漫反射不同，赣州有色冶金研究所从20世纪60年代起研制出第一台光度拣选机，命名为GS－Ⅰ型光选机。随着生产技术的发展，经过不断研究和改进，GS型机已由Ⅰ型发展为Ⅱ型、Ⅲ型等不同型号，江西冶金学院、瑶岗仙钨矿等也研制了其他类型的拣选机。

目前国内已有7种型号拣选机，具体情况如表3-6所示，技术指标如表3-7所示。

表 3-6 光电选矿机类型

型 号	光 源	矿石入选要求	执行机构
B656－1	白炽灯	排队	高速气阀
圆盘形	白炽灯	排队	打板

续表 3-6

型号	光源	矿石入选要求	执行机构
GS－Ⅰ	白炽灯	排队	打板
GS－Ⅱ	白炽灯	排队	高速气阀
GS－Ⅲ	激光	不排队	高速气阀
CGX－Ⅰ	白炽灯＋磁探头	排队	高速气阀
YG－40	激光	不排队	高速气阀

表 3-7 光电选矿机预先丢废技术指标

型号	围岩类型	处理粒级/mm	废石丢弃率/%	分选效率/%
GS－Ⅱ	变质岩	18～35	85.98	74.4
		35～50	89.59	74.0
	石英斑岩	20～40	91.22	78.06
	矽卡岩	20～30	86.53	77.10
	花岗岩	17～40	91.34	53.64
GS－Ⅲ	变质岩	30～50	94.07	82.79
		16～30	85.96	75.87
YG－40	花岗岩	20～40	90.40	78.11
CGX－1	变质岩	20～30	86.10	75.30

光电选矿机曾在广东瑶岭钨矿、龙颈钨矿、江西白石山钨矿、画眉坳钨矿、太平钨矿、大龙钨矿、小龙钨矿使用，七个选厂都是采用手选和光电选矿相结合的方式来丢弃废石，大块（大于 40～50mm）矿石仍用手选法丢废石，小块矿石（15～40mm）采用光电选矿机丢废石。光选矿机取代了部分人工手选，减轻了工人劳动强度，矿山取得了良好的经济效益，但黑钨矿及伴生在石英脉中的黑钨矿，由于颜色与废石相近，色差较小，光电选矿机对此种难选矿物分选精度和识别能力较低，钨的作业回收率受到一定影响。除此之外，光电选矿机的处理能力比较小，一般小时处理能力都小于 2.5t，矿石排队比较困难，再加上电路有时不够稳定，执行机构不够灵活，因而分选指标还不够理想，正常情况下废石的选出率只有 60%～70%，因此选厂后来几乎都取消了光电机选矿机。

国外的钨选也有成功使用光电选矿机做预选设备的实例，如澳大利亚的卡宾山（MT. Carbin）钨矿，是利用光电选机取得成效的典型实例，该矿山采用三台 M－16 型拣选机，把破碎后的矿石分成 16～40mm、40～80mm 和 80～160mm 三级，分别用光电拣选机拣选，使暗灰色的围岩与含黑钨和白钨的石英分开，拣选

后的矿石 WO_3 品位由 0.09% 富集到 0.9%，回收率 90%，废石丢弃率非常大，约占 91%，3 台拣选机每小时的处理能力达 300t。

3.2.3 重介质选矿法

由石英脉黑钨矿床矿物和岩石的密度测定结果可知，用重介质选矿方法有抛弃最终尾矿的可能性。由于浮沉分离状态的不同，重介质选矿可分为静态与动态两种，这两种方法的应用范围受流体动力学因素的限制，而这个因素又取决于物料的密度差和粒度。在静态方法中，若矿物颗粒在分离介质中受到的阻力与重力相等时将不能产生分离；在动态方法中，由于各种力场的作用，分离力的增加也是相当大的，如在离心力场中它能够达到重力加速度的 30 倍，有时甚至达到 80 倍。因此，对密度差较小，粒度较细的物料宜采用动态方法分离。表 3-8 为我国黑钨选矿厂试用的重介质选矿机及其技术经济指标，表 3-9 为其他几个钨选厂用重介质选矿试验情况。

表 3-8　三个钨选厂重介质选矿机技术参数

项　　目	洋塘钨矿	红岭钨矿	湘东钨矿
设备名称	重介质旋流器	重介质涡流分选器	重介质旋流器
规格/mm	ϕ380	ϕ380	ϕ430
锥角/(°)	20	20	30
筒体高/mm	200	320	520
溢流管直径/mm	ϕ63	ϕ150	ϕ110
沉砂管直径/mm	ϕ28 ~ 31	ϕ148	ϕ65
给矿管直径/mm	ϕ57	85 × 35	
安装角度/(°)	30	垂直	18 ~ 22
给矿压力/kPa	6	6.2	13.5 ~ 14.5
处理量/$t \cdot h^{-1}$	10 ~ 12	20 ~ 24	30 ~ 45
入选粒度/mm	3 ~ 12	3 ~ 30	3 ~ 13
介质	黄铁矿	黄铁矿	黄铁矿
介质消耗/$kg \cdot t^{-1}$	3.11 ~ 3.92	3 ~ 3.5	1.8 ~ 2
入选重悬浮液密度/$g \cdot cm^{-3}$	1.9 ~ 2.2	2.25 ~ 2.35	2.3 ~ 2.45
矿介比	1:6 ~ 8	1:6 ~ 10	1:6 ~ 8
入选 WO_3/%	0.18 ~ 0.31	0.22 ~ 0.28	0.29 ~ 0.41
轻产品 WO_3/%	0.026 ~ 0.05	0.022 ~ 0.044	0.022 ~ 0.028
轻产品产率/%	35 ~ 65	50 ~ 59	54
作业回收率/%	95 ~ 97	93 ~ 96	97
电耗/度 · t^{-1}	4.98	3.76	5.37

表 3-9 其他选厂重介质选矿试验指标

选厂	设备及尺寸/mm	围岩种类	入选粒度/mm	分选指标		
				轻产品产率/%	轻产品 WO_3/%	作业回收率/%
白石山	ϕ125 旋流器	变质岩	2~6	75.75	0.007	98.37
漂塘	ϕ200 涡流分选器	变质岩	2~20	43.47	0.026~0.034	89~91
樟东坑	ϕ300 涡流分选器	变质岩	4.5~30	34~50	0.018~0.026	89~96
盘古山	ϕ300 涡流分选器	变质岩	6~35	41~51	0.019~0.021	95~96
西华山	ϕ300 涡流分选器	花岗岩	4~30	45~48	0.036~0.037	85~86
汝城	ϕ300 涡流分选器	花岗岩	5~30	47~64	0.027~0.07	92~96

重介质旋流器和重介质涡流分选器的分选原理都是在重介质中，轻、重矿粒在离心力作用下，产生不同的运动轨迹，从而达到分离的目的。重介质旋流器的结构与普通旋流器相似，只是其分选介质由水变为重悬浮液。重介质涡流分选器形状似一倒置的重介质旋流器，它与重介质旋流器的区别表现在两方面，其一是正压分选，由于重介质涡流分选器在重产品排出管中心插入一根与外界空气相通的空气导管，从而使分选器内形成正压分选，而重介质旋流器则是负压分选；其二是锥比大，重介质涡流分选器的锥比近于1，而一般旋流器的锥比则仅为0.3~0.7。生产实践表明，重介质涡流分选器的上述特点使之具有分选精度高、介质循环平衡快、相对稳定性好、对矿石变化适应性强和处理粒度上限粗的特点。重介质旋流器适宜的入选粒度范围为2~13mm，而重介质涡流分选器的分选粒度范围为2~45mm，其分选粒度上限要比重介质旋流器粗。多数利用重介质丢废的选厂都是用手选和重介质选矿相结合的方法来丢废，粗粒（大于30~50mm）仍用手选法丢废，然后大块矿石破碎到重介质所要求的粒度再进行重介质选矿。图3-3为盘古山钨矿试验所用重介质涡流分选器的结构示意图。

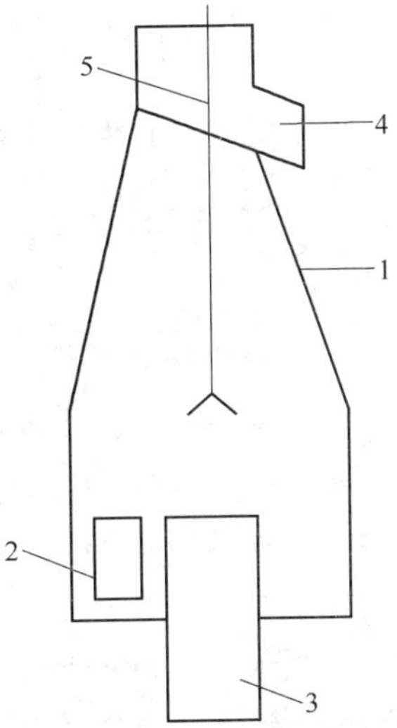

图 3-3 涡流分选器示意图
1—分选器机体；2—给矿口；3—轻产品排出管；4—重产品排出口；5—空气导管

重介质选矿作为预选在我国钨矿生产中获得了较好的经济效益。首先体现在废石选出率和选矿厂处理能力方面，据统计，经重介质选矿后，可提高废石选出率4%~13%，这在出窿原矿品位逐渐降低的情况下，保证了选矿厂生产任务的完成；其次提高了劳动生产率，节省劳动力20%~40%，工效提高1.6倍，降低选矿总成本5%~10%。由于受矿石密度差和入选粒度的影响，重介质选矿应用范围受到一定限制，尤其是与围岩共生密切的伴生金属回收率较低。

无论是重介质旋流器和重介质涡流分选器，设备的磨损都比较快，辅助设备如砂泵、筛子、管道等磨损也较严重，因此必须要解决磨损问题。圆柱形重介质旋涡旋流器（Dyna Whirl Pool）是国外近年颇有吸引力的一种重介质预选设备，最初用于铅锌矿石的原矿预选，并在美国的田纳西州铅锌冶炼公司的马斯科选矿厂成功地进行了半工业试验，目前世界上已有100余家选矿厂在生产中应用，主要用于煤、非金属矿石、有色金属矿石的分选与预选。Dyna旋涡旋流器与其他类型的重介质旋流器相比，具有分选粒度范围宽、抛废产率高、设备体积小、结构简单、矿介比小、所需静压头低、单位处理能力大以及设备磨损慢等优点，已受到选矿界广泛关注。Dyna旋涡旋流器是遵循旋转流剪切力理论，依照其工作原理设计制作而成的重介质预选设备。Dyna旋涡旋流器属圆柱形动态分选设备，分选器长度与直径之比为4∶1，在分选器两端各有一个切向出口和一个切向入口，上端轴向孔安装有给料漏斗，给矿管插入容器中，下端安装有排矿管，排矿管和给矿管插入分选器内的深度相等。Dyna旋涡旋流器结构图如图3-4所示。

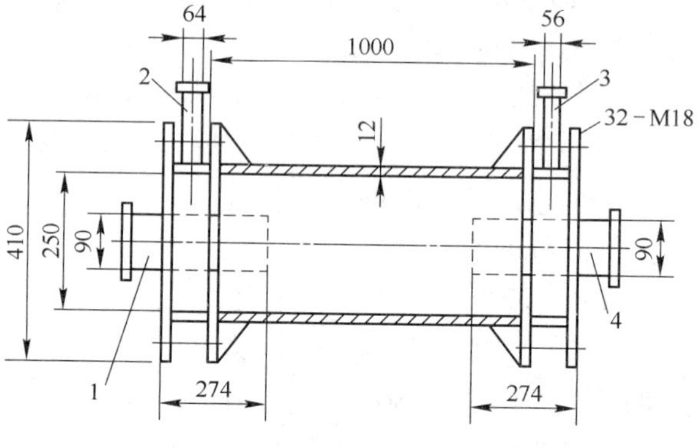

图3-4 Dyna旋涡旋流器结构图

1—给矿口；2—重产品排出口；3—介质给入口；4—轻产品排矿口

Dyna旋涡旋流器工作时，采用0.8～1.07MPa的静压力将90%的介质由圆筒体下端处按切线方向给入，在圆筒体内形成一股带有中心空气柱的旋涡流，在沿筒体的长轴方向由于离心力的作用，介质分成不同密度的同心层，其密度从中心向器壁不断递增，介质分成两部分分别经沉物口和浮物口排出。同时，水分不超过5%的矿石与10%左右的介质混合自流从上部给矿端给入，矿石进入旋转的涡流中，重矿粒受离心力作用向器壁靠近，并由重产品介质带着向上，从上端切向口排出，轻矿粒停留在空气柱周围由圆筒下部出矿口处排出，从而完成整个分选过程。一般来说，矿石在Dyna旋涡旋流器内停留时间约为几秒钟，下沉和上浮介质的密度差在0.2~0.5。Dyna旋涡旋流器虽然目前还未在国内钨选厂应用，但它是一种有前途的重介质丢废设备，国外钨选厂已有成功应用该设备的实例。

由于重介质选矿设备本身和介质的制备、消耗等问题，国内的钨选矿已很少应用重介质选矿，但国外钨选厂仍有许多采用重介质丢废石的实例，如澳大利亚塔斯马尼亚的阿伯福尔选厂，该厂的重介质选矿采用硅铁作介质，产物经过洗涤和筛分，介质则用湿式磁选法回收，沉物的产率占原矿的40%，废石丢弃率为60%，沉物是由黑钨矿、锡石、硫化矿组成，进入主厂房进一步回收和分离。葡萄牙帕拉什凯拉（Panasqueira）钨矿，80%的原矿采用ϕ500mm的重介质旋流器预先富集，旋流器用硅铁作介质，分选密度为2.72~2.75g/cm^3，分选矿石的粒级为0.5~2.5mm，丢弃的轻产品占给矿的95%，相对于原矿的产率为76%，废石WO_3品位为0.025%。英国赫麦顿（Hemetaon）钨选厂采用新型Dyna涡流分选器（Dyna Whirpoll Process）对矿石进行预选，处理矿石的粒度为0.5~9mm，用硅铁和磁铁矿作介质，可选出80%~90%的废石。

3.2.4 动筛跳汰机丢废法

一般生产上所用的跳汰机是靠隔膜运动来推动水的上下运动，靠水流运动来松散矿石层，而水流的推动力是有限的，因此跳汰机处理的矿石粒度也有一定限制，隔膜跳汰机适宜的入选粒度范围一般在0.074~20mm之间。动筛跳汰机是靠在介质中运动的筛板带动筛面上的矿层运动来松散矿层，因而所处理的矿石粒度范围较大，选煤用的动筛跳汰机处理粒度上限可达200mm，选矿用的动筛跳汰机处理粒度上限可达60~80mm。

对动筛跳汰机研究最早和最多的是德国和前苏联。我国采用动筛跳汰机进行预选的起步较晚，但近年来也引起了选矿界的重视。瑶岗仙钨矿选矿厂研制成功一种动筛型粗粒低耗水量跳汰机，能处理18~50mm甚至更大粒度的矿石，耗水量较低，平均处理1t矿石仅耗水1t左右，同时具有较大的处理能力，特别适合水源不足的钨矿山从粗粒矿石中回收单体块钨。大吉山钨矿也研制了一种JS型动筛跳汰机，可回收人工反手选无法回收的块钨，也取得了令人满意的效果。该矿于1990年11月将自行研制成功的JS型650mm×950mm单室上动型动筛式隔膜跳汰机在粗选正式投产使用，用于处理25~34mm粒级的原矿（或跳汰尾矿），再经反手选丢废。我国唐山煤研分院在借鉴国外经验的基础上，成功研制出DT14/2.5型选煤用动筛跳汰机。

江西下垄钨矿为高温热液充填石英脉型钨矿床，主要金属矿物为黑钨矿，伴生金属矿物为黄铁矿、白钨矿、辉钼矿、辉铋矿、自然铋、磁黄铁矿、黄铜矿、锡石、方铅矿、闪锌矿、毒砂、磷钇矿等，脉石矿物主要为石英，其次为长石、萤石、方解石、绿柱石、磷灰石、云母、电气石等，颜色呈白色、乳白色，为油脂光泽或玻璃光泽，围岩为变质岩、千枚岩等，颜色呈黑色、灰黑色。根据有用矿物的赋存特性，矿石中脉石和围岩黑白分明，容易识别，且围岩矿化甚少，采用手选的简单工艺流程，进行反手选丢废，提高矿石入选品位和处理能力。该矿粗选丢废工艺流程经过多年技术改造，将原流程四级手选，粒度下限为25mm，改造为五级手选，粒度下限降低到19mm，同时对25～30mm和19～25mm两个粒级增加动筛跳汰预选块钨，杜绝单体块钨的损失。改进后的粗选工艺流程见图3-5。

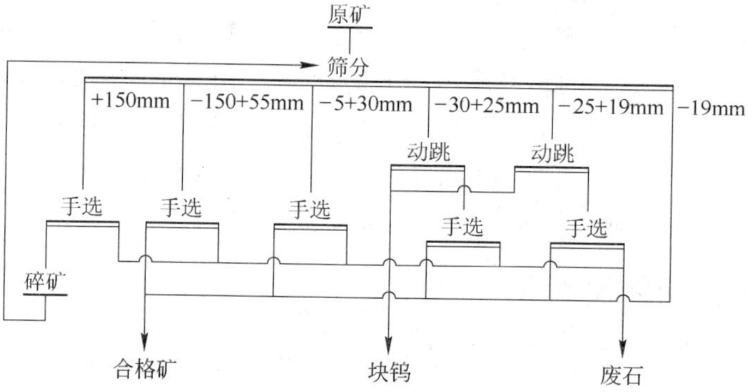

图 3-5　下垄钨矿粗选丢废工艺流程

由于单体块钨与围岩在颜色上比较相似，人工识别容易失误而丢失，利用耗水量小、选别粒度粗的动筛跳汰机对－30＋25mm和－25＋19mm两个级别手选给矿进行预选，选出块钨，消除了人工识别块钨的失误，减少了块钨损失，达到了早收多收的效果。

3.2.5　辐射法丢废

重介质选矿在工业上已应用了数十年，在处理金属矿及非金属矿方面有很多成功的经验，但因有重介质的制备、回收等工序，使得其成本不能大幅度降低。

辐射法预选不仅可以预选外观上有差异的矿块及废石，还可以利用矿石及废石受可见光、红外线、紫外线、X射线、γ射线或无线电波照射后反应的差别来进行预选。近年来随着研究的深入及电子计算机的广泛应用，辐射法预选的应用范围不断扩大，形成一个新的领域。辐射法在含有色、黑色、稀有、放射性、贵金属元素的矿石以及非金属矿石和建筑材料的预选上都得到了有效应用，已有上千台辐射法预选机在各国生产中广泛应用。

辐射法预选是高盈利的现代化工艺，它可在矿石粒度很大时就丢掉大量（甚至大于50%）的废石。辐射法不仅是一种丢废石的预选方法，有时通过预选还能得到品位合格的大块精矿，如从Cr_2O_3品位为23%～40%的原矿中选出品位为

45% ~48% 的火法炼铬合格精矿；从原矿品位为2% ~7% 的锑矿石中，选出品位大于30% 的合格精矿，彩石（宝石）如能有效预选，则意义更大，因为粒度愈大的合格产品，其价值愈高。

X 射线是波长为 5 ~ 10 nm 的电磁波，X 射线照射矿石后，根据矿石的不同组成，会产生不同的反应，如发射荧光、可见光、红外线、紫外线。将 X 射线反射出来或将 X 射线吸收，或受 X 射线激发后又发射出新的特征 X 射线，根据 X 射线照射矿石后的不同反应，可以用不同方法分选矿石。根据其特征，将 X 射线分选法利用矿石受 X 射线照射后所激发出的特征 X 射线（二次 X 射线）来分选矿石的方法称为 X 射线辐射分选法。研究发现，X 射线辐射法比其他 X 射线分选方法的分选效果好，用途广泛，几乎适用于各种矿石分选。从大量的试验结果可知，有些矿山的矿石经 X 射线辐射分选后，可以丢弃对给矿产率为 60% ~70% 的废石，这样就可以大大减少主选厂的破碎、磨矿及后续处理费用。俄罗斯在这方面的研究比较深入，俄罗斯及前苏联用 X 射线辐射法、X 荧光法分别对 2 个钨锡矿山、11 个钨矿山和 3 个钨钼矿山的矿石进行预选试验，取得了比较好的结果。表 3-10 列出了 X 射线辐射法选钨的结果。

表 3-10　X 射线辐射选钨结果

厂　矿	粒度/mm	产品	产率/%	WO_3 品位/%	回收率/%
斯维特洛伊	贫矿 1：-150 +25	精矿	17.0	0.28	50.0
		尾矿	83.0	0.05	50.0
		原矿	100.0	0.08	100.0
	贫矿 2：-150 +25	精矿	16.8	0.58	72.0
		尾矿	83.2	0.04	28.0
		原矿	100.0	0.14	100.0

3.2.6 多种方法的联合丢废

针对手选劳动强度大，选别粒级下限仅为20mm，光度拣选机不能回收块钨，重介质选矿也受分选粒级限制等问题，预选富集工艺应根据不同矿石性能选择不同丢废方法的联合工艺，在过去的钨选工艺中出现了两种预选联合流程。

（1）光选 - 手选流程。小龙钨矿属气化高温热液裂隙充填黑白钨共生石英脉矿床，有用矿物以钨锰铁矿为主，共生矿物有黄铜矿、黄铁矿，脉石矿物主要是石英、长石、云母、电气石，围岩主要是变质岩，其次为板岩、千枚岩、页岩及少量叶蜡石硅质岩。应用 GS 型机对该矿石进行了试验和生产，该工艺在钨选矿厂能取代部分手选作业，提高效率，减轻劳动强度，降低成本，获得较好的经济效益，且由于该机具有较先进的双扫描检测系统，简单可靠的同步装置和完整的矿石分离系统和空气净化装置。该工艺可丢弃废石产率73%～79%，大大增加了企业的经济效益。

（2）手选－重介质旋流器流程。湘东钨矿是高中温热液裂隙充填多次成矿石英脉矿床，主要金属矿物有黑钨矿、白钨矿（黑钨矿与白钨矿比例约为4/1）、黄铜矿和锡石，其次有闪锌矿、辉铜矿、黝锡矿、毒砂、黄铁矿等，主要脉石矿物为石英，围岩为中粒或斑状花岗岩，少量为黑色云英岩，围岩矿化深浅不一，一般围岩 WO_3 含量0.005%～0.02%。原来该矿预选采用全手选流程，后改用手选－重介质旋流器的选别工艺。采用该工艺后，既保持了可除去大块废石的特点，又发挥了重介质旋流器适于处理中细粒级矿石的长处，使入重选粒度组成和组分发生变化，从而提高废石选出率，减少磨矿量，提高重选处理量，使重选作业成本下降12.6%～12.94%，选矿综合成本下降5.02%～10.7%，两项成本合计下降11.74%～15.44%，处理能力提高14.15%～27.34%。

3.2.7 对我国预选工艺发展的几点看法

（1）目前我国钨选厂预选丢废的主要手段仍是人工手选，该方法简单、可靠，对＋50mm以上粒级预选效率较高，但对－50mm以下的小块物料预选效率较低，人工手选需要大量的工人，而且劳动强度大。虽然有诸多弊端，但由于我国劳动力资源较为廉价，多年来各选厂的预选手段并无变化。随着工人工资的增加，预选成本也将增加，从降低生产成本和减轻劳动强度方面考虑，手选不是最佳选择。

（2）光电选矿主要用来选围岩为变质岩的钨矿，由于围岩与矿石有明显的差异，可以获得较好的预选效果，但我国研制的光电选矿机，由于存在处理能力小、矿石需排队入选，操作和调节麻烦，还存在执行机构不灵活等缺点，很难在生产上长期使用。

（3）重介质选矿是一种有前途的预选方法，但目前需解决设备磨损问题、介质制备和回收问题。

（4）动筛跳汰机具有处理粒度上限粗、处理能力大和省水的特点，在粗、中物料的预选方面应深入研究，以便在更多的钨选厂推广应用。

（5）辐射法丢废也是一种很有发展前途的预选丢废方法，国外已有较多的应用，但在我国钨选厂还是空白，应着力开展这项新技术的研究，使我国含钨低的矿床能及早开发利用。

3.3 重选段工艺及设备

黑钨矿的密度较大，故重选是钨的主要选矿方法之一。20世纪70年代前这种方法占有统治地位，如当时美国 Pine Creek，瑞典的 Yxsjoberg，澳大利亚的

King Island，日本的钟打和八茎，中国的西华山、浒坑等著名选厂都采用了重选流程，直到目前为止，大部分黑钨矿粗精矿仍是采用重选获得。采用重选法的优点是显而易见的，成本低、利于环保，但是由于重选设备处理能力低，对细泥回收率不佳，故发展受到一定的限制，因此进入20世纪70年代后，重选曾一度沉寂而被浮选替代，这个时期许多新建和扩建的选厂都采用了浮选流程，如美国的Climax和Tempiut等。到20世纪70年代末，随着高效率、高处理能力重选设备的研制以及自动控制技术的发展，重选又东山再起，重新在钨选矿中抢得一席之地。

利用重选法对物料进行分选，最重要的因素是轻、重矿物的密度差异，其分选的难易程度可简易地用待分离物料的密度差判定：

$$E=\frac{\delta_2-\rho}{\delta_1-\rho} \tag{3-1}$$

式中 E——重选可选性判断准则；

δ_2——重矿物密度；

δ_1——轻矿物密度；

ρ——介质密度。

通常按比值 E 可将物料重选的可选性划分五个等级，如表3-11所示。黑钨选厂中重选分离黑钨矿与石英和围岩的可选性判断准则列于表3-12中（以水为介质）。由表3-12可以看出，对以黑钨矿为主的黑钨选厂来说，用重选法来回收其中的黑钨矿和白钨矿都是比较容易的。

表3-11 物料按密度分难易程度

E	>2.5	2.5~1.75	1.75~1.5	1.5~1.25	<1.25
重选难易程度	极易选	易选	可选	难选	极难选

表3-12 以黑钨矿为主的黑钨选矿重选可选性判断准则

有用矿物	黑钨矿		白钨矿	
主要脉石矿物及围岩	石英	围岩	石英	围岩
E	3.82	3.5	3.03	2.77

从1950年我国在江西大吉山建设第一个钨选厂起，经过几十年的发展，钨矿选矿技术逐步进入稳健发展和成熟期。我国将从外国引进的丹佛重选流程和米哈诺布尔重选流程进行了消化、分析，并结合我国黑钨矿石的特性，进行了合理的改进，形成了更切合生产实际而又被广泛采用的我国黑钨矿选矿典型重选流程，如图3-6所示。此后，大多数选厂的黑钨矿重选流程与此大同小异，利用此工艺流程，多数选厂能产出合格精矿，部分选厂产出粗精矿送精选厂处理。目前

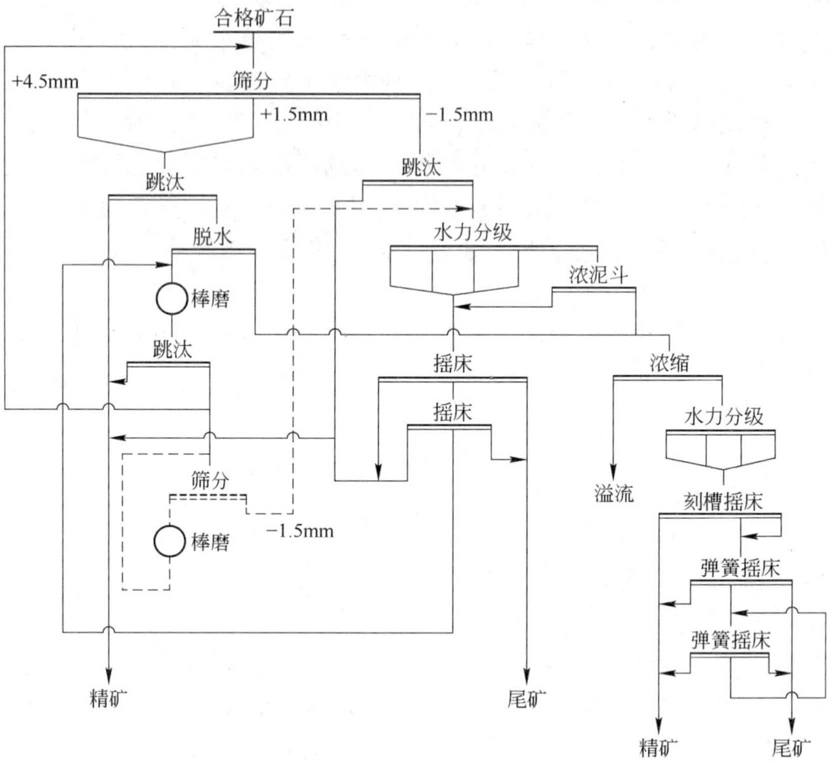

图 3-6　我国处理黑钨矿的典型重选流程

我国采用的重选原则流程为：一至二段磨矿、三级跳汰、四到五级摇床、细泥集中处理，得粗精矿，丢弃大量尾矿；粗、中粒级跳汰尾矿入棒磨机再磨细，磨矿产品返回至双层振动筛，构成一次循环闭路。摇床一般采用两次选别，粗、中粒摇床中矿返入循环回路，矿泥单独处理。重选段的给矿（经预选丢废后的合格矿）WO_3 品位一般为 0.4% ~0.8%，粗精矿 WO_3 品位一般为 20% ~30%，尾矿 WO_3 品位一般为 0.03% ~0.056%，作业回收率为 90% ~94%，丢弃的尾矿产率为 45% ~55%。

3.3.1　磨矿工艺

磨矿的目的是使有用矿物达到充分解离，便于选别、回收，但又要尽量防止钨矿物过粉碎，产生过多的次生泥。由于钨矿物性脆，密度又大，在磨矿过程极易沉入矿层的底部，而产生过磨，因此必须选择合适的磨矿工艺和磨矿设备，切实控制好磨矿机的操作条件。

3.3.1.1　*一段磨矿流程*

一段磨矿流程一般适用于钨矿物以粗粒嵌布为主，并且嵌布粒度比较均匀、含硫化矿物不多的石英脉型黑钨矿矿石。该磨矿流程的优点是流程简单、设备少、容易管理；缺点是部分粗粒钨矿物易过粉碎，而部分细粒嵌布的钨矿物又解离程度不足。江西画眉坳钨矿和瑶坑钨矿是采用一段磨矿流程，江西画眉坳钨矿一段棒磨流程如图 3-7 所示。该流程是将合格矿先筛分，再分别进入粗、中、细三种跳汰机分选，然后粗、中粒跳汰的尾矿再磨至 -4.5mm，磨矿产品经筛分后，分别进入跳汰和摇床分选，跳汰和摇床丢弃最终尾矿，中矿和 -1.5mm 部分经摇床选的中矿一起返回合格矿的双层筛中，形成一段闭路。该流程适合于当钨矿物嵌布粒度绝大部分大于 1.5mm 的矿石，而在 -1.5mm 粒级存在连生体时，这部分钨金属很难回收。另外， -1.5mm 粒级的摇床中矿再返回至合格矿的原矿，这部分物料很难进入磨矿机，因此常常形成恶性循环。

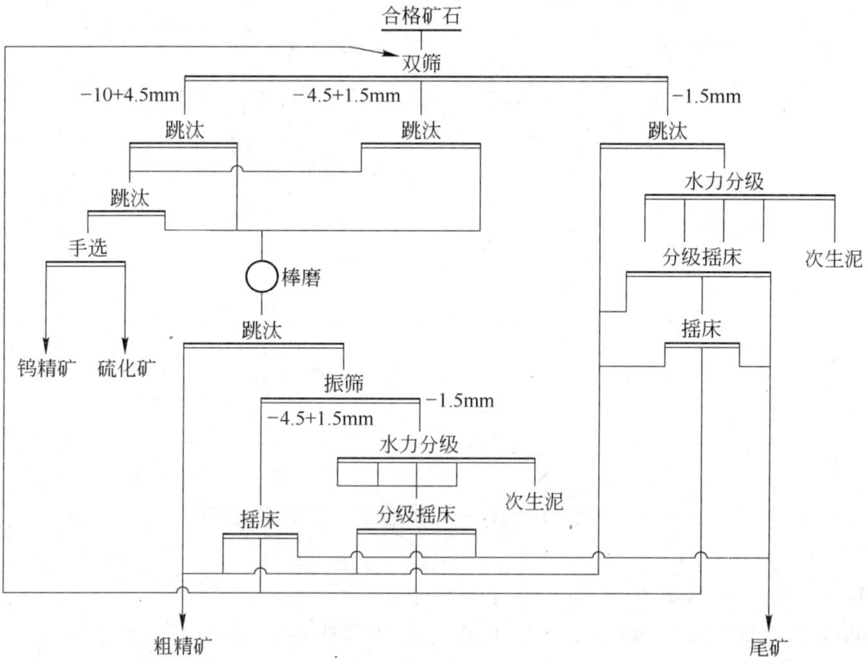

图 3-7 画眉坳钨矿一段磨矿重选原则流程图

3.3.1.2 一段棒磨加中矿磨的流程

江西大吉山钨矿、江西盘古山钨矿、江西西华山钨矿等选厂经过多年的探索和改进，采用了一段棒磨加中矿磨的磨矿流程，也称一段半磨矿流程。江西大吉山钨矿的磨矿原则流程如图 3-8 所示，该流程的特点是把粗、中粒级的跳汰尾矿经一段棒磨之后返回双层筛，构成大闭路，一段摇床中矿集中再磨再选。西华山钨矿则对粗粒（水力分级一室沉砂）摇床尾矿再磨再选，因为摇床中矿或粗粒摇床尾矿的产率比较小，因此仅有少量中矿再磨，故也称之为一段半磨矿。该磨矿工艺适合于钨矿物呈粗细不均匀嵌布，并且矿石中硫化矿含量少的钨矿。实行粗、细物料分别进入不同磨机，可以改善磨矿作业条件，有利于钨矿物的单体解离，又可以防止钨的过粉碎现象产生，而且中矿磨矿的产品单独选别，不返回双层筛，可以控制磨矿粒度，有利于中矿中钨连生体的解离，钨中矿再磨再选的中矿，返回至中矿再磨，形成磨矿与重选的大闭路，有利于磨矿后产出的单体钨能及时回收，大闭路循环比较稳定。

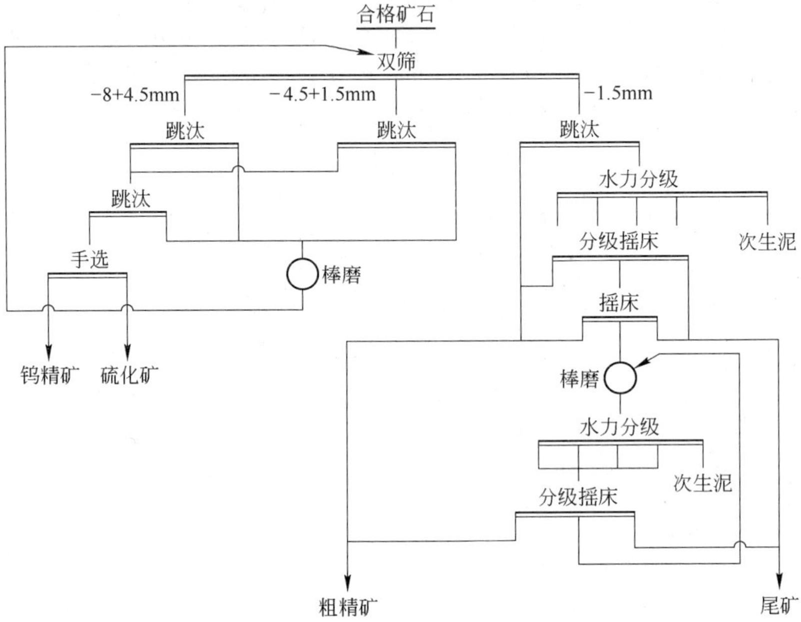

图 3-8　大吉山钨矿一段棒磨加中矿磨原则流程

3.3.1.3　两段磨矿流程

湖南瑶岗仙钨矿、湘东钨矿以及小龙钨矿等选矿厂采用两段磨矿流程，如图 3-9 所示。该流程把粗、中粒跳汰的尾矿进行两段磨矿，中间插入一段或两段跳汰作业，实行阶段磨、阶段选别的工艺。通过两段磨矿，钨矿物已基本单体解离，过粉碎现象也不严重。该工艺适用于钨矿物呈粗、细不均匀嵌布的矿石。第二段磨矿后尚可用跳汰或振动筛预先丢弃一部分尾矿，如小龙钨矿二段棒磨后用振动筛分出 +2.5mm 粒级物料，作为最终尾矿丢弃。江西浒坑钨矿采用两段磨矿、两段选别的重选流程，流程中根据矿砂粒度和品位的差异，实行粗细分磨和贫富分磨。即粗、中粒跳汰尾矿和一段摇床的中、尾矿分别再磨再选，实现了粗、细分磨和贫富分磨，适用于钨矿物呈中、细粒嵌布的矿石，但设备较多，需要精心管理。

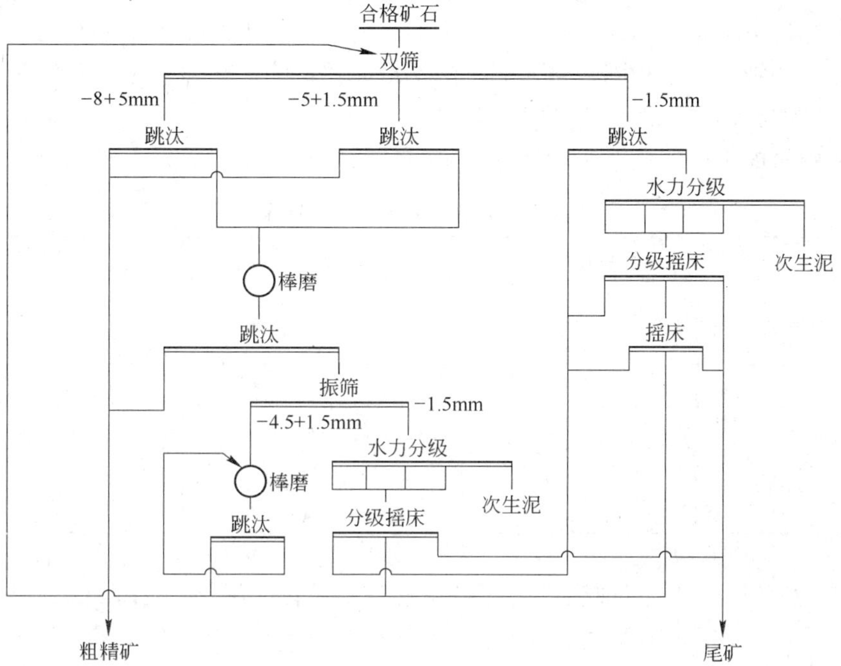

图 3-9 瑶岗仙钨矿两段磨矿原则流程

生产实践证明，磨矿段数不宜过多，一般一至两段磨矿，即能满足生产的需要。如果仍有部分中矿单体解离不充分，可把少量中矿单用小磨机再磨，或返回适当的磨矿回路。当磨矿工艺为多段磨矿时，各段磨矿的负荷平衡也很重要。若磨机处理能力与给矿量相差较大，将会大大降低磨矿效率。

江西铁山垅钨矿原来的磨矿工艺为两段磨矿，中矿小闭路再磨再选流程。存在的主要问题是：一、二段磨矿负荷率不平衡。据测定，当一段磨矿达到额定生产能力时，二段磨矿实际负荷率为 150% ~180%，磨矿产品中 -1.6mm 粒级合格产品占有率仅为40% ~50%，使摇床选别循环的中矿量增加，二段磨矿负荷加重，形成恶性循环。同时，摇床的选别效率低，尾矿品位高，摇床尾矿 WO_3 品位仅为0.045% ~0.055%，系统作业回收率仅 30%。根据重选尾矿筛析结果，尾矿中 +0.45mm 级别占有率 68.62%，其金属占有率为 65.38%，钨矿物几乎均呈连生体损失，由此可见，两段磨矿仍未能使有用矿物得到较好的解离。改造后新增了一套磨矿系统，单独处理摇床中矿，即形成中矿自闭路循环。该工艺不仅可解决二段磨矿和开路摇床超负荷问题，而且加强了阶段磨选，有利于有用矿物的单体解离和回收。改进后的重选工艺流程为两级跳汰、六级摇床、中矿自闭路循环、两段半磨矿，经过一年多时间的生产实践证明，改进效果最好。

黑钨选厂所用的磨矿设备主要为棒磨机，只有少数选厂第二段磨矿采用球磨机，目的是减少钨矿物的过粉碎。棒磨机的性能与磨机本身的技术参数有关，如磨机的装棒量的多少和棒的粒度、磨机的转速等。关于磨机的转速问题，国内外学者对此的观点并不相同，东北大学陈炳辰教授认为，转速率应在76% ~84%之间，合适的转速率范围应为80% ~82%。

国内目前生产的棒磨机的转速、临界转速及转速率列于表3-13中。

表3-13　国产棒磨机的转速率

棒磨机直径/m	实际转速/$r \cdot min^{-1}$	临界转速/$r \cdot min^{-1}$	转速率/%
0.9	34		
1.5	26	35.7	72.7
2.1	20.9	29.9	69.8
2.7	18	26.2	68.6
3.2	16	24	74
3.6	14.7	22.6	70

从表3-13可知，目前国产的棒磨机转速略低。2004年，江西荡坪钨矿对两台ϕ900mm×2400mm棒磨机进行改造，提高了转速，转速由原来的34r/min提高到38r/min。通过改造，棒磨机的处理能力得到提高，由原来的8.57t/h提高到目前的16.11t/h。类似的改造也发生在其他类型的选厂中，华锡集团公司的车河选矿厂和江西宜春钽铌矿选厂的第一段磨矿都应用了ϕ2100mm×3000mm棒磨机，两个选厂先后对其转速进行调整，转速由原来的20.9r/min提高到23r/min，从而提高了棒磨机的处理能力。

3.3.2　跳汰选别

跳汰机是钨选厂重要的设备之一，跳汰作业是重选回收钨及伴生重矿物的主要作业，跳汰作业回收的钨金属占重选段回收钨金属量的50%左右，个别高达75%，表3-14列出了几个典型的黑钨选厂跳汰回收的钨金属占重选段回收钨金属的比例。

表3-14　几个选厂跳汰回收的钨金属比例

选　厂	回收率/%		跳汰回收钨金属占重选段回收钨金属的比例/%
	全重选段	跳汰作业	
江西大吉山钨矿	89.0	61.0	68.53
湖南瑶岗仙钨矿	90.0	68.62	76.23
广东瑶岭钨矿	91.43	71.50	78.21
广东梅子窝钨矿	94.93	66.91	70.46

我国黑钨选厂一般都采取三级跳汰，即把全部合格矿石筛分为粗、中、细3个级别进入跳汰作业，粗粒级跳汰粒度上限为13mm，一般为8～10mm，中粒级跳汰处理的粒度范围为1.5～5mm，粗、中粒级跳汰尾矿再磨再选，粗中粒级跳汰作业回收率可达65%～75%。细粒跳汰处理的粒度为-2mm（或1.5mm），细粒跳汰作业回收率约为35%～45%，细粒跳汰尾矿经水力分级后入摇床分选，摇床作业丢尾矿。细粒跳汰的作业回收率较低，主要原因是入选物料中存在部分跳汰分选难以回收的部分物料（即-0.074mm部分），由于入选物料是-2mm（或-1.5mm）全粒级入选，造成细粒钨金属损失于尾矿中，若用高频振动细筛预先将入选物料中-0.5mm部分筛除，不但可减少细粒跳汰的入选矿量，而且还能提高其作业回收率。

对于粗选跳汰作业的精矿，大多数选厂将其作为重选段的粗精矿送到精选作业处理，其尾矿进入第一段棒磨后再经跳汰或摇床处理，这种工艺比较适合于嵌布粒度较细并且共生矿物复杂的矿石。而大吉山钨矿、西华山钨矿和画眉坳钨矿，这些矿山的矿石中钨矿物嵌布粒度较粗，而且共生的硫化矿较少，粗、中粒跳汰作业的精矿经精选跳汰再选，并经人工手选拣出硫化矿后，即得到合格的钨精矿。

许多黑钨选厂的经验证明，适当降低粗精矿的品位，可以提高钨重选段的回收率和提高伴生有价成分的回收率。

跳汰机是黑钨选厂的重要重选设备，多年来为提高跳汰机的分选效率，很多单位都进行了大量的试验和改进工作。大吉山钨矿在跳汰机的研究和改进方面进行了大量的工作，主要技术工作包括粗粒跳汰机的改进和研制等。

前苏联设计粗粒（2～8mm）合格矿石采用米哈诺布尔1m×1m下动型圆锥隔膜跳汰机。生产实践表明，因该机的冲程小（最大的实际冲程只有8mm），对粗粒床层松散较困难，选别效果差。根据生产测定，该机对2～10mm粒级的回收率仅40%～50%，且精矿品位只有10%左右。

大吉山钨矿对该机进行了一些局部改进形成了吉山-Ⅰ型跳汰机：将筛面由铁板钻孔筛改为梯形钢片筛；将跳汰两室之间的落差由0改为110mm；将筛上和筛下精矿集中于水箱通过圆锥下部的排矿口排出改为筛上精矿和筛下精矿分别排出（筛上精矿由中心排矿改为全断面排矿）等。经改进后处理能力由7t/(h·台)提高到13t/(h·台)左右，精矿品位提高了1.6%，回收率提高了5%，且延长了隔膜的使用寿命，但从总体上说，该机不适合处理粗粒物料，只适宜处理中、细粒物料。

1969年大吉山钨矿在过去吉山-Ⅰ型跳汰机（下动型）的基础上自行研制的吉山-Ⅱ型跳汰机（670mm×920mm双室单列侧动型隔膜跳汰机）取代下动型跳汰机用于粗粒跳汰。它与下动型跳汰机相比，具有如下优点：（1）构造简单，运转可靠；（2）鼓动隔膜在跳汰室外部，易于装卸和维护，且使用寿命长（一般可用一年以上）；（3）传动机构密封在传动箱内，无需照管加油；（4）调冲程简单，各室冲程冲次可任意选择，单独配合使用；（5）冲程系数较大

（0.7），冲程调节范围也较大（0～50mm），可适用于重选各粒级的跳汰；（6）在处理粗粒级（4.5～10mm）物料时，其单位生产率和作业回收率均比下动型跳汰机高，即单位生产率为9～9.4t/(m^2·h)（下动型为4～6t/(m^2·h)），作业回收率为65%～70%（下动型仅为50%～60%），吨矿单位耗水量为9～12m^3（下动型吨矿耗水量约为15m^3）。

1991年4月至12月，该厂又将自行研制的JS型670mm×1100mm单室上动型动筛式隔膜跳汰机推广应用于重选粗粒级（4.5～10mm）和中粒级（1.5～4.5mm）合格矿石跳汰作业中，并取得了很好的技术指标和经济效益。经生产实践和测定结果表明，该机具有冲程系数大（1.4）、选别粒级上限粗（可达40mm左右）、选别所用机械冲程大和冲次小、处理能力大、选别指标高的特点。在处理4.5～10mm钨矿石时，给矿WO_3品位为0.3%～0.6%，冲程为16～18mm，冲次为150～180次/min，处理能力为9～18t/(h·台)，即12～25t/(m^2·h)，作业回收率为65%～70%，富集比大（25～100倍）、吨矿耗水量小（1.3～1.8m^3）、设备运转稳定可靠、操作维护简单方便等，是粗、中粒钨矿石和其他金属矿石重选的优良设备。JS型动筛式隔膜跳汰机与吉山－Ⅱ型跳汰机相比，处理能力提高25%～50%，作业回收率提高2%左右，节水85%以上。该矿自1991年9月起，重选粗粒跳汰作业全部应用JS型动筛式隔膜跳汰机取代吉山－Ⅱ型跳汰机进行生产，每小时可节水630m^3左右，在正常生产情况下，一年可节水4540km^3，节电341万kW·h，经济效益显著。

JS型动筛式隔膜跳汰机的构造可分为五大部分（如图3-10所示）。1是传动

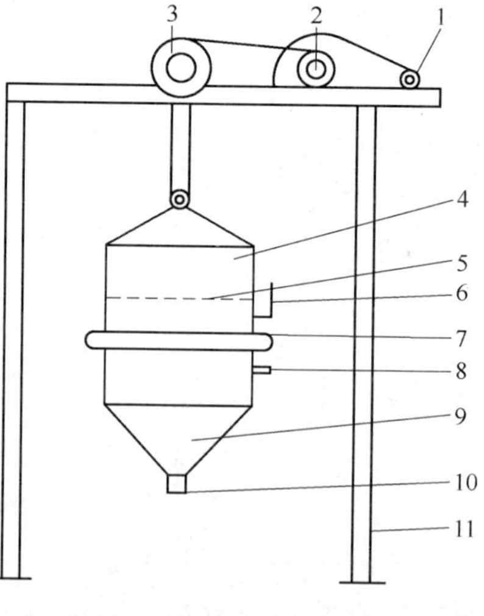

图3-10 JS型动筛式隔膜跳汰机构造示意图

1—电动机；2—变速机构；3—偏心连杆机构；4—上箱体；5—筛面；6—筛上精矿排矿装置；7—橡皮隔膜；8—筛下水进水管；9—下箱体；10—筛下精矿排矿装置；11—机架

机构，包括电动机、变速机构、偏心连杆机构，安装在跳汰机上面；2 是上箱体（跳汰室），包括筛面、筛上精矿收集和排放装置；3 是下箱体（即水箱），包括筛下精矿排矿装置和筛下补加水进水管及其水流缓冲装置；4 是橡胶隔膜，用于连接可动的上箱体和固定不动的下箱体，并产生上升下降交变水流；5 是机架，包括上箱体稳定装置。

大吉山钨矿的粗粒级跳汰设备曾先后使用过米哈诺布尔型、吉山－Ⅰ型跳汰机（下动型）、吉山－Ⅱ型跳汰机和 JS 型动筛式隔膜跳汰机，其主要技术性能见表3-15，分选指标见表3-16。从表3-16 几种跳汰机分选指标的对比可以看出，JS 型动筛式隔膜跳汰机具有更好的分选效果。

表 3-15 大吉山粗粒跳汰机主要技术性能

项 目	单 位	米哈诺布尔下动型跳汰机	吉山－Ⅰ型跳汰机	吉山－Ⅱ型跳汰机	JS 型动筛式隔膜跳汰机
跳汰室数	个	2	2	2	1
筛面尺寸	mm × mm	1000 × 1000	670 × 1000	670 × 920	670 × 1100
筛面总面积	m^2	2	1.34	1.23	0.73
冲程系数	mm	0.47	0.62	0.70	1.4
冲程	次/min	0 ~ 25	0 ~ 25	0 ~ 50	0 ~ 40
冲次	次	200 ~ 350	200 ~ 350	200 ~ 350	120 ~ 250
给矿粒度	mm	< 12	< 12	< 12	< 40
处理能力	t/h	8 ~ 12	8 ~ 12	8 ~ 12	6 ~ 18
吨矿耗水量	m^3	15	10 ~ 12	10 ~ 12	1.3 ~ 1.8
电机功率	kW	2.2	2.2	1.5 × 2	3 ~ 4
占地面积	m^2	3.26	3.26	3.78	2.4

表 3-16 四种跳汰机的分选指标

设 备	产 品	产率/%	WO_3 品位/%	回收率/%
米哈诺布尔下动型跳汰机	精矿	6.97	2.27	48.41
	尾矿	93.03	0.182	51.59
	给矿	100.00	0.327	100.00
吉山－Ⅰ型跳汰机	精矿	0.50	39.50	61.66
	尾矿	99.50	0.124	38.34
	给矿	100.00	0.322	100.00
吉山－Ⅱ型跳汰机	精矿	3.47	10.49	67.25
	尾矿	96.53	0.184	32.75
	给矿	100.00	0.542	100.00

续表 3-16

设 备	产 品	产率/%	WO_3 品位/%	回收率/%
JS 型动筛式隔膜跳汰机	精矿	2. 60	12. 63	69. 47
	尾矿	97. 40	0. 148	30. 53
	给矿	100. 00	0. 473	100. 00

该矿于 1969 年参照北京矿冶研究总院的图纸，结合本矿的生产实际情况和跳汰实践经验，先后制造了 2 台 (1. 2 ~2) m ×3. 6m 双列四室侧动隔膜跳汰机(简称梯形跳汰机)，分别用于处理中矿磨选和粗磨系统水力分级机一、二室沉砂 (粒度为 0. 4 ~1. 5mm)，直接丢尾，获得了很好的选别指标，结果如表 3-17 和表 3-18 所示。

表 3-17 梯形跳汰机选别指标

处理量 /t·(h·台)$^{-1}$	给矿 WO_3 品位/%	精矿		尾矿 WO_3 品位/%	作业回收率 /%
		产率/%	WO_3 品位/%		
22. 46	0. 260	16. 20	1. 40	0. 04	87
15. 40	0. 310	15. 80	1. 80	0. 03	92
15. 41	0. 150	5. 40	2. 30	0. 028	82
29. 40	0. 135	10. 96	0. 93	0. 038	75

表 3-18 梯形跳汰机粒级回收率

粒级/mm	1. 5 ~0. 9	0. 9 ~0. 5	0. 5 ~0. 25	0. 25 ~0. 15	0. 15 ~0. 125	0. 125 ~0. 074	-0. 074
回收率/%	60	80	90	91	92	80	48

从表 3-18 可以看出，梯形跳汰机能有效选收 0. 1 ~0. 5mm 粒级的钨矿物，回收率均在 80% 以上，其中对 0. 074 ~ 0. 5mm 粒级的回收效果最好，回收率高于 90%。

试验研究和四年多的生产实践结果表明，用梯形跳汰机代替摇床处理水力分级机一、二室沉砂直接丢尾是可行的，两者丢弃的尾矿品位相近，均为 0. 03% ~0. 04%。虽然梯形跳汰机所得的粗精矿品位没有摇床高，需经摇床进一步富集，但其作业回收率比摇床高，且可用 1 台梯形跳汰机代替 10 ~14 台摇床，一次选别丢弃 85% ~90% 的尾矿，从而大大减少了设备台数、厂房面积、动力消耗和设备维修费用，还可简化重选流程，提高处理能力，改善操作条件。但是该设备耗水量比较大，间断排精矿时耗水 80m^3/(台·时)，连续排精矿时耗水达 120 m^3/(台·时)，另外筛网易堵塞，精矿排出困难，因而暂停使用。

目前的重选段工艺流程中，粗、中粒跳汰一般不丢弃最终尾矿，只是获得粗精矿进入下部的精选作业，而跳汰的尾矿需要磨矿再选。钨矿的采矿贫化率高，有的矿山采矿贫化率高达70%以上，而预先丢废作业仅丢弃50%左右的废石，由此可推断在合格矿中将存在40%左右的围岩，同时有些矿山的钨矿物呈粗、中粒嵌布，因此预计在矿石中存在大量已单体解离的石英等脉石，因此粗、中粒物料应该通过跳汰丢弃一部分最终尾矿，这样可大大降低入磨的矿量及其后的重选设备，从而降低选矿成本。

大吉山钨矿为寻找降低选矿成本，获取最佳经济效益的新途径，于1992年初进行了贫中矿跳汰丢尾（采用米哈诺布尔跳汰机）的工业试验。结果表明，现有试验流程（贫中矿跳汰和摇床同时丢尾）与原流程（摇床丢尾）相比，在重选处理能力相近（55~60t/h）的情况下，可停开ϕ1.5m×3m棒磨机、ϕ1.5m双螺旋分级机、砂泵各2台、摇床29台，减少装机容量310kW，可丢弃贫中矿跳汰尾矿7~8t/(h·台)，品位为0.06%左右（摇床尾矿品位为0.055%左右），减少磨矿过粉碎和次生细泥产出率6%~7%，提高回收率1%左右，经济效益显著。

3.3.3 摇床选别

摇床是选别中、细粒矿石应用最普遍的重选设备之一，广泛应用于钨、锡、钽铌、钛、锆等矿石的选矿，适宜的入选粒度为0.037~2mm。摇床的突出优点是：（1）富集比高（可达数百倍）；（2）经一次选别，可以得到高品位精矿和丢弃尾矿；（3）可以同时接取多个产品；（4）不同密度的矿物在床面上分带明显，易于接取。摇床的缺点有：单位面积的处理能力低，占用的厂房面积大，大的选厂常用来作精选设备，小的选厂可直接作粗、精选设备。

摇床是钨选厂最常用的重选设备之一，常用来处理-2mm（或-1.5mm）粒级的物料，一般黑钨选厂的跳汰作业并没有丢弃最终尾矿，因此摇床选别是重选段丢尾矿的主要设备。

摇床的分选靠自身的差动往复运动来输送矿物向前运动，而轻、重矿物在差动力的作用下，向前运动的速度也不同，重矿物向前运动速度快，轻矿物运动速度慢，再加上横向水流对矿粒施以水动力，使轻、重矿物在摇床面上产生不同的运动轨迹，从而将其分开。

摇床差动运动的形成是靠床头的运动，现在生产上使用的摇床主要有偏心连杆式（也称6S式）和凸轮杠杆式两种。生产实践表明，处理粗粒级物料（-2+0.2mm）使用偏心连杆式摇床效果较好，而对于细粒级物料（-0.2mm）使用凸轮杠杆式摇床效果较好。

近年来，H. D. Wasmuth等研制的液压传动摇床，一方面液压缸的尺寸足够大，可获得很长的冲程（60mm）；另一方面，床面加速度较大时可突然停车。液压缸装有感应式位移指示器，可连续测定活塞位置，操作人员可根据经验预先选定适合特定摇床选别过程的行程－时间模式。因此，与机械传动的摇床相比，液压传动摇床可以在高速前进时急剧减速，像后退冲程开始后的低加速一样容易达到，通过这种行程－时间模式，给料可以获得高的搬运速度，使生产能力大为提高。

摇床床面有生漆床面、橡胶床面和玻璃钢床面，床面的材料不同，与矿粒运动产生的摩擦力也不同，其优点和缺点，不同选厂的反应不一。

江西浒坑钨矿从1997年下半年起引入橡胶床面，1998年6月又购入玻璃钢床面。生产使用的数据表明，玻璃钢床面的选别效果比杉木橡胶床面好，如表3-19所示。

表3-19 两种床面处理不同粒级物料的效果

入选物料	作业回收率/%	
	玻璃钢床面	橡胶床面
中细粒	75.33	33.83
细粒贫矿	59.20	36.00
细粒富矿	46.77	14.58

几种床面对该作业回收情况的对比表数据表明，玻璃钢床面在选矿回收率方面大大优于橡胶床面，这很大程度上是由于金刚砂聚酯表面的摩擦系数优于橡胶的摩擦系数，适宜黑钨矿与脉石在摇床面上的分离和回收所致。

摇床床面一般设有来复条或沟槽，这种来复条或沟槽的高低深浅及形状对不同粒级矿石的分选也有重要影响。多年来，钨选厂粗粒级摇床的来复的变化不大，各选厂粗粒摇床的分选效果也比较理想。由于细粒钨矿物的回收难度较大，因此人们往往把注意力集中于处理细粒物料摇床的改进上，其中包括细粒摇床的沟槽形式和数量。

江西浒坑钨矿把摇床刻槽形状由直条状变为单波形、双波形。普通型刻槽在床上的布置形式和单波形及双波形刻槽在床上的布置形式如图3-11～图3-13所示。

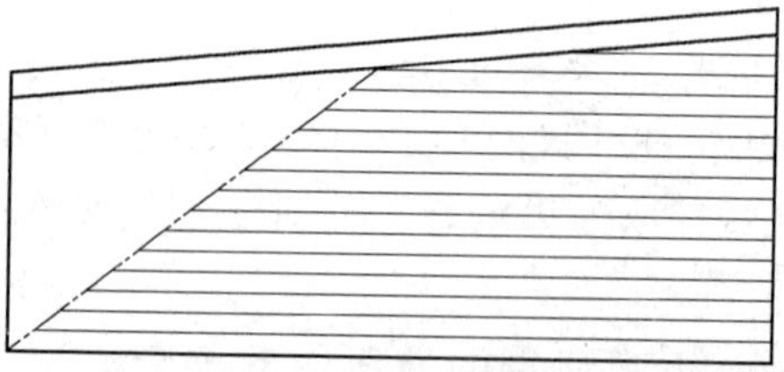

图3-11 传统6S床面来复条分布示意图

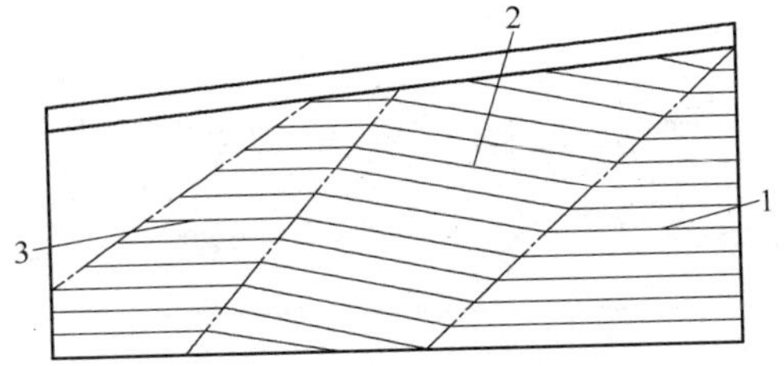

图 3-12 单波形床面示意图
1—平行条区；2—斜条区；3—延长平行条区

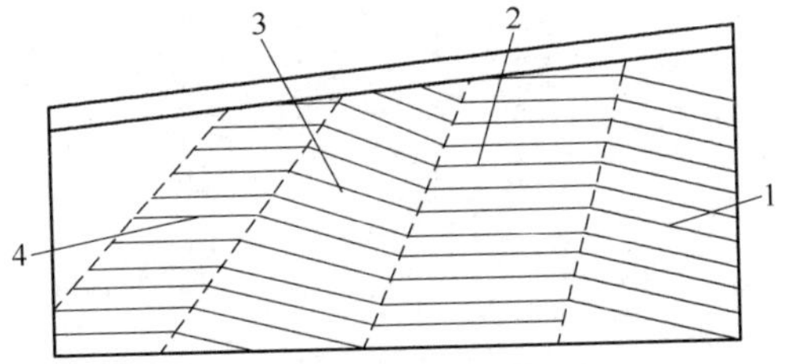

图 3-13 双波形床面示意图
1—一段斜条区；2—平行条区；3—二段斜条区；4—延长平行条区

单波刻槽数从 60 槽到 120 直槽，逐步投入 28 块床面进行分选对比，取得了适合回收对应粒级的质优床面对比资料，如表 3-20 所示。

表 3-20 不同沟槽形式的分选结果

处理物料	作业回收率/%	
	单波形	双波形
细粒富矿	68.7	57.11

表 3-20 表明单波形床面优于双波形床面。同时，在生产上也进行了床面刻槽数量的对比试验，试验结果证明 120 槽床面优于 60 槽床面。

摇床给矿要求预先分级，分粒级入选是摇床分选的先决条件，粒级范围越窄，摇床效率就越高。钨选厂常用的分级设备是干涉沉降式水力分级机，分为非搅拌式和搅拌式两种，典型的四室水力分级机结构如图 3-14 所示。

通常四室水力分级机的分级效率并不高，主要原因是各断面上升水速度并非是均匀的，受水压力变化的影响，各室的上升水的速度也会发生变化，再加上沉砂嘴的堵塞、给矿量和给矿浓度的变化等因素都会使分级效率变差。表 3-21 列出了四室水力分级机的粒度组成情况。

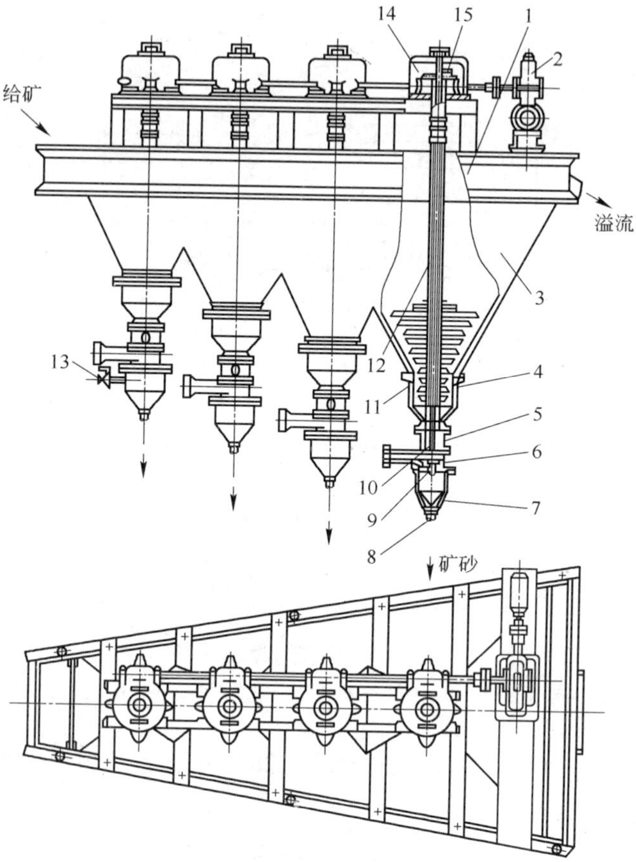

图 3-14 四室机械搅拌干涉沉降水力分级机

1—梯形槽；2—传动装置；3—角锥形箱体；4—搅拌室；5—分级室；6—压力水室；7—受料器；8—卸料口；9—锥形阀；10—连杆；11—叶片搅拌器；12—垂直真空轴；13—气门；14—涡轮；15—凸轮机构

表 3-21 四室水力分级机分级产品粒度

粒级/mm	给矿/%	一室/%	二室/%	三室/%	四室/%	溢流/%
+2	0.74	1.71	1.19	0.24		
-2 +1.2	4.14	14.57	8.81	2.58	0.04	
-1.2 +1.0	5.00	13.48	12.12	5.56	0.08	
-1.0 +0.6	10.99	23.38	21.20	16.10	2.10	
-0.6 +0.4	14.20	17.91	22.38	26.53	8.53	
-0.4 +0.3	7.66	7.13	9.50	11.38	7.20	
-0.3 +0.2	14.35	10.48	11.67	19.78	26.14	

续表 3-21

粒级/mm	给矿/%	一室/%	二室/%	三室/%	四室/%	溢流/%
-0.2 +0.15	9.18	4.19	4.71	7.01	18.00	
-0.15 +0.10	8.61	3.38	3.87	5.86	18.82	11.00
-0.10 +0.075	5.01	1.65	1.77	2.05	8.40	16.71
-0.075	20.12	2.12	2.78	2.91	10.69	72.29
合　计	100.00	100.00	100.00	100.00	100.00	100.00

从表 3-21 可以看出，四个分级室的粒度范围都比较宽，其中一室、二室和三室的粒度范围相差不大，说明分级效率较低，而且当其中一室的分级条件变化或堵塞时，各室也会发生连锁反应，破坏整个分级过程。另外还可以看出，-0.074mm 的细泥在各室沉砂中的含量都较高，特别是四室沉砂中细泥含量达到 20% 以上，这些细泥在粗砂摇床的操作条件下，将损失于尾矿中。

一般的水力分级机还有以下问题值得注意：

（1）应控制上升水压力，以保持上升水流速和流量稳定；

（2）应使搅拌器、筛板、挡板及阻砂条等处于适当位置；

（3）沉砂嘴易磨损，应及时更换。

有的钨选厂是把入选物料通过水力分级将其分为五级、六级、七级，甚至八级，分的级数多，并不见得粒级越窄，受分级设备本身的局限，水力分级机往往仅起到分配矿量的作用。我们认为，对进入摇床分选的物料（-2mm 或 -1.5mm）而言，没有必要分很多级入选，重要的是分级效率高，并且分级过程要稳定。在摇床分选的外部条件中，给矿量稳定是摇床操作的重要条件，只有给矿量稳定，摇床的分带才能稳定不变，分选效果才好，而摇床的稳定给矿是由分级作业决定的，因而分级作业的稳定生产是摇床选别的基础。鉴于水力分级的波动性较大，分级效率较低，我们认为采用高频振动细筛分级更为合理。关于高频振动细筛及其在钨选厂的应用见第 5 章有关部分论述。

摇床选别的效率除与摇床本身的结构形式和给料性质（密度、粒度组成、给矿量、给矿浓度等）有关外，还与冲程、冲次、床面倾角、冲洗水量等因素有直接关系。如江西大吉山钨矿在 1963 年以前，因摇床操作条件未控制好，效率较低，作业回收率仅 60% 左右（参见表 3-22）；1963 年以后，较好地控制了各项操作条件，摇床的作业回收率达到 85% 以上，从而有效提高了全厂的回收率。大吉山摇床的操作条件如表 3-23 所示。

表 3-22　大吉山钨矿摇床指标的变化

时　间	摇床作业回收率/%	重选作业回收率/%	全厂回收率/%	重选总尾矿 WO_3 品位/%
1962 年	59.36	82.06	78.11	0.115

续表 3-22

时间	摇床作业回收率/%	重选作业回收率/%	全厂回收率/%	重选总尾矿 WO_3 品位/%
1964 年	65.38	89.05	82.83	0.058
1965 年	87.71	90.41	86.04	0.0375

表 3-23 大吉山选厂摇床操作条件

室	作业	摇床坡度/(°)		冲程/mm	冲次/次·min^{-1}	给矿浓度/%	处理量/t·(h·台)$^{-1}$	用水量/m^3·(h·台)$^{-1}$
		纵向	横向					
一室	粗选	0.8	4~5	21	230~250	25	2.5	3~4
	扫选	1.0	5~6	18	230~250	20	2.0	3~4
二室	粗选	0.6	3~3.5	19	270	20	1.5~2	2~3
	扫选	0.8	3.6	17	270	18	1.5	2~3
三室	粗选	0.4	2	16	290	15~20	0.8~1	1.5~2
	扫选	0.6	2.5	16	290	15	0.8	1.5~2
四室	粗选	0	1~2	14	315	15	0.5~0.8	1.0~1.5
	扫选	0	2	14	315	12	0.5	0.8~1.0
细泥		0	1~2	12~14	315	12	0.5	0.8~1

摇床的产品方案有两种，有些选厂的摇床产出四种产物，即精矿、高硫中矿、中矿和尾矿，有的选厂只产出三种产品，即精矿、中矿和尾矿。中矿再磨后入摇床选时，一般只产出三种产品，硫化矿物以及中间密度的有用矿物含量较多时，可以产出两种中矿是有利的。多数钨选厂的摇床作业都丢弃最终尾矿，也有些选厂一段摇床不丢尾矿，或粗粒级不丢尾矿，仅细粒级尾矿丢弃，如浒坑选厂一段摇床尾矿再磨后上二段摇床再丢尾，西华山选厂的一室摇床尾矿进行再磨再选。这些都与原矿性质有关，在原矿单体解离度足够的情况下，摇床作业中应尽量早排除尾矿，否则将会增大中矿循环量，增大摇床的负荷，从而降低分选效率。

摇床中矿的处理是一个重要问题。中矿性质比较复杂，一般都含有较多的连生体或中间密度矿物，有时金属占有率还比较大，中矿处理是否合理，对重选段的指标有直接的影响。目前中矿处理有三种流程：（1）单独磨矿入摇床选，再选后的中矿返回本作业循环，如大吉山钨选厂，摇床中矿返回再磨前的脱水螺旋分级机，盘古山选厂的摇床中矿返回分级机再磨再选。单独磨矿可使有用矿物充分解离，过粉碎比较少；（2）小闭路返回至本作业前的水力分级机或自身摇床，如小龙钨选厂，这是一种简单的处理工艺，适用于有用矿物解离情况较好或选厂规模较小的情况，是为简化工艺而采取的一种处理方法；（3）大闭路返回跳汰前的双层振动筛，如画眉坳钨矿、西华山钨矿、瑶岗仙钨矿、湘东钨矿等选厂采用这种方案。中矿经双筛后大部分进入细粒跳汰作业，一般在摇床上，细粒钨矿物容易进入精矿中，而粗粒单体解离的钨矿物往往在摇床中矿中，而跳汰分选对回收粗粒钨矿物是有利的，因此可能有部分单体钨进入到粗粒跳汰的精矿中，但对钨矿物的连生体则很少进入磨矿系统，仍然进入摇床中矿中去，这样会造成恶性循环，对单体解离度不够的中矿，这种处理方案有自身的缺点。中矿的处理流程主要取决于中矿中有用矿物的单体解离度，当中矿中的有用矿物大部分已经单体解离，则可采用流程（2）或流程（3）的工艺，如果中矿中的有用矿物大部分呈连生体状态出现，则应采用单独磨矿入摇床分选的方案。

螺旋选矿机是一种处理能力大、占地面积小、选矿费用低的设备，广泛用于处理 -1 +0.04mm 粒级物料，尤其是选别比较贫的物料，已成功地在处理黑、白钨矿的重选流程的粗选段中应用，也有用于精选及综合回收段。如美国的克莱马克斯（Climax）钼矿就广泛利用螺旋选矿机，从浮钼的尾矿中选收含低品位（0.03% WO_3）的黑钨矿。但是我国的黑钨矿选厂，大部分还未利用螺旋选矿机，处理 -2mm（或 -1.5mm）粒级物料基本还是用摇床选。

3.4 精选段工艺及设备

黑钨选厂经重选段选别，其粗精矿中常含有锡石、辉钼矿、辉铋矿、泡铋矿、黄铁矿、黄铜矿、磁黄铁矿、毒砂、方铅矿、闪锌矿、辉锑矿等矿物。锡石、辉铋矿在高品位粗精矿中富集较多，硫化矿则较多地富集于高硫中矿中。钨精矿中所含的杂质很多对钨钢和钨金属的性能有严重的影响，这些伴生矿物对钨精矿来说是有害杂质，不过也有很多有用矿物，尤其锡、钼、铋、锌是价值很高的有色金属，有些矿还含有稀有金属钽、铌等。因此对钨粗精矿进行精选，就是尽量除去其中的杂质成分，并把其中的有用矿物分别选出成为单独产品，对于提高精矿质量或是有用成分的综合利用率，都有重大的意义。钨精矿中主要伴生矿物的分离方法如表 3-24 所示。

表 3-24 钨精矿中主要伴生矿物的分离方法

元素	矿物	分离方法
硫	黄铁矿 磁黄铁矿	枱浮、浮选、焙烧及磁选 枱浮、浮选、磁选
砷	毒砂及斜方砷铁矿 亚砷酸盐	枱浮、浮选、焙烧、黑钨矿磁选 酸处理
磷	磷灰石及其他	黑钨矿磁选、浮白钨、精矿酸浸
铜	硫化铜 氧化铜	枱浮、浮选、黑钨矿磁选 黑钨矿磁选、酸处理

续表 3-24

元 素	矿 物	分 离 方 法
锡	锡石 黝锡矿	黑钨矿磁选、苏打焙烧浸钨 黑钨矿磁选、枱浮、浮选、电选
锑	辉锑矿	枱浮、浮选、焙烧
钼	辉钼矿	枱浮、浮选、黑钨矿磁选
钽、铌	钽铌铁矿、细晶石	苏打焙烧浸钨，钽及铌留于浸渣中
锰	菱锰矿 氧化锰	磁选 浸出与风选
铅	方铅矿 白铅矿	枱浮、浮选、黑钨矿磁选 浸出法
锌	闪锌矿 氧化锌	枱浮、浮选、黑钨矿磁选 黑钨矿磁选
铋	辉铋矿 泡铋矿	枱浮、浮选、黑钨矿磁选 枱浮、浮选、黑钨矿磁选、酸处理
铁	磁铁矿 赤铁矿 黄铁矿	磁选 重选、酸处理 枱浮、浮选、焙烧及磁选

由于粗精矿中共生的矿物种类多、品位低，与钨矿物之间以及共生矿物相互间关系比较密切，性质复杂，所以在精选工艺中为获得合格的钨精矿并综合回收其中的伴生有价成分，需要采用重选（包括跳汰选、摇床选）、浮选、枱浮、磁选、电选等选矿方法的联合工艺，有些选厂的精选段需要采用水冶法，有的选厂用氧化焙烧法除硫砷、氯化焙烧法除锡、酸浸除磷钙等方法以获得合格的钨精矿。

由于粗精矿的矿石性质不同，精选工艺也有所不同，现以大吉山钨选厂的精选原则流程（如图 3-15 所示）来说明主要选矿方法的应用情况。

大吉山选厂的重选粗精矿，首先进行筛分分级，+0.25mm 部分进枱浮作业，-0.25mm 粒级进入浮选作业，枱浮既可脱除粗粒硫化矿，也可获得部分合格钨精矿，然后枱浮的中矿分别经跳汰和摇床分选进一步得到钨精矿，跳汰和摇床的尾矿经磨矿后与粗精矿中 -0.25mm 粒级一起进行浮选脱除硫化矿，然后用摇床选出钨精矿。钨精矿中大部分为黑钨矿，但还有少量白钨矿，粗粒级通过干式磁选，细粒级通过湿式磁选分离出白钨，并分别获得黑钨和白钨精矿。

磁选可以使黑钨与白钨、锡石分离，电选主要用于白钨与锡石的分选，对含磷钇矿的钨精矿，也可用电选法分选出磷钇矿。下面仅对黑钨选厂的主要分选作业枱浮、磁选和电选进行介绍。

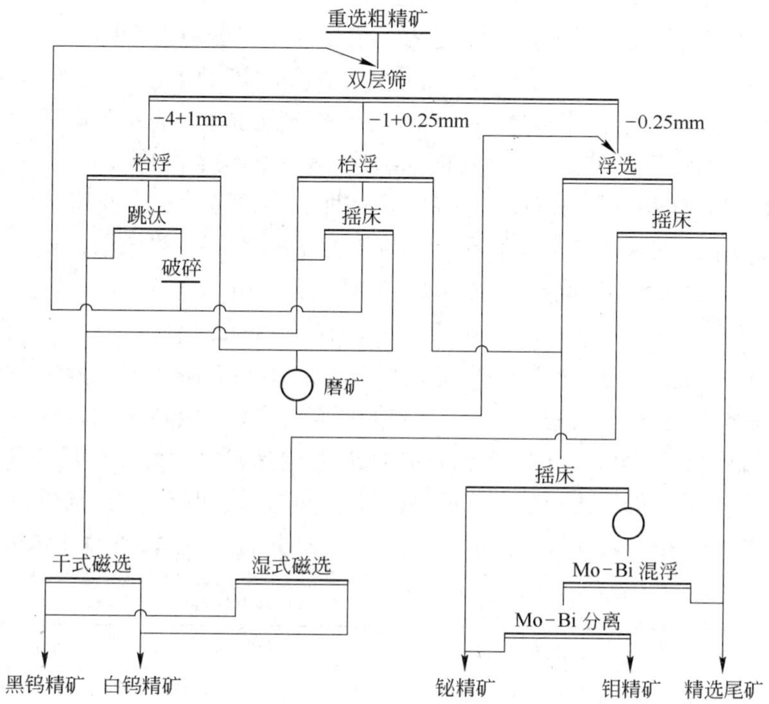

图 3-15 大吉山钨选厂精选原则流程

3.4.1 枱浮作业

枱浮法实际上是在同一设备上同时进行浮选和重选的方法。它是在粗粒情况下实现易浮选的硫化矿物与其他矿物的浮游分离，同时不同比重的矿物也可以在床面上分开，枱浮法适用的粒度范围为 -3 +0.2mm。枱浮具有如下三个特点：(1) 重选与浮选相结合,可以得到较好的分离效果,简化工艺流程和提高生产效率;(2)能处理粗粒级物料(上限可达 3mm),节省磨矿费用,可避免再磨时有用矿物的过粉碎现象产生;(3)设备操作简单,过程适应性强,大小厂矿均可采用。

在黑钨选厂的重选粗精矿中，粗粒钨矿物及硫化矿物同时存在，一般钨矿物与硫化矿的分离方法有两种，一种是将物料磨至浮选所需要的粒度（一般硫化矿的浮选粒度上限为 -0.3mm）进行硫化矿浮选，不过将所有矿物磨细，必然会产生较多的钨细泥，对钨的回收不利；另一种方法是用枱浮的方法在粗粒情况下将硫化矿与钨矿物分开，这样就可以避免粗粒钨矿物的泥化。枱浮法在黑钨选厂的精选段是分离粗粒钨矿物及硫化矿物常用的方法，在处理粗粒嵌布的锡石多金属硫化物锡选厂中也有应用，如广西大厂车河选厂就是采用枱浮法来分离粗粒锡石和硫化矿，还有的选厂用枱浮法分离白钨矿、萤石和磷灰石等。

我国一些钨、锡选厂用的枱浮设备主要有枱浮摇床、粒浮圆槽、卧式螺旋粒浮桶、粒浮箱等，使用最广泛的是枱浮摇床。枱浮摇床和普通摇床的主要区别在于床面，枱浮床面需耐腐蚀（主要是酸腐蚀），一般在普通床面上涂生漆、环氧树脂胶泥等，或使用聚氯乙烯塑料床面。为使矿粒同空气充分接触，常在给矿端装设附加床面（其大小为枱浮床面的四分之一，横向坡度 18° ~20°），采用特殊的床条。

20 世纪 70 年代研制出新的床面形式，即在普通 6 – S 床面覆以漆布，钉上 10 条和床面中心线成 45°的床条及 3 条与床面中心条平行的床条，前者的截面为扁平的楔形，宽 40mm，高约 4mm；后者为矩形截面，宽 6mm，高为 6 ~ 12mm。物料在床面的不对称往复运动作用下，向精矿端运动，物料运动中先后 10 次越过斜的床条而同空气充分接触，已漂浮的硫化物由斜床条间隙的液流流向尾矿端汇集，经平行床条所造成的平稳液层而顺利排出。生产实践表明，这种设备一次作业的脱硫率可达 95% 以上，单台日处理能力达 6t，已为许多选厂应用。

同其他枱浮设备相比，枱浮摇床的脱硫效率高，处理能力大，且可以将未浮的矿粒分为多种产品。表 3-25 为某钨锡精选厂使用三种枱浮设备对比试验结果。

表 3-25 三种枱浮设备分选指标的对比

设备	处理能力 /kg·h^{-1}	给矿 S 品位 /%	精矿				脱硫率 /%
			产率/%	S 品位/%	Sn 回收率/%	WO_3 回收率/%	
粒浮箱	269	17.61	39.03	14.25	95.41	94.81	68.10
粒浮圆筒	250	13.04	36.04	12.35	92.13	94.34	65.87
枱浮摇床	450	13.61	7.81	0.81	93.83	96.94	99.23

瑶岗仙钨选厂主要利用枱浮摇床脱砷以获得钨精矿，使用上述带 10 条 45°斜条的枱浮床面。虽然这种床面比过去的床面脱硫率高，精矿质量和处理量均有所提高，但是矿粒在跨越床条时比较困难，许多粗粒钨矿物不能越过床条而进入中矿，使中矿量增加，降低了回收率。1975 年该选厂将枱浮床面的床条布置进行改进，将床条和床面中心线的倾斜角度由 45°变小为 7° ~30°，床条高度也减小，改进后的床条布置形式如图 3-16 所示。

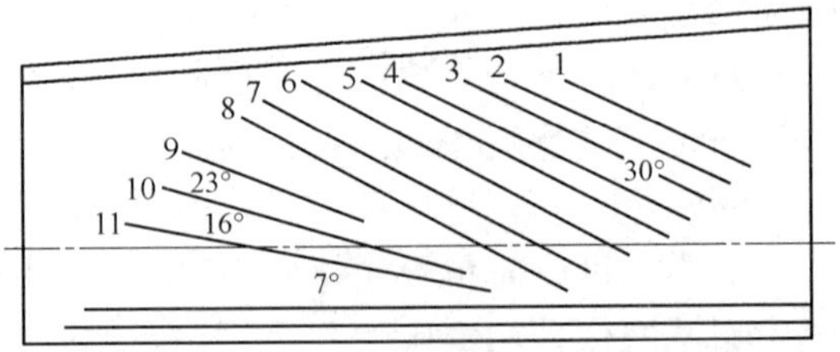

图 3-16 瑶岗仙钨矿改进型枱浮床面示意图
（1 ~11 为不同角度的床条）

由于枱浮摇床的角度和高度减小，矿粒易于越过床条，从而提高了钨的回收率。表3-26为大角度床面和小角度床面对比试验结果。

表3-26 三种不同床条布置形式床条的对比试验结果

床条形式	产品	产率/%	品位/%		回收率/%	
			WO_3	As	WO_3	As
普通枱浮摇床床条	精矿	11.20	56.93	9.80	75.20	3.90
	中矿	41.40	4.90	27.80	23.90	41.00
	尾矿	47.40	0.161	32.68	0.90	55.10
	给矿	100.00	8.48	28.10	100.00	100.00
大角度新床面床条	精矿	12.00	64.14	1.9	60.20	0.90
	中矿	27.10	18.4	16.1	38.90	17.60
	尾矿	60.90	0.18	33.1	0.90	81.50
	给矿	100.00	12.83	24.75	100.00	100.00
小角度新床面床条	精矿	41.20	61.21	4.8	95.00	10.30
	中矿	10.70	11.06	13.82	4.47	7.70
	尾矿	48.10	0.29	32.73	0.53	82.00
	给矿	100.00	26.55	19.2	100.00	100.00

从表3-26可以看出，虽然改进型的小角度枱浮床面获得的钨精矿砷含量略高，需要调整枱浮给药的药剂制度，以提高砷矿物的脱除率，但从钨的回收情况看，改进型枱浮摇床的回收率较高，中矿和尾矿中钨的占有率都比较少。

枱浮的给矿需要添加药剂并在高浓度下长时间搅拌，粗粒级（1～3mm）调浆浓度可达85%，中粒级（0.6mm左右）调浆浓度为75%～85%左右，对细粒级（0.2mm）来说，如浓度过大，则彼此黏着，减少与药剂接触的机会，因此浓度应稀一些，合适的浓度为65%～70%。枱浮使用的药剂种类及用量，取决于被浮矿物的种类及性质。枱浮硫化矿常用的捕收剂为黄药和煤油，以高级黄药的效果较好，调整剂使用硫酸。仅使用黄药作捕收剂时，枱浮的最大粒度不易达到3mm，同时使用煤油和黄药，枱浮粒度可达3mm以上，以柴油代替煤油，也可获得同样结果。

重选钨精矿在枱浮前，经过破碎、磨矿、跳汰、摇床等作业，矿粒与空气接触时间久，其中的硫化矿受到氧化作用，在中性和碱性介质中枱浮效果不佳，在以硫酸作调整剂的酸性介质中效果较好。硫酸具有溶解矿粒表面氧化膜的作用，同时在酸性介质中硫化矿容易上浮。

枱浮泡铋矿时，先加硫化钠使之硫化，再加硫酸、黄药和煤油。枱浮的药剂用量一般比较多，黄药用量为0.4～1.5kg/t，煤油为0.5～1.5kg/t，硫酸为

0.5~2kg/t。使用黄药和硫酸时，会产生一种臭味，对周围的空气污染较大。广州有色金属研究院在广西大厂车河选厂进行枱浮试验时，采用丁铵黑药作捕收剂来浮硫化矿，以获得粗粒锡精矿，试验效果较好，脱硫效率较高，臭味较小，丁铵黑药用量为1.5~2.0kg/t。

3.4.2 磁选作业

磁选是以矿物的磁性差异为基础的选矿方法。矿粒通过磁选机的磁场时，同时受到磁力和机械力的作用，磁性较强的矿粒受到的磁力较大，磁性较弱的矿粒受到的磁力较小，因此磁性不同的矿粒有着不同的运动轨迹，从而获得两种或几种单独的产品。

磁铁矿等矿物具有强磁性，钨锰铁矿、钨铁矿和钨锰矿具有弱磁性，因此可以利用磁选法使之从非磁性矿物中分离出来。钨矿石中常见伴生矿物的比磁化系数如表3-27所示。

表3-27 钨矿石中常见伴生矿物的比磁化系数

矿 物	比磁化系数 /$10^{-6}cm^3 \cdot g^{-1}$	磁选所需磁场强度/T	矿 物	比磁化系数 /$10^{-6}cm^3 \cdot g^{-1}$	磁选所需磁场强度/T
磁铁矿	92000	0.01~0.02	黄铁矿	26.98	≥2.5
磁黄铁矿	4321	0.15	黄铜矿	5	≥2.5
赤铁矿	23.18	0.25~0.35	方铅矿	-0.62	≥2.5
褐铁矿	33.10	0.5	闪锌矿	0.83	≥2.5
菱铁矿	47	0.4~0.5	毒砂	0.63	≥2.5
钨锰铁矿	25-150	0.45~0.6	孔雀石	15	≥2.5
钨铁矿	25-150	0.45~0.6	菱锌矿	14	≥2.5
钨锰矿	82	0.6	辉锑矿	1.66	≥2.5
黑云母	54.24	0.4~0.6	辉钼矿	-0.098	≥2.5
石榴石	160	0.4~2.2	斑铜矿	14	≥2.5
白云石	27	≥2.5	锡石	0.83	≥2.5
锆英石	15	≥2.5	白钨矿	0.38	≥2.5
独居石	18.61	0.6~0.85	萤石	0.51	≥2.5
电气石	19.38	0.4~0.5	方解石	0.37	≥2.5
磷灰石	11.34	≥2.5	长石	0.33	≥2.5
石英	-0.5	≥2.5	绿柱石	5.27	≥2.5

磁选机分为干式磁选机和湿式磁选机，钨矿精选段所用磁选机大多为干式磁选机，干式盘式磁选机的分选过程见图3-17所示。圆盘经激磁电流激磁后产生

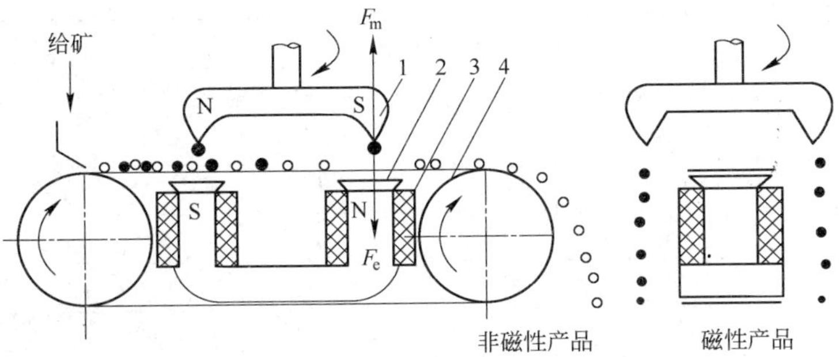

图 3-17 干式强磁选机示意图

1—分选圆盘；2—电磁铁；3—激磁线圈；4—给料皮带

磁场，因而从给矿皮带上吸起磁性矿粒，当离开磁极后，吸起的磁性矿粒将脱离磁极而落入精矿接取斗中，无磁性的矿粒将随皮带向前运动进入尾矿斗中。这种磁选机分单盘磁选机和多盘磁选机，单盘磁选机在国内各钨选厂普遍使用，也有的厂矿使用双盘磁选机和三盘磁选机。盘式磁选机的处理粒度范围为0.074～3mm。

磁选机的处理能力与所处理物料的粒度有关，对 ϕ885mm 单盘磁选机而言，当处理0.83～3mm 物料时，处理能力为1.2t/h，处理 -0.83 +0.2mm 物料时为1t/h，处理 -0.2mm 物料时为0.5t/h；对 ϕ580mm 三盘磁选机而言，当处理0.8～2mm 物料时，处理能力为0.35t/h，处理0.25～0.83mm 物料时，处理能力为0.3t/h，处理 -0.25mm 物料时为0.25t/h。

盘式磁选机属下端给矿型，选择性强，可以获得较纯的钨精矿，但尾矿含钨较高，需要多次扫选。盘式磁选机的给料需分级入选，级别越窄，磁选效果越好。例如湘东钨矿原来筛分成二级，后改为四级，磁选效果大幅度提高；赣州精选厂筛分成0.83～2mm、0.2～0.83mm 和 -0.2mm 三级入选，各粒级的磁选效果并不相同，一般粒度越粗磁选效果越好。赣州精选厂分级入选的结果如表3-28所示。

表 3-28 各级别分选结果

粒级/mm	产品	品位/%		回收率/%	
		WO_3	Sn	WO_3	Sn
0.83～2	精矿	72.70	0.44	96.87	0.71
	中矿	15.64	40.26	0.52	2.26
	尾矿	2.75	60.72	2.61	97.03
	给矿	43.42	25.70	100.00	100.00

续表 3-28

粒级/mm	产品	品位/%		回收率/%	
		WO_3	Sn	WO_3	Sn
0.2～0.83	精矿	71.40	0.58	88.13	0.73
	中矿	28.75	30.68	1.22	1.39
	尾矿	5.62	52.11	10.65	97.98
	给矿	31.50	31.76	100.00	100.00
-0.2	精矿	63.85	1.31	79.09	2.75
	中矿	32.04	16.62	6.67	3.75
	尾矿	6.64	40.72	14.24	94.50
	给矿	27.84	25.73	100.00	100.00

3.4.3　电选作业

电选法是基于被分离物料在电性质上的差异，利用电选机使物料颗粒带电，在电场中颗粒受到电场力和机械力（重力、离心力）的作用，不同电性的颗粒运动轨迹发生差异而使物料得到分离的方法。

有的黑钨矿选矿厂处理的原矿除了含黑钨矿之外，还含有一定数量的白钨矿、锡石、硫化矿等重矿物。当钨粗精矿经过枱浮脱除硫化矿以及用磁选法选出黑钨矿后，磁选尾矿就是锡石和白钨矿的混合精矿，锡石的导电率大于白钨矿，可以用电选法将其分离。对含磷钇矿的钨精矿，也可用电选法分选磷钇矿，既降低了黑钨精矿的含磷量，又增加了稀土副产品的综合回收。

江西西华山钨选厂、瑶岗仙钨选厂和赣州精选厂等选厂的精选工艺中都使用了电选机。西华山钨选厂用电选法分离出稀土精矿，瑶岗仙钨选厂和赣州精选厂用电选法分离白钨矿和锡石。电晕电选的分选过程如图 3-18 所示。

入选物料干燥后随辊筒进入电晕电场，来自电晕电场电晕极产生的电子及空气的负离子使导体和非导体都能吸附负电荷，但是导体颗粒得到的负电荷多，落到辊面之后又把电荷传给辊筒，负电荷全部放完，反而又得到正电荷被辊筒排斥，在电力、重力和离心力的作用下其轨迹偏离辊筒进入导体产品区；非导体颗粒进入电场后，由于剩余电荷多，在静电场中产生的吸力大于矿粒的重力和离心力，吸附于辊筒上面，直至被辊筒后面的刷子刷下，进入非导体产品区。

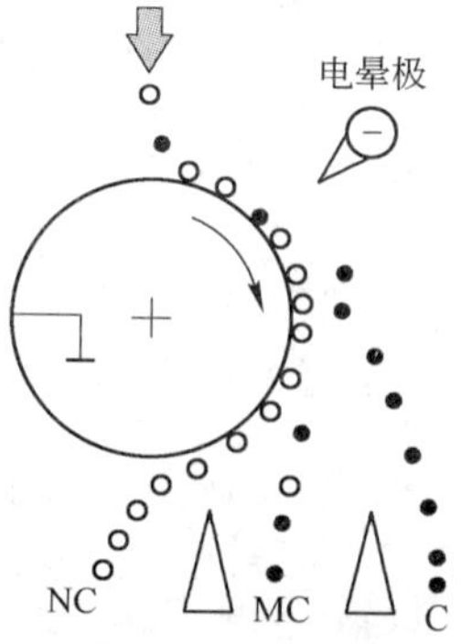

图 3-18　高压电晕筒式电选机分选示意图

我国生产的电选机种类和型号都比较少，主要是鼓式电选机。1957 年赣州精选厂使用了工业型双辊电选机来分离锡石和白钨，电选机性能如表 3-29 所示。

表 3-29 工业型双辊电选机性能

辊数	辊长/mm	辊径/mm	辊转速/$r \cdot min^{-1}$	电压/kV	外形尺寸/mm		
					长	宽	高
2	600	150	40 ~ 150	6 及 13 两极	814	1124	2430

为了提高电选指标，必须对入选物料进行分级、除尘和加热。

粒度对电选效果有重要的影响，各种粒级所要求的分选条件是不相同的，因此处理粒度范围很宽的物料时，很难选择适当的操作条件。为了提高电选效率，必须对物料分级，分级粒度范围越窄，电选效果越好。各级别的电选结果并不相同。在辊式电选机上进行工业比较试验，如表 3-30 所示。

表 3-30 各级别的电选指标

粒级/mm	产品	产率/%	品位/%		回收率/%	
			WO_3	Sn	WO_3	Sn
0.42 ~ 0.83	锡精矿	73.60	2.15	73.6	15.31	84.10
	中矿	20.58	23.32	48.72	40.42	15.62
	白钨精矿	5.82	67.97	3.16	38.27	0.28
	给矿	100.00	10.34	64.20	100.00	100.00
0.18 ~ 0.42	锡精矿	60.49	4.00	70.99	10.89	82.40
	中矿	13.59	15.77	58.66	14.89	15.14
	白钨精矿	25.92	37.87	4.94	68.22	2.46
	给矿	100.00	14.39	52.12	100.00	100.00
-0.18	锡精矿	28.12	10.33	61.68	12.97	43.52
	中矿	32.29	10.70	62.00	13.43	50.27
	白钨精矿	39.59	40.51	6.24	71.60	6.21
	给矿	100.00	22.40	39.82	100.00	100.00

由表 3-30 可以看出，以 0.18 ~ 0.42mm 粒级物料电选效果较好，电选粒度以不超过 1mm 为宜。

物料中的水分会增加矿粒的导电性，降低导体矿粒和非导体矿粒的导电性差别，同时会增加矿粒的黏附现象，因此严重影响电选效果。试验结果证明，不加热时白钨精矿的品位为 10.05%，回收率仅为 3.64%，加热到 180℃时，品位提高到29.81%，回收率提高到64.07%，故电选前最好将物料加热到100℃以上。

辊式电选机的调节因素有：电压、辊筒转速、电极距离、接矿板位置、给矿速度等，生产中根据物料性质进行调节。

有时钨粗精矿磁选后的非磁产品中除锡石和白钨矿之外，还有泡铋矿、石英和少量萤石。在电选作业中，泡铋矿富集在中矿中，因此利用电选可使锡石、白钨矿和泡铋矿互相分离，石英和萤石由于导电性比白钨更低，故进入白钨精矿中，需要进一步处理。

随着选矿技术的进步，电选机也在改进，目前所使用的电选机多用高压电选机，分选电压可达50kV以上，高压电选的分选效果更为理想。

长沙矿冶研究院生产的YD型高压电选机使用效果较好。YD－3型高压电选机的结构如图3-19所示。

YD－3型高压电选机的结构参数：

接地滚筒电极：直径300mm，长2000mm，数量3个，转速可调；

弧形刀片电极：刀片长2105mm，刀片厚度0.1～0.3mm，刀片数量7片；

工作电压：0～60kV。

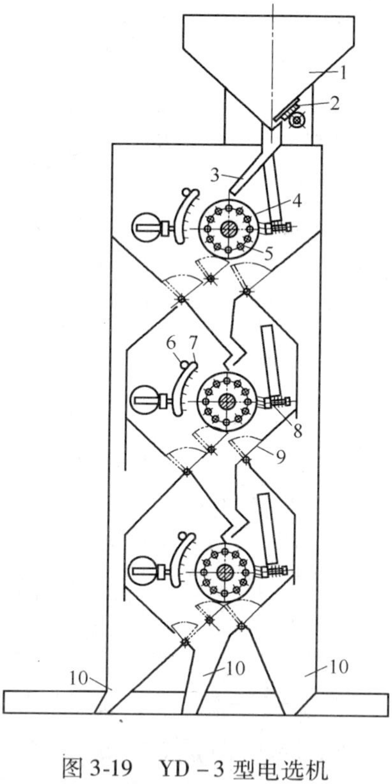

图3-19 YD－3型电选机

1—矿仓；2—给矿闸门；3—给矿板；4—圆筒电极；5—电热器；6—偏转电极；7—电晕电极；8—排矿毛刷；9—产品分隔板；10—排矿斗

3.4.4 其他分离方法

枱浮、干式强磁选、电选是黑钨选厂常用的设备，常用来分离硫化矿、黑钨矿，也可用于白钨与锡石的分离，但往往也有其局限性，如干式强磁选和电选只适用于较粗物料的分选，一般分选粒度下限为0.074mm（或0.04mm），对细粒物料则分选效果较差。

在粗精矿的精选作业中，所处理物料往往矿物组成复杂，常使用多种分离手段才能使其分离，常见的几种组成复杂的钨精矿分离方法如下。

3.4.4.1 白钨矿与锡石的分离

粗粒白钨矿与锡石的分离可以通过电选实现，也可以用枱浮法完成。白钨矿是极性表面的非硫化矿物，通常采用以油酸为代表的脂肪酸类作其捕收剂。这类药剂的选择性差，对锡石以及粗精矿中常见的萤石、方解石等矿物也有捕收作用，因此需要合理使用调整剂，细心控制浮选条件。按有关选厂的生产实践，0.2～2mm 粒级物料宜用枱浮，而 0～0.2mm 细粒白钨矿与锡石的分离可以通过浮选来进行。枱浮前按 75%～85% 矿浆浓度调浆，加入碳酸钠或氢氧化钠调整 pH 值至 9～10，使用水玻璃抑制锡石、萤石、方解石等，如给矿中尚有一些硫化矿，还可酌加硫化钠进行抑制。另外常需要矿浆加温，枱浮之前，按 80～100℃调浆，泡沫浮选常在 40～90℃下进行，精、扫选次数及整个流程结构，依具体情况而定。

用电选法分离白钨矿和锡石是一种常用的分离方法，但有时因矿物组成复杂，锡石和白钨矿物含杂质，矿物表面受铁污染等因素的影响，两者的电选分离并不彻底，往往会产生一些含锡石和白钨的电选中矿，因此可以考虑用其他分选方法处理该中矿。

珊瑚矿长营岭选矿厂处理的矿石产于钨石英脉型矿床，我国这类矿床白钨与锡石普遍共生，在精选段采用电选法分离锡石和白钨矿。在电选作业中，+0.2mm粒级的电选效果较好，-0.2mm 粒级的电选效果较差，电选中矿 WO_3 含量 32%～37%，锡含量 10%～20%。处理该中矿的一种方法是先把电选中矿磨矿至 -0.074mm 占 80%，进行白钨浮选，用石灰和水玻璃作抑制剂，在接近常温（32℃±2℃）和正常速度下实现白钨矿与锡石及脉石的有效分离，得到一级白钨精矿；白钨浮选尾矿则采用摇床富集后再用高梯度磁选机分离黑钨与锡石，最后得到 WO_3 含量 76.66% 的钨精矿，回收率为 92.48%，锡精矿中 Sn 含量 57.82%，回收率为 57.82%。另一种方法是只对电选中矿磨矿，然后进行锡石浮选，浮锡用水杨氧肟酸和 P_{86} 作为捕收剂，纤维素为抑制剂，在粗粒条件下浮出锡精矿，浮锡精矿用磁选分离黑钨，浮锡尾矿先用摇床选出部分难磨的石英等脉石，摇床精矿经磨矿后进行白钨浮选，得到白钨精矿。因电选机已将粒度较粗的锡石选出，-0.2mm 的电选中矿不需磨矿就可直接浮锡，+0.2mm 的少量电选中矿也只需稍加磨矿即可。同时，由于已将可浮性较好的锡石浮出，浮锡尾矿先用摇床选出部分难磨的石英等脉石，白钨浮选变得比较容易，只需 1～2 次精选就可获得特级白钨精矿，并且可以免去加温浮选的麻烦。采用先浮选锡石后浮选白钨矿的钨锡分离工艺，精矿质量和回收率都提高了，白钨精矿可达到特级品的要求，锡和钨的回收率可达 90% 以上。

3.4.4.2 黑钨与锡石的分离

粗粒黑钨矿与锡石的分离可以通过干式强磁选实现，细粒黑钨矿与锡石的分离往往采用湿式高梯度强磁选机来进行，或用浮选法使其分离。如江西大龙山钨矿钨细泥选别中，先用湿式高梯度强磁选机结合摇床选出黑钨精矿，再经浮选脱除硫化矿后，用重选法回收锡石和白钨矿。西华山钨矿曾用浮选来分离细粒级（-0.162mm）的黑钨矿与锡石，采用草酸作黑钨矿的抑制剂，用混合甲苯胂酸作锡石捕收剂，浮选 WO_3 含量 40% 和 Sn 含量 28% 的粗精矿，获得 WO_3 含量

63% ~69% 的钨精矿，其中 Sn 含量小于 1%，钨回收率 91% ~95%；锡精矿中 Sn 含量 69% ~75%，WO_3 含量 0.8% ~1.3%，锡回收率 92% ~97%。也可以采用硫酸和氟化钠抑制锡石，埃尔索 -22（磺化琥珀酸酰胺盐）作捕收剂浮选黑钨矿，获得 WO_3 含量 68.07%、Sn 含量 2.21% 的钨精矿和 Sn 含量 72.46%、WO_3 含量 1.95% 的锡精矿。

3.4.4.3 黑钨、白钨及磷钇矿、硅铍钇矿的分离

磷钇矿和硅铍钇矿密度中等，在重选段富集于粗精矿中，因其磁性与黑钨矿相近，用磁选法分离较为困难，致使黑钨精矿含磷高。磷钇矿等稀土矿物为导体，先用电选分离出黑钨矿，然后用浮选法处理非导体产物，分离其中的磷钇矿和白钨矿。在矿浆 pH 值为 3 ~4 的条件下（用硫酸调浆），用氟硅酸钠抑制磷钇矿等稀土矿物及石英等脉石矿物，用油酸和煤油浮选白钨矿，达到磷钇矿与白钨矿分离的目的。含 WO_3 43.09% 和含 REO 2.82% 的钨粗精矿经电选 - 浮选流程处理，可获得 WO_3 含量 57.5%，REO 含量 0.6% 的黑钨精矿（钨回收率 91.87%）和 WO_3 含量 37.50%，REO 含量 4.55% 的白钨精矿（钨的回收率 4.04%）以及 REO 含量 8.16% 的稀土精矿（稀土回收率 77.87%）。

3.4.4.4 钨 - 锡难选中矿的处理

钨 - 锡难选中矿是难以根据物理性质差异进行分选的钨 - 锡致密物料，包括磁选、电选和浮选等分选过程的中矿和矿泥。

根据锡和钨化学性质的差异，可运用选冶联合工艺对钨 - 锡难选矿加以分离和回收。国内目前普遍采用的是苏打焙烧 - 浸出法，生产合成白钨矿和锡精矿两种产品。苏打焙烧 - 浸出法的原理是在含氧的气氛中，在 750 ~850℃ 的温度下，各种钨酸盐中的钨能同苏打发生化学反应而生成水溶性的钨酸钠，锡石中的锡则不能，这样，再通过浸出，即可达到钨 - 锡分离，整个流程可分为焙烧、浸出、净化、合成四个工序。

3.5 有用组分的综合回收

我国钨矿多为矽卡岩型钨矿床、热液充填多金属型钨矿、岩浆后期高中温热液型矿床等类型，钨矿通常与铜、钼、锑、锡、铋、铌、钽以及金、银等共伴生。据统计，湖南、江西、广东三省的钨矿床中 WO_3 的储量与 Sn、Bi、Mo、Cu、Pb、Zn 等六种主要伴生金属的总储量的比例约为 1/1.1，伴生金属总储量大于钨总储量。目前，我国大多数大、中型钨矿山都对伴生的有用金属进行了综合回收，其中主要回收的金属有钼、铋及伴生的铜、铅、锌、锡、银等有价元素。

钨矿石中伴生多金属矿物的种类、数量、粒度和相互共生状况随矿床的不同而异，不同钨选厂的精选和综合回收的工艺流程不同，黑钨矿选厂的综合回收主要包括如下三个方面：

（1）在手选段作业中可拣出绿柱石、水晶、锂云母和铋、钼、铜等硫化矿的富块矿。

（2）重选尾矿再磨再选回收伴生金属，伴生金属在尾矿中约占三分之一，若品位较高，则有进一步回收的必要。如湘东钨矿、白石山钨矿选矿的尾矿再磨再选回收铜，大龙山选厂从尾矿中回收钼，瑶坑钨选厂尾矿再磨再选回收钼、铋、铜等。但目前生产上进行尾矿再磨再选回收伴生金属的选厂还不多，除了存在技术原因外，主要还受选矿成本的制约。漂塘钨矿的大龙山选厂将重选尾矿磨矿后浮钼，该厂原矿含 WO_3 为0.3% ~0.45%，含 Mo 为0.06% ~0.09%，经重选后进入钨粗精矿中的钼约占45%，进入细泥的钼约占10%，其余40%进入重选尾矿，品位为0.08% ~0.16%，后者经磨矿后与细泥分别浮选回收钼，获得 Mo 含量48%的钼精矿，作业回收率为79%，约占原矿钼回收率的40%，全厂钼总回收率为77%。

（3）重选粗精矿经枱浮和浮选后，从浮物中回收伴生金属，这是大部分黑钨选厂综合回收的重点。本节着重讨论这一问题。

枱浮是重选毛砂脱硫的主要工艺之一，分选出的硫化矿就是回收伴生矿物的主要来源。如果硫化矿中共生的金属矿物种类多，一般将硫化矿磨至 -0.25mm 以下再浮选分离生产各种副产硫化矿。我国赣南黑钨矿山大多数属此类型。

钨矿石伴生多金属硫化矿的选矿工艺流程主要有以下几种。

3.5.1 含钼、铋、铜矿物的浮选流程

3.5.1.1 钼铋混合-分离浮选流程

针对矿石的特点，采用石灰调节 pH 值至8.5 ~9，氰化钠和硫酸锌抑制硫矿物，非极性油做捕收剂，选出钼铋混合精矿，在混合精矿中添加硫化钠抑制铋矿物，泡沫产品为钼精矿，槽内产品为铋精矿，充分利用钼铋矿物的天然可浮性差异获得较高的选矿指标。

大吉山钨矿选钼和铋的流程为：枱浮硫化矿和浮选硫化矿，先加硫化钠脱药后，在摇床上回收部分自然铋，然后磨矿浮选，磨矿细度达到 -0.074mm（ -200 目）含量80%以上，添加石灰和氰化钠抑制黄铁矿，用黄药和煤油作捕收剂，松醇油作起泡剂，浮选铋、钼，得到铋钼混合精矿，然后用硫化钠抑铋浮钼，得到铋、钼两种精矿，铋钼综合回收流程如图3-20所示。

西华山钨矿和大王山钨矿的枱浮硫化矿中存在钼、铋、铜等有用元素，西华山的枱浮硫化矿先添加硫化钠（5kg/t）搅拌，然后稀释洗矿，清除残余药剂，进入球磨机磨矿，磨矿细度为 -0.074mm（ -200 目）含量达到70%，添加石灰在弱碱性介质中（pH 值7 ~8）用氰化钠抑制硫矿物，进行铋钼混合浮选，然后用硫化钠抑铋浮钼，得到铋、钼两种精矿，从钼铋浮选的尾矿中再行浮铜得铜精

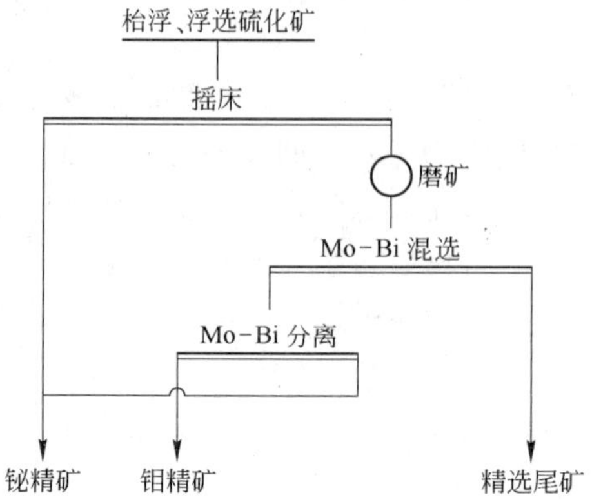

图 3-20　大吉山钨选厂综合回收原则流程

矿。分选指标：钼精矿中 Mo 含量 57.64%，作业回收率为 94.24%；铋精矿中 Bi 含量 17.81%，作业回收率为 73.3%；铜精矿中 Cu 含量 12.2%，作业回收率为 38.56%。

大王山钨矿枱浮硫化矿中 Mo 含量 0.6%，Bi 含量 3.33%，Cu 含量 1.25%。该矿的选矿流程为：先用摇床选出 45% ~50% 的铋，然后再采用钼铋混选 - 铋、钼分离 - 混浮尾矿选铜的工艺，分别得到钼、铋、铜精矿。分选指标：钼精矿中 Mo 含量 47.18%，作业回收率 89.48%；铋精矿中 Bi 含量 25.53%，作业回收率 81.43%；铜精矿中 Cu 含量 11.30%，作业回收率为 91.23%。流程如图 3-21 所示。

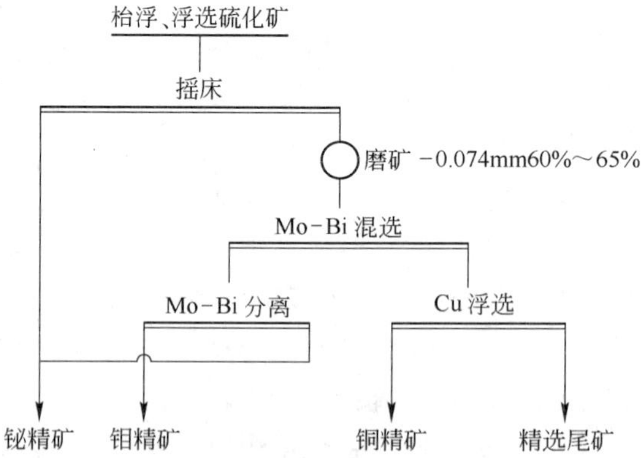

图 3-21　大王山钼、铋、铜综合回收原则流程

在钼铋混合浮选作业中，必须使钼铋与其他硫化矿有效地分离，即浮钼铋时，需要添加抑制剂抑制其他硫化矿，因此抑制剂的选择十分重要。

南方冶金学院对某黑钨选厂的枱浮硫采用两种浮选流程分选钼和铋。

（1）石灰－硝酸铅钼铋混浮。该方案是利用铁、铋、钼硫化矿在过量石灰的作用下，都不同程度地受到抑制，降低了浮游活性，然后在铅盐（硝酸铅）和硫酸盐（硫酸锌）作用下，辉铋矿、辉钼矿可恢复其可浮性，在黄药，煤油的作用下，进入泡沫产品，而黄铁矿继续受到严重抑制，留在槽底成为尾矿。钼铋混合精矿经精选后用硫化钠抑铋浮钼，得到钼精矿、铋精矿和硫精矿（黄铁矿）三种产品。工艺流程如图3-22所示，试验结果如表3-31所示。

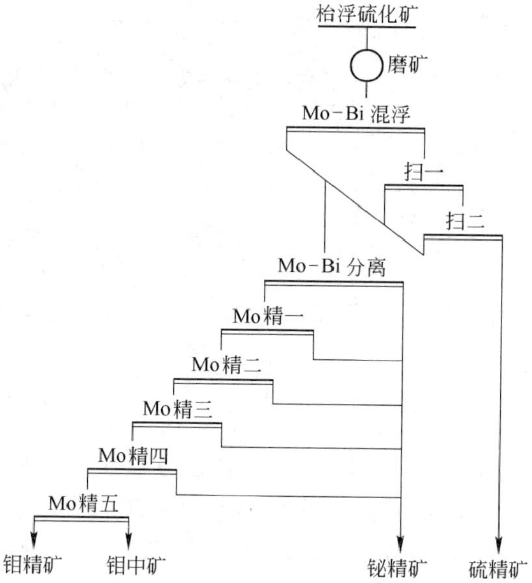

图3-22 钼铋混合－分离浮选工艺流程

表3-31 石灰－硝酸铅钼铋混浮－分离浮选结果

产品	产率/%	品位/%			回收率/%		
		Mo	Bi	S	Mo	Bi	S
钼精矿	0.45	45.50	1.95		77.59	0.19	
钼中矿	0.40	6.50	12.50		9.85	1.10	
铋精矿	16.00	0.20	20.50		12.12	71.99	
硫精矿	83.15	0.0015	1.46	47.50	0.44	26.72	88.95
给矿	100.00	0.264	4.566	44.49	100.00	100.00	100.00

从表3-31可以看到，采用石灰－硝酸铅法对枱浮硫化矿的钼、铋、硫进行分选，可以得到Bi含量20.5%，回收率71.09%的铋精矿及Mo含量45.5%，回收率77.5%的钼精矿，同时分选钼铋后得到的尾矿产品黄铁矿中S含量37.5%，

可作为制造硫酸的原料硫精矿出售，矿产资源上得到有效利用，企业经济效益可得到提高，而且还避免了使用剧毒药品氰化物。但从试验操作来看，该方案最大的问题是石灰、硝酸铅、硫酸锌用量必须恰到好处，否则将使混浮尾矿中钼铋品位明显升高，或者大量黄铁矿上浮，影响钼铋精矿质量。由于该工艺对药剂条件要求比较严格，生产中可能不易稳定。

（2）硫化钠－氰化钠钼铋混浮。该方案首先用大量硫化钠预先脱药，然后利用氰化物、硫酸锌抑制黄铁矿，用黄药、煤油混合浮选辉铋矿、辉钼矿，从而得到钼铋混合精矿。混合精矿经精选后用硫化钠抑铋浮钼，经多次精选得到钼精矿，浮钼的尾矿即为铋精矿。试验结果如表3-32所示。

表3-32 硫化钠－氰化物钼铋混浮－分离浮选结果

产品	产率/%	品位/%			回收率/%		
		Mo	Bi	S	Mo	Bi	S
钼精矿	0.42	46.7	1.5		79.73	0.17	
钼中矿	0.25	6.2	10.5		6.30	0.03	
铋精矿	13.31	0.15	25.02		0.96	73.09	
硫精矿	86.02	0.037	0.403	45.2	13.01	26.71	87.57
给矿	100.00	0.246	4.558	44.4	100.00	100.00	100.00

由表3-32可见，传统的硫化钠－氰化钠法同样适应于该矿枱浮硫化矿性质。该法可获得比石灰－硝酸铅法更好的指标，铋精矿中Bi含量25.02%，回收率73.09%，钼精矿中Mo含量46.7%，回收率79.73%，硫精矿中S含量45.2%，回收率87.57%，而且该工艺操作稳定，容易掌握，不过该工艺最大的特点是Na_2S用量大。

3.5.1.2 钼铋铜等可浮流程

张三田对某矿进行了钼、铋混浮－选铜流程及钼、铜混浮－选铋流程与等可浮流程三种流程方案的比较试验，其中钼、铋混浮－选铜流程在浮钼铋时采用氰化钠抑制铜；钼、铜混浮－选铋流程在浮选钼铜时采用亚硫酸钠抑制铋矿物。试验结果表明：钼、铋混浮－选铜流程最后难以得到独立铜精矿；钼、铜混浮－选铋流程由于铋矿物经抑制后难以活化，造成56.98%的铋进入尾矿无法回收；等可浮流程由于在浮钼铜时不加铋矿物的抑制剂，让部分易浮的铋矿物与钼铜精矿同时浮出后再进行分离，因而不影响后面难浮铋矿物的浮选，所获各项指标均比前两个流程好。

3.5.1.3 优先浮选钼流程

王政德对含有钼、铜、铋的硫化矿混合精矿采用加温－亚硫酸盐优先浮钼流程进行试验，通过小型探索试验确定最佳药剂用量，获得较好的品位，实现了钼铋分离。其原则流程为：加入硫化钠搅拌脱药，磨矿，将蒸汽直接通入浮选槽加温（50~60℃），用硫酸将矿浆 pH 值调至 5.5 左右，先以亚硫酸钠作铋的抑制剂，用煤油及松醇油浮钼，再用丁铵黑药和丁黄药浮铜，铋则留在槽底。

肖云对黑钨粗精矿用枱浮方法浮出含有钼、铜、铋的硫化矿后，再采用加温-亚硫酸盐浮选法，即加温矿浆、亚硫酸盐（亚硫酸氢钠、亚硫酸钠）抑铋浮铜无氰工艺。研究结果表明，采用加温-亚硫酸盐浮选法分离经枱浮工艺后的钼、铜、铋多金属硫化矿是一种行之有效的方法，应用该法药剂费用较低、分选指标良好、经济效益显著，无含氰废水污染。试验所用的试样经半工业试验后，获得的选别指标为：钼精矿：品位 48.44% ~ 52.30%，回收率 92.73% ~ 94.35%；铜精矿：品位26.18% ~27.08%，回收率94.81% ~96.15%；铋精矿：品位18.10% ~20.04%，回收率75.55% ~81.6%。

半边山选厂在原有钼铋混浮-钼铋分离-铜浮选的原则流程上进行工艺改进，根据原矿中钼含量较高、可浮性好，同时为了提高铋铜的回收率，选择优先浮钼流程。采用硫酸锌+氰化钠混合抑制剂浮钼，浮钼尾矿用丁黄药做铋铜混浮的捕收剂，石灰抑制黄铁矿，采用一次粗选、二次精选和一次扫选的工艺。精矿进入分离作业，分离作业采用抑铜浮铋工艺，用氰化钠和石灰作铜的抑制剂，采用一次粗选、二次精选和一次扫选的工艺，最终泡沫产品为铋精矿，扫选尾矿为铜精矿。生产实践表明，钼铋铜精矿产品选别指标较好。

3.5.1.4 钼、铋分离新抑制剂的研究

刘北林对枱浮硫化矿的钼铋分离浮选研究现状进行分析发现，枱浮硫化矿综合回收得到的钼精矿质量一直不高，浮选时加入氰化钾和硫酸锌联合抑制黄铜矿等硫化矿，再加入黄药和煤油进行钼铋混合优先浮选，而后在钼铋混合精矿中加硫化钠抑铋浮钼，一般需经过五次以上精选才能得到合格的钼精矿。在用 $ZnSO_4$ + KCN 联合抑制铜等硫化矿浮钼铋时，为了保证钼铋混合精矿的回收率，捕收剂黄药的添加量比较大，同时为了更好地抑制铜等硫化矿，抑制剂 $ZnSO_4$ 和 KCN 的添加量也比较大。由于很难掌握抑制与捕收的最佳用量，仅从浮选现象去调整药剂，常常是捕收剂过量的时候多，如此一来，不仅消耗了大量药剂，而且被抑制的硫化铜矿、方铅矿、毒砂、硫化铁矿等在过量捕收剂作用下容易上浮进入钼混合精矿中；另一方面，由于存在不同程度的硫化矿次生变化，而 $ZnSO_4$ + KCN 又不能彻底抑制某些次生硫化矿（如次生黄铜矿、毒砂等），对有些硫化矿如方铅矿的抑制也不完全，在强有力的捕收剂作用下，它们会进入钼、铋混合精矿中，给后续钼铋分离作业造成很重的负担，最终使得钼精矿中杂质含量高，难以得到合格产品。

钼铋混合精矿的分离采用 Na_2S 法，其抑制机理是通过水解后产生的 HS^-、S 对矿物表面强烈吸附，一方面排挤捕收剂，另一方面造成很高的负电性，从而达

到抑制目的。对这种含有多种金属硫化矿及次生硫化矿的钼铋混合精矿而言，用 Na_2S 做钼以外硫化矿的抑制剂，抑制能力当然有限。现场操作中，一般通过加入过量的 Na_2S 以保证钼精矿质量，Na_2S 用量在钼铋分离阶段有时高达 40kg/t，不但药剂费用高，而且容易造成高碱介质条件，导致矿浆发黏，大大降低浮选富集效果，使得大量杂质夹带进入钼精矿中，通过添加分散剂，增加精选次数的方法均难以改善杂质夹带的问题，影响钼精矿质量。

刘北林在强化钼铋分离的抑制剂方面做了些探索，分别研究了以巯基乙酸钠和亚硫酸钠 + 硫脲取代硫化钠作抑制剂的分离效果。

（1）巯基乙酸钠（NATG）作抑制剂。试验所用原料为从含铜较高的柿浮硫化矿中浮选出的钼铋混合精矿，所用药剂为粉剂，用 5g 氢氧化钠和 1g NATG 配成 10% NATG 溶液加入浮选槽中，药剂结构为 $HSCH_2COONa$，采用一次粗选，钼粗精矿两次精选流程，两次精选中矿合并返回粗选作业构成闭路，浮选 pH 值为 7，与常规抑制剂硫化钠作对比试验，最终所得钼精矿指标如表 3-33 所示。

表 3-33 两种抑制剂分离指标对比

抑制剂	品位/%			作业回收率/%		
	Cu	Mo	Bi	Cu	Mo	Bi
硫基乙酸钠	0.64	53.92	1.70	0.61	93.79	1.08
硫化钠	1.78	50.96	5.02	0.69	89.22	2.15

（2）亚硫酸钠 + 硫脲作抑制剂。亚硫酸钠通过水解产生 HSO_3^- 在被抑矿表面上产生吸附，从而达到抑制目的，试验用药为工业亚硫酸钠。硫脲在此用作络合剂，其结构式为 $NH_2-CS-NH_2$，它能与多种金属形成亲水络合物达到抑制矿物的目的，试验用药为工业级硫脲。亚硫酸钠与硫脲联合使用可同时抑制多种金属硫化矿，以此强化钼铋分离效果，浮选 pH 值为 7，与 NATG 一样都在中性介质中发生作用。该药剂组合用于分离含砷高的柿浮硫化矿浮选得到的钼铋混合精矿时，采用一次粗选，钼精矿两次精选的开路作业，对含 Mo 11.76%、Cu 12.80%、Bi 6.94%、As 2.38% 的钼铋混合精矿原料，通过分选得到含 Mo 52.94%、Cu 0.28%、Bi 0.89%、As 0.12% 的钼精矿，回收率 87.76%。用于含铅高的柿浮硫化矿浮选得到的钼铋混合精矿分离时，采用一次粗选，钼精矿两次精选的开路作业，对含 Mo 6.19%、Cu 2.82%、Pb 55.44%、Bi 3.41%、As 0.81% 的钼铋混合精矿原料，分离浮选得到含 Mo 52.00%、Cu 0.30%、Pb 1.03%、Bi 0.41%、As 0.18% 的钼精矿，回收率 88.92%。用于含铜高的柿浮硫化矿浮选得到的钼铋混合精矿分离时，对含 Mo 10.50%、Bi 24.36%、Cu 17.05% 的钼铋混合精矿原料，分离浮选得到含 Mo 55.22%、Bi 1.77%、Cu 0.6% 的钼精矿，回收率 71.34%。上述结果表明，采用该药剂试验结果较好，具

有广泛的适应性。

3.5.2 含铜、铅、锌矿物的浮选分离

锯板坑钨多金属矿是我国目前保有储量最大的黑钨矿床，伴生了锡、铜、铅、锌、银等金属，具有很高的综合利用价值。原矿中含黑钨矿 0.668%、黄铜矿 0.818%、方铅矿 0.264%、铁闪锌矿 1.519%、毒砂 1.523%。

2000 年，广州有色金属研究院对该矿进行了选矿扩大试验，重选粗精矿用枱浮法和浮选法先获得硫化矿混合矿，然后将枱浮和浮选选出的硫化矿，先经磨矿，再采用全优先浮选流程分选硫化矿。首先用选择性抑制剂 JB 和石灰抑制硫化铅矿、硫化锌矿及黄铁矿，用高效选择性捕收剂 JA 浮选硫化铜矿，然后再用 SN－9 浮选方铅矿，最后用硫酸铜活化硫化锌矿，丁基黄药浮选硫化锌矿，试验结果见表 3-34。从表 3-34 可知，铜、铅、锌的作业回收率均达到 80% 以上，技术指标良好。

表 3-34 硫化矿浮选分离指标

产品	产率/%		品位/%			Cu 回收率/%		Pb 回收率/%		Zn 回收率/%	
	作业	对原矿	Cu	Pb	Zn	作业	对原矿	作业	对原矿	作业	对原矿
铜精矿	3.41	0.87	24.14	1.74	4.13	84.48	69.40	6.68	5.77	4.45	3.80
铅精矿	1.65	0.42	4.08	43.36	7.19	6.91	5.67	80.50	69.53	3.75	3.20
锌精矿	5.28	1.34	0.91	0.12	50.29	4.93	4.05	0.71	0.61	83.87	71.69
尾矿	89.66	22.77	0.04	0.12	0.28	3.68	3.03	12.11	10.46	7.93	6.78
给矿	100.00	25.40	0.97	0.89	3.17	100.00	82.15	100.00	86.37	100.00	85.47

3.5.3 含钼、铜、铅、锌矿物的浮选分离

黄万抚对某黑钨矿的枱浮矿进行了浮选分离试验。该产品主要含方铅矿、辉钼矿、闪锌矿、黄铜矿、自然铋、辉铅铋矿和磁黄铁矿等有用成分。该枱浮硫化矿有用成分多，需回收 Mo、Bi、Cu、Pb、Zn、Ag 等各种成分，故对这种硫化矿往往采用多种分离方法的组合，试验中采用了优先浮钼－铜铅混浮－浮锌和铜钼混浮－铅锌混浮－分离的工艺流程，获得了 Mo、Cu、Pb、Zn 和 S 的独立产品。

3.5.3.1 优先浮钼－铜铅混浮－浮锌工艺流程

钼优先浮选试验采用 Na_2S 脱药，再洗涤两次后进行磨矿。结果表明，Na_2S 用量越大，钼精矿品位越高，回收率越低，最终确定脱药 Na_2S 用量为 6 kg/t，抑制剂 Na_2S 用量为 7 kg/t，捕收剂煤油用量为 40g/t，钼精选 Na_2S 用量为 3kg/t，水玻璃用量为 2kg/t。铜铅混浮及其分离试验采用硫酸和 $CuSO_4$ 作活化剂，其用量分别为 2kg/t 和 2kg/t，Na_2S 和 $ZnSO_4$ 作抑制剂，其用量分别为 1.6kg/t 和

3.2kg/t，捕收剂丁铵黑药用量为 0.12kg/t，铜、铅分离采用 Na_2S，用量为 0.8kg/t，水玻璃用量 1.0kg/t，K_2CrO_7 用量 2.0kg/t。锌浮选用硫酸和 $CuSO_4$ 作活化剂，其用量分别为 3kg/t 和 1kg/t，捕收剂采用丁铵黑药和丁基黄药，用量均为 100g/t，2 号油为起泡剂，用量 16g/t。

该工艺流程试验结果为：钼精矿 Mo 含量 46.86%，回收率 85.44%，As 含量 0.2%；铜精矿 Cu 含量 20.95%，回收率 92.56%，精矿 As 含量 0.36%；铅精矿 Pb 含量 56.23%，回收率 64.51%；锌精矿 Zn 含量 48.16%，回收率 52.43%；硫精矿 S 含量 27.37%。铅精矿主要为方铅矿，约占 70%，铋矿物较多，主要为辉铋矿、辉铅铋矿和被包裹的自然铋，黄铜矿和毒砂及其他杂质含量均低，不影响产品质量；锌精矿主要为闪锌矿，约占 73.2%，偶见黄铜矿以乳滴状存在于闪锌矿中，毒砂含量少，其他有害杂质不影响产品质量；Bi 和 Ag 主要富集在铅精矿中。

优先浮钼－铜铅混浮－浮锌工艺流程如图 3-23 所示。

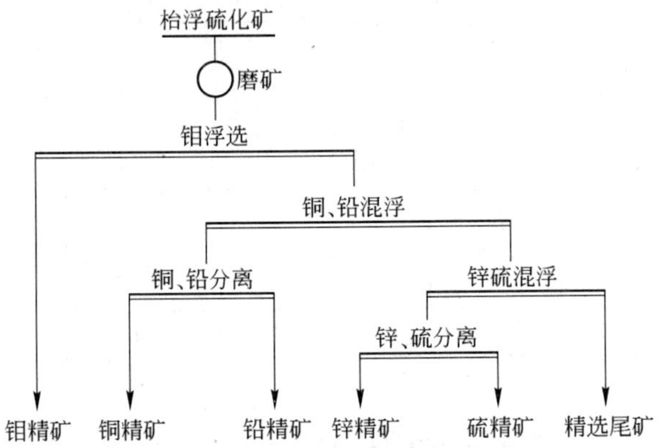

图 3-23 优先浮钼－铜铅混浮－浮锌原则工艺流程

3.5.3.2 铜钼混浮－铅锌混浮工艺流程

铜钼混浮试验药剂用量：脱药 Na_2S 用量 6kg/t、CaO 用量 1kg/t、水玻璃用量 1.4kg/t、K_2CrO_7 用量 2.8kg/t、捕收剂丁铵黑药用量 0.2kg/t、煤油用量 0.04kg/t、2 号油用量 0.016kg/t。获得混合粗精矿品位为：Cu 17.79%、Mo3.27%，Cu 的回收率 91.7%、Mo 的回收率 98.10%。Cu、Mo 分离采用抑制剂 Na_2S，用量 3kg/t，水玻璃 1kg/t。

铅锌混浮试验采用 H_2SO_4（浓）3kg/t 调整 pH 值，以活化 Pb、Zn 矿物，捕收剂丁铵黑药用量 0.1kg/t，2 号油用量 0.016kg/t。

Pb、Zn 分离试验，CaO 用量 1.8kg/t、Na_2SO_3 用量 1.0kg/t、$ZnSO_4$ 用量 2.0kg/t。浮铅尾矿再浮锌，活化剂为 $CuSO_4$ 和 $ZnSO_4$，用量分别为 0.5kg/t 和

0.4kg/t，捕收剂丁铵黑药用量0.1kg/t，2号油用量0.016kg/t。浮锌尾矿即为硫精矿。

该工艺流程试验结果为：钼精矿品位47.69%，回收率91.53%，As含量0.15%；铜精矿品位21.13%，回收率90.72%；铅精矿品位45.66%，回收率47.83%；锌精矿品位49.12%，回收率56.75%；硫精矿品位35.1%。银和铋主要富集在铅精矿中，银的回收率55.66%，铋的回收率41.09%。

铜钼混浮－铅锌混浮工艺流程如图3-24所示。

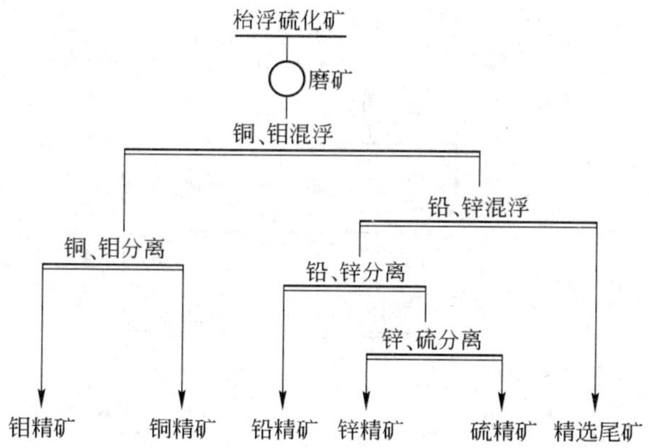

图3-24 铜钼混浮－铅锌混浮原则工艺流程

从上述试验结果看，优先浮钼－铜铅混浮－浮锌工艺流程优于铜铅混浮－铅锌混浮工艺流程，主要是前者铜精矿中As含量低于后者，另外铅精矿品位前者显著高于后者。

3.5.4 选－冶联合工艺流程

近几年来，选－冶联合工艺的研究与应用在钨矿山综合回收方面取得较大的进展，采用物理选矿和化学选矿联合处理精选硫化矿，可提高伴生多金属硫矿物的回收率，并取得较好的经济效益。选－冶联合工艺选矿部分大多采用优先浮钼，铋铜混合精矿进入冶炼部分。目前铋铜的湿法冶金分离主要采用盐酸或氯盐作为浸出剂进行化学浸出，其机理主要是利用铜、铋在浸出介质中溶解速度的不同而实现分离，有时适当添加一些氧化剂有利于提高选择性浸出的效果。

3.5.4.1 盐酸浸出工艺

覃朝科对常规浮选产出的铋金铜混合精矿进行了盐酸浸出试验研究。混合精矿元素含量为Bi 5.14%、Cu 7.65%、Zn 8.07%、Au 33.5g/t、Ag 2072g/t，经热盐酸浸出后，铋、铜、锌溶解，金银则不溶，留在残渣中形成金银精矿。溶液冷却后加水稀释，氯化铋发生水解生成氯氧铋沉淀，过滤、干燥后即为铋产品；

滤液加锌或铁置换出海绵铜后，再从残液中回收锌，得到的氯氧铋含铋 68% 左右，回收率 90% ~95%，海绵铜铜含量 80%。

广东棉土窝钨矿的枱浮硫化矿需要综合回收的金属有钼、铋、铜等。1989 年广州有色金属研究院对枱浮硫化矿进行综合回收试验研究，选冶联合工艺流程如图 3-25 所示。枱浮硫化矿多元素分析如表 3-35 所示，矿物组成如表 3-36 所示，选 - 冶联合工艺技术指标如表 3-37 所示。

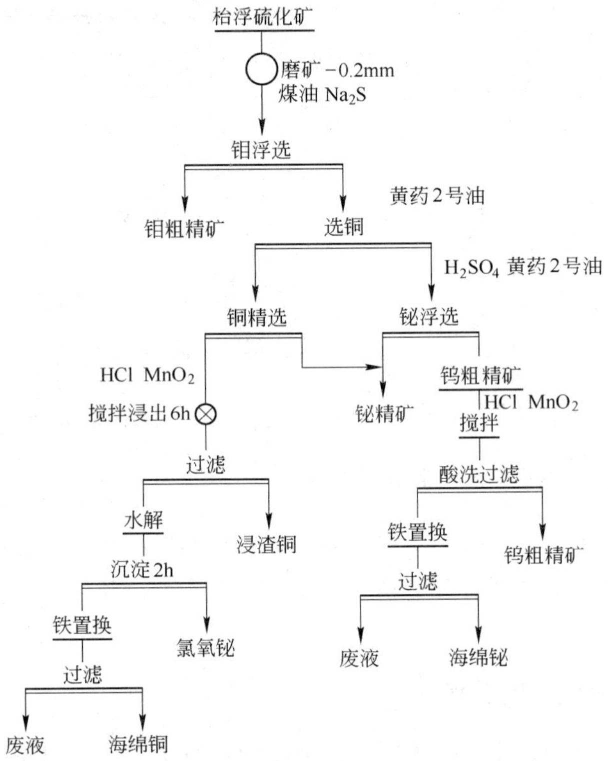

图 3-25 选冶原则流程

表 3-35 枱浮硫化矿多元素分析

元素	Cu	Bi	Mo	WO_3	Pb	Zn	Si	$Ag/g \cdot t^{-1}$
含量/%	14. 30	13. 65	1. 64	5. 68	2. 36	3. 33	7. 5	702

表 3-36 枱浮硫化矿矿物组成

矿物	黄铜矿	辉铜矿	辉钼矿	辉铋矿	黑钨矿	方铅矿	闪锌矿	黄铁矿	其他
含量/%	18. 46	11. 53	2. 37	13. 13	7. 05	3. 21	4. 95	15. 63	18. 35

表 3-37 选－冶联合工艺技术指标

产品	品位/%				回收率/%			
	Mo	Cu	Bi	WO_3	Mo	Cu	Bi	WO_3
钼粗精矿	40.96				84.34			
海绵铜		74.20				18.69		
浸渣铜		23.83				65.47		
浮选铋精矿			36.96				78.23	
氯氧铋			68.79				6.51	
海绵铋			92.32				11.92	
钨粗精矿				28.37				64.96

3.5.4.2 漂白粉氧化－热盐酸浸出－铁屑置换工艺

张荣华通过大量试验研究，发现采用漂白粉氧化－热盐酸浸出－铁屑置换工艺能有效地从铜硫精矿中分离回收铋金属。试验分别研究了浸出温度、盐酸用量、浸出时间、漂白粉用量对铋回收率和铜损失率的影响，结果表明，漂白粉是一种强氧化剂，其水溶液可选择性氧化铋和银的硫化矿物，在有工业盐酸存在时，可同三氯化铁形成联合氧化作用，正是这种联合氧化作用为铜精矿中铋、铜的分离提供了一条新的途径，而且用漂白粉作氧化剂可降低生产成本，减少铜金属损失，提高铋精矿品位。加热浸出是获得较高铋回收率的关键，与常温浸出相比，加热浸出铋的回收率可提高 35 个百分点，同时还可适当缩短浸出时间。浸出过程中进行搅拌可提高铋的浸出率 5 ~10 个百分点。试验获得了铋品位 80% 以上的海绵铋，铋回收率达 90%，铜金属损失率在 1% 以下。

3.5.4.3 三氯化铁浸出－铁屑置换法

陈名瑞研究了用三氯化铁浸出－铁屑置换法从钨细泥硫化矿中提取铋的新工艺。研究结果表明，由于金属硫化矿在酸性三氯化铁溶液中发生氧化还原反应的标准还原电位以及溶解速度不同，因此通过控制浸出条件，可使金属硫化矿在三氯化铁溶液中选择性浸出，浸出的容易程度排序为：辉银矿 > 辉铜矿 > 方铅矿（辉铋矿及含银硫盐矿物等） > 闪锌矿 > 黄铜矿 > 黄铁矿 > 辉钼矿。根据原料性质可知，采用三氯化铁溶液一步浸出法从钨细泥硫化矿中提取铋和部分铅金属，浸出液经铁屑置换得到海绵铋，铜、锌、铁等硫化矿则存留在浸出渣中。试验获得的海绵铋品位 40%，铋的回收率达到 80%；浸出渣铜含量 11% ~13%，铋含量很低，可作为低度铜精矿销售。

3.5.4.4 二氧化锰加盐酸浸出工艺

王政德等采用二氧化锰加盐酸选择性浸出工艺降低铜精矿中铋的含量，获得了较好的指标。试验研究了磨矿细度、二氧化锰用量、盐酸浓度、浸出温度、浸出时间及液固比对浸出的影响，发现二氧化锰用量和盐酸浓度是影响选择性浸出降铋效果的关键。随着二氧化锰用量的减少（盐酸浓度增加），浸渣中铋含量先降低后增加，铜含量则一直降低；温度和时间对铜的浸出影响不大，但铋的浸出率随着温度的升高和时间的延长逐渐增大。在适宜条件下，铜、铋的浸出率分别为 7.12% 和 61.43%，达到了选择性浸出降铋的目的。

3.5.4.5 $HCl + CuCl_2 + CaCl_2$ 体系氯化络合浸出工艺

唐冠中研究了 $HCl + CuCl_2 + CaCl_2$ 体系氯化络合浸出工艺处理低品位硫化铋矿制备氢氧化铋的新方法。在初始酸浓度 50 ~ 60g/L、温度 55℃、Cu 浓度 6 ~ 8g/L 的条件下，Bi 的浸出率大于 99%，浸出渣含铋 0.03%。对浸出液用 $CaCO_3$ 作中和沉淀剂沉淀氯氧化铋，Bi 的沉淀率为 98%，氯氧化铋的品位为 70% 左右。从浸出到产出氯氧化铋，Bi 的总回收率为 97%，铜的损耗率为加入铜量的 3%，沉铋后的溶液经空气氧化除铁、再生盐酸、复活铜离子后可循环使用，整个过程无废水、废气排放。铜铋湿法分离能获得较高的回收率，但该工艺存在成本高、设备腐蚀性强和环境污染严重等问题需要解决。

3.6 钨细泥的处理

3.6.1 黑钨选厂钨细泥概况

钨矿性脆、密度大，在磨矿机中停留的时间比脉石矿物时间长，因而容易产生过粉碎现象。矿泥主要来自预选前的洗矿水，经浓缩以后称为原生矿泥，磨矿以后进入重选段的脱泥作业，这部分细泥经浓缩之后称为次生矿泥。在钨细泥中有价元素除钨之外，还含有较高的钼、铋，有的还含有较高的铜和锌，也有含较高的锡或稀土，这些元素是可综合回收的有用成分。部分黑钨选厂的细泥中钨金属量对原矿钨金属量所占比例以及钨细泥的粒度分布情况如表 3-38 所示，主要选厂钨细泥的黑、白钨占有率和伴生有用成分的含量如表 3-39 所示。

表 3-38 部分黑钨选厂细泥品位及主要粒级金属分布

选厂	细泥对出窿矿产率/%	细泥对出窿矿金属占有率/%	细泥 WO_3 品位/%			主要级别的钨金属分布率/%		
			原生	次生	合计	+0.074mm	−0.03 +0.01mm	−0.01mm
大吉山	15.06	15.88	0.387	0.19	0.29	7.60	18.44	10.50
盘古山	11.81	18.04	0.615	0.22	0.43	11.32	21.69	11.72
下垄（坑口）			0.320	0.174	0.28			
下垄樟斗	5.38	7.31	0.399	0.242	0.28	5.35	40.35	11.59
下垄大平	5.23	11.44			0.52	14.19	17.46	8.04

续表 3-38

选厂	细泥对出窿矿产率/%	细泥对出窿矿金属占有率/%	细泥 WO_3 品位/%			主要级别的钨金属分布率/%		
			原生	次生	合计	+0.074mm	-0.03 +0.01mm	-0.01mm
铁山垅杨坑山	7.55	13.42	0.35	0.162	0.30	14.30	18.17	9.06
铁山垅隘上	4.20	6.63	0.45	0.20	0.31			
岿美山	15.01	11.05	0.29	0.158	0.25	13.83	18.44	26.39
白石山					0.31			
画眉坳	7.46	9.74	0.575	0.318	0.41	8.20	16.18	5.95
漂塘大龙山			0.763	0.763	0.76	2.40	31.18	4.72
小龙			0.827	0.45		2.75	29.76	5.53
西华山	13.74	18.04	0.38		0.36	3.33	28.73	19.64
荡坪小樟坑	5.25	5.07		0.17	0.19	3.00	16.89	4.49
浒坑	12.85	7.50	0.43		0.26	6.83	18.83	7.10
大王山	11.29	15.33	0.64	0.29	0.38			
汝城	7.11	7.96	0.543	0.188	0.42			
洋塘					0.20			
湘东	5.82	7.60	0.515	0.374	0.43			
瑶岭	6.40	10.70	0.63	0.19	0.41			

表 3-39　主要选厂钨细泥的黑、白钨占有率和伴生有用成分的含量

选厂	对 WO_3 的占有率/%		伴生有用成分含量/%					
	黑钨矿	白钨矿	Mo	Bi	Pb	Zn	Cu	Sn
大吉山	65.88	30.88	0.07	0.052	0.011	0.036	0.013	0.006
盘古山	97.26	1.84	0.013	0.176	0.054	0.022	0.024	
浒坑	99.56		0.013	0.05	0.027	0.278	0.06	
画眉坳	52.89	44.64	0.035	0.07	0.016	0.112	0.062	
下垄樟斗	71.18	28.15	0.018	0.13			0.012	
下垄大平	81.13	17.32	0.057	0.154	0.009	0.02	0.008	
西华山	82.52	16.64	0.029	0.084	0.042			
岿美山	79.93	15.64	0.013	0.04	0.009	0.024	0.081	0.014
荡坪	84.12	11.11	0.013	0.052	0.074	0.14	0.081	0.028
小龙	50.98	44.95	0.007	0.058	0.019	0.054	0.089	0.0094
铁山垅	98.62		0.022	0.074	0.069	0.122	0.021	0.030
洋塘	72.22	26.04	0.039	0.060	0.004	0.013	0.003	0.011

根据各选厂钨细泥调查资料表明，钨细泥具有以下特点：（1）产率、钨金属占有率高低不一，平均产率为出窿原矿的8.85%，钨金属占有率为11.30%；（2）品位比出窿原矿高，出窿原矿平均品位0.25%，而原、次生细泥平均品位为0.32%；（3）粒度较细，粒级范围宽，-0.076 mm的含量为70%~80%，其中-0.01 mm的含量10%左右，有的选厂细泥分级脱泥效果差，有跑粗现象；（4）钨矿物以黑钨为主，黑白钨共生；（5）有价元素多，细泥中普遍含有一定量的钼、铋，有的含有较高的铜或铅锌，还有的含有锡，这些元素是细泥处理时可供综合回收的主要元素；（6）矿物组成复杂，但钨矿物与主要脉石矿物之间比重差较大。钨细泥中几乎都含有黑钨矿、白钨矿、钨华三种钨矿物，但各选厂钨矿物的含量不同，大部分细泥中伴生有辉钼矿、辉铋矿、黄铜矿、黄铁矿等硫化矿，有些细泥含有锡石。

目前大部分选厂钨细泥的回收指标差异较大，平均钨细泥作业回收率为40%左右。2009年的调查研究表明，各钨矿选矿厂细泥含量约占总处理量的3%~17%，金属含量约占总金属量的5%~15%，细泥回收率约占总回收率的2%~8%，钨细泥作业回收率平均为40%左右。各钨矿选矿厂细泥回收率高低相差较大，细泥回收率高的达到67%左右，低的仅为22%左右，细泥中钨的回收率都偏低，其他有用成分的回收情况更不理想。通过对典型矿山钨细泥进行试验，研究结果表明，试验所得钨产品钨的回收率较原生产工艺提高了13~36个百分点，综合回收钼的指标提高了53.82个百分点，铜的指标提高了36~80个百分点，铋的指标提高了41~61个百分点。可见，在提高钨回收率的同时，还提高了伴生有价元素的综合回收指标，各选厂在提高钨细泥回收率和综合回收率方面还有很大潜力。

七个钨矿山的十一座以黑钨为主的重选厂的细泥回收情况如表3-40所示。

表3-40 部分钨选厂细泥回收状况

选 厂	年产细泥量/kt	细泥精矿 WO_3/%	回收率/%	
			对细泥	对原矿
铁山垅杨坑山	27.327	64.56	66.87	8.12
铁山垅上坪	8.141	25.72	42.14	5.58
小龙	5.151	14.40	30.72	2.33
大吉山	122.572	51	50	3.5
漂塘大江1	18.267	13.65	64.41	4.76
漂塘大江2		10.00	54.64	8.85
漂塘大龙山	37.377	16.27	44.21	5.11
下垄樟斗	2.287	20	49.67	2.54
下垄左拔	4.629	20	50.31	2.61

续表 3-40

选　厂	年产细泥量/kt	细泥精矿 WO_3/%	回收率/%	
			对细泥	对原矿
荡坪半边山	6.180	22.05	39.51	3.95
荡坪樟东坑	1.175	17.75	34.31	2.25
盘古山	11.922	9.80	60.38	7.44
合　计	245.028	22.52	40.96	4.75

调查结果表明，各选厂钨细泥大多采取集中归队、单独处理的方法，但采用的工艺流程较为简单，多数选厂的细泥一般经浓密机浓缩，水力分级机分级，摇床一粗一扫，摇床尾矿绒毯溜槽回收，绒毯溜槽精矿采用摇床精选，获得细泥精矿。目前只有铁山垅杨坑山选厂采用脱硫－离心选矿－浮选－磁选的流程，回收水平在国内同行业中达到领先水平，2006 年钨细泥作业回收率达到 66.87%，它的先进经验值得同行业借鉴。2007 年，大吉山选厂对细泥选别工艺流程进行了改造，改造后的工艺流程为：原、次生细泥集中浓缩后，离心选矿机一粗一精，精矿进行硫化矿浮选、黑白钨混合浮选，然后再浮白钨实现黑白钨分离，白钨浮选尾矿用快速微细摇床富集黑钨矿，离心选矿机尾矿采用摇床扫选。

选别前细泥的归队和浓缩是细泥选别的重要前提。各厂的细泥归队率高低不一，细泥归队率的高低主要与粗选段水力分级机的分级效率有关。据有关资料报道，大吉山、西华山、岿美山等 6 个选厂平均细泥归队率为 84.1%，其中盘古山、下垄钨矿的细泥归队率较高，达 97.66% ~98.39%，而岿美山、西华山选厂的细泥归队率仅 66% 左右。原生细泥的矿浆浓度一般都小于 10%，次生细泥的矿浆浓度一般都小于 5%，故浓缩是选别前必不可少的作业。为了浓缩细泥，各选厂都选择了数量和规格不等的浓密机，浓密机沉降面积的选择与细泥量、细泥浓度及矿浆 pH 值有关，如有的选厂选择沉降面积偏小的浓密机，将会引起浓密溢流的金属流失。

3.6.2 细泥的选别工艺

黑钨选厂钨细泥的选矿回收经历过几次大的变革。20 世纪 50 年代以前，细泥几乎不回收；20 世纪 50 年代以后，开始采用铺布溜槽回收细泥，细泥回收率为 30% 左右，但是该方法劳动强度大，需要较多的劳动力，到 20 世纪 60 年代中后期逐渐被淘汰。20 世纪 60 ~70 年代开始研制推广刻槽摇床、弹簧摇床，使细泥回收上了一个新的台阶，细泥回收率达到 35% ~40%（只能回收 +0.037mm 的钨细泥）。20 世纪 80 年代，钨细泥的回收进入黄金发展时期，大量新技术、新工艺、新设备得到推广应用，离心机、湿式强磁选机、各种皮带溜槽、高效选矿药剂等相继研制成功并在钨选矿厂使用，使钨细泥回收达到历史最好水平，这个时期细泥平均回收率达到47.15%，最高达到70%。20世纪90年代以后，随着经济体制的变革，经济效益提到了重要位置，加之国际市场钨价格低迷，技术改造资金严重不足，矿山选厂开始采用绒毯溜槽，细泥回收率保持在43%左右。

目前黑钨选厂的钨细泥回收主要包括下述的几种典型工艺流程。

3.6.2.1 脱硫－离心机－浮钨－磁选流程

首先从细泥原矿中浮选出硫化矿，浮硫尾矿进入离心选矿机分选，离心选矿机所获粗精矿再次浮硫，然后进行钨的浮选（或湿式强磁选）得细泥钨精矿。该流程的特点是细泥原矿不分级入选，省略了分级工艺，充分发挥了离心选矿机的潜力，且由于离心选矿机处理能力大（ϕ800mm双筒离心选矿机处理能力为600～800kg/h，为细泥摇床的2～3倍），在初选时，可以丢弃绝大部分的尾矿；离心选矿机回收粒度下限低，可达10μm，再用浮选进行精选，也不会使细粒级金属流失，回收率比全摇床流程高出许多，回收率指标一般在65%以上。不过离心选矿机的缺点是操作不如摇床容易，对给矿浓度和给矿量要求恒定，富集比比摇床低，大于74μm粒级部分回收率比摇床低。

铁山垅钨矿原生细泥和次生细泥占原矿产率的7%～9%，细泥原矿－0.074mm粒级含量占80%，钨品位为0.35%～0.45%，细泥钨金属量约占原矿的11.5%。细泥原矿中金属矿物以黑钨矿为主，含有少量的白钨矿、黄铜矿、黄铁矿、辉铋矿、锡石、闪锌矿等，脉石矿物有石英、云母、电气石、萤石、长石、磷灰石和方解石。设计时钨细泥回收工艺采用“摇床－铺布溜槽”的简单工艺，精矿品位约30%，作业回收率只有43%。1982年，该厂与赣州有色冶金研究所合作，采用“脱硫－离心机－浮钨”工艺，回收率达59%～60%，但精矿质量不高，WO_3含量43.70%，杂质锡含量较高。1983年，该厂增加湿式磁选作业，安装了一台直径600mm的湿式磁选机，采用“脱硫－离心机－浮钨－磁选”联合回收工艺，进一步提高了钨细泥精矿质量，且稳定了钨细泥作业回收率。经过多年的生产实践探索，解决了影响离心选矿机生产运行的许多问题，一是增设生产供水过滤装置，改善了水质，解决了因水质差引起烧毁（或堵塞）离心机电磁阀的问题；二是改进了电磁铁分矿摆斗装置，减少了电磁铁线圈消耗量；三是改进了离心机配置不当，不利于维护操作的问题；四是改进了离心机给矿电磁铁控制装置。1997～2000年，由于细泥原矿品位升高，调整了离心机选矿周期，并且增加了尾矿扫选作业，采用传统绒毯溜槽进一步回收尾矿中的钨，使细泥回收率有了进一步的提高。

目前该厂采用脱硫－离心机－浮钨－磁选流程，兼用绒毯溜槽进行尾矿扫选丢尾辅助流程。该流程具有以下特点：给料不分级入选，处理量大，10μm物料可以回收，离心机粗选作业尾矿采用绒毯溜槽扫选有利于提高作业回收率，离心机精选作业以及浮钨和磁选作业有利于提高钨细泥精矿质量，提高富集比；离心机精选作业的尾矿返回细泥原矿，形成选别闭路流程，保证了作业回收率的提高。铁山垅钨矿现有细泥选矿工艺如图3-26所示，钨细泥回收指标如表3-41所示。

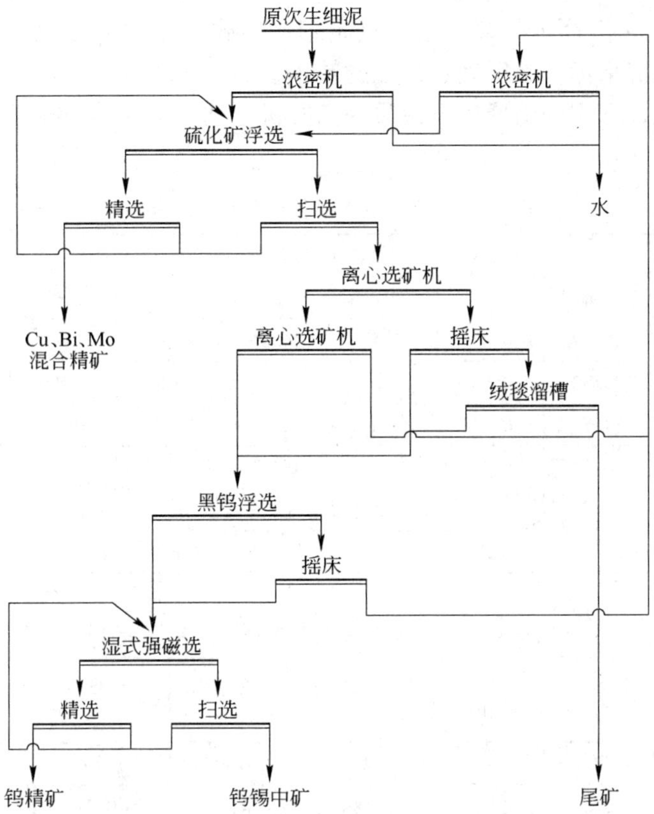

图3-26 铁山垅现有细泥回收工艺流程

表3-41 铁山垅钨细泥回收指标

年 份	原矿 WO_3 品位/%	精矿 WO_3 品位/%	尾矿 WO_3 品位/%	回收率/%
1978	0.264	31.5	0.15	43.1
1979	0.286	51.38	0.154	46.74
1980	0.288	44.68	0.155	45.74
1981	0.331	50.77	0.27	49.72
1982	0.325	43.70	0.13	58.1
1983~1993	0.361	57.3	0.146	58.9
1994~1996	0.320	57.8	0.13	59.1
1997~1999	0.36	61.4	0.127	65.12

离心选矿机以离心力代替重力，其离心力可为重力的 100 多倍，因此回收粒度下限更低，可以回收 +10μm 物料。但是由于细泥的隔渣、电磁阀的控制问题等原因，多数选厂应用效果并不理想，甚至停止了使用。铁山垅钨矿经过了一系列技术改造，使离心机在选钨细泥工艺中发挥了重要作用，离心机选矿作业粒级回收指标如表 3-42 所示。离心选矿机是细泥回收工艺的关键设备，要获得理想的选矿技术经济指标，必须确定最佳的技术参数和操作条件，通过试验和长期生产实践，确定了适应铁山垅矿石性质的离心机粗选和精选作业技术参数和操作条件，如表 3-43 所示。

表 3-42　离心机选矿作业粒级回收指标

粒级/mm	给矿/%		精矿/%		尾矿/%		粒级回收率/%
	产率	品位	产率	品位	产率	品位	
+0.074	29.47	0.43	13.55	24.04	41.67	0.11	74.76
-0.074 +0.037	26.32	0.75	13.54	12.87	20.83	0.099	87.48
-0.037 +0.019	14.74	0.52	44.79	5.89	12.50	0.34	36.74
-0.019 +0.010	10.53	0.48	20.83	0.74	7.29	0.17	83.72
-0.010	18.94	0.33	7.29	0.49	17.71	0.26	45.13
合　计	100.00	0.52	100.00	7.83	100.00	0.168	69.18

表 3-43　离心机的主要技术参数和操作条件

作业	转鼓锥度 /(°)	转鼓转速 /r · min^{-1}	-0.074mm 粒级比例/%	给矿浓度 /%	冲洗水量 /L · min^{-1}	处理量 /t ·（台 · h）$^{-1}$	选矿周期 /min	富集比
粗选	4	522	100	23 ~ 25	60 ~ 80	0.828	3	5
精选	5	500	80	18 ~ 20	50 ~ 70	0.71	3	3

离心机在生产中运行的重要条件为：（1）做好隔渣脱粗工作，保证细泥原矿给矿粒度 -0.074mm 占 80% 以上；（2）保证稳定的给矿浓度是提高作业回收率的关键；（3）洗涤水和补加水要保持恒定的压力；（4）洗涤水水质要求较高，要求安装生产用水过滤器，保证选矿周期不发生紊乱；（5）给矿应采用周边给矿、侧边添加洗涤水的给矿方式，即矿浆从转鼓小头端的整个圆周（或圆周的一部分）给矿至转鼓的内壁上，与此同时在转鼓内壁的一侧顺矿浆流动方向沿转鼓的整个长度上均匀给入适当的洗涤水，从而强化矿层的松散和析离分层作用，有利于离心选矿机富集比的提高。

离心选矿机选别作业获得的粗钨精矿品位只有 4% ~ 8%，因此必须用浮选法精选富集，采用混合甲苯胂酸（现用苄基胂酸）作黑钨矿的捕收剂，水玻璃和氟硅酸钠作抑制剂，在矿浆 pH 值为 6 时浮选黑钨矿，经过一次粗选、一次精选，能获得品位32.28%，回收率91.39%的选别指标。流程中采用矿泥摇床回收浮选尾矿中的粗粒钨（+0.074mm）是合理的，摇床尾矿再返回原矿浓密机，可减少金属流失，同时也可解决浓密机排矿浓度低的问题。

离心选矿机－浮选流程所得黑钨精矿品位为47.34%～50.00%，可以满足出厂配批要求，但锡、磷、砷、二氧化硅含量过高，分别为1.33%、0.4%、0.16%、7.83%，需进一步加工处理，才便于混批出厂；加之离心选矿机－浮选流程生产后，细泥精矿量显著增加，故增加湿式磁选作业进行钨、锡分离，以进一步提高黑钨精矿质量，降低杂质含量。

浮选精矿通过湿式磁选，采用一次粗选、一次精选、一次扫选作业，获得的黑钨精矿 WO_3 含量57.65%，Sn含量由1.33%下降到0.078%，钨精矿回收率为73.71%，钨、锡分离效果显著，而磷、砷、硅等杂质也有不同程度的降低，都能降到一级Ⅰ类黑钨精矿的杂质含量要求。

通过湿式磁选后，磁选尾矿中的锡得到显著富集，由1.3%～2.13%富集到4.9%以上，采用6－S摇床（重选法）回收锡，可获得锡品位为50%的锡精矿，每年可增加金属锡2t以上，摇床尾矿除含少量锡外，还含少量白钨矿，故采用油酸作捕收剂，氟硅酸钠作抑制剂进行钨、锡分离获得锡中矿和白钨中矿。

3.6.2.2 磁选－（重选）－浮选流程

细泥脱杂浓缩后，用湿式强磁选机进行一粗一扫选别，丢弃尾矿，强磁选精矿用浮选脱除硫化矿后，再用甲苯胂酸、水玻璃、硅氟酸钠等药剂浮选，得到高品位的细泥精矿（$WO_3 \geqslant 50\%$）。该流程的特点是：湿式强磁选机可以有效地回收10μm以上的钨矿物，给矿量、给矿浓度、给矿粒度的小范围波动对选别指标影响不大，进入浮选的强磁选精矿仅是细泥原矿量的5%～6%，与直接浮选细泥原矿相比，可大幅度减少药剂用量，具有流程短、操作简单的优点。该流程可获得较高品位的细泥精矿，回收率指标一般为54%～65%；缺点是绝大部分硫化矿进入磁选尾矿丢弃，不宜用于富含硫化矿和白钨矿的矿石，磁选精矿浓度低，浮选前需要浓缩脱水，增加部分成本。目前浒坑钨矿采用该流程。

当钨选厂中存在黑钨矿、白钨矿和锡石等有用矿物时，可通过强磁选把黑钨矿选入磁性产品中，磁性产品通过重选得细泥钨精矿，非磁性部分用浮选法回收损失于其中的部分黑钨及白钨和锡石，于是形成了磁选－重选－浮选工艺。

漂塘钨矿大龙山选厂的细泥选别流程，过去为简单的浮选－重选流程，经过技术改造，现在为磁选－重选－浮选流程。漂塘钨矿大龙山矿区属高温热液钨、钼、石英脉矿床，主要金属矿物有黑钨矿、辉钼矿、辉铋矿、自然铋、黄铁矿、锡石、白钨矿及少量黄铜矿、闪锌矿、方铅矿、褐铁矿，脉石矿物有石英、石榴子石、方解石和云母等。大龙山细泥原矿多元素分析和主要矿物组成分别如表3-44和表3-45所示。

表 3-44 大龙山细泥多元素分析结果

元 素	WO_3	Mo	SiO_2	Al_2O_3	K_2O	Na_2O	Ca
含量/%	0.43	0.094	70.46	7.10	2.44	0.63	1.81
元 素	P	Cu	Pb	Zn	S	Sn	Fe
含量/%	0.04	0.004	0.05	0.01	0.10	0.011	3.92

表 3-45 大龙山细泥矿物组成

矿 物	黑钨矿	白钨矿	褐铁矿	电气石	高岭土
含量/%	0.54	0.04	6.0	1.0	2.0
矿 物	石英	长石	云母	萤石	
含量/%	61.0	1.2	20	2.0	

大龙山选厂钨细泥来自手选洗矿溢流和重选细泥，曾采用离心机－铺布溜槽流程进行钨细泥的回收，鉴于当时离心机在钨细泥作业中的性能一时难以掌握，加之该机也有待改进之处，时有故障发生，技术指标不佳，所以未能坚持使用。后来改为先浮选回收钼，浮选尾矿进摇床收钨锡的浮－重流程，如图 3-27 所示。根据 1998 年全年生产统计，该流程处理钨细泥，其细泥作业回收率为 12.79%，钨细泥精矿品位 17.50%（未计厂外绒毯回收部分）。改进后的流程技术指标很低，其原因主要是细泥入浮选时矿浆浓度低，波动大，摇床作业生产负荷重，致使部分细粒级钨在未得到分选之前就已随浆流损失在尾矿中，从生产总尾矿筛析结果可以看出，全厂尾矿钨的品位为 0.118%，而尾矿中－0.074mm 粒级钨的品

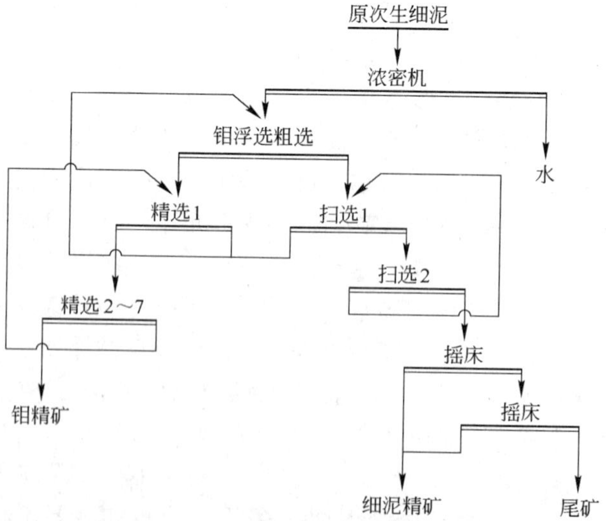

图 3-27 原细泥浮－重流程图

位是0.25%，该粒级占有金属量为总尾矿损失金属的75%～80%。

根据大龙山细泥性质，对其进行小型试验研究，结果表明采用湿式强磁选作业对提高钨细泥回收率是有效的。因此，改进后细泥生产流程为细泥原矿经磁选回收黑钨矿，磁选尾矿入浮选回收钼，浮选尾矿经摇床回收部分黑钨与白钨和锡，磁选精矿用摇床精选获得现场所需的钨细泥精矿。改造和完善后的钨细泥生产流程如图3-28所示。

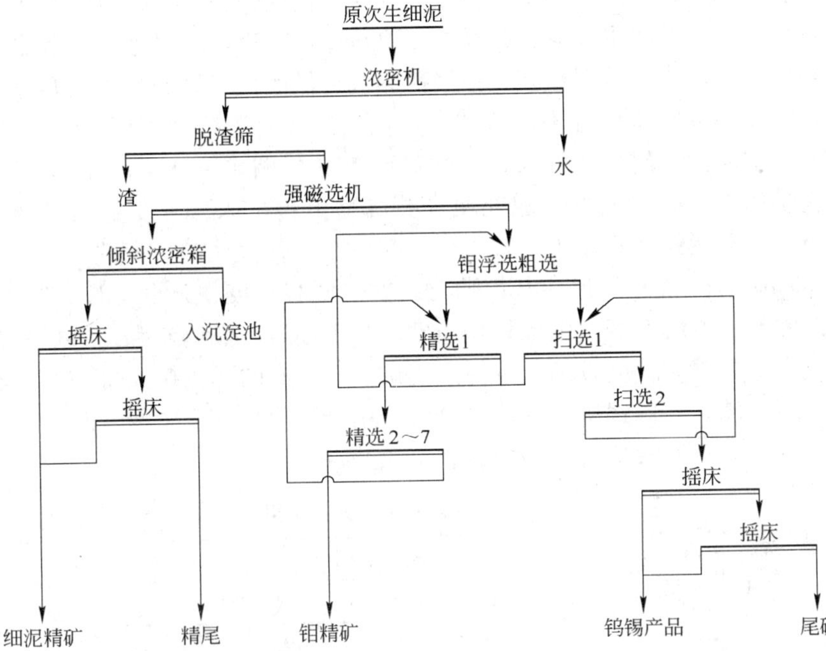

图3-28　改进后细泥生产流程

改进后的工艺流程为强化脱粗脱渣，浓密机底流增设了脱渣筛的措施，为细泥分选创造了条件。为了适应不同目的矿物钨、钼、锡等的分选，使用了有效的细泥回收设备如湿式强磁选机、强力搅拌浮选机等。因此，改进后的生产流程为：细泥给矿先浓缩脱水，然后再进入隔渣筛，筛除杂物后再进入湿式强磁选机，将磁性黑钨矿选入磁性产品中，磁性产品经倾斜浓密箱浓密后，再进入摇床分选，得到钨细泥精矿；强磁选的非磁产品进入浮钼作业，获得钼精矿，浮钼的槽内产品进入摇床分选，进一步回收其中的白钨矿和锡石，获得钨锡产品。改进后的细泥生产流程，取得了较好的技术指标，钨细泥精矿品位由原来的17.50%提高到33.68%，作业回收率由原来的12.79%提高到42.5%。

本次工业试验增加两台ϕ700mm磁选机，一台90mm×90mm倾斜浓密箱，一台6－S摇床组成的磁－重流程，形成了一个完整细泥回收流程。从试验结果看，采用磁－重流程无论是细泥精矿品位还是钨的回收率都较原浮－重流程有明显的提高。

3.6.2.3 离心机－浮选流程

大吉山钨选厂的钨细泥处理工艺由过去的单一重选流程，经过几次改造，现已改为离心机－浮选流程。

大吉山钨矿选厂日处理合格矿石 2200～2500t，每日产生的原次生细泥 400～500t，占原矿金属量的 7%～8%，原次生细泥的钨品位为 0.1%～0.3%。在原细泥处理流程中，原、次生细泥一起经过 ϕ300mm 和 ϕ125mm 的水力旋流器两段分级，分别用矿砂摇床、矿泥摇床、弹簧摇床选得低品位（15% WO_3）粗精矿送精选，作业回收率只有 26% 左右。广州有色金属研究院进行细泥回收新工艺研究，结果表明，细泥作业回收率可从 26% 提高到 50%，精矿 WO_3 品位达 51% 以上。

该钨矿属岩浆期后热液裂隙充填石英脉型黑钨矿床，主要金属矿物有黑钨矿、白钨矿、自然铋、辉铋矿、辉钼矿、绿柱石、磁黄铁矿、黄铁矿等，其中黑钨矿与白钨矿的比例为 3/1～4/1；脉石矿物主要有石英、云母、长石及电气石、萤石、绿泥石、方解石等，围岩是变质砂岩和千枚岩。黑钨矿和白钨矿呈粗、细不均匀嵌布，白钨矿粒度较细，常与黑钨矿连生，有的黑钨矿晶体与细网状白钨交替，同时黑钨矿、白钨矿与黄铁矿及铋、钼等硫化矿共生紧密，与云母等关系不甚密切。原矿多元素分析结果如表 3-46 所示。

表 3-46 原矿多元素分析结果

成分	WO_3	Bi	Mo	Cu	Zn	S	P	Fe_2O_3	Al_2O_3	SiO_2
含量/%	0.29	0.03	0.012	0.01	0.088	0.32	0.028	6.28	9.9	68.06

该矿细泥处理原流程为单一的重选法，利用摇床选别，技术经济指标不理想，经多次试验改为重选－浮选联合选别。在试验室分别采用 FB、TA－3 作捕收剂与 731、733 氧化石蜡皂作捕收剂进行浮选对比试验，结果表明 FB、TA－3 在黑白钨细泥浮选中各项指标较好，为此按重－浮流程进行了技术改造，细泥技术改造后流程如图 3-29 所示。

原次生细泥进入浓密机（ϕ18m），浓密机的沉砂用泵扬至倾斜浓密斗，倾斜浓密斗溢流返回浓密机，沉砂进入离心机粗选，离心机精选，其精矿和摇床精矿合并后用泵扬至高效浓密斗，高效浓密斗的沉砂进入钨浮选系统，高效浓密斗的溢流返回浓密机。高效浓密斗底流经 Na_2CO_3 调浆后添加丁基黄药和 2 号油进行硫化矿浮选，经一次粗选、一次扫选、二次精选脱除硫化矿，硫化矿浮选尾矿用 NF 和水玻璃、AA－A 作为矿浆分散剂和脉石矿物抑制剂，硝酸铅作钨浮选活化剂，FB、TA－3 作捕收剂进行黑白钨混合浮选，经一次粗选、三次扫选、二次精选，产出黑白钨混合精矿。黑白钨混合精矿自流到浓密机浓缩至 50%～60% 浓度

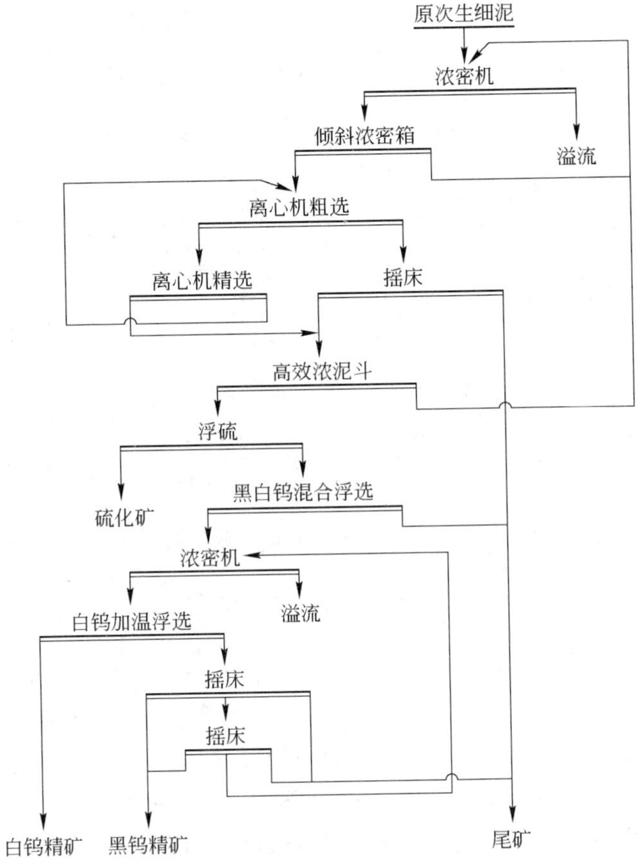

图 3-29 改造后的细泥选矿工艺流程

后进入白钨加温精选作业，加温搅拌后进行白钨加温浮选，经一次粗选、三次扫选、四次精选得到白钨精矿，白钨加温浮选尾矿用摇床回收黑钨矿。工业试验得到黑白钨混合浮选精矿品位 12.74%，回收率 87.99%，对黑白钨混合浮选精矿，经加温浮选 + 摇床的精选流程，总钨精矿 WO_3 品位 51.15%，总钨回收率 79.04%。

钨矿精选过程中产生的溢流，经过厂外方池的沉淀，浓缩成含 WO_3 7% ~ 9% 的细泥，再用砂泵打回厂内，采用浮选精选，先浮硫化矿后浮黑钨矿。浮硫化矿所用药剂为丁基黄药和松醇油，浮钨的捕收剂为 731 氧化石蜡皂/煤油/硫酸 = 5/1/1 的混合剂，在矿浆 pH 值为 3 的条件下经一次粗选和二次精选得到 WO_3 含量 25% 左右的钨细泥中矿，供水冶处理，工艺流程如图 3-30 所示。

由于该钨细泥通常是 0.010 ~ 0.018mm 细粒矿泥，常含有一些易浮的脉石，如绿泥石、绢云母等，容易泥化，矿泥易浮，这些易浮的矿泥进入精矿中，不但

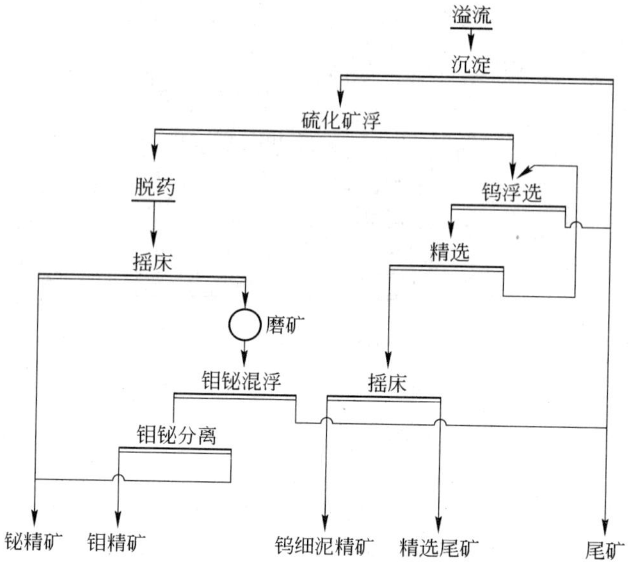

图 3-30 精选溢流再处理工艺流程

降低精矿品位，而且对冶炼也有不良影响。由于细粒矿泥具有质量小、比表面积大等特点，具有较强的药剂吸附力，吸附选择性差，这些均导致细粒浮选速度变慢、选择性变差、回收率降低。从试验中发现，利用摇床选别可以大幅度提高钨细泥中矿的品位，钨精矿的品位近65%。从工业试验结果来看，利用摇床选别完全可以提高钨细泥中矿品位，最终精矿品位可达到51%以上，回收率达到70%以上。

3.6.2.4 单一重选流程

细泥经过浓缩后分级，用摇床选别，所获精矿即为细泥精矿，有的矿山细泥精矿经再浮选回收其他有用成分，如小龙钨矿用浮选法处理重选细矿精矿，获得铜精矿。这类流程的特点是简单可靠、指标稳定、容易操作，缺点是回收率低，小于37μm的几乎不能回收，回收率指标一般为27%～35%。目前小龙钨矿、铁山垅上坪选厂、荡坪半边山选厂、下垄樟斗及下垄左拔选厂、漂塘矿大江选厂等的钨细泥都采用单一重选流程处理细泥。

大江选厂是以回收钨锡为主的选厂，细泥生产工艺经多次改造逐步完善，钨锡回收率有了大幅度提高，但细泥精矿中伴生金属回收率较低，60%～80%的钼、铜、铅、锌金属都损失在尾矿中。为此，对细泥尾矿综合回收进行了实验室探索试验，采用硫化矿浮选－螺旋溜槽－快速摇床组合流程对钨细泥综合回收，细泥段钨、锡选矿作业回收率可分别提高1.3%和0.73%，其他伴生有价金属回收率提高25个百分点以上。

大江选厂矿石属高温热液石英脉黑钨矿－锡石细脉带型矿床，主要金属矿物有黑钨矿、锡石、白钨，其次有黄铜矿、闪锌矿、方铅矿、辉钼矿、黄铁矿、毒砂等，还有少量辉铋矿、褐铁矿、斑铜矿等，非金属矿物有石英，此外还有铁锂云母、绢云母、绿柱石、黄玉、萤石、叶蜡石、绿帘石、正长石、电气石、绿泥石等。

大江选厂细泥来自手选洗矿溢流和重选次生细泥，多元素分析如表 3-47 所示，细泥原矿中 Mo、Cu、Pb、Zn、Sn 的含量分别为 0.027%、0.171%、0.182%、0.302%、0.15%。原细泥处理工艺为原、次生细泥混合统一处理，现为原、次生细泥分别处理。细泥的生产工艺仍以重选收钨锡为主，伴生元素没有得到有效回收。细泥经浓密机浓缩后，沉砂进入浓泥斗式水力分级机，分级后各粒级矿浆进入刻槽摇床一粗一扫选别，选别尾矿采用绒毯溜槽粗选、摇床精选。据大江选厂生产数据统计，2006 年细泥作业钨收率达到 64.41%，钨精砂品位为 13.65%，尾矿中钨品位 0.135%，在尾矿中细粒钨年损失量约 25t。2007 年流程查定，钨回收率达到 54.64%，细泥精矿钨品位 10.0%，细泥尾矿中年损失钨金属量约 48t。

表 3-47 细泥多元素分析结果

元素	WO_3	Bi	Mo	Cu	Zn	Sn	Fe	Pb	SiO_2
含量/%	0.254	0.108	0.027	0.171	0.302	0.15	4.87	0.182	58.62

细泥段细泥精矿中钼回收率为 16.14%，铜回收率为 31.00%，铅回收率为 41.34%，锌回收率为 27.68%，锡回收率为 73.72%。细泥尾矿中 Mo、Cu、Pb、Zn、Sn 含量分别为 0.023%、0.12%、0.109%、0.222%、0.04%，年损失钼金属约 7t，铜金属量约 35t，铅金属量约 32t，锌金属约 65t，锡金属量 12t，年损失各种有价金属总量达 200t。

为提高硫化矿综合回收指标以及钨、锡回收率，该厂对重选尾矿采用浮选硫化矿－螺旋溜槽－快速微细摇床的组合工艺，获得的钨锡混合粗精矿 WO_3 含量 21.98%、Sn 含量 10.15%，钨、锡作业回收率分别比过去提高了 2.78% 和 1.65%，还综合回收了钼、铜、铅、锌。依据试验结果，提出了重选尾矿综合回收钨、锡、钼、铜、铅、锌的建议流程，如图 3-31 所示。

3.6.3 钨细泥回收发展趋势

3.6.3.1 完善工艺流程

细泥矿物组成比较复杂，往往含黑钨、白钨、硫化矿、锡石等各种重矿物。这些重矿物所占比例不同，脉石矿物性质以及开采矿体矿物特性变化都比较大，这些因素都对选矿产生一定的影响。各矿山应根据本矿细泥原料性质，研究制定

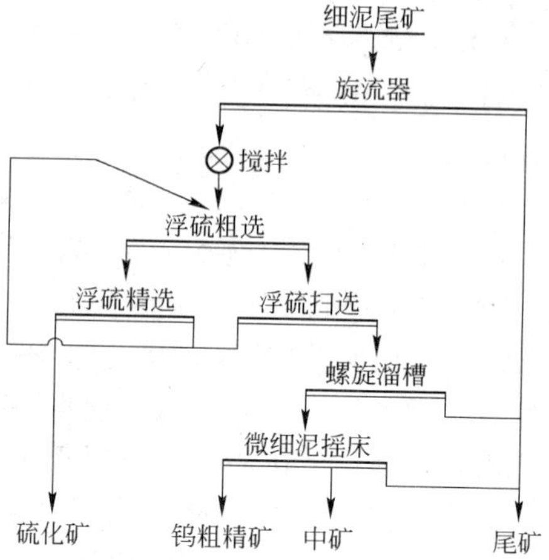

图 3-31 细泥重选尾矿综合回收建议流程图

合适的细泥选别工艺流程，并加强选矿试验研究工作，及时调整工艺设备和工艺参数。目前大多数矿山仍采用摇床加绒毯溜槽的流程，在一定程度上影响了回收率的提高，如果进行一些必要的流程改进，选别指标将会得到改善。

3.6.3.2 依据矿石性质的变化采用新的选矿工艺

随着矿石的开采，矿石性质也不断变化，为了使选矿工艺适应矿石性质的变化，应通过试验研究来确定合理的选矿工艺，才能保持生产指标的稳定和提高。

有关单位对小龙选厂、铁山垅上坪选厂、荡坪半边山选厂、下垄樟斗坑口选厂、下垄左拔坑口选厂的钨细泥进行试验研究。

根据细泥的主要物质组成分析结果，可供回收的主要有价元素为钨、钼、铜、铋等，钨以黑钨矿为主，含有一定量的白钨矿和少量钨华，钼以辉钼矿为主，铜以黄铜矿为主，铋以辉铋矿为主，细泥粒度为 -0.076 mm 含量占 70%。鉴于目前离心选矿机、立环脉动高梯度磁选机是钨细泥粗选的高效细粒级选别设备，同时考虑到含有一定量的白钨矿，因而确定分别采用离心选矿机和立环脉动高梯度磁选机作粗选设备进行试验。为了综合回收有价伴生金属，磁选粗选、离心选矿机粗选前先浮选硫化矿回收钼、铜、铋，磁选粗选精矿、离心选矿机粗选精矿分别采用快速微细摇床精选，获得黑、白钨混合精矿。

有关选厂细泥钨回收生产指标与试验指标对比、综合回收生产指标与试验指标对比如表 3-48 及表 3-49 所示。从表中可知，采用浮硫 + 立环脉动高梯度磁选机（或离心选矿机）+ 快速微细摇床的工艺流程在提高钨回收率的同时提高了综合回收的指标，钨的回收率较原工艺提高了 13 ~ 36 个百分点，综合回收钼的指标提高了 53 ~ 82 个百分点，铜的指标提高了 36 ~ 80 个百分点，铋的指标提高了 41 ~ 61 个百分点，采取先浮选硫化矿回收钼、铜、铋，强化了伴生有价金属的回

表 3-48 几个钨选厂钨细泥试验与生产技术指标对比

选厂	生产/试验	品位 WO_3/% 原矿	精矿	尾矿	回收率/%	选矿工艺
小龙	试验	0.58	54.87	0.15	59.60	浮硫－离心机＋摇床
	生产	0.57	14.20	0.39	30.72	摇床＋绒毯溜槽
铁山垅上坪	试验 1	0.53	45.22	0.14	71.67	浮硫－磁选＋摇床
	试验 2	0.52	54.50	0.11	78.60	浮硫－离心机＋摇床
	生产	0.35	25.72	0.21	42.14	摇床＋绒毯溜槽
荡坪半边山	试验	0.31	55.41	0.06	74.97	浮硫－离心机＋摇床
	生产	0.38	22.05	0.23	39.51	摇床＋绒毯溜槽
下垄樟斗	试验	0.38	34.99	0.11	62.95	浮硫－离心机＋摇床
	生产	0.45	20.00	0.23	49.67	摇床＋绒毯溜槽
下垄左拔	试验 1	0.606	64.03	0.15	69.73	浮硫－磁选＋摇床
	试验 2	0.643	37.86	0.10	76.54	浮硫－离心机＋摇床
	生产	0.62	20.00	0.31	50.31	摇床
平均	试验	0.484	49.20	0.11	69.16	
	生产	0.474	20.39	0.27	42.47	

表 3-49 细泥综合回收的试验指标与生产指标的对比

选厂	生产/试验	品位/% 原矿			品位/% 精矿			回收率/%		
		Mo	Bi	Cu	Mo	Bi	Cu	Mo	Bi	Cu
小龙	试验			0.30			7.48			64.78
	生产			0.33			7.89			28.75
铁山垅上坪	试验	0.04	0.046	0.072	3.40	2.52	4.02	82.86	53.88	54.70
	生产	0.0454	0.039	0.019	0.70	0.85	0.62	8.94	12.51	18.44
荡坪半边山	试验	0.025	0.029	0.051	2.28	1.93	4.22	85.65	65.96	82.80
	生产	0.053	0.063	0.122	0.26	0.38	0.45	3.24	4.06	2.47
下垄樟斗	试验	0.024	0.065		2.01	4.52		75.37	62.58	
	生产	0.059	0.103		1.08	1.46		22.05	17.02	
下垄左拔	试验	0.052	0.068		2.38	2.72		85.21	73.86	
	生产	0.081	0.085		0.889	0.93		18.44	18.38	
平均	试验	0.035	0.052	0.141	2.518	2.922	5.24	82.27	64.07	67.43
	生产	0.060	0.072	0.157	0.733	0.905	2.987	13.17	12.99	16.55

收。立环脉动高梯度磁选机代替摇床粗选预富集抛尾，实现短流程选别，优化工艺过程，强化了以黑钨矿为主的细粒、微细粒钨的回收；对白钨、锡石含量高的细泥采用离心选矿机粗选，强化现有的细泥选矿流程，流程简单。两种工艺流程在生产上都易于实施，可大幅度提高钨细泥选矿综合回收率。

从表 3-48 所列的细泥选别试验指标和生产指标的差异可以看出采用细泥选矿新工艺的重要性，同时也表明一些选厂细泥的选矿指标还有很大潜力，经过技术改造，生产指标会有大幅度提高。

3.6.3.3 细泥归队和浓缩工作须加强

细泥归队和浓缩是提高钨细泥选别指标的一个重要环节，如粗选段、重选段分级脱泥效果差，细泥归队率低，浓密机的浓缩效果差，将造成溢流金属损失。

3.6.3.4 严格控制分级脱泥措施

严格控制分级脱泥措施，提高粗选段、重选段脱泥螺旋分级机和水力分级箱的分级效率，或采用高频振动细筛来代替水力分级机分级，从而提高细泥的归队率。强化脱粗脱渣，为细泥浓缩、分选创造条件，适当减少全厂用水量，以提高浓缩前原、次生细泥的矿浆浓度，使浓密机溢流金属损失降低。

3.7 黑钨选厂的技术指标

3.7.1 黑钨选厂的选矿综合指标

多年来，我国对原有选钨设备进行了许多改进和研制。重选设备方面，旁动隔膜跳汰机和 JS 型动筛跳汰机的研制与应用，可降低预选丢废的粒度下限，代替部分手选，有利于提高选矿回收率；离心选矿机的研制与推广应用，降低了钨矿有效回收粒度下限，提高了钨细泥回收率。磁选设备方面，湿式强磁选机和高梯度磁选机的发明和应用，能有效地提高细泥钨矿回收率和降低钨精矿杂质含量。在原矿品位不断下降的情况下，尤其是自 20 世纪 80 年代以来，原矿 WO_3 含量已降至 0.25% 左右，全国钨矿的选矿回收率仍保持在 83% ~85%。江西省黑钨选矿厂历年的技术指标列入表 3-50 中。

表 3-50 江西黑钨选矿厂历年主要技术指标

年 份	原矿 WO_3 品位/%	精矿 WO_3 品位/%	回收率/%
1956	0.571	63.80	71.62
1959	0.500	63.88	80.87
1962	0.385	64.58	79.88
1965	0.301	65.16	84.90
1968	0.284	65.43	84.09

续表 3-50

年 份	原矿 WO_3 品位/%	精矿 WO_3 品位/%	回收率/%
1971	0.279	65.08	84.21
1974	0.250	67.66	85.11
1977	0.269	66.05	84.96
1980	0.246	65.12	85.40
1985	0.277	67.64	84.50

从表 3-50 可以看出，20 世纪 80 年代与建厂初期的 50 年代相比，虽然出窿原矿品位几乎降低了一半，但选矿回收率仍能达到 84% 的较高水平。

尽管我国钨选厂在一些方面，如预选手段、选矿设备的材质、自动控制等方面还落后于国外一些选厂，但我国黑钨选矿工艺比较成熟，并且不断针对选厂的薄弱环节，引入先进的工艺和设备，因而选矿技术指标并没有随原矿品位的下降而降低，中国钨选矿的主要技术经济指标已居世界先进行列。1999 年全国主要钨选厂的生产技术指标如表 3-51 所示，我国典型黑钨矿选厂与国外类似选厂的技术指标对比情况如表 3-52 所示，而国内主要黑钨选厂各段作业工艺指标如表 3-53 所示。

表 3-51 1999 年全国主要钨选厂的生产技术指标

选 厂	原 矿			精 矿			回收率/%
	矿石量/kt	WO_3/%	金属量/t	矿量/t	WO_3/%	金属量/t	
江西大吉山钨矿	173	0.386	668	770	72	554.4	83
江西盘古山钨矿	427	0.311	1328	1638	69.4	1145.6	86.3
江西浒坑钨矿	319	0.45	1435.5	1900	66.0	1254	87.4
江西漂塘钨矿	442	0.328	1450	1562	69	1077.8	74.3
江西下垄钨矿	394	0.29	1143	1479	65	961.4	84.1
江西铁山垅	584	0.234	1366.6	1650	70	1155	84.5
湖南瑶岗仙钨矿	402	0.34	1366.8	1800	65	1170	85.6
江西大余第二钨矿	35	0.597	209	244	65	158.6	75.8
湖南汝城钨矿	47	0.398	186	200	65	130	69.9
广东石人嶂钨矿	198	0.335	663.3	820	65	533	80.4
广东瑶岭钨矿	154	0.30	462	550	68	374	81
广东棉土窝钨矿	56	0.386	216	327	53	173.3	80.2
广东红岭钨矿	60	0.40	240	820	25	205	85.4
江西荡坪钨矿	393	0.26	1022	1282	69	884.6	86.6

表 3-52 国内外黑钨选厂技术指标对比

国家	选　厂	主体工艺	原矿 WO_3/%	精矿 WO_3/%	回收率/%
中国	大吉山钨选厂	手选－重选－浮选－磁选	0.287	68.13	83.79
	盘古山钨选厂	手选－重选－浮选－磁选	0.28	65	87.00
	下垄大平选厂	手选－重选－浮选－磁选	0.29	65	84.5
	瑶岗仙钨选厂	手选－重选－浮选－磁选	0.34	65	85.6
葡萄牙	帕拉斯葵拉钨选厂 Panasqueire	重介质－圆锥－对辊－摇床	0.35	72	76.5
澳大利亚	阿贝弗依尔钨锡厂 Aberfoyle	光电－跳汰－摇床－圆锥选矿机	0.22	71.71	84.71
	卡宾山选厂 MT. Carbine	光电－跳汰－摇床－圆锥选矿机	0.10	70	62.2
南非	纳巴皮卜钨选厂 Nababeep	重选－酸浸	1.0	68	90.0

表 3-53 国内主要黑钨选厂各段作业工艺指标 (%)

选厂	预选段					重选段			精选段		
	原矿 WO_3	合格矿 WO_3	废石 WO_3	废石选出率	回收率	入选 WO_3	粗精矿 WO_3	回收率	入选 WO_3	精矿 WO_3	回收率
大吉山钨矿选矿厂	0.298	0.665	0.0154	52.62	97.50	0.612	28.77	89.05	28.77	66.68	97.22
西华山钨矿选矿厂	0.253	0.389	0.016	37.41	97.11	0.385	17.0	87.59	17.00	63.92	98.73
盘古山钨矿选矿厂	0.326	0.443	0.014	46.70	97.90	0.476	24.39	86.11	24.39	68.88	98.56
画眉坳钨矿选矿厂	0.245	0.473	0.012	50.96	95.91	0.473	12.03	93.31	12.03	65.57	97.24
铁山垅钨矿选矿厂	0.215	0.415	0.017	49.11	96.17	0.406	22.99	88.37	22.99	71.45	97.07
浒坑钨矿选矿厂	0.368	0.82	0.017	55.60	97.51	0.82	32.56	93.46	32.56	65.98	97.37
小龙钨矿选矿厂	0.275	0.62	0.0086	63.62	98.02	0.711	27.09	89.37	27.09	65.27	95.01
下垄钨矿樟斗选矿厂	0.250	0.837	0.012	70.98	96.53	0.829	37.65	97.02			

3.7.2 黑钨选厂的选矿工艺发展方向

3.7.2.1 强化预选丢废作业

随着钨矿的不断开采，出窿原矿品位越来越低，对黑钨矿的采矿而言，贫化率甚至高达80%，因此强化预选作业，提高丢废率是降低选矿成本的关键作业，提高丢废率不仅可降低选矿成本，而且因为入选品位的提高，还可以提高选矿技术指标。

目前大多数黑钨选厂的预选丢废手段是采用人工手选法，不仅需要大量劳动力，而且也限制了丢废率的提高，我们应该学习国外的先进技术，如采用X－射线辐射法丢废、重介质丢废等高效的丢废方法，国内研制成功的动筛跳汰机也是一种较好的预先丢废设备。

3.7.2.2 采用高效省水、省电的重选设备

我国黑钨选矿厂重选段的作业回收率为86%～93%，已达到较高的水平，使用的设备主要是跳汰和摇床，这两种设备的组合对回收粗、中、细粒黑钨矿确实有较好的分选效果。但是，这两种设备的耗水量比较大，跳汰机每处理1t矿石要耗水10～12m^3，摇床每处理1t矿石要耗水2.5～3.5m^3，导致全厂的耗水量达到20～26m^3/t，另外摇床还存在占地面积大，处理能力小的弱点。

动筛跳汰机由于跳汰室床层筛网的上下振动与水介质运动相结合，能获得比普通隔膜跳汰机更大的冲程，因而具有选别粒度大（上限可达40mm），处理能力大，选别效率高，耗水量小的特点，是一种粗、中粒矿石重选的优良设备，近年来，已在我国黑钨选矿厂细级别预选作业、细粒跳汰和粗、中粒跳汰作业中推广应用，取得显著效果。大吉山钨矿用动筛跳汰机代替光电选矿机用于－40＋30mm和－30＋20mm粒级物料预选，回收了全部块钨和50%的连生体；用动筛跳汰机替换原隔膜跳汰机选别10～45mm粒级合格矿，作业回收率提高2%，节约用水85%以上；粗粒跳汰作业全部改用动筛跳汰后，每年可节约用水4540km^3，节约用电341万千瓦·时。荡坪钨矿半边山选矿厂用动筛跳汰机取代原丹佛旁动隔膜跳汰机选别粗、中粒合格矿，作业回收率分别由70%和65%提高到76%和68%，生产每吨合格矿节约用水75～80t。这些实例都说明推广应用动筛跳汰机对提高重选厂的经济效益起着重要的作用。

螺旋选矿机和螺旋溜槽也是一种有效的矿砂重选设备，具有结构简单、制造成本低、空间利用率高、单台设备占地面积小，本身没有动力消耗，电耗、水耗相对更小的特点，与摇床相比，除富集比低外，其他选别技术效果无多大差别，其有效回收粒级下限与摇床相同，也是＋0.03mm左右，所以它有明显的经济优势，是一种重选丢尾的有效设备。近年来，对以螺旋选矿机和螺旋溜槽代替摇床用于钨矿的重选流程进行了大量试验研究，取得了较好的技术经济效果，用于粗

选可以丢弃大量低品位尾矿，其粗精矿再用少量摇床精选获得重选精矿。试验证明，螺旋选矿机－摇床工艺与单一摇床工艺比较，能获得同样的选矿指标，但前者更为经济，其占地面积、总电耗和总水耗仅为后者的 43.05%、19.06% 和 19.04%，这对于以摇床为主的黑钨选厂而言，意义十分重大。螺旋选矿机和螺旋溜槽代替部分摇床若能在现有黑钨重选厂推广应用，对降低重选成本，提高经济效益的效果是不言而喻的。

3.7.2.3 采用新工艺，加强细泥回收

黑钨选厂的细泥回收仍是薄弱环节，人们的重视程度还不够，多数选厂仍然采用单一的重选流程，用常规的重选设备只能回收细泥中 +0.037mm 粒级的黑钨金属，对 -0.037mm 粒级中黑钨的回收情况很差，因此，应该探索新的细泥回收工艺。根据选矿技术的发展，我们认为有两种新的细泥回收工艺是值得研究的。

A 离心机－浮选工艺

该工艺适合于细泥中存在少量白钨矿和锡石等有用矿物的物料，先通过离心选矿机富集，同时起到脱泥作用，然后用浮选法处理离心机的粗精矿，这样可以节省药剂成本，浮选精矿再用浮选法、磁选法来分离其中的钨和锡。

B 磁选－浮选工艺

该工艺适合于细泥中主要有用矿物为黑钨矿的选厂。磁选流程简单、操作管理方便、生产成本较低，是一种较经济的选矿方法。在 20 世纪 80 年代初，浒坑钨矿就将湿式强磁选机用于细泥处理，形成磁－浮工艺，使钨细泥分选指标显著提高，达到细泥精矿 WO_3 品位 35.34%、钨细泥回收率 68.58% 的优异指标。近年来，漂塘钨矿大龙山选厂将细泥处理的先浮后重工艺改为先磁后重工艺，细泥原矿含 WO_3 0.431%，经强磁选机一次分选，可丢弃产率为 82.54% 的尾矿，获得含 $WO_3$31.58% 的磁选粗精矿，磁选作业回收率 63.96%，粗精矿用摇床精选获得 WO_3 含量 33.68% 的细泥精矿，钨细泥总回收率 42.5%，与原浮－重工艺比较，不但精矿品位提高了 16.56%，回收率也提高了 29.86%，说明湿式强磁起了重要作用。因此，高梯度磁选机用于黑钨细泥选别是值得推广和重视的高效设备。

湿式强磁选机把黑钨选入磁性产品的同时，也起到脱泥作用，少量磁选粗精矿可以通过浮选法进一步回收。

3.7.2.4 加强细泥重选新设备的研制

国外普遍采用了高效率的重选新设备，如尼尔森选矿机在葡萄牙 Panasquiera 钨矿和北美钨业坎通钨矿的尾矿处理中得到了较好的应用。而中国的钨矿山，特别是黑钨矿中新设备的应用几乎没有，应加强细泥重选新设备的研制。

3.7.2.5 进一步加强有用成分综合回收的研究

大部分钨矿山对伴生的有价元素进行了不同程度的综合回收，其中回收的主

要金属有钼、铋、锡、铜、铅、锌、银等，但是资源综合利用水平参差不齐，因技术、经济、工艺、设备等方面的限制，伴生金属的总体回收率不高。

漂塘大江选矿厂主要元素钨、锡的回收率分别为82.082%和70.385%，钼、铜、铅、锌的金属回收率分别为15.12%、47.26%、56.80%和40.88%。钨金属在手选废石、重选尾矿和细泥尾矿中均有流失，钼在手选废石中流失相对较大。铁山垅选矿厂主要生产钨，回收率由20世纪70年代的78%提高到现在的85%，但共伴生金属回收水平较低，其中精选作业铜的回收率80%、铋的回收率46%、钼的回收率24%、锡的回收率45%、银的回收率85%。因此，应该强化伴生有价元素综合回收的研究，采用新工艺和新的浮选药剂对伴生元素进行最大程度的回收。

4 白钨矿的选矿

白钨的选矿根据矿石浸染特性，可采用重选法、重选与浮选相结合法或单一浮选法，个别白钨选厂也进行预选丢废，如澳大利亚的王岛白钨矿选厂，用光电拣选机可从原矿中选出50%的废石，预选作业钨的回收率达到90% ~96%。目前我国白钨矿床多为细粒嵌布的钨矿石，因此多数选厂采用浮选法回收白钨。

4.1 粗粒嵌布型白钨矿的重选工艺

白钨矿密度为6.8g/cm^3，与黑钨矿密度相近，但远远重于石英、长石、方解石等脉石矿物，也与萤石、石榴石等脉石矿物的密度有相当差距。因此理论上来说，白钨矿采用重选可与脉石获得较好的分选效果，对于粗粒嵌布型白钨矿有重选的实例。

由于白钨矿性脆，磨矿中易泥化，因此在满足基本单体解离的条件下，应尽可能在较粗的碎磨粒度下将白钨矿回收；或采用分段碎磨，分段选别，使逐步解离的白钨矿充分回收，细级别的白钨矿重选效果会显著变差。磨矿过程中，会产生粗细不匀的磨矿产品，细粒级别产品已不适合于采用重选，因此粗粒白钨矿重选后，往往要对细粒白钨矿进行浮选，即采用重－浮联合流程。近年来，由于钨价持续上涨，一些选厂对尾矿（粗选段尾矿和精选段尾矿）进行重选，提高了资源综合利用率，在经济上也合算。

白钨矿重选设备主要有螺旋选矿机、螺旋溜槽、摇床、离心选矿机等。近年来出现的新型细泥重选设备，如加拿大Falcon跳汰机、澳大利亚Kelsey离心跳汰机以及加拿大的Knelson离心选矿机，也在白钨选矿试验研究和设计中得到应用。由于一些同时含黑钨矿和白钨矿的矿石选矿时，采用单一重选或重－浮联合流程，白钨矿可随黑钨矿在重选中一并得到回收。白钨矿重选流程通常采取分段磨矿、分级重选、粗粒早收、中矿再磨再选，细泥集中单独处理、重选粗精矿多种方法联合精选等技术措施。

澳大利亚King Island白钨矿为嵌布粒度偏粗且粗细不均的高品位白钨矿石（含$WO_3>1.2\%$），主要有用矿物为白钨矿、黄铁矿，脉石矿物主要有钙铁榴石，其次为透辉石、钙铝榴石、方解石、石英、长石、透闪石等。白钨矿嵌布粒度粗细不均匀，粗者可达1mm以上，细粒者只有几微米，0.04 ~1.28mm粒级占90%以上，其中0.16mm以上中、粗粒级占35%，原矿磨至－0.074mm含量为

63.7%时，白钨解离度可达96%以上。采用的工艺流程为多段磨矿、分段分级、重浮联合、粗粒重选、细泥浮选流程。原矿破碎磨矿至0.84mm后筛分分级，粗粒部分再磨并再送摇床选别；细粒部分经ϕ510mm旋流器处理，底流用水力分级机分级后，溢流进入浮选。上述摇床的尾矿和中矿经浓密再磨后，磨矿产品先经ϕ510mm旋流器分级，底流再经ϕ340mm旋流器分级，两段旋流器溢流均进入浮选。ϕ340mm旋流器底流送20台双头螺旋选矿机选别丢弃尾矿，中矿返回再磨，螺旋精矿送摇床精选产出精矿。前述水力分级机分级产品，分别采用螺旋选矿机和摇床处理，粗级别尾矿再磨，细级别尾矿则丢弃，而精矿再送摇床精选，产出的精矿再经浮选脱硫和磁选脱铁后，即产出白钨精矿，摇床尾矿返回再磨再选。在原矿WO_3品位为1%~1.4%时，产出WO_3品位大于60%的白钨精矿，总回收率80%~83%，其中重选回收率达70%以上。

我国香花岭锡业公司白钨选矿厂采用单一重选法回收白钨，白钨回收率较低。云南某白钨矿位于旅游区，环保要求十分严格，只要求进行重选，以减少对水资源等环境的污染。矿石为石英脉类型，原矿WO_3含量1.14%，其中87%为白钨矿，另有少量黑钨矿，也含少量硫化矿物，脉石矿物以石英、方解石为主，其次为斜长石、萤石、绿帘石、阳起石等。白钨矿嵌布粒度不均匀，主要嵌布粒度在0.037~0.2mm，适宜重选回收粒度(大于0.04mm)的白钨矿占70.74%，白钨矿与其他矿物的嵌布关系较紧密。戴惠新等采用全重选工艺流程进行试验研究，即按0.074mm分两个粒级进行粗选、中矿再磨再选的摇床分选工艺。重选白钨精矿经脱出磁性矿物后最终获得WO_3品位62.84%的白钨精矿，回收率70.03%，钨矿物得到有效回收。采用重选回收白钨矿，工艺流程简单、生产成本低、对环境影响小、经济效益较好，尤其适合于矿藏储量不大，但对环保要求严格的地区。

甘肃小柳沟白钨矿日处理200t的试验选厂处理风化型白钨矿，部分白钨矿可浮性很差，对WO_3含量0.8%~1%的原矿，在磨矿细度为-0.074mm含量70%时，浮选回收率仅达62%~65%，尾矿WO_3品位为0.25%~0.35%。采用12台6S摇床对总尾矿进行一粗一扫、中矿返回的重选试验，可获得WO_3含量40%左右的重选精矿，重选对原矿回收率达12%~16%。小柳沟白钨矿2000t/d选厂处理WO_3含量0.45%~0.6%的原矿，原矿磨至-0.074mm含量75%~80%时，浮选回收率已达75%~80%，对WO_3含量0.2%~0.4%的加温浮选尾矿分级脱泥后，采用20台6S摇床进行重选，可获得WO_3含量40%~45%的摇床精矿，总回收率提高2~5个百分点。

4.2 细粒嵌布型白钨矿浮选工艺

4.2.1 硫化矿浮选

白钨矿床常伴生钼、铜、铋、铁、铅、锌等的硫化矿，其中辉钼矿最为常见。如江西香炉山的白钨矿，含有黄铜矿、磁黄铁矿、黄铁矿等；甘肃小柳沟白钨矿，含有黄铜矿、黄铁矿、辉钼矿；湖南柿竹园钨矿，含有相当数量的辉钼矿、辉铋矿、黄铁矿和磁黄铁矿；云南卡房白钨矿含有辉钼矿，黄铜矿、自然铋、辉铋矿及黄铁矿等。这些硫化矿物，天然可浮性优于白钨矿，往往具有综合回收价值，而且若回收不充分，硫化矿进入白钨矿浮选作业，会给白钨矿浮选带来干扰，往往造成粗精矿乃至最终白钨精矿品位偏低，杂质超标，因此在选矿过程中一般先浮硫化矿后浮白钨矿。

由于不同白钨矿床所含硫化矿种类不同，硫化矿选别工艺不尽相同。一般总的原则是，磨矿细度要兼顾硫化矿浮选和后续白钨矿浮选，硫化矿要被充分回收，尽量避免硫化矿进入钨浮选系统造成不利影响，硫化矿药剂制度既要保证硫化矿有效分离回收，也要为白钨矿浮选创造一定条件，或至少不要对白钨矿浮选造成有害影响，若有影响，也应将此影响降低到最低程度。

湖南瑶岗仙低品位白钨矿石（WO_3 含量 0.38%），含少量辉钼矿、辉铋矿，硫化矿浮选采用 Na_2CO_3 调浆，用量为 1000g/t，GYH 为捕收、起泡剂，用量为 100g/t，浮出硫化矿混合精矿再进行硫化矿分选。甘肃小柳沟白钨矿以 Na_2CO_3 为调整剂，丁基黄药为捕收剂，DY－1 为起泡剂，用量分别为 1000g/t、250g/t 和 80g/t，进行黄铜矿和黄铁矿等硫化矿混合浮选，然后再采用石灰进行铜硫分选。江西香炉山白钨矿在硫化矿浮选中，先在自然 pH 介质中添加黄药和起泡剂浮铜，然后再添加少量水玻璃（500g/t）、硫酸铜（150g/t）和丁基黄药，活化并捕收可浮性较差的磁黄铁矿，硫化矿浮选尾矿再送去浮选白钨矿。江西荡坪宝山白钨矿属接触交代型铅锌白钨矿床，原矿含 WO_3 0.47%、Pb 1.50%、Zn 1.22%、Cu 0.11%、S 6.74%，此外还含微量 Mo、Bi、As 等硫化矿物；脉石主要为透辉石、石榴石、石英、方解石、萤石等。原矿磨至 －0.074mm 含量 63%，然后进行硫化矿浮选。硫化矿浮选采用先铜－铅混合浮选（添加丁基黄药、$ZnSO_4$、Na_2SO_3）后锌－硫混合浮选（添加 $CuSO_4$、丁基黄药、松醇油），然后分别进行分离浮选。在铜铅分离浮选中，添加水玻璃抑铅浮铜；锌硫分离浮选加入石灰抑制磁黄铁矿和黄铁矿浮选闪锌矿。为避免硫化矿残留在白钨浮选回路中，在锌硫混合浮选后，特增加补充浮硫作业，浮出的硫化矿不再返回，直接合并到硫精矿。

云锡公司对卡房多金属矿在自然 pH 介质中，采用选择性捕收剂先浮铜钼，然后在中性或碱性介质条件下采用新型硫化剂 GYBi 和自然铋强力捕收剂 GYH 浮铋硫，铜钼混合精矿和铋硫混合精矿在单独回路中分离，硫化矿浮选尾矿再进行白钨浮选。湖南柿竹园多金属矿经磁选选出磁铁矿后，添加少量水玻璃、煤油和 BK－205 起泡剂进行钼铋浮选，其等可浮浮选精矿在单独回路中实现钼铋分离；然后再添加少量碳酸钠、丁基黄药和 BK－205 起泡剂，进行铋硫浮选，其等可浮精矿在单独回路中实现铋硫分离，这样硫化矿得到选择性充分回收。江西都昌阳储岭低品位钨钼矿，硫化矿主要为辉钼矿（Mo 含量 0.035%）、黄铁矿（S 含量 0.42%）黄铜矿（Cu 含量 0.019%），将原矿磨至 -0.074mm 含量达到 70% 后，添加少量水玻璃（1000g/t）分散矿泥、调整矿浆，采用 GM06 捕收剂和松醇油，使辉钼矿和黄铜矿等硫化矿得到回收。湖南沃溪白钨选矿厂（现湘西金矿）处理含白钨矿、辉锑矿和自然金的矿石，原矿含 WO_3 0.42%、Sb 1.78%、Au 4g/t，脉石主要为石英，次之为方解石、白云母、绢云母及少量叶蜡石等。原矿在粗磨摇床重选回收粗粒金锑矿物后，尾矿再磨至 -0.074mm 含量占75% ~ 80%，再进行金锑硫化矿浮选，在中性介质中，添加 $Pb(NO_3)_2$（40 ~ 50g/t）、$CuSO_4$（40 ~ 50g/t）作活化剂，添加丁基黄药（400 ~ 500g/t）、钠黑药（140 ~ 160g/t）作捕收剂，松醇油作起泡剂，经一次粗选、二次扫选和二次精选获得金锑混合精矿送冶炼厂处理。

随着白钨选矿技术特别是白钨加温选矿新技术的发展，进入白钨粗精矿的少量硫化矿可以在加温精选时受到强烈抑制而进入尾矿中，也可以保证白钨最终精矿质量。已有个别处理低含量硫化矿的白钨选厂，从简化工艺流程和节省成本出发，已废除硫化矿浮选作业，磨矿后直接进行白钨浮选，由于部分硫化矿会进入白钨粗精矿，必须在白钨加温精选时强化对硫化矿物的抑制。湖南临武东山矿业公司，处理含少量黄铁矿的低品位白钨矿石（原矿 WO_3 含量 0.4%），为简化工艺流程和降低生产成本，取消了硫化矿浮选作业。尽管有些白钨粗精矿 S 含量达 10% ~ 15%，但通过采取特殊措施强化加温精选作业，最终白钨精矿 S 含量可控制在能接受的范围。甘肃小柳沟试验选厂（200t/d）处理经风化的低品位白钨矿，原先一直采用预先脱出硫化矿的白钨浮选传统工艺，但因原矿中铜硫品位低，价值不大，脱硫产品一直作为尾矿处理。由于脱硫过程中使用了大量浮选药剂及设备，生产成本相对较高，在对白钨加温精选作业采取特殊技术后，能在加温精选作业中有效地将白钨粗精矿中的硫化矿分离到加温精选尾矿中，同样可保证最终白钨精矿质量。

在浮硫化矿时要注意选矿回水的影响，若硫化矿分离浮选尾矿经浓密获取溢流为回水（厂内回水），这部分回水只含硫化矿浮选时添加的药剂，当它直接返回磨矿和硫化矿浮选段时，一般对硫化矿选别影响不大，此时一般对硫化矿工艺稍作调整即可；但若采用总尾矿水（包括硫化矿浮选和白钨矿浮选尾矿的总矿浆水）为回水时，由于此回水中同时含有硫化矿浮选药剂（包括调整剂、捕收剂和起泡剂）和氧化矿调整剂，特别是氧化矿捕收剂，此回水若用于磨矿和硫化矿浮选，将对硫化矿浮选以及白钨矿的回收产生较大影响，硫化矿分选变得困难，白钨矿在硫化矿中的损失显著增加，此时要对原硫化矿工艺制度作相应调整以使这种影响降低到最低程度。实践中最好能将不同性质的回水返回到相应的作业，即硫化矿尾矿水返回磨矿和硫化矿浮选，氧化矿浮选尾矿水返回到氧化矿浮选系统；或者将包括硫化矿浮选和氧化矿浮选的总尾矿水只返回到氧化矿浮选系统，此时回水对浮选的影响都比较小。目前甘肃小柳沟选厂和河南洛钼集团钨业公司选矿厂的回水都达到了100%的利用。

4.2.2 白钨矿的粗选

白钨矿一般嵌布粒度较细，可浮性良好，细粒白钨矿主要采用浮选回收。由于白钨矿石原矿品位往往较低，仅靠一段浮选流程，很难达到合格精矿品位要求（$WO_3 > 65\%$），因此一般采用两段浮选流程，即粗选段和精选段。白钨粗选段是将低品位给矿富集到一定程度，通常将 WO_3 含量百分之零点几的白钨矿石，富集到 WO_3 含量5%乃至10%以上，获得白钨粗精矿，在白钨精选段再将白钨粗精矿富集到商品精矿的品位或满足特定工艺要求的品位。

由于白钨矿石中往往含有与其浮游性能相近的含钙脉石矿物如萤石、方解石、钙铁榴石、含钙辉石、磷灰石等，加之白钨矿与其他矿物往往呈现复杂的共生关系，导致分选困难，因此白钨矿与脉石特别是含钙脉石矿物的有效分离是白钨矿浮选分离的关键所在。目前白钨粗选主要是采用弱碱介质－脂肪酸法，此外还有石灰法、剪切絮凝法和螯合剂法等。

4.2.2.1 碱性介质－脂肪酸法

白钨矿在碱性矿浆中（pH 值 8.5～10.5）有较好的可浮性，往往采用脂肪酸类捕收剂即可很好地浮游，通常采用碳酸钠、氢氧化钠来调整矿浆 pH 值。至于哪一种效果更佳说法不一，一种认为碳酸钠既可以消除矿浆中金属离子的影响，又可调节矿浆 pH 值，因此可替代氢氧化钠；另一种认为碳酸钠不能把矿浆调到足够高的碱度，因此不能完全替代氢氧化钠。这些说法主要针对不同类型矿石以及不同的工艺而言。一般来说，对于含可溶性或微溶性矿物较多的矿石，用碳酸钠为佳，反之可用氢氧化钠。实践中，当矿石中萤石、方解石含量较高时，用氢氧化钠效果更好。常用的无机抑制剂有水玻璃（模数 2.0～3.0）、水玻璃＋铵盐、水玻璃＋金属离子、硅氟酸钠、焦磷酸盐、六偏磷酸钠、亚磷酸等。有机抑制剂又可分为大分子抑制剂和小分子抑制剂，大分子抑制剂包括单宁、淀粉、焦性没食子酸、CMC、腐殖酸钠、木质素磺酸钠、白雀树皮等用于抑制石英、长石、方解石、萤石、石榴子石等脉石矿物；小分子抑制剂包括草酸、柠檬酸、酒石酸、苹果酸、乳酸、琥珀酸等可用于抑制方解石、萤石等。

实践中对单一白钨矿浮选采用最多的调整剂和抑制剂组合为碳酸钠－水玻璃，其次为氢氧化钠－水玻璃以及碳酸钠－氢氧化钠－水玻璃等。以上水玻璃在多种情况下单独使用，有时也与多价金属离子合用成为改性水玻璃，强化抑制效果。

传统的脂肪酸类捕收剂主要为油酸、亚油酸、油酸钠、731 氧化石蜡皂、733 氧化石蜡皂、塔尔油、塔尔皂等。近年来出现了一些新型的改性脂肪酸类捕收剂，如 GYR、GYT、GYW、ZL、TA 等系列药剂，也有改性油酸类捕收剂。除脂肪酸类捕收剂外，对白钨矿有捕收作用的捕收剂主要还有磺酸类，如 AP830（美国新改良的磺酸盐，$ROSO_3Me$）、磷酸类和螯合剂类等。

调整剂、抑制剂及捕收剂的选择和用量与矿石性质，如脉石矿物种类、含量、各类矿物的嵌布粒度、共生关系、浮游特性、矿浆水质特性等有关，要通过实验确定。江西荡坪钨矿宝山选矿厂处理矽卡岩型白钨矿石，脉石主要为钙铁辉石，石榴子石、萤石、正长石、石英、方解石、阳起石、绿泥石、普通角闪石等。白钨矿为细粒嵌布，白钨粗选采用碳酸钠调节 pH 值至 9，加水玻璃为抑制剂（此时矿浆 pH 值升至 9.5～10），731 和 733 氧化石蜡皂为捕收剂来浮选白钨矿。河南栾川地区低品位钼钨矿（白钨矿）以矽卡岩型矿石为主，同时含有 20%～30% 的透辉石和角岩、硅灰石角岩和少量其他类型矿石，主要脉石为石榴子石、透辉石、石英、斜长石、方解石、萤石、石灰石、绿泥石、绿帘石、云母等，白钨粗选采用碳酸钠，水玻璃作为调整剂，改性油酸为捕收剂。甘肃小柳沟白钨矿主要为矽卡岩型矿石，钨粗选也采用碳酸钠 + 水玻璃为调整剂，GYW 为捕收剂。江西修水香炉山钨矿也属矽卡岩白钨矿床，白钨粗选采用碳酸钠、水玻璃为调整剂，采用 ZL 为捕收剂。包括湖南东山矿业公司在内的湖南多家白钨选矿厂目前均采用碳酸钠、水玻璃为调整剂，ZL 或 731 氧化石蜡皂等为捕收剂。湖南瑶岗仙低品位白钨矿石中，脉石矿物以富含钙、镁的透辉石、透闪石和富含钙的方解石、萤石、钙铝榴石等矿物为主，这些矿物对白钨矿浮选干扰较大，其白钨粗选工艺流程采用 NaOH 和水玻璃为调整剂，FW（一种改性脂肪酸类捕收剂）为捕收剂。湖南柿竹园选厂在 20 世纪 80～90 年代，白钨粗选一直采用 NaOH 和水玻璃调浆，731 氧化石蜡皂或 733 氧化石蜡皂为捕收剂，在原矿 WO_3 品位 0.5% 左右时，浮选获得白钨粗精矿 WO_3 品位为 4%～6%，粗选白钨矿作业回收率达 90% 左右的良好指标。

4.2.2.2 *石灰法浮选*

美国联合碳化物公司瓦尔奎（L. A. Vazguez）等人在研究 tempiut 钨矿选矿工艺时制定了一种新的石灰法工艺，能在萤石存在下使白钨矿有极好的选择性。粗选给矿同石灰搅拌，随后加苏打，再加水玻璃，可在获得满意回收率的条件下得到 WO_3 含量接近 10% 的粗精矿，经过系统研究后，结果进一步改善。这种独特的石灰法，选择性好，精矿品位高，尤其适用于矽卡岩型矿石，目前被世界上一些钨选矿厂采用，也成为研究的热点之一。研究认为，在体系中添加石灰，钙离子吸附于萤石、方解石和石英表面上，随之引起表面电荷变化，从负变成正，而白钨矿仍保持负电荷。继而加入碳酸钠与矿浆搅拌时，在石英、萤石和方解石表面产生碳酸钙沉淀，而白钨矿仍带负电，表面没有沉淀。加入水玻璃后，增强了对方解石的抑制，从而改善了同方解石、萤石浮选的选择性。王家杰曾用石灰法对湖南几个矿山钨选矿进行了研究，回收率和品位都达到了70%以上。昆明理工大学刘全军在对云南麻栗坡白钨矿研究时发现，采用石灰法组合抑制剂以及氧化石蜡皂作为捕收剂，经过5次精选，3次扫选后得到了精矿品位63.17%，回收率达到86.32%的良好效果，并在生产实践上得到应用。

4.2.2.3 剪切絮凝浮选

剪切絮凝浮选已首次在瑞典伊克斯约贝格（Yxsjoterg）白钨矿选厂获得成功应用，这是改善细粒白钨矿浮选一种很有前途的方法。其做法是在白钨浮选前的搅拌桶中加入适量的浮选药剂，控制好矿浆的pH值和浓度，在强烈搅拌下，疏水性的矿粒互相碰撞减薄水膜，形成含有数百颗粒的白钨矿絮团，增大了细粒的有效尺寸，更易黏附气泡迅速上浮。剪切絮凝浮选的影响因素主要有颗粒的大小、表面电性、疏水性、搅拌速度和时间、矿浆浓度以及搅拌槽和搅拌叶轮的几何形状和尺寸等。Kohn和Warren对澳大利亚King Island白钨矿进行了剪切絮凝浮选研究，原矿含1.5%的白钨矿和8.3%的方解石，其余主要有石榴子石和少量云母、石英、阳起石及绿泥石等细粒矿物，最大粒径小于11μm。对原矿添加Na_2CO_3 1kg/t、$NaSiO_3$ 4kg/t、油酸钠2kg/t和起泡剂0.2kg/t进行剪切絮凝浮选，在精矿品位略高的情况下，回收率提高了16个百分点，达到47.7%。半工业试验表明，当原矿WO_3品位0.83%的白钨矿石磨细到-15μm含量占40%~70%时，用常规浮选法回收率约74%，当矿浆经剪切絮凝预先处理后再浮选时，回收率则提高到83%，粗精矿WO_3品位也从5%提高到8%。

4.2.2.4 螯合剂法

试验研究表明，螯合剂不仅对黑钨矿有捕收作用，而且对白钨矿有良好的捕收作用。高玉德、邱显扬、冯其明等进行了苯甲羟肟酸捕收白钨矿浮选溶液化学研究，用浮选溶液化学的观点论述了白钨矿与苯甲羟肟酸溶解组分的$\log C-\mathrm{pH}$图，从理论上分析白钨矿表面的ζ-电位与矿浆pH值的关系。结果表明，用苯甲羟肟酸捕收白钨矿过程中，当pH值小于1.3时，虽然白钨矿表面带正电，但苯甲羟肟酸没有解离，不利于苯甲羟肟酸阴离子的吸附；在pH值为4.7~13.4时，金属定位离子为Ca^{2+}，有利于苯甲羟肟酸静电吸附，且通过化学键合达到最佳浮选效果。程新朝指出CF（铜铁灵型螯合剂）与$Pb(NO_3)_2$配合使用可以从钙质脉石中选择性地捕收白钨矿。螯合捕收剂虽然选择性好，但螯合剂合成步骤较复杂，导致成本增高，药剂价格太贵；再者，螯合捕收剂一般需Pb^{2+}、Cu^{2+}、Fe^{3+}等金属离子预先活化目的矿物，不但增加了成本，对环境也不利，螯合捕收剂单独使用难以付诸实践，往往需配合脂肪酸类捕收剂混合用药。

河南洛钼集团钨业公司选矿厂处理含低品位白钨矿的钼矿石，主要有用矿物为辉钼矿、白钨矿，脉石矿物主要有钙铁榴石、钙铝榴石、钙铁辉石、透辉石、硅灰石、石榴石、斜长石、钾长石等，次要矿物有石英、黑云母、阳起石等。20世纪90年代，北京矿冶研究总院在试验中，对选钼后的钨粗选，采用 Na_2CO_3、Na_2SiO_3 和 $Na_2(PO_3)_6$ 为调整剂，$Pb(NO_3)_2$ 为活化剂，CF（铜铁灵）为螯合捕收剂，当原矿 WO_3 含量0.15%时，最终可得到 WO_3 品位20%左右的精矿，回收率达到70%～80%。

黑龙江双鸭山建龙白钨矿矿物组成较简单，主要金属矿物为白钨矿、磁黄铁矿、黄铁矿、白铁矿、黄铜矿、铁闪锌矿、闪锌矿等，脉石矿物主要有长石、石英、方解石、透辉石、绿泥石、绿帘石、萤石、磷灰石、云母等，矿石中钨主要以白钨矿的状态存在，白钨矿呈粗、中、细不均匀嵌布。北京矿冶研究总院在选矿试验研究中，采用浮选法选出磁黄铁矿和黄铁矿等硫化矿后，在白钨粗选段，采用 Na_2CO_3、改性 Na_2SiO_3 和 $Na_2(PO_3)_6$ 为调整剂，$Pb(NO_3)_2$ 为活化剂，同时采用对白钨矿具有良好捕收作用的螯合捕收剂 CF_2 和 OS－2 改性脂肪酸捕收剂，并对所获粗精矿进行加温浮选，在原矿品位为0.43%时，浮选获得白钨精矿品位为66.94%，回收率为83.11%。

4.2.3 白钨矿的精选

由于白钨矿石原矿品位往往较低，嵌布粒度较细，与其他矿物共生关系一般很复杂，特别是白钨矿石中往往含有与其浮游性能相近的含钙脉石矿物如萤石、方解石、钙铁榴石、含钙辉石、磷灰石等以及相当数量的硫化物。通常，白钨矿浮选粗精矿品位不高（百分之几到百分之十几），粗精矿中仍含有较多的细粒萤石、方解石、透辉石－钙铁辉石等含钙脉石矿物，经脂肪酸类捕收剂作用后，其可浮性与白钨矿更为相近，精选分离难度很大，必须在精选段采用特殊工艺处理。目前精选工艺分为加温精选工艺和常温精选工艺，两者在工业实践中都有成功的应用。

4.2.3.1 加温精选工艺

苏联专家彼得洛夫于20世纪40年代末发明了一种特殊的工艺来大幅度提高白钨浮选精矿品位，称为“彼得洛夫法”，即加温精选法。它的基本特点是：对白钨矿粗精矿在高浓度（50%以上，60%～70%更好）矿浆下，添加大量水玻璃（通常每吨矿添加20～150kg），实行长时间强烈搅拌，加热矿浆到一定温度并保温一段时间（通常60min），然后稀释脱药再进行常温浮选。该法利用大量水玻璃对矿物间表面吸附的捕收剂膜解析速度的不同，提高了白钨矿和脉石矿物分离的选择性，而加温则强化了这一过程，脉石矿物和硫化矿物受到强烈的选择性抑制作用，而白钨矿可浮性受影响不大，甚至受到一定程度的活化。白钨矿加温浮选法工艺过程稳定，分选指标良好，但由于需要蒸汽加温，成本较高、操作较复杂、工作环境较差，需要增添浓密设备和加温设备，基建投资较大。因此，要从技术指标、经济指标和环境等多方面与常温浮选工艺综合比较，来决定是否采用加温精选法工艺。

湖南柿竹园 200t/d 和 500t/d 多金属矿选厂在 20 世纪 80 ~ 90 年代时，对 WO_3 品位为 4% ~6% 左右的钨浮选粗精矿，经浓密达浓度 60% ~70% 后，在特制的加温搅拌设备中加热矿浆到 90℃，然后添加大量水玻璃（每吨矿添加 100kg）并保温 60min 以上，对处理好的矿浆经稀释脱药 1 ~2 次后再进行常温浮选。经加温浮选后，最终可获得 WO_3 品位 65% 以上的白钨精矿，杂质含量满足要求，白钨矿精选作业回收率达 90% ~95% 左右。湖南沃溪白钨选矿厂（现湘西金矿）硫化矿浮选尾矿经一粗、二扫和二精进行白钨粗选后，获得 WO_3 品位 5% ~10% 的白钨粗精矿，将其浓密至 40% ~50% 矿浆，添加水玻璃（每吨矿添加 700kg）和适量硫化钠（抑制硫化矿），加温矿浆到 90 ~95℃后，搅拌 40 ~ 50min，使捕收剂从含钙脉石矿物的表面上选择性解吸，而后稀释、浓缩，排除矿浆中的残余药剂，再补加新鲜水调成 15% 左右的矿浆浓度进行常温精选，经三次精选后得到 WO_3 品位 60% 以上的白钨精矿。在精选过程中除要控制好矿浆浓度、温度、搅拌时间和水玻璃用量外，从矿浆中适当排除矿浆中残余药剂的废液量也对精选产生很大的影响，精选作业钨的回收率最高可达 97%。

江西荡坪钨矿宝山选矿厂对白钨粗精矿采用常温精选工艺可获 WO_3 品位 65% 以上的白钨精矿，尽管已符合一级一类的规范产品，但为满足用户需要，对生产的一级一类的产品可再进行加工，以提高精矿品位和降低 Pb、Zn、Bi 等杂质含量。这时采用加温浮选，用蒸汽把矿浆加温到 80℃以上，并加硫化钠抑制硫化矿，经三次精选后得到的白钨精矿，符合特－Ⅰ－2 类白钨精矿质量标准，可供直接炼钢使用。

随着钨业的快速发展，难处理的白钨矿石越来越多。加温浮选实践中，当白钨粗精矿品位较低、嵌布粒度较细、含浮游性能良好的含钙脉石矿物，如萤石、方解石、钙铁榴石、含钙辉石、磷灰石等以及硫化物的含量较高时，单用传统的"彼得洛夫法"已不能获得良好的结果，出现白钨精矿品位较低，或者有害杂质含量较高、或者白钨精矿回收率下降等现象，需要根据选别实际情况对传统的"彼得洛夫法"进行改进。

1997 年，广州有色金属研究院在甘肃张掖有色金属公司选矿厂对甘肃小柳沟矽卡岩型白钨矿石进行工业试验时，在进行加温浮选过程中发现，单用传统的"彼得洛夫法"，白钨精矿品位较低（WO_3 含量仅 50% 左右），加温精选作业回收率也不高（仅 80% 左右），白钨粗精矿中含钙脉石矿物如萤石、方解石等抑制十分困难。经现场反复试验研究，采取如下三条技术措施对"彼得洛夫法"进行了改进：（1）在白钨精选工艺加温过程中，除添加大量水玻璃外，另添加对萤石、方解石等有强烈抑制作用的SN药剂，强化水玻璃对含钙脉石矿物的选择性抑制作用；（2）与一味简单脱药的思维相反，在加温过程中，先添加适量捕收剂，强化对白钨矿选择性捕收作用，再通过大量水玻璃在高碱度下实现对含钙脉石矿物的选择性抑制作用；（3）取消“彼得洛夫法”中需要一次或多次稀释脱药后再进行浮选作业的工艺，加温处理后直接进行浮选，经加温和与药剂作用后，矿浆不稀释、不脱泥、不脱药，直接进行浮选，不仅大大简化了加温精选作业，避免了多次稀释过程中的金属损失，而且可使含钙脉石矿物一直处于强烈抑制状态，使钨矿物处于良好的活化浮游状态，从而使钨精矿品位和回收率进一步提高。加温浮选粗精矿经四次精选后得到白钨 WO_3 品位68%以上的精矿，加温精选作业钨回收率达95% ~97%。该法在甘肃小柳沟白钨选厂、柿竹园多金属选厂先后获得成功，并在国内多个钨选厂加温或常温精选作业成功推广。

湖南柿竹园500t/d多金属矿选厂工业生产矿石产于三矿带富矿，属云英矽卡岩型钨、钼、铋矿床，有用矿物嵌布粒度较细，需细磨至 -0.074mm 含量占85%才基本解离。矿石随出矿点不同，矿物含量变化很大，原矿中 WO_3 含量为0.23% ~0.96%，硫的含量通常为0.5% ~0.7%，但有时达到1%以上，高者甚至达4%。在现场生产中，将原矿磨至 -0.074mm 含量占80% ~85%，依次经过等可浮和混浮作业，浮出钼、铋、铁等硫化矿，硫化矿浮选尾矿经过弱磁选除去磁铁矿，浓缩后用GY法进行黑、白钨混合浮选，产出含钨9% ~30%的钨粗精矿，采用“彼得洛夫法”对黑、白钨的混合精矿进行白钨精选。但传统“彼得洛夫法”应用不理想，钨粗精矿加温后脱药次数多，金属损失严重，而且白钨精选作业回收率较低，白钨精矿含硫超标。在研究与实践中，对“彼得洛夫法”加以改进，在加温中使用组合药剂（新工艺最佳的药剂条件为每吨给矿添加水玻璃40kg、A药剂3kg、B药剂1.2kg、GYT 2kg），有效地取消了脱药和脱硫工序，取得了良好的效果。改进后，精矿 WO_3 品位稳定在68%以上，回收率由原来对原矿的52%提高到58%，节约了成本，提高了回收率和产品质量，取得了良好的经济效益。

湖南临武某白钨矿矿床属于矽卡岩型白钨矿床，主要金属矿物有白钨矿、黑钨矿和方铅矿等，钨矿物以白钨矿为主，黑钨矿极少，主要脉石矿物有萤石、方解石、长石、石英、石榴石、绿泥石和磷灰石等。白钨矿的嵌布粒度范围较宽，属于中细粒嵌布，原矿 WO_3 含量0.6%左右，CaF_2 含量20.56%，$CaCO_3$ 含量13.90%。工业生产粗选段为两次精选、三次扫选，捕收剂ZL580g/t，调整剂 $Na_2CO_3$1.2kg/t 和 $Na_2SiO_3$5kg/t，对白钨粗精矿进行加温精选，精选段为三次精选、二次扫选，加热矿浆到90℃，添加大量水玻璃和YN调整剂，并保温60min，然后不经稀释脱药，再直接进行浮选，当原矿 WO_3 含量0.58%时，最终白钨精矿 WO_3 品位66.82%，回收率达90.98%。

广州有色金属研究院针对江西某大型白钨矿选厂现有白钨浮选流程存在的问题，提出“优先浮铜脱硫 - 白钨粗选 - 粗精矿加温搅拌不脱药精选”的先进工艺流程，对含钨（WO_3）0.75%的矿样，取得了钨精矿产率为1.03%、钨精矿（WO_3）品位65.37%、钨回收率86.31%的选矿技术指标。试验过程中针对常规的加温精选方法“彼得洛夫法”进行了以下两个改进：第一，以组合调整抑制剂（EL + 水玻璃）代替单一的抑制剂水玻璃，强化对含钙脉石矿物和硫化矿物的抑制作用，因此在精选过程中无须添加有毒的抑制剂氰化物，既可提高精矿品位，又有利于安全生产，减少了对周围环境的污染；第二，加温后矿浆无须稀释清洗、脱水脱药浓缩，直接稀释就浮选，既简化了精选流程，又避免了脱水脱药时钨的损失，确保钨的回收率。

国外某白钨矿选厂中矿物种类繁多，主要有用矿物为白钨矿，其次为黄铁矿、磁黄铁矿、黄铜矿及辉钼矿等，但品位均很低；主要脉石矿物为钙铁榴石，其次为透辉石、钙铝榴石、方解石、石英、长石，萤石、透闪石等。广州有色金属研究院在对该白钨矿进行全浮选工艺流程试验中，进行了白钨矿加温精选工艺流程和对粗精矿长时间搅拌的常温精选工艺流程的对比，结果表明加温精选工艺流程指标更好、更稳定。加温精选采用以组合调整抑制剂（QN + 水玻璃）代替单一的水玻璃抑制剂，强化对含钙脉石矿物和硫化矿物的抑制作用，加温后矿浆直接稀释浮选，无须浓缩脱水脱药，简化了精选流程，避免了脱水脱药时钨的损失。对企业提供的1号矿样和2号矿样分别进行试验，结果较好。1号矿样在磨至 -0.10mm 含量占80%时，采用加温精选工艺流程，对 WO_3 含量1.3%左右的原矿，可获得精矿 WO_3 品位大于67%、回收率大于91%的白钨精矿。2号矿样在磨至 -0.074mm 含量占70%时，采用加温精选工艺流程，对 WO_3 含量0.50%左右的矿石，可获得精矿 WO_3 品位大于66.5%、回收率大于90.8%的白钨精矿。

近年来，针对不同性质的白钨矿石，在加温精选工艺的应用中，对常规的加温精选方法“彼得洛夫法”进行改进，以组合调整抑制剂代替单一的水玻璃抑制剂，强化水玻璃对含钙脉石矿物和硫化矿物的选择性抑制作用以及对白钨矿的选择性活化作用；在脱药前预先添加捕收剂强化对白钨矿的选择性捕收作用；采用加温后不浓缩脱水脱药而直接浮选等技术措施。这种改进的“彼得洛夫法”已在国内，特别是在湖南、河南、江西、云南、甘肃、内蒙古等地不少白钨选矿厂的试验、设计、生产中得到成功应用，取得了良好的经济效益和社会效益。

4.2.3.2 常温精选工艺

常温精选工艺由于投资少、能耗和生产成本相对较低、操作相对简单，受到许多白钨选矿企业的关注。实现白钨矿常温浮选，尤其是实现方解石、萤石（重晶石）型白钨矿的常温浮选是氧化矿选矿的一个重要课题。

20世纪70年代初，在我国赣南首创采用731氧化石蜡皂进行常温浮选（简称731常温法)，后来该法获得进一步的推广应用。与加温精选工艺不同，常温精选顾名思义就是不加温的白钨矿精选工艺，不过白钨粗精矿也是在添加大量水玻璃的条件下，长时间（大于30min）强烈搅拌后，利用矿物间表面吸附的捕收剂膜解析速度的不同，提高抑制剂的选择性，然后稀释进行常温精选。该法选矿成本较低，但对矿石的适应性不及浓浆加温的“彼得洛夫法”。常温精选法在以石英为主的矽卡岩型白钨矿山得到广泛应用，而加温精选工艺则对萤石、方解石、透辉石-钙铁辉石等含钙脉石矿物较多的矽卡岩型、云英岩型白钨矿石有更好的适应性。加温精选工艺中，精选一般在独立的回路中进行，直接产出最终白钨精矿和加温精选尾矿；而常温精选除产出最终白钨精矿外，其精选尾矿一般返回白钨粗选段的适当地点，个别白钨选厂也在白钨精选段丢弃尾矿。与加温精选法相比，常温精选法更加重视白钨粗选段工艺，强调粗选段碳酸钠与水玻璃的协同作用，通过控制矿浆pH值使矿浆中的$HSiO_3^-$保持在一个有利于抑制脉石矿物的浓度范围，并配以选择性较强的如731氧化石蜡皂作为白钨矿的捕收剂来获得较高的粗精矿品位，从而为常温精选创造良好的条件，所获高品位粗精矿再经大量水玻璃长时间（30min以上）强烈搅拌作用后稀释精选，获得合格白钨精矿产品。

江西荡坪钨矿宝山选矿厂主要处理细粒嵌布的矽卡岩型白钨、铅锌硫化矿多金属矿石。白钨矿为细粒嵌布，与硫化矿紧密结合，而在硫化矿中，多数是磁黄铁矿与白钨矿共生密切，原矿中白钨矿0.353%、钨华0.029%、黑钨矿0.026%。原设计流程为将硫化矿全浮后的尾矿浮白钨，所得粗精矿采用“彼得洛夫法”加温浮选，但该工艺能耗高且回收率不理想。经过几年的技术攻关和生产实践，取得了常温浮选的重大技术突破，以731氧化石蜡皂为捕收剂，采用一粗二扫一精得浮选白钨粗精矿，在较高的浓度条件下加水玻璃长时间搅拌（约40min)，经6次精选得到合格的白钨一级Ⅰ类精矿。在较高的浓度条件下，精选中矿集中返回到粗选回路的第一次扫选作业，提高了浮选回收率，简化了流程。生产实践表明，矿浆pH值是影响白钨浮选的关键因素，粗选适宜的矿浆pH值为9.5~10.50，碳酸钠和水玻璃作调整剂。常温浮选使白钨回收率由71.05%提高至79.30%，降低了生产成本，减少了能耗，提高了经济效益。

江西香炉山钨矿四个选厂处理的原矿性质相近，WO_3品位为0.56%~0.75%，其工艺流程和药剂制度也基本一致，选矿方法均为浮选法。脱硫尾矿进入白钨粗选作业，经一粗、三扫、二精作业后得到白钨粗精矿，粗精矿WO_3品位5%~10%左右，白钨粗选作业的尾矿即为最终尾矿。白钨粗精矿不经脱水脱药和浓缩，矿浆不加热，在添加大量水玻璃（7500g/t）长时间搅拌（30min以上）后，直接稀释进行浮选，经一粗、三扫、五次精选作业后产出品位65%左右的白钨精矿，白钨回收率74%~79%，白钨精选段各精选作业的精尾（中矿）

在较高浓度条件下集中返回到粗选回路的第一次扫选作业，总回收率较高。

湘西金矿为石英脉型金、锑、钨复杂多金属共生矿床，原矿含钨一般在0.2%左右，属低品位粗细不均匀嵌布；脉石矿物主要有石英、方解石、磷灰石、钠长石、绿泥石、绢云母等。湘西金矿自建矿投产以来，白钨浮选一直沿用传统的彼得洛夫法（加温精选以获得高品质的白钨精矿），该法能耗大，生产成本高，操作复杂，因此将加温精选改为常温精选，不仅可以降低成本，提高产品利润，而且对于减少环境污染具有重大意义。针对湘西金矿这种含钙高的低品位白钨矿浮选，采用常温精选进行了详细的探索研究，结果表明，尽管在常温下加水玻璃浓浆搅拌其抑制效果大大低于加温搅拌效果，但在常温浓浆搅拌后的精选过程中，增加了选择性好的高效组合抑制剂 Y88，加强了对含钙脉石矿物的抑制作用，弥补了常温搅拌精选的不足，突破了常温搅拌条件下精选难以获得高品位白钨精矿的难题，最终获得与加温搅拌精选条件下相同品位的白钨精矿。常温精选中将一次精选尾矿和一次扫选精矿集中再选后，泡沫返回到粗选，这不仅保证了精选的给矿品位不至于降低，同时又尽早丢弃了一部分低品位尾矿，在此工艺流程中，常温精选的钨精矿品位能保持在较高水平。

20 世纪 90 年代以来，湖南新田岭白钨矿对原矿 WO_3 品位为 0.38% 的矽卡岩型白钨矿，用 731 为捕收剂，通过常温精选，获得 WO_3 品位为 65.08%，回收率为 87.23% 的特级品钨精矿。

甘肃小柳沟矽卡岩型白钨矿石，采用改进的“彼得洛夫法”获得成功，但与常温精选工艺比较，加温精选还是选矿成本高、劳动条件较差、操作相对复杂，因此又对常温精选工艺进行了深入研究。经调整和优化常温精选中水玻璃、SN 和捕收剂的用量，常温精选工艺也获得成功，取得了与加温精选工艺基本接近的指标。该常温精选除产出最终白钨精矿外，其精选尾矿送至摇床重选进一步回收细粒白钨后再丢弃。

白钨选厂的精选作业产出的钨精矿品位要求 WO_3 含量不低于 50%，当矿石组成复杂难选时，为保证获得高的回收率，多数情况下只要求产出低品位（WO_3 15% ~30%）精矿，然后采用化学选矿处理，生产合成白钨或仲钨酸铵等产品。这种方法经济上比较有利，国外广为采用，如美国坦佩犹特钨选厂，通过白钨浮选获得 WO_3 含量 15% 的低品位钨精矿，再送去化学选矿。奥地利的米特西尔钨选厂，通过白钨浮选获得 WO_3 含量 25% ~30% 的低品位钨精矿，然后再进行化学选矿。

4.3 白钨矿浮选药剂的进展

目前白钨矿回收仍然主要靠浮选，自 20 世纪 70 年代以来，钨矿浮选有了很大发展，大多数白钨选厂都采用了浮选流程，如坦佩犹特、桑尔、玖珂、金岛、获尔内阿乌兹、依克西奥、米特西尔、萨尔莫等国外选厂以及国内几乎所有的工业型白钨矿选厂，包括大中型的江西香炉山钨矿四个选厂、甘肃小柳沟2000t/d白钨选厂、河南洛钼集团钨业选矿公司所属几个选厂以及河南栾川地区诸多白钨矿选厂，都采用浮选流程。钨业生产的发展有力地促进了白钨矿浮选理论和实践的研究。白钨矿可浮性较好，浮选的主要困难是白钨矿与萤石、方解石、含钙辉石、石榴子石等含钙脉石矿物的有效分离，而捕收剂和抑制剂对白钨矿浮选的综合效果是关键，因此白钨矿浮选研究始终围绕提高捕收剂的选择性和强化抑制剂的高效性两个方面来进行。

4.3.1 捕收剂的现状和进展

常用的白钨矿捕收剂可以分为四类：阴离子捕收剂、阳离子捕收剂、两性捕收剂及非极性捕收剂。其中非极性捕收剂主要是用来配合其他捕收剂辅助使用的，它的主要作用是调整泡沫结构，强化疏水作用，促进疏水团聚，进而提高回收率和品位。

4.3.1.1 阴离子捕收剂

阴离子捕收剂主要包括脂肪酸类、磺酸类、磷酸类以及螯合类捕收剂，其中脂肪酸类应用最广，国内几乎90%以上的白钨矿选厂都采用脂肪酸类或改性脂肪酸类捕收剂；磺酸类捕收剂主要是配合脂肪酸使用，采用磺酸类、磷酸类的工业型白钨矿选厂鲜见报道；螯合类捕收剂本身起泡性能较差，很少单独使用，多与脂肪酸类捕收剂联合使用。阴离子捕收剂比较常见的有油酸、油酸钠、油酸和亚油酸的混合物、731氧化石蜡皂、733氧化石蜡皂、塔尔油、塔尔皂、环烷酸以及动物和天然植物脂肪酸等。近年来出现了一些新型的改性脂肪酸类捕收剂，如广州有色金属研究院研制的GY系列（包括GYW、ZL、TA等）新型白钨浮选药剂、洛钼集团钨业公司Fx－6等白钨浮选药剂，也有改性油酸类捕收剂等。

油酸钠及其皂类是白钨矿最常用的捕收剂之一，但因其价格较贵，因此广泛采用的是其代用品或改性产品。目前俄罗斯常用的油酸代用品有工业脂肪酸ТЖК、轻塔尔油АТМ、含树脂酸的脂肪酸馏分ЖКФТМ、氧化循环油及磺化棉籽油加工废品的中和产物ВС－2、菜油皂脚ВС－4等；美国代油酸以NeO－Fat为牌号，包括塔尔油、动植物脂肪酸等，这些产品虽价格低廉，但都是只在烃链长度及饱和度上有所变动的脂肪酸，对含钙脉石选择性差，效果不一定比油酸钠好。针对这些问题，国内外学者进行了大量研究，在以下两方面取得进展。

（1）有人发现，微生物发酵制造的脂肪酸效果比一般代用品好，如前苏联以霉菌和酵母中的类脂以及由此得出的脂肪酸代替油酸，前捷克斯洛伐克以石蜡烃微生物氧化所得的脂肪酸与油酸共用，指标优于油酸，Z. J. Edward提出了细菌发酵的脂肪酸碳氢化合物作捕收剂从方解石中分离白钨矿的方法，温蔚龙用

Y-17 号酵母菌脂肪酸钠盐浮选汝城钨矿证明能使白钨矿与方解石、萤石和石英有效分离，是优于氧化石蜡皂的选择性捕收剂。

发酵脂肪酸虽具有微生物特性，但仍是脂肪酸结构，具有脂肪酸的弊病，研究者们用化学方法使脂肪酸改性用于白钨浮选显示良好前景。A. V. Glebostky 等在 $C_{17}\sim C_{20}$馏分脂肪酸中引入氯原子，成为一种高效捕收剂，引入两个氯基的 αα 二氯羧酸用于浮选白钨矿和萤石，与常规药剂相比，品位提高了 3%，回收率提高 3% ~12%。20 世纪 50 年代，美国在饱和脂肪酸 α 位引入磺酸基提高了其表面活性和选择性。$C_{10}\sim C_{20}$的石蜡酸磺化产品、磺化琥珀酸二钠盐用于白钨浮选也取得良好效果。

（2）混合用药也是提高脂肪酸类捕收剂捕收性能和选择性的有效途径。日本八茎选厂采用油酸与 AP830（美国新改良的磺酸盐，$ROSO_3$）按 1/1 的比例混合浮选对白钨有较高选择性，富集比大于 100，比单用油酸得到的精矿品位高 12 倍以上。前苏联采用癸二酸下脚料（含 75% 脂肪酸）与油酸按 1/1 混用比单用油酸品位提高 2.7%，回收率提高 7% ~8%，药剂费用降低 2 倍。另外，油酸和 C_{7-9}合成脂肪酸混用，塔尔油和 Flotinor S72 组合，油酸和 708 号药剂及 Emersol 组合，Dresinat Tx（油酸和亚油酸钠混合剂）和 Emersol 221（低凝固点油酸）组合、Pamak（从塔尔油提制的脂肪酸）和 Emcol（乳化剂、杀菌剂商标）混合，以及脂肪酸类与煤油、碱液的混合物用于白钨矿浮选都显示出良好的选择性和捕收性能。在国内，油酸和油酸钠等油酸类捕收剂往往起泡和捕收能力较强，但选择性较差，低温下在矿浆中溶解性能较低，因此现在单独使用的较少，往往需要改性或与其他类型捕收剂组合使用。

731 氧化石蜡皂和 733 氧化石蜡皂系由石油化工产品石蜡经氧化制得，从 20 世纪 60 年代研发成功后直到现在，一直在工业上应用。国内一些白钨选矿厂如江西修水香炉山白钨选矿厂、江西荡坪钨矿宝山选矿厂、湘南多家白钨选矿厂、赣南多家白钨选矿厂，以往长期采用 731 氧化石蜡皂或 733 氧化石蜡皂捕收剂，生产上也取得良好的效果。731 氧化石蜡皂和 733 氧化石蜡皂价格相对较低，总体效果也不错，但是捕收能力较弱，选择性也不高，低温下在矿浆中的溶解性能和活性较低，对某些难选的矿石适应性较差等，因而限制了其广泛应用。

河南洛钼集团选钨工艺中，传统浮选低品位白钨使用的浮选剂是油酸和工业碳酸钠按一定比例配制的皂化剂。近几年，洛钼集团针对栾川矿区选钼尾矿中低品位白钨浮选的工艺矿物学特性，开展了浮选药剂的探索和研发，研制出了新型的白钨浮选药剂 Fx-6。经过投产使用证明，该药剂具有制备容易、性能良好、使用方便、价格相对较低、用量少的优点，各项性能均优于皂化浮选剂，尤其适用于栾川地区低品位、难选白钨的浮选。该药剂用量约为 180g/t 原矿，而皂化浮选剂用量在 210g/t 左右，该新型药剂用量比皂化药剂节约了 16.7%，降低了药剂成本，提高了企业的经济效益。

广州有色金属研究院 GY 系列（包括 GYR、GYT、GYW、ZL、TA、FW 等）白钨浮选药剂属改性脂肪酸类捕收剂，是对脂肪酸类捕收剂进行不同方法改性的产品，改性方法包括了乳化、皂化、酸化、复配以及与其他类型捕收剂混溶等多个反应过程。GY 系列白钨浮选药剂具有价格适中、捕收能力较强，选择性高、低温下在矿浆中溶解性能好、活性高、特别是对某些难选的矿石适应性较好的特点，近几年在国内新建白钨选矿厂，特别是湖南、河南、江西、云南、甘肃、内蒙古、新疆等地不少新建白钨选矿厂的试验、设计、生产和现有白钨选矿厂的工艺技术改造中发挥了重要作用。

多年来，湖南柿竹园多金属矿在黑白钨混合浮选中，先后采用 GYT 和 GYR 与螯合剂、捕收剂 GYB 组合使用，使生产技术指标得到明显提高。甘肃小柳沟白钨矿采用 GYW 捕收剂和相应的工艺技术使该厂生产很快达产达标，近几年的工业实践表明，GYW 白钨选矿新药剂显示出捕收力强和选择性高的特性，具有易于溶解、在低温矿浆下保持较强活性的特点，在原矿 WO_3 品位 0.4% ~0.55% 左右时，与采用常规 731 白钨选矿药剂的原工艺比较，采用 GYW 新药剂的选矿新工艺可使最终白钨精矿 WO_3 品位提高约 3 ~5 个百分点，达到 65% 以上，白钨精矿回收率提高约 6 ~7 个百分点，达到 76% ~82%。湖南东山矿业公司采用 ZL 捕收剂和相应的工艺技术，生产指标良好，与采用 731 药剂的原工艺比较，在原矿 WO_3 品位 0.4% 左右时，最终白钨精矿 WO_3 品位提高约 5 个百分点，达到 66.5%，白钨精矿回收率提高约 5 ~8 个百分点，达到 82% ~85%。云南锡业公司卡房白钨矿在原矿 WO_3 品位 0.15% 左右时，采用 GY 捕收剂和相应工艺技术，最终白钨精矿 WO_3 品位达到 67%，回收率达到 80% 以上。针对湖南某 WO_3 含量为 0.37% 的低品位、共生关系复杂、嵌布粒度细的白钨矿石，采用新型脂肪酸类捕收剂 TA 进行选别，与常规捕收剂 731 相比，在精矿品位相当的情况下，白钨精矿回收率提高 8.41%，药剂用量减少 1/3，且药剂费用较少，显示出新型捕收剂 TA 的显著优越性。

王淀佐等曾研究了磷酸类捕收剂和螯合类捕收剂对白钨矿的捕收性能，并指出这两类捕收剂比脂肪酸类捕收剂具有更高的选择性。程新朝指出 CF（螯合剂）与 $Pb(NO_3)_2$ 配合使用可以从钙质脉石中选择性地捕收白钨矿。这两类捕收剂虽然选择性好，但药剂价格太贵，单独使用难以付诸实践，需配合脂肪酸类捕收剂混合用药。

北京矿冶研究总院曾对河南洛钼集团钨业公司选矿厂处理含低品位白钨矿的选钼尾矿和黑龙江双鸭山建龙白钨矿石进行试验研究，采用 Na_2CO_3、Na_2SiO_3 和 $(NaPO_3)_6$ 为调整剂，$Pb(NO_3)_2$ 为活化剂，CF 螯合捕收剂和 OS-2 改性脂肪酸作为捕收剂，试验取得良好效果。

广州有色金属研究院和北京矿冶研究总院对湖南柿竹园多金属矿，分别采用GYB 螯合捕收剂、GYR 改性脂肪酸类捕收剂组合和 CF 螯合捕收剂、OS－2 改性脂肪酸捕收剂组合进行黑白钨混合浮选，在原矿 WO_3 品位 0.45%、黑白钨比例为 3/7 时，采用上述螯合捕收剂和改性脂肪酸捕收剂组合和相应工艺技术，获得黑白钨混合浮选精矿 WO_3 品位 10% ~20%，黑白钨混合浮选作业回收率达 80% ~90%，也为后续黑白钨分离浮选创造了有利条件。

4.3.1.2 阳离子捕收剂

阳离子捕收剂主要是指胺类捕收剂。有人曾报道，与其他脉石矿物相比，白钨矿表面电位更负，为阳离子表面活性剂捕收白钨矿提供了理论根据。Noborit 采用丁烷二胺作为白钨颗粒的捕收剂，成功地抛弃了尾矿中的方解石。Arnold 等人用十二烷基氯化铵作捕收剂进行了哈里蒙管的浮选试验，指出钙离子浓度是影响白钨回收率的关键。C. Hicyilmaz 研究了胺类捕收剂浮选白钨的可能性，认为醋酸十二胺效果最佳。

4.3.1.3 两性捕收剂

两性捕收剂即氨基酸类捕收剂。在低 pH 值环境中，该药剂作用基团为 $-NH_3^+$，主要依靠静电力与矿物表面发生作用，需要其他调整剂配合使用，使矿物表面符合选择性捕收条件。相对于阴离子捕收剂来说，两性捕收剂和阳离子捕收剂更多的只见于理论研究，用于实际生产的很少报道。如何将之转化为生产力，还需选矿工作者们不断努力。

关于捕收剂在白钨矿表面吸附的机理，很多人做了比较深入的研究，结果表明这种捕收是多种作用力的结果，其中包括静电吸引、离子交换、氢键作用、化学吸附以及简单的表面沉淀或沉淀状态的捕收剂吸附。客观上捕收剂在白钨矿表面的吸附现象是非常复杂的，吸附现象因不同矿物和不同捕收剂而不同，吸附形式可能是一种，也可能同时存在几种，需要更深入的研究。

4.3.2 调整剂的现状和进展

白钨矿浮选常用的调整剂有 pH 值调整剂、抑制剂等。调整剂在白钨矿浮选上，无论是在粗选段还是精选段都起着举足轻重的作用，没有适宜的调整剂就没法实现白钨矿与脉石矿物，特别是萤石、方解石、含钙辉石、石榴子石等含钙脉石矿物的高效分离和有效回收。长期以来，围绕着提高和强化抑制剂的高效性、经济性和环保性进行了大量探索研究。

目前国内对单一白钨矿石在粗选段多采用在弱碱性介质（pH 值 8.5 ~10.5）中调浆，通常采用碳酸钠、氢氧化钠来调整矿浆 pH 值；浮选抑制剂通常有水玻璃、水玻璃与各种盐类的混合物、硅氟酸钠、六偏磷酸钠、单宁、糊精、淀粉、焦性没食子酸、CMC、腐殖酸钠、白雀树皮汁、草酸、柠檬酸、酒石酸、苹果酸、乳酸、琥珀酸等。朱超英等研究了 pH 值调整剂对白钨矿与萤石和方解石分离的影响，认为添加 Na_2CO_3 与 Na_2SiO_3 调整 pH 值比 NaOH 和 Na_2SiO_3 好，其差异在于 CO_3^{2-}。CO_3^{2-} 离子的吸附改变了矿物表面键性，增强了白钨矿固着油酸根离子的强度，减弱了萤石固着油酸根离子的强度，从而扩大了白钨与方解石和萤石的可浮性差异。有研究表明，NaOH 作为萤石含量高而方解石含量低的矿石的调整剂较为合适，而 Na_2CO_3 适用于方解石含量较多的矽卡岩型白钨矿的浮选。适宜的 pH 调整剂要根据矿石工艺矿物学特性并进行相应选矿试验来确定。白钨矿粗选段调整剂和抑制剂组合通常为：水玻璃－氢氧化钠、水玻璃－碳酸钠、水玻璃－氢氧化钠－碳酸钠、石灰－水玻璃－碳酸钠、石灰－水玻璃等。水玻璃是最常用的抑制剂，也是矿泥的有效分散剂，有时甚至还对某些矿物起活化作用。水玻璃的模数（SiO_2/Na_2O）对抑制效果有显著影响，S. L. Sollenberger 等人研究了不同二氧化硅/氧化钠比值的硅酸钠作脉石抑制剂的相对效果，发现比值为 2.4 到 2.9 的硅酸钠，pH 值为 10 时获得最高的精矿品位和富集比。有研究表明，水玻璃对非硫化矿物抑制强弱顺序为：石英 > 硅酸盐 > 方解石 > 磷灰石 > 钼酸钙 > 重晶石 > 萤石 > 白钨矿。水玻璃是一个复杂的胶体－分子－离子体系，该体系中含有 OH^-、Na^+、$HSiO_3^-$、SiO_3^{2-} 离子，H_2SiO_3 分子以及由胶核和包在胶核周围的硅酸和氢氧化物的分子和离子所组成的胶团。值得注意的是，水玻璃的应用十分巧妙，水玻璃的浮选作用是多种多样的，通常认为水玻璃的抑制作用是由 $HSiO_3^-$ 和 H_2SiO_3 引起的，它们有强的吸水性能，吸附在矿物表面后使矿物表面形成亲水层而受到抑制。也有人认为其抑制作用除了 $HSiO_3^-$ 和 H_2SiO_3 外，胶体的 SiO_2 是起抑制作用的极有效成分。进一步加强水玻璃抑制作用的机理研究和不同环境下的应用是很有必要的。

对于成分较复杂的矿石，单加水玻璃并不能充分抑制脉石矿物，还需加入一些金属离子（如：Al^{3+}、Cr^{3+}、Mg^{2+}、Cu^{2+}、Fe^{2+}、Co^{2+}、Pb^{2+}、Ca^{2+} 等）或其他药剂来强化水玻璃的抑制作用，这些药剂本身虽不能抑制脉石矿物，但添加之后，抑制效果明显增强，所以这些药剂称作助抑剂。有关助抑剂的研究报道很多，美国的石灰法是典型的实例。J. F. Oliveira 等人在回收巴西白钨矿重选厂细粒尾矿时添加 $FeSO_4 \cdot 7H_2O$ 来协同水玻璃的抑制作用，结果表明，这种组合显著改善了浮选效率。美国专利介绍采用过硫酸铵作助抑剂，浮选效果更好，且无需脱泥。广州有色金属研究院采用明矾或多价金属盐作助抑剂，在几家白钨矿选别中，精矿品位大幅度提高。近年来根据矿石特性的不同，为强化分选效果，对加温浮选进行了改进，效果明显。张忠汉等人在浮选柿竹园多金属矿石时发现，在白钨矿加温精选阶段加入水玻璃混合剂（水玻璃 +1 ~2 种无机盐）代替单一水玻璃，在加温脱药过程中对萤石、方解石、石榴石、磁铁矿、硫化物等有更强的选择性脱药作用，扩大了白钨矿与非目的矿物可浮性的差异，改善了分选效果。徐晓萍等对江西某大型白钨矿回收进行了试验研究，原矿 WO_3 含量 0.75%，采用“优先浮铜脱硫－白钨粗选－粗精矿加温搅拌不脱药精选”新工艺，该工艺采用选择性好的新型白钨捕收剂 GY 取代 731 药剂，在加温精选时添加 EL + 水玻璃代替单一水玻璃，取得了白钨精矿品位 65.37%、回收率 86.31% 的技术指标，较此前76% ~78% 的回收率有较大的提高。洛钼集团针对栾川矿区选钼尾矿中选出的低品位白钨粗精矿（WO_3 1.5% ~2.5%），在加温精选阶段加入水玻璃和 QY 混合剂代替单一水玻璃，使加温精选效率显著提高。叶雪均在研究白钨矿常温浮选工艺时，对两种不同类型白钨矿即白钨矿－方解石－萤石型和白钨－石英型进行了粗选试验研究，结果表明石灰－碳酸钠法适合于白钨矿－方解石－萤石型矿石的粗选，而碳酸钠法适合于白钨－石英型矿石的粗选，并推荐水玻璃 + 偏磷酸盐组合剂作白钨矿精选的抑制剂。李长根采用磷酸盐作调整剂，从方解石、萤石、石英、石榴子石中优先浮选出白钨，研究表明六偏磷酸钠和焦磷酸钠也是白钨优先浮选的有效调整剂。有人指出亚磷酸对方解石和萤石的抑制效果优于其他磷酸类抑制剂。日本专利曾介绍用磷酸盐分离白钨和方解石混合精矿的方法。

浮选药剂的研究，是一项艰苦的工作，一个新药剂的诞生要经过设计、合成、分析、测试、验证、推广等漫长而复杂的步骤，要消耗大量的人力、物力、财力。为了确保药剂研究的效率及减少浪费，要求有坚实的药剂设计理论作为支撑和指导。此外，要大力加强药剂合成试验和相应的选矿试验以及药剂推广工作。

4.4 浮选柱在白钨矿浮选中的应用

浮选柱自 20 世纪 60 年代初问世至今，经历了近 50 年的曲折历程。由于浮选柱具有结构简单、占地面积小、成本低、可高度自动化、基建投资少和精矿质量高等诸多优点而备受选矿界的青睐。

20 世纪 80 年代，浮选柱的研究在气泡发生器和运行稳定控制上取得了较大进展，在新设计思想的指导下出现了一大批各具特色的浮选柱，如加拿大的 CFCC 浮选柱，德国的 KHD 浮选柱，美国的 Flotair 浮选柱、VPI 微泡浮选柱、MTU 型充填介质浮选柱和 Wemco 利兹浮选柱，俄罗斯的 KM 浮选柱，澳大利亚的詹姆森浮选柱及全泡沫浮选柱，印度的电浮选柱和磁浮选柱等，这些浮选柱各有特点，其中有一些获得较大成功，均具有常规浮选机无法比拟的分选效果。

我国在吸收国外浮选柱经验的同时，曾先后研制了几种类型的浮选柱，包括中国矿业大学矿物加工工程研究中心研制的旋流微泡浮选柱、中国矿业大学北京校区充填介质浮选柱和类似于詹姆森的短体喷射浮选柱以及长沙有色冶金设计研究院研制的无充填介质浮选柱、北京矿冶研究总院研制的顺流型浮选柱、株洲选煤厂和田庄选煤厂研制的压气式微泡浮选柱等。

在钨选厂中有两种浮选柱投入使用，一种是长沙有色冶金设计研究院的 CCF 型逆流接触充气式浮选柱，在河南栾川钼业公司的钼选矿流程中选钼，在钨选厂中用来脱硫浮选以及用于白钨粗选、精选工艺中；另一种是中国矿大研制的旋流微泡浮选柱，在湖南柿竹园多金属矿中用来浮选黑、白钨矿和萤石矿。

CCF 新型逆流接触充气式浮选柱是一种新型高效、具有柱型槽体结构的无机械搅拌充气式浮选设备。其结构简单，自动化程度高，采用进口电器元件组成自动控制系统，对浆体输送量实现自动调节，具有流程精简、能耗低、操作维护简便、占地面积小、设备投资少、土建费用省、选矿效率高等特点。与机械搅拌式浮选机比较，CCF 型逆流接触充气式浮选柱最大的特点是采用矿粒与微细气泡逆流平稳接触的流动方式，提供大量捕收矿粒的机会。矿粒与气泡逆向运动，绝对速度虽小，相对速度却高，紊流度低，流体力学条件比较理想，柱内气泡细小均匀，表面积大，在逆流条件下与矿粒接触机会更多，消除了有用矿物在浮选过程中的“短路”现象，有利于提高浮选速度和回收率。柱内泡沫层厚度大，可以调节，加上冲洗水的逆流清洗作用，因而富矿比大，可以显著提高精矿品位。

2003 年洛阳栾川钼业集团与长沙有色冶金设计研究院进行了钨粗选、精选的开路试验，试验结果如表 4-1 所示。

表 4-1 浮选柱开路试验结果

作业	给矿浓度/%	给矿 WO_3 品位/%	精矿			尾矿 WO_3/%
			产率/%	WO_3/%	回收率/%	
粗选	41	0.145	2.11	13.22	82.86	0.0275
精选 1	19	1.64	3.85	32.63	74.64	0.427
精选 2	13	7.8		51.45		

从试验结果看，不论是粗选还是精选作业，浮选柱均有富集比大、回收率高的特点，选别效果优于现有浮选机的生产指标。

旋流-静态微泡浮选柱在湖南柿竹园多金属矿中用来浮选钨和萤石。旋流-静态微泡浮选柱的气泡发生器是浮选柱分选设备的关键部件，它采用类似于射流泵的内部结构，具有依靠射流负压自身引入气体并把气体粉碎成气泡的双重作用（又称自吸式微泡发生器）。在旋流-静态微泡柱分选设备内，气泡发生器的工作介质为循环中矿，经过加压的循环矿浆进入气泡发生器，引入气体并形成含有大量微细气泡的气、固、液三相体系，含有气泡的三相体系在浮选管段内高度紊流矿化，然后以较高能量状态沿切向高速进入旋流分离段。这样，管浮选装置在完成浮选充气与高度紊流矿化功能的同时，又以切向入料的方式在浮选柱底部形成了旋转力场，当大量气泡切向进入旋流分离段时，由于离心力和浮力的共同作用，便迅速以旋转方式向中心汇集，进入柱分离段并在柱体断面上得到分散。与此同时，由上部给入的矿浆连同矿物颗粒整体向下流动，与整体向上升的气泡发生逆向运行与碰撞，气泡在上升过程中不断矿化，它要对来自柱分选设备底部的旋流力场及管浮选回收的中矿进行精选，并从总体上保证整个柱分选设备的精矿产品质量。

该浮选柱具有柱体内不堵塞、停车无须放矿、系统运行稳定、投资小、维护方便等特点。

5　黑白钨矿的选矿

5.1　黑白钨共生矿资源特点

黑白钨混合型钨矿床在钨资源总量中占有相当的比例，其中比较有代表性的钨矿有湖南柿竹园钨钼铋萤石多金属矿、福建行洛坑含钼黑白钨矿和湖南桂阳黄沙坪钨矿，其中柿竹园矿的钨资源储量为715.6kt，行洛坑的钨资源储量为143.8kt，黄沙坪的钨资源储量为103.0kt。

在部分黑钨矿床中，一般也会含有少量白钨矿（一般小于20%）。这些少量白钨矿的存在并不影响主体流程结构，只是在精选段增加了黑白钨的分离作业。当黑钨矿与白钨矿的比例相当时，选择的主体选矿工艺则应兼顾黑钨矿和白钨矿的矿物特性，其中包括磨矿粒度的选择，选别方法和设备的选择等。黑钨矿与白钨矿的密度都比较大，一般与脉石矿物有较大的密度差，可以通过重选获得黑、白钨混合精矿，然后再分离。

黑钨矿与白钨矿虽然都属于钨酸盐，但由于阳离子的不同，致使二者有显著不同的可浮性能，白钨矿易浮，使用脂肪酸类捕收剂就能使白钨上浮，黑钨矿的可浮性远比白钨矿差。

一般黑白钨选厂通过选矿产出黑钨精矿和白钨精矿，但近年来由于湿法冶金技术发展很快，湿法冶金对黑钨和白钨含量的比例可以在更宽的范围内适用，因此对有些矿石来说，可以产出黑白钨的混合精矿，而并不需要将黑钨和白钨严格分开冶炼，这样可以提高选矿的回收率，对钨金属的回收是有利的。

许多黑、白钨矿石中钨矿物是细粒嵌布的，并且脉石矿物组成复杂，常常需要十分复杂的工艺流程来处理，如湖南柿竹园多金属矿就是复杂难选的矿石。

5.2　黑白钨共生矿主要选矿工艺

5.2.1　中细粒嵌布的黑白钨共生矿选矿工艺

5.2.1.1　单一重选流程

A　工艺流程

重力选矿的成本比较低，对环境污染较少。当欲回收的矿物与脉石矿物有较大密度差时，应首先考虑使用重选工艺。由于黑钨矿和白钨矿与脉石矿物之间有较大的密度差异，一般采用重选法可以将其与脉石矿物分离，特别是对黑钨矿和白钨矿嵌布粒度比较粗的矿石来说，重选分离就变得更容易一些。

福建行洛坑钨矿的风化矿是一黑白钨混合矿，原矿 WO_3 含量 0.207%，其中白钨矿占 32.85%，黑钨矿占 65.70%，其他有用矿物为少量辉钼矿、辉铋矿和褐铁矿；脉石矿物以石英、长石为主，占 73.87%，其次为白云母、黑云母、高岭石、绢云母等。黑钨矿的嵌布粒度在 0.02～1.28mm 之间，白钨矿的嵌布粒度较窄，主要粒度范围为 0.02～0.16mm。

该矿石中大部分黑钨矿和白钨矿粒度属于用重选法容易回收的范围，其中 -0.03mm粒级的钨金属量占 19.28%。由于矿石受到严重的风化作用，使该粒级物料含有较多的高岭土、绢云母等泥质物料，对这种细泥物料曾试图用浮选法回收其中的钨，试验证明无法获得令人满意的结果，如果脱泥后再浮选钨，则大部分钨金属又会进入到细泥中，最终采用的选矿流程为单一重选流程。行洛坑钨矿风化矿选矿原则流程如图 5-1 所示。

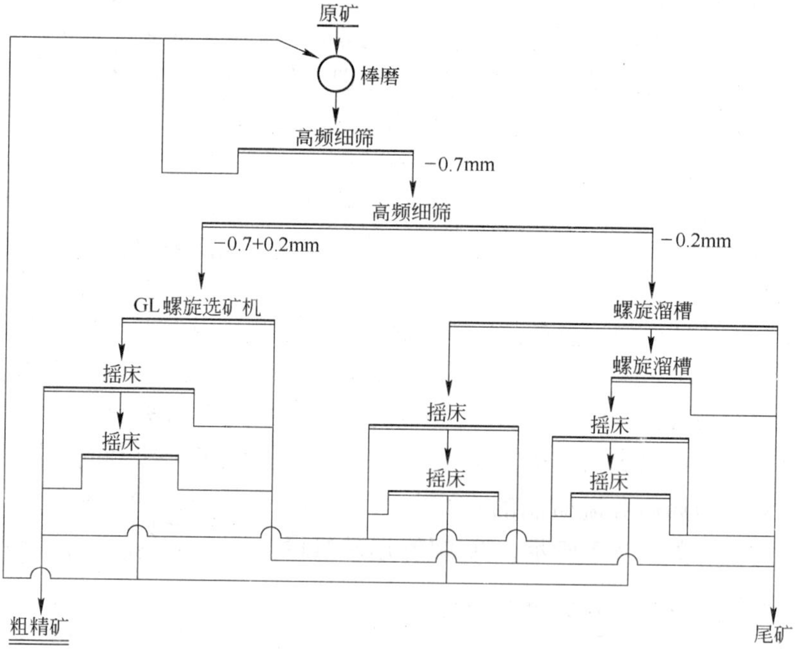

图 5-1 行洛坑钨矿风化矿选矿原则流程

单一重选流程适用于黑钨矿和白钨矿主要为中、粗粒嵌布的钨矿石，并且原矿中硫化矿含量比较少的矿石，如果矿石中硫化矿含量多，将会影响重选回收钨的效果。行洛坑钨矿选矿的精选流程为先进行硫化矿浮选，浮选的硫化矿再选钼，浮选尾矿分级后进摇床分选得到黑白钨混合精矿，混合精矿直接水冶。

B　新设备的应用

行洛坑钨矿重选流程中主要应用了螺旋选矿机、螺旋溜槽、高频振动筛等新设备。

a　螺旋选矿机和螺旋溜槽

在流程中使用了螺旋选矿机和螺旋溜槽作为主要粗选设备，行洛坑钨矿也是全国钨选厂首次大量使用这两种重选设备的选厂。螺旋选矿机和螺旋溜槽是在斜面流选矿的基础上增加了回转运动，使轻、重矿物在分选面上既受到斜面流的各种作用力，又受到回转运动的离心力作用。

螺旋选矿机和螺旋溜槽具有结构简单、本身无运动部件、本身不用动力、占地面积小等特点，其单位占地面积的处理能力比摇床要大得多，而且设备维修简便，容易制造，目前已广泛用于钛矿、钨矿、锡矿、钽铌矿和铁矿的分选。

螺旋选矿机和螺旋溜槽的分选原理相同，两者的差异在于分选断面形状不同。螺旋选矿机的分选断面一般为复合曲线或椭圆形，而螺旋溜槽的断面为立方抛物线形。螺旋选矿机的分选圈数一般为4~6圈，当处理给矿中重矿物含量高的物料时（重矿物含量大于10%），在螺旋面的内缘可设2~4个精矿截取器，处理重矿物含量少的物料时，一般只在设备的排矿端设精矿、中矿和尾矿截取器。螺旋溜槽一般不设中间截取器。螺旋的材质有铸铁、玻璃钢和聚氨酯。

广州有色金属研究院在澳大利亚螺旋选矿机的基础上，根据我国矿产资源的特点进行改进，研制出新型螺旋选矿机，并在攀枝花钛矿进行了工业应用试验，取得了满意的结果。

广州有色金属研究院研制的GL-600型螺旋选矿机外形结构如图5-2所示，GL螺旋选矿机设备性能如表5-1所示。

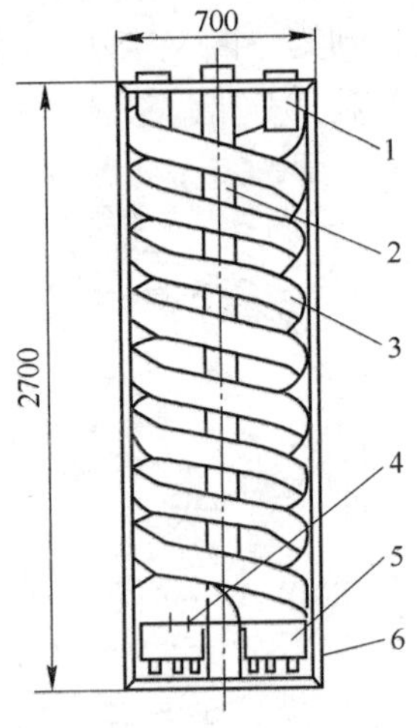

图5-2　GL-600型螺旋选矿机
1—给矿斗；2—中心管；
3—螺旋溜槽；4—截矿器；
5—接矿斗；6—机架

表5-1　GL螺旋选矿机技术参数

项　　目	GL-2	GL-1
直径/mm	600	600
螺距/mm	380~430	380~430
圈数	7	4~6
每台头数	2	2
给矿中允许重矿物含量/%	>10	<10

续表 5-1

项　　目	GL－2	GL－1
给矿粒度/mm	<2	<2
给矿浓度/%	15～40	15～40
给矿量/$t \cdot h^{-1}$	2～4	1.5～4
机重/kg	80	65
外形尺寸/mm×mm	700×3500	700×2000

GL－2 型螺旋选矿机主要由给矿斗、中心管、螺旋溜槽、截矿器、接矿斗、机架 6 部分组成。该设备螺距与直径之比为 0.4～0.6，这有助于提高生产能力，同时也提高了选别性能。螺旋的断面是一复合曲线，由多种曲线的槽面组成，内侧坡度较小而外侧坡度较大。此外，该设备的螺距是变化的，从第一圈开始逐渐变大，到第三圈又变小，第四圈再次变大，这样使矿浆在槽面上处于变速运动之中，有利于分带。液流在螺旋槽内的流动特性如图 5-3 所示。

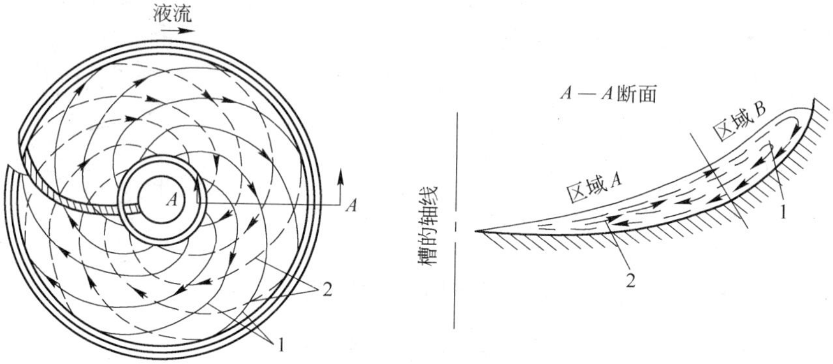

图 5-3　螺旋槽内液流流动特性

1—上层水流运动轨迹（实线）；2—下层水流运动轨迹（虚线）

液流在螺旋槽内存在两种流动，一种是沿螺旋槽的纵向回转运动，另一种是溜槽断面上的环流运动，又称二次环流。二次环流产生的原因是在离心力作用下，表面液流由于线速度大，因而受到的离心力也大，在大的离心力作用下，被甩向槽边缘，而底层液流的流速小，离心力作用小，受重力影响较大，倾向于向内缘运动。

在槽面不同的半径处，水层厚度和平均流速不同，越向外缘水层越厚，流动速度越快。当给入水量增大时，湿周会向外扩展，随着流速的变化，液流在螺旋槽表现为两种流态，靠近内缘近于层流，外缘为紊流。

矿浆中不同密度颗粒在螺旋槽上的运动过程中，由于作用力的大小和方向不同，产生了纵向和横向的相对运动，从而实现分选。颗粒在螺旋槽内的松散分层过程与一般弱紊流斜面流中一样，粒群在沿槽底运动过程中，大密度颗粒进入底层，小密度颗粒进入上层，大约在第一圈之后就完成分层。分层后，形成了以重物料为主的下部流动层和以轻物料为主的上部流动层。下层颗粒密集度大，又与槽面接触，因此运动阻力也大；处于上部颗粒则相反，所受运动阻力较小，这样就增大了上下层间的速度差。小密度颗粒位于纵向流速高的上层液流中，因而有较大的惯性离心力，同时横向环流又给予它们方向向外的流体动力作用，这两者合力超过颗粒的重力分力和摩擦力，这样小密度颗粒就向槽的外缘移动。大密度颗粒处于纵向流速较低的下层液流内，因此具有较小的惯性离心力，而颗粒的重力分力和横向环流则给予它们方向向内的流体动力作用，后两项力超过颗粒的惯性离心力和摩擦力，推动大密度颗粒向槽的内侧移动并富集于内缘区域。其他中间密度颗粒及连生体占据着槽的中间带。这样的分带作用大约持续到第三、四圈就基本完成。对粗颗粒而言（0.18～0.25mm）在1.5圈之后就已明显分带，细颗粒物料（0.045～0.09mm）则需要4圈后完成分带。英国塔克尔对螺旋选矿机的分带情况进行测定，粗、细级物料的轻、重粒子在槽面上的分布如图5-4和图5-5所示。

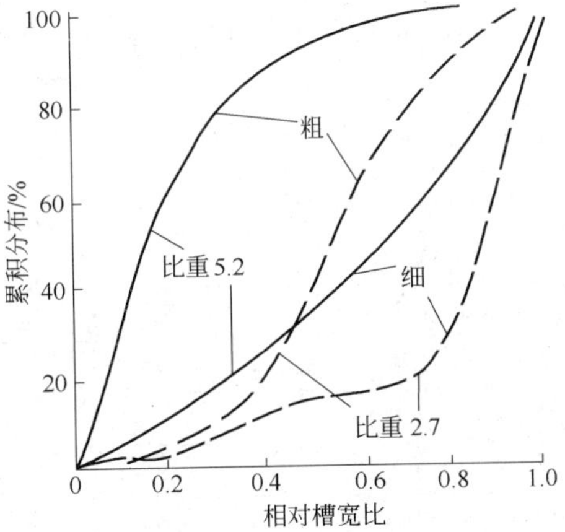

图5-4　在1.5圈之后粗、细级物料的轻、重粒子在槽面上的分布

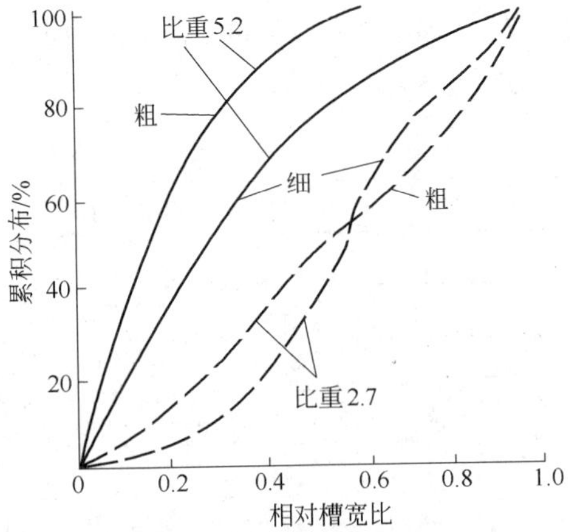

图5-5　在4圈之后粗、细级物料的轻、重粒子在槽面上的分布

螺旋选矿机主要设备参数和操作参数对分选指标的影响包括以下几方面。

（1）螺旋槽直径。螺旋槽直径的大小直接影响螺旋选矿机的处理能力，一般来说，处理量与螺旋槽直径的平方成正比。我国生产制造的螺旋选矿机和螺旋溜槽的槽面直径主要有ϕ600mm、ϕ900mm、ϕ1200 mm及ϕ1500mm等规格，其中螺旋选矿机槽面多数为ϕ600mm。虽然大规格设备的处理能力大，但随着直径增大，矿浆所受离心作用力将减小，离心力小时，不利于细粒物料的回收。

当处理含泥少的粗粒物料时（>0.2mm），矿粒主要集中在靠内缘的窄区域内，因而增大直径来提高处理能力的效果并不理想，因此澳大利亚和欧洲国家生产的螺旋选矿机直径多数为 ϕ600mm。处理中、细粒物料可选择 ϕ600～1200mm 各规格设备，直径越大，高度也越高，损失的高差大。

（2）螺距。螺旋槽的螺距或纵向倾角对螺旋选矿机的选矿过程有重大影响。为了使矿浆在螺旋选矿机中能顺利地实现无压输送，并保证良好的选别条件，螺旋槽必须有相应的螺距或纵向倾角，通常用螺距与外径的比值来表示这一参数。螺距与直径比值一般为0.45～0.75，当处理物料粗时，应选用大值，否则物料会在槽面上堆集，使分选受到破坏，当入选物料细时，为降低矿浆流动的紊流度，可适当取小的比值。

（3）处理量。螺旋选矿机的处理量在一定范围内波动时，对分选过程和分选指标影响不大，但处理量超出一定范围时，就会破坏它的分选过程，从而影响其选别效果，因此对螺旋选矿机的给矿一定要控制给矿量的稳定。

螺旋选矿机处理量的大小，主要取决于螺旋槽的直径和入选物料的粒度，处理量与螺旋槽的直径平方成正比，与入选物料粒度的一次方成正比。处理量同时与入选物料的密度、形状以及分选难易度有关。当入选物料的粒度范围较窄时，或入选物料的密度较大时，可适当加大处理量。不同直径单头螺旋选矿机处理能力如表5-2所示。

表5-2 单头螺旋选矿机处理能力 （t/h）

最大粒度/mm	ϕ600mm	ϕ900mm	ϕ1200mm
1	1.5	3.37	
0.8	0.8～1.2	1.8～2.7	3.2～4.8
0.6	0.6～0.8	1.35～1.8	2.4～3.2
0.4	0.4～0.45	0.9～1.0	1.6～1.8
0.2	0.2～0.3	0.45～0.7	0.8～1.2
0.1	0.15～0.2	0.35～0.45	0.6～0.8

表5-3为分别采用两种粗选设备处理行洛坑钨矿的对比试验结果，从表中可知，螺旋选矿机在处理 -2mm +0.2mm 物料时，分选结果略好于螺旋溜槽，而处理 -0.2mm +0.037mm 粒级物料时，螺旋溜槽略好于螺旋选矿机的分选指标。

b 高频振动细筛

大多数黑钨选厂采用水力分级对 -2mm 物料进行分级，其中包括螺旋分级机和四室水力分级机或多室水力分级机，但在使用中往往分级效率比较低，行洛坑钨选厂使用了高频振动细筛作分级设备，从而大大提高了分级效果。

表 5-3 螺旋选矿机和螺旋溜槽对比试验结果

给矿粒度/mm	设 备	产品	产率/%	WO_3 品位/%	回收率/%
-0.7 +0.2	GL 螺旋选矿机 给矿量 0.8t/h; 给矿浓度 30%	精矿	13.36	1.04	80.83
		中矿	1.53	0.43	3.82
		尾矿	85.11	0.031	15.35
		给矿	100.00	0.171	100.00
	螺旋溜槽 给矿量 0.6t/h; 给矿浓度 30%	精矿	11.50	0.95	71.17
		尾矿	88.50	0.050	28.83
		给矿	100.00	0.153	100.00
-0.2 +0.04	GL 螺旋选矿机 给矿量 0.2t/h; 给矿浓度 25%	精矿	32.02	0.72	82.12
		泥	16.58	0.12	7.09
		尾矿	51.40	0.059	10.79
		给矿	100.00	0.28	100.00
	螺旋溜槽 给矿量 0.2t/h; 给矿浓度 25%	精矿	13.20	2.0	88.98
		泥	2.58	0.17	1.48
		尾矿	84.22	0.034	9.54
		给矿	100.00	0.29	100.00

当分离粒度比较细时（-1 +0.2mm），普通振动筛的筛分效率和生产能力都降低。20 世纪 70 年代后，开始研制并使用了高频振动细筛作为细粒物料的分级设备，高频振动细筛是采用高频率、小振幅的振动方式，这种振动方式的作用是：(1) 破坏矿浆表面的张力和微细粒物料黏附在粗颗粒的黏附力，降低细粒物料之间因分子吸引力和静电引力所形成的团聚力，有利于物料松散、分层，促使小于分离粒度的物料分离、透筛。(2) 由于物料在筛面上高速振动，加速了小于分离粒度颗粒，特别是密度大的有用矿粒的析离作用，增加了它们与筛面接触和透筛的概率，加快了筛分速度。(3) 减少和防止筛孔堵塞，提高筛分效率。

现有的主要高频振动细筛有：长沙矿冶研究院研制的 GPS-900-3 型高频振动细筛、东北大学和沈阳矿冶研究院共同研制的 GPS-800×1680 型高频振动细筛、广州有色金属研究院研制的 GYX 型系列高频振动细筛。

广州有色金属研究院研制的 GYX 型高频振动细筛是在美国德瑞克高频细筛的基础上研制成的。美国德瑞克细筛在江西宜春钽铌矿中应用，筛分效果很好，但该细筛的电机润滑系统采用稀油润滑，辅助设施比较复杂。广州有色金属研究院的高频细筛除在设备结构上有所改进外，主要把稀油润滑改成甘油润滑，简化了设备结构。广州有色金属研究院研制的 GYX31-1207 型高频振动细筛结构图如图 5-6 所示，GYX 系列高频振动细筛技术参数如表 5-4 所示。

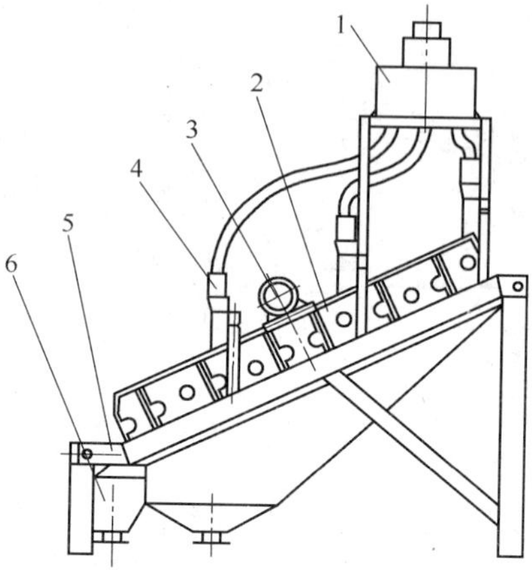

图 5-6 GYX31－1207 型高频振动细筛结构示意图

1—分矿器；2—筛框；3—高频振动电动机；4—给矿斗；5—机架；6—收集斗

表 5-4 GYX 型高频振动细筛技术参数

型 号	GYX11－1010	GYX31－1207	GYX21－1210
振动次数/次 · min^{-1}	2880	2880	2880
单振幅/mm	0.3	0.3	0.3
激振力/N	0～10000	0～20000	0～20000
分离粒度/mm	≥0.04	≥0.04	≥0.04
筛面坡度/(°)	0～30	0～30	0～30
筛分面积/m^2	1.1	2.6	2.5
电动机功率/kW	1.0	2.0	2.0
机重/t	0.9	1.5	1.5
外形尺寸（长×宽×高）/mm×mm×mm	1407×1492×1680	2771×1692×3094	2874×1692×3153

GYX31－1207 型高频振动细筛具有处理能力大、电机性能好、寿命长的特点，分三路给矿，采用三层筛网重叠在一起，每层筛网的筛孔尺寸和安装松紧度都不同，避免了筛孔堵塞，能把砂浆均匀地分配在三个筛面上，使用更换筛网的专用工具更换筛网方便快捷。

在实践中发现，矿浆在高频细筛上经过 600～800mm 距离的筛分就基本上完成了筛分过程，随着筛网长度的变长，由于没有水存在，筛分实际上已经停止。

基于增加筛网宽度的思路，美国德瑞克公司研制了新一代高频细筛。新的组合式高频细筛由5个筛板组成，每个筛板宽1.2m，两个振动器共5路重叠式高频细筛提供动力，振动器功率为3.73kW。两个振动器产生直线运动，使该筛具有良好的振动特性，专门设计的给矿箱可将薄而均匀的矿浆给入筛面，在直线振动力作用下可加速运动，该加速运动提高了分级效果。

广州有色金属研究院研制的五层GZX52－1207型高频振动细筛外形图如图5-7所示，技术参数如表5-5所示。

图5-7　GZX52－1207型高频振动细筛外形图

表5-5　GZX52－1207型高频振动细筛技术参数

项　目	数　值	项　目	数　值
筛面层数	5	给矿浓度/%	<50
振动次数/次·min^{-1}	1400	处理量/t·h^{-1}	10～80
单振幅/mm	0～0.75	筛分面积/m^2	8.75
激振力/kg	0～120000	筛面用水/m^3·h^{-1}	3.5～10
电机功率/N	2.2×2	机重/t	4.8
分离粒度/mm	≥0.04	外形尺寸/mm×mm×mm	5600×1712×4271

行洛坑钨矿使用了进口的五层重叠式高频细筛，同时也使用了国产的五层重叠式高频细筛。

5.2.1.2　粗粒重选－细粒浮选流程

对钨矿物呈粗细不均匀嵌布的钨矿，重选法无疑可以回收大部分钨金属，但对细粒钨的回收效果较差，重选法一般回收粒度下限为+0.037mm，对－0.037mm物料则很难回收。浮选则可以弥补重选法的不足，用浮选法回收细粒物料中的钨能获得比较好的分选效果，因此对粗、细不均匀嵌布的钨矿可以采用粗粒重选、细粒浮选的工艺流程。

福建行洛坑钨矿的原生矿是一黑白钨混合矿，原矿 WO_3 含量 0.23%，其中白钨矿占 49.60%，黑钨矿占 49%，其他有用矿物为少量辉钼矿、辉铋矿和褐铁矿；脉石矿物以石英、长石为主，占 73.87%，其次为白云母、黑云母、高岭石、绢云母等。黑钨矿和白钨矿的嵌布粒度在 0.02 ~ 1.28mm 之间，大部分属于用重选法容易回收的粒度范围，但 -0.03mm 粒级的钨用重选法回收，其回收效果则比浮选法差。因此对该矿石采用粗粒重选、细粒浮选的工艺流程比较合理。

福建行洛坑钨矿原生矿选矿原则流程如图 5-8 所示。原矿先进入棒磨机磨矿，棒磨机与高频振动细筛构成闭路，筛下产品进入另一组高频振动细筛，分成 +0.2mm 与 -0.2mm 两个粒级，-0.2mm 部分进入 ϕ250mm 水力旋流器，+0.2mm 粒级物料进 GL 螺旋选矿机粗选、摇床精选。水力旋流器沉沙进入螺旋溜槽粗选，其中矿再用螺旋溜槽扫选，螺旋溜槽的粗选精矿及扫选精矿分别进入摇床分选，GL 螺旋选矿、螺旋溜槽以及摇床皆丢弃最终尾矿。螺旋溜槽产出的溢流产品与水力旋流器溢流合并进入浓密机浓缩，其沉沙进入细泥浮选系统。细泥浮选流程如图 5-9 所示。

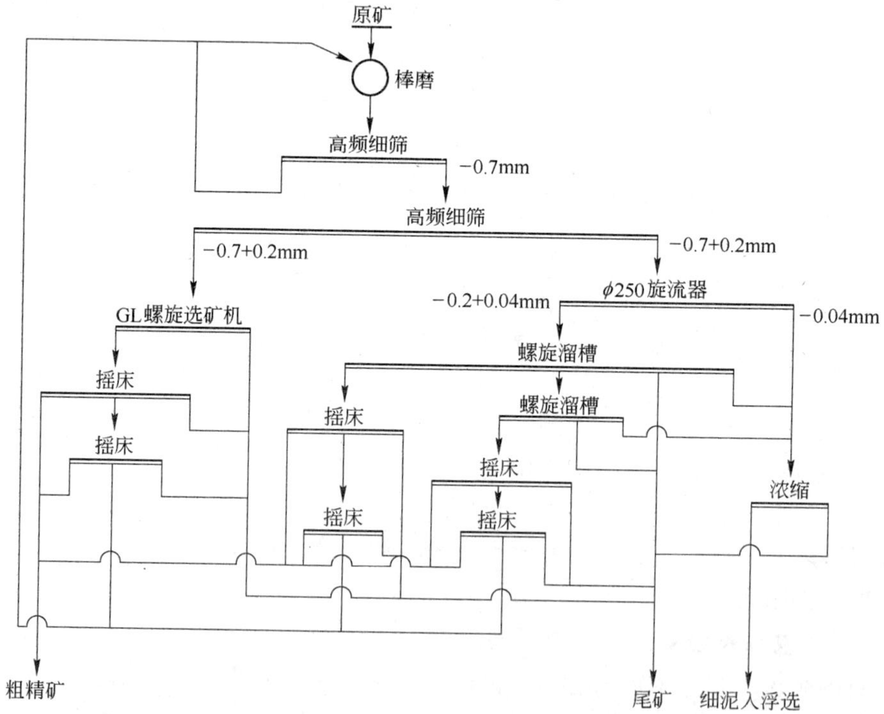

图 5-8　福建行洛坑钨矿原生矿选矿原则流程图

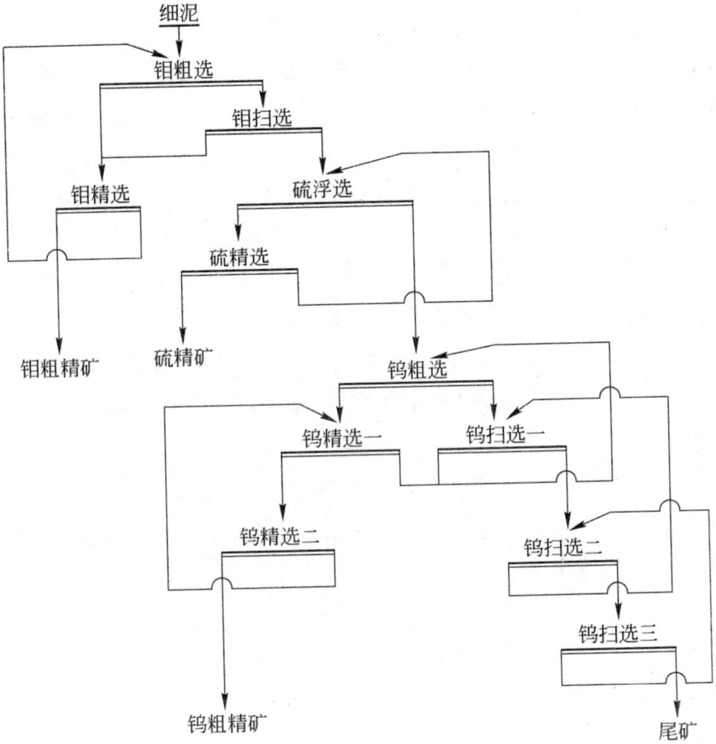

图 5-9 福建行洛坑钨矿细泥浮选流程

重选粗精矿的精选流程与氧化矿的精选流程基本相同，而细泥部分的选别是首先将钼和硫化矿浮选脱除，然后加碳酸钠、水玻璃、硝酸铅调浆后，用 GYB 和 GYR 作捕收剂混合浮选黑白钨。黑白钨粗精矿的精选，试验采用的工艺是通过加温浮选得白钨精矿，加温精选的尾矿用重选法回收黑钨矿；而在生产上并不需要把白钨与黑钨分开，因此仅经过一次浮选精选，然后用离心机分选获得钨细泥精矿。

5.2.1.3 重－浮－磁－电联合分选工艺

对于矿石矿物组成复杂，黑白钨矿物以中、细粒嵌布，且以细粒嵌布为主的矿石，其粗选工艺可采用重选法将黑白钨矿物选入粗精矿中。而在精选工艺中，可先分级，粗粒级可采用台浮－磁选－电选获得黑钨精矿和白钨精矿，细粒级可采用白钨浮选－磁选－重选法将黑白钨分开。

莲花山钨矿属细脉浸染斑岩型钨矿床，矿体主要赋存在石英斑岩与变质砂岩的内外接触带，地质平均 WO_3 品位为 0.618%。矿石中主要金属矿物有黑钨矿(高铁型)、白钨矿、磁黄铁矿、黄铁矿、毒砂及少量黄铜矿、闪锌矿、辉钼矿、方铅矿、辉铜矿、辉铋矿、斜方砷铁 - 斜方砷钴矿、钛铁矿、镍磁黄铁矿、独居石、锑银矿、磷钇矿、锡石、自然金、金银矿等二十五种；非金属矿物主要有石英、绿泥石、绢云母、锰铝榴石、黑云母、磷灰石、电气石、绿帘石、方解石等十三种；次生矿物主要有褐铁矿、赤铁矿、钨华、铜蓝、绿矾、胶黄铁矿等二十二种。其中钨的物相分析结果为黑钨矿占 58%，白钨矿占 37%，钨华为 5%，黑钨矿和白钨矿是回收的主要对象。可见该矿石矿物组分繁多、性质复杂，钨矿物嵌布粒度为中细粒，-1mm 方见单体，一般粒径为 0.1mm，细者小于 0.04mm，矿石磨至 0.63mm 时，黑钨矿单体解离率为 70.3%，白钨矿为 68%。矿石中硫化矿物含量高，黄铁矿、毒砂和磁黄铁矿的含量达到 7.5%。

该矿的选矿工艺为：粗选用重选法获得粗精矿，精选则用浮选、磁选、电选、重选的联合工艺，其精选的原则工艺流程如图 5-10 所示。

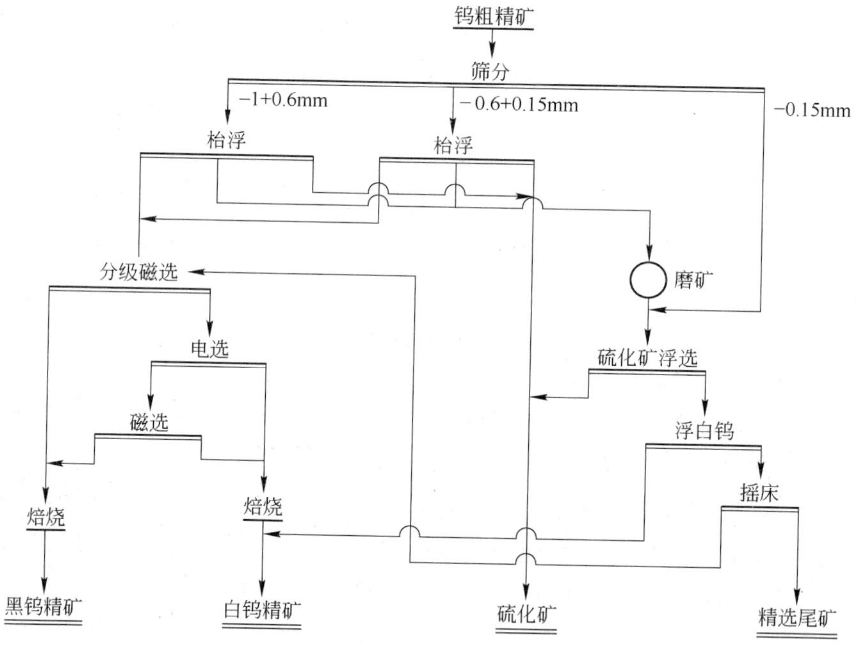

图 5-10　福建行洛坑钨矿精选原则工艺流程

5.2.2　细粒嵌布的黑白钨共生矿的选矿工艺

细粒嵌布的黑白钨共生矿，其中黑钨矿与白钨矿的嵌布粒度一般在 0.2mm 以下，比黑钨石英脉中钨矿物的嵌布粒度和中细粒嵌布的黑白钨共生矿的钨矿物嵌布粒度（一般为 1mm 以下）要细得多，处理这种钨矿石的选矿工艺应以浮选为主，有的钨选厂也采用重 - 浮联合工艺。柿竹园多金属矿是典型的细粒嵌布黑白钨共生矿，本节主要以柿竹园矿为例介绍细粒嵌布的黑白钨共生矿选矿工艺。

柿竹园多金属矿是一个集采矿、选矿、冶炼为一体的国有大型矿山，同时，也是国家新确定的五大矿产资源综合利用基地之一。虽然柿竹园多金属矿资源综合利用价值高，但选矿难度极大，主要原因是矿石中多种硫化矿物与钨矿物密切共生，白钨矿与黑钨矿共生，并且呈现各自差别很大的浮游活性。原矿中钨、钼、铋品位低，矿石中存在大量含钙矿物萤石、方解石和石榴子石，它们与白钨矿可浮性相近，分选难度大。钨矿物有白钨矿、黑钨矿、假象及半假象黑钨矿和钨华；钼矿物有辉钼矿和钼华；铋矿物有辉铋矿、自然铋、铋华、斜方辉铅铋矿和硫银铋矿；其他金属矿物有磁铁矿、黄铁矿及少量方铅矿、闪锌矿和黄铜矿，氟含在萤石中；主要脉石矿物有石榴石、石英、长石、白云母、绢云母、方解石、辉石、角闪石、黑云母、绿泥石和绿帘石等。

在钨矿物中，白钨矿和黑钨矿的比例约为7/3，还有4.2%的钨分散于石榴石中。白钨矿主要分布在矽卡岩中，黑钨矿主要在云英岩中，这两种矿物不能截然分开，交代作用的结果产生了过渡型的假象、半假象黑钨矿，它既有交代生成的白钨矿，又有残余的黑钨矿，因此就有了柿竹园矿“白钨不白，黑钨不黑”的说法。

该矿石不但矿物种类多，而且有用矿物嵌布粒度细，显微镜下测定矿物的平均粒径：辉铋矿 0.010mm、白钨矿 0.028mm、黑钨矿 0.030mm、辉钼矿 0.029mm，萤石的嵌布粒度稍粗，平均粒径为0.078mm，但有少部分萤石与石榴石、角闪石、辉石及磁铁矿紧密共生，而萤石精矿的纯度要求很高，欲得到高质量的萤石精矿，必须通过细磨才能实现。矿物单体解离度和选矿磨矿细度条件试验研究结果表明，有利于综合回收钨、钼、铋及萤石四种矿物的最佳磨矿细度为 -0.074mm 含量占 90%。可见，柿竹园多金属矿矿物种类多，共生关系密切，属于复杂、细粒嵌布、难选多金属矿石。目前柿竹园多金属黑白钨共生矿主要选矿工艺有以下几种。

5.2.2.1 重-浮流程

柿竹园多金属矿 380 选厂建厂设计的流程为重选-浮选流程，其工艺原则流程如图5-11 所示。原矿经两段磨矿至0.4mm 后进入重选，获得 WO_3 含量17%左右的钨粗精矿，钨的回收率为32.15%；重选钨粗精矿再磨后脱硫，然后进入白钨浮选，产出白钨精矿；白钨浮选尾矿经磁选后进入摇床选别，产出黑钨精矿。重选尾矿经第三段磨矿磨至 -0.074mm 含量占87%后，进入硫化矿浮选，浮选尾矿进入白钨粗选，白钨粗精矿经加温浮选产出白钨精矿，加温尾矿经摇床选别产出黑钨精矿。

在380选厂生产初期，处理的原矿 WO_3 品位为：黑钨矿 0.39%，白钨矿

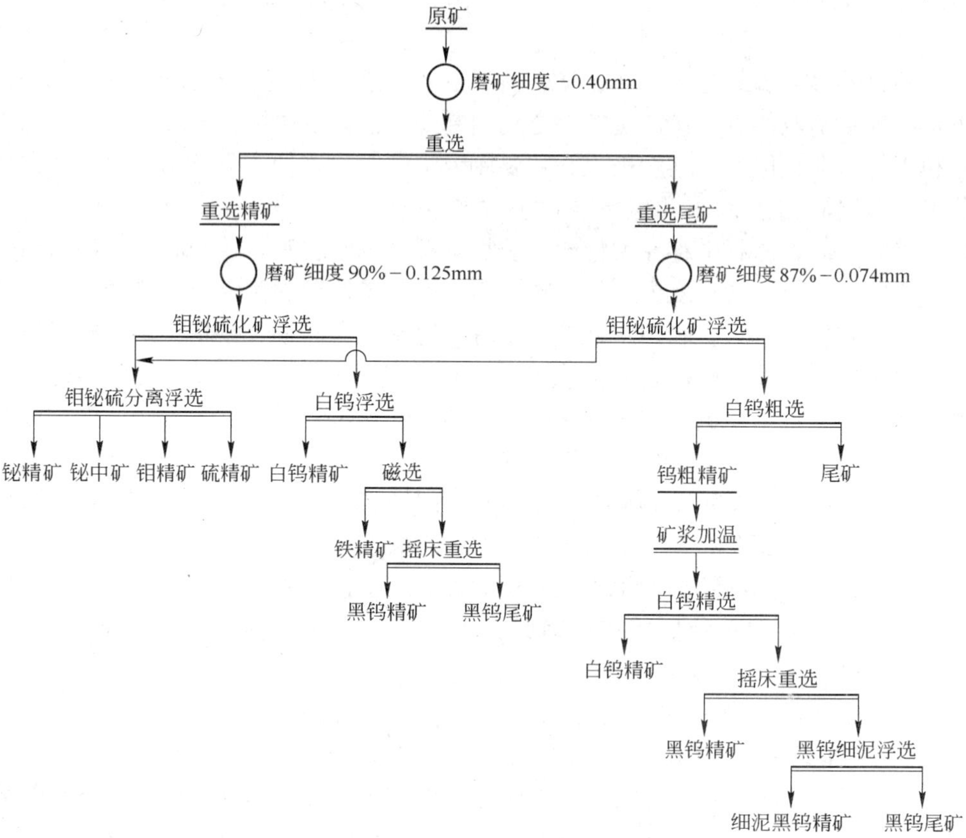

图 5-11 柿竹园 380 选厂重-浮工艺原则流程图

0.43%，矿石中主要有白钨矿、黑钨矿、辉钼矿、辉铋矿、磁铁矿、黄铁矿、萤石、石英、长石、绿泥石、石榴石等。连续四个月的选矿指标为：钨精矿 WO_3 品位 66.42%，实际 WO_3 回收率 43.60%，其中黑钨精矿 WO_3 品位 66.40%，实际 WO_3 回收率 3.80%，与最初设计指标相差比较远。这主要是该流程中钨的精选系统比较分散，生产中管理比较困难，而且重选钨粗精矿品位虽高，但产率小，需要一个很长的精选加工过程，使钨的金属损失较多。

5.2.2.2 黑、白钨混合浮选流程

在钨矿物的回收中，从单一的白钨矿床中回收白钨矿或者从单一的黑钨矿床中回收黑钨矿是相对比较容易的，而对于黑白钨共生矿，尤其是细粒嵌布的共生矿，回收其中的钨矿物相对较难。由于重选、磁选工艺对细粒钨矿物的回收效果较差，通常会采用黑、白钨混合浮选的工艺来回收其中的钨矿物。

黑白钨混合浮选的难点主要有以下几点：（1）黑钨矿、白钨矿天然可浮性的差异。通常白钨矿的可浮性要优于黑钨矿，氧化矿捕收剂对白钨矿的捕收能力相对较强，对黑钨矿的捕收能力相对较弱。（2）黑钨矿、白钨矿最佳浮选 pH 区间不一致。白钨矿最佳浮选 pH 区间相对较窄，在 7 ~ 9 之间；黑钨矿最佳浮选 pH 区间则因捕收剂种类而异，通常在 5 ~ 10 之间波动。（3）钨矿物容易过磨。采用黑白钨混合浮选的工艺，通常只通过一段磨矿使大部分的有用矿物与脉石矿物单体解离，由于黑钨矿比重较大且性脆，因此在磨矿分级的闭路系统中，粗粒黑钨矿会优先沉淀，随返砂返回磨机再磨，直至粒度较细时才会随溢流进入分选作业，造成选别系统中黑钨矿粒度大部分属于细粒甚至微细粒，给回收带来困难。

柿竹园矿混合浮选工艺主要有烧碱法、GY 法和 CF 法三种。

A 烧碱法

烧碱法流程是指原矿经过硫化矿浮选之后，硫化矿浮选尾矿采用 NaOH 调整 pH 值至 12，水玻璃为抑制剂，733 氧化石蜡皂作捕收剂浮选黑白钨，获得 WO_3 >5% 的钨粗精矿。钨粗精矿经浓缩后，加温至 95℃，加适量水玻璃，进入白钨加温精选。白钨加温精选尾矿分级进入摇床选别，产出黑钨精矿。摇床尾矿经浓缩后进入细泥浮选，细泥浮选只添加 733 氧化石蜡皂作捕收剂，一次粗选产出细泥黑钨精矿。烧碱法工艺原则流程如图 5-12 所示，生产指标如表5-6 所示。

表 5-6 1990 年 3 ~ 9 月柿竹园 200t/d 选矿厂主要生产指标 （%）

生产日期	原矿 WO_3 品位	WO_3 品位		精矿产率	WO_3 回收率		
		白钨精矿	黑钨精矿		白钨精矿	黑钨精矿	总钨
3 ~ 4 月	0.61	67.54	63.23	0.408	42.44	8.94	51.38
5 ~ 7 月	0.59	66.08	67.29	0.471	48.09	5.06	53.15
8 ~ 9 月	0.56	65.70	67.78	0.516	54.34	6.01	60.35
3 ~ 9 月	0.59	66.31	65.77	0.484	48.33	6.43	54.76

从表 5-6 可以看出，733 氧化石蜡皂对白钨矿有较好的捕收能力，对黑钨矿的捕收能力较低。虽然在黑钨矿含量比较高的情况下仍能够得到 WO_3 含量 65% 的钨精矿，但是回收率较低，只有 55% 左右。

烧碱法流程中钨粗选药剂种类虽然比较简单，但选择性较差，钨粗精矿的品位低，在浮选时大量含钙矿物（方解石、萤石和石榴子石）进入钨粗精矿，使得加温精选时，需要加温的矿量增大，黑钨矿回收率较低，总钨回收率低，而且钨粗精矿带走了大量易浮的萤石，给后续萤石的回收带来了困难。针对烧碱法流

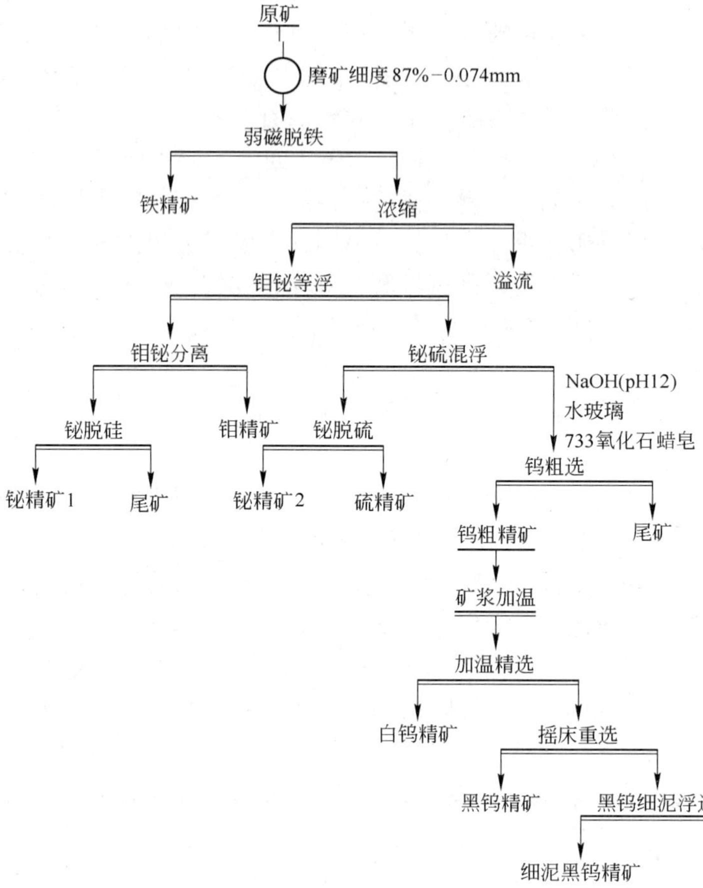

图 5-12　烧碱法工艺原则流程图

程的缺点，选矿工作者进行了黑白钨矿混合浮选新工艺和新药剂的研究，黑白钨混合浮选工艺中，比较有代表性的是广州有色金属研究院的 GY 法和北京矿冶研究总院的 CF 法。

B　GY 法

广州有色金属研究院进行了 GY 法浮钨新工艺研究，并于 1997 年在柿竹园 380 选厂试验成功。GY 法是在中性介质条件下，用改性水玻璃选择性抑制萤石、方解石等含钙矿物，用铅盐活化钨矿物，用高效组合捕收剂 GY 进行黑白钨混合浮选，使钨粗精矿 WO_3 品位提高到 25% ~50%，从而大大减少了进入加温精选的钨粗精矿矿量，为后续加温精选作业和黑钨细泥的回收创造了有利条件，钨的总回收率显著提高。GY 法黑白钨混合浮选工艺原则流程如图 5-13 所示，该法的工业试验指标如表 5-7 所示。

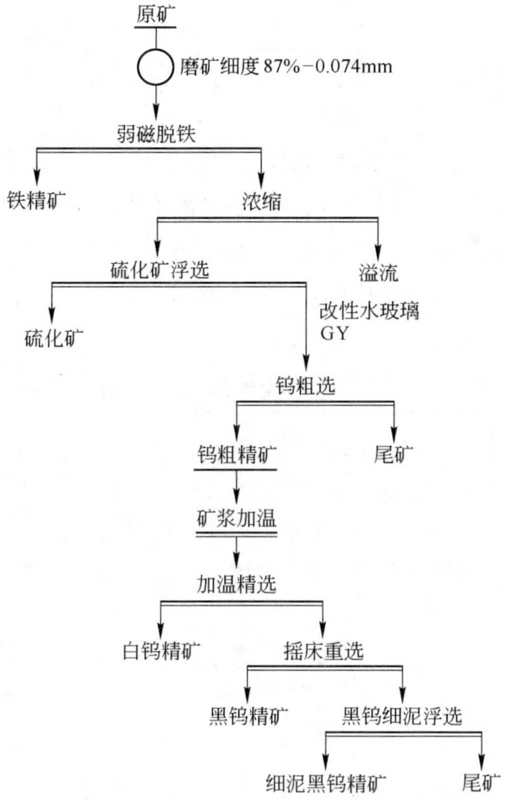

图 5-13 GY 法黑白钨混合浮选工艺原则流程图

表 5-7 GY 法工业试验指标

给矿 WO_3 品位/%	产品名称	精矿 WO_3 品位/%	回收率/%	
			对钨给矿	对原矿
0.54	白钨精矿	71.02	61.54	60.25
	黑钨精矿	67.65	19.83	19.41
	总钨精矿	70.07	81.37	79.66
	细泥黑钨精矿	17.62	2.00	1.96
	钨精矿+细泥黑钨精矿		83.37	81.62

在工业试验中，对 WO_3 含量 0.47% 的原矿，采用 GY 法浮钨新工艺，获得了 WO_3 品位 70.07% 的钨精矿，钨总回收率达 81.62%。此外，GY 法浮钨在中性介质中进行，包括部分易浮萤石在内的 99% 左右的萤石进入钨粗选尾矿，为下步综合回收萤石、提高萤石回收率创造了良好条件。

GY 法浮钨所得粗精矿品位高，钨粗精矿产率小，可大大减少加温精选段的矿量，降低能耗和生产成本，简化生产工艺。GY 法钨粗选尾矿矿浆为中性，澄清性好，加少量石灰助沉可直接排放，有利于环保，与 733 法相比可大大节省尾矿处理费用。

在柿竹园 1000t/d 选厂的生产调试中，生产用矿石为云英岩矽卡岩型钨钼铋矿石，钨矿物组成和品位变化较大，黑白钨矿石比例在 1/9 ~ 4.5/5.5 间波动，原矿 WO_3 品位在 0.23% ~0.96% 之间。从 1999 年 3 月起，钨的实际回收率一直稳定在 65% 以上，平均较烧碱法高出 10 个百分点。表 5-8 为柿竹园 1000t/d 选厂钨浮选生产指标。

表 5-8 柿竹园 1000t/d 选厂钨浮选生产指标

日 期	1999 年				2000 年		
	2 月	5 月	8 月	11 月	2 月	5 月	7 月
原矿 WO_3 品位/%	0.40	0.50	0.54	0.51	0.60	0.60	0.51
理论回收率/%	64.97	68.91	68.16	69.51	69.36	71.45	73.44
实际回收率/%	63.33	69.79	66.71	76.64	65.33	69.96	70.69
白钨精矿 WO_3 品位/%	65.59	70.83	68.85	69.08	66.35	70.45	65.90

C CF 法

CF 法是北京矿冶研究总院研究开发的一种黑白钨混合浮选法。此法是在矿浆自然 pH 值下进行浮选，用少量的水玻璃作调整剂（100 ~400g/t），硝酸铅作活化剂，用 CF 药剂作捕收剂，少量乳化油酸或油酸作起泡剂，浮选矿浆的 pH 值一般为 7 ~9。这种方法的关键是新型钨浮选捕收剂 CF。

北京矿冶研究总院在柿竹园多金属选厂分别采用 CF 法、烧碱法、石灰法进行了小型对比试验，结果表明，烧碱法和石灰法指标接近，而 CF 法指标优越，和烧碱法相比，精矿品位略高，回收率提高了 10.97%。

此外，北京矿冶研究总院在柿竹园 380 选厂进行了半工业试验，试验期间选厂分为两个系统，一为试验系统，采用 CF 法，另一个为生产系统，采用烧碱法。两个系统的处理量各为 100t/d，采用一粗两精三扫的浮选流程。试验用矿为Ⅲ矿带富矿段矿石，属于矽卡岩 - 云英岩钨钼铋类型矿石，在钨矿物中，白钨矿和黑钨矿的比例约为 7/3。CF 法半工业试验指标如表 5-9 所示，从半工业试验两个系统的对比结果可以看出，CF 法指标明显优于烧碱法，钨粗精矿品位提高了 8.89%，产率减少了近 2/3，钨回收率提高了 10.6%。

D 柿竹园法

在 CF 法和 GY 法的基础上，结合柿竹园矿研发的钼铋等可浮、铋硫等可浮

表 5-9 CF 法半工业试验指标

给矿 WO_3 品位/%	产品名称	WO_3 品位/%	回收率/% （对原矿）
原矿品位 0.655	白钨精矿	68.63	65.76
	黑钨精矿	67.79	17.86
	总钨精矿	68.41	83.62
	细泥黑钨精矿	10.87	2.21
	钨精矿 + 细泥黑钨精矿		85.83

硫化矿新工艺，由柿竹园有色金属矿、广州有色金属研究院、北京矿冶研究总院、长沙有色冶金设计研究院等单位联合攻关，研制成功了以主干全浮流程为基础，以螯合剂捕收为核心的钼铋等可浮、黑白钨同步浮选、白钨加温浮选、黑钨细泥浮选、萤石浮选的综合选矿新技术——柿竹园法。柿竹园法解决了多年来世界上公认的两大难题，即黑钨矿和白钨矿必须用不同选矿方法分步回收，以及白钨矿与含钙矿物难以浮选分离，在世界钨选矿领域有重大的技术突破，也有力地促进了柿竹园多金属矿选矿技术发展。

1996 年，柿竹园法在 380 选矿厂工业试验获得成功后已正式应用于 380 选矿厂，并为新建的 1000t/d 选矿厂设计提供了依据。2000 年 11 月 2 ~ 25 日，柿竹园有色金属矿、广州有色金属研究院、北京矿冶研究总院和长沙有色冶金设计院组成联合攻关组，在柿竹园复建的 1000t/d 选矿厂进行了以主干全浮流程为基础、螯合捕收剂为核心的柿竹园法达产达标工业试验。本次试验未进行萤石的回收，试验原则流程如图 5-13 所示。工业试验在钨钼铋原矿品位低于原攻关计划品位的情况下，在很短的时间内获得成功，取得了满意的工业试验指标，各项选矿指标均达到或超过攻关计划要求。工业试验指标如表 5-10 所示，与原生产流程指标的对比结果如表 5-11 所示。

表 5-10 柿竹园法工业试验指标

产品名称	产率/%	品位/%	回收率/%	备 注
钼精矿	0.122	Mo 48.26	86.02	钨总回收率为 76.44%
铋精矿	0.316	Bi 38.93	72.96	
白钨精矿	0.504	WO_3 66.12	54.49	
摇床黑钨精矿	0.13	WO_3 64.43	13.62	
细泥黑钨精矿	0.15	WO_3 42.37	8.33	
总黑钨精矿	0.28	WO_3 52.61	21.95	

表 5-11 柿竹园法与原生产流程指标对比结果

项　目	产品名称	原生产流程（烧碱法）	柿竹园法	差值
原矿品位/%	WO_3	0.56	0.48	-0.08
	Mo	0.10	0.069	-0.031
	Bi	0.17	0.163	-0.007
精矿品位/%	白钨精矿	67.32	66.12	-1.2
	钼精矿	46.99	48.26	+1.77
	铋精矿	29.91	38.93	+9.02
回收率/%	总钨	54.11	76.44	+22.33
	钼精矿	83.17	86.02	+2.85
	铋精矿	60.32	72.96	+12.64

由表 5-11 可见，在钨钼铋原矿品位分别为 0.48%、0.069%、0.163% 时，柿竹园法获得的白钨矿、黑钨矿、钼、铋精矿品位分别为 66.12%、52.61%、48.26%、38.93%，回收率分别为 54.9%、21.95%、86.02%、72.96%，总钨回收率为 76.44%。在钨钼铋原矿品位均低于原生产流程的情况下，柿竹园法与原生产流程的选矿指标相比，白钨精矿品位相近（均为合格产品），钼精矿品位提高 1.77 个百分点，铋精矿品位提高 9.02 个百分点，钨、钼、铋精矿回收率分别提高 22.33、2.85、12.64 个百分点。由此可见，柿竹园法的实施极大地提高了钨钼铋金属的回收率，很好地解决了柿竹园多金属矿综合回收的技术难题。

5.2.2.3 黑白钨选矿新工艺

目前，黑白钨共生矿通常采用：（1）黑白钨混合浮选，得到的黑白钨混合精矿需进一步分离得到黑钨精矿和白钨精矿，这种方法由于黑钨矿和白钨矿的可浮性差异较大，在相同的浮选药剂制度下不能同时很好地回收白钨矿和黑钨矿，钨回收率较低；（2）先浮选白钨矿，尾矿用重选回收黑钨矿，该方法的黑钨矿回收率较低。

由于黑钨矿、白钨矿具有不同的浮游特性，在浮选时所采用的浮选药剂、浮选介质 pH 值不同。黑钨矿在弱酸性介质中浮选较好，而白钨矿在碱性介质中浮选较好，采用混合浮选流程将两种矿物同时浮选上来，这样药剂的选择和介质的 pH 值都要有所兼顾，白钨矿和黑钨矿的浮选效果并不能够达到最佳。黑钨矿的选矿指标较差，回收率偏低，只有 15%～20%，制约了整个钨回收率的提高，钨的回收率一般在 65% 左右；同时螯合捕收剂选别黑白钨矿，药剂用量大，选矿成本高。针对此类问题，选矿工作者对柿竹园矿进行了黑白钨选矿新工艺研究，主要开发了以下几种流程。

A 浮－磁－浮流程

广州有色金属研究院经过系统的工艺矿物学研究和详细的小型试验研究，提出了钨矿浮－磁－浮工艺流程。该工艺流程中，硫化矿浮选尾矿经脱铁、浓缩后先进行白钨浮选，白钨浮选尾矿进入强磁选（采用高梯度磁选机），强磁精矿经浓缩后进入黑钨浮选，强磁尾矿进入萤石浮选，实现了白钨矿和黑钨矿分别在最优的可浮条件下进行浮选。该工艺原则流程如图 5-14 所示。

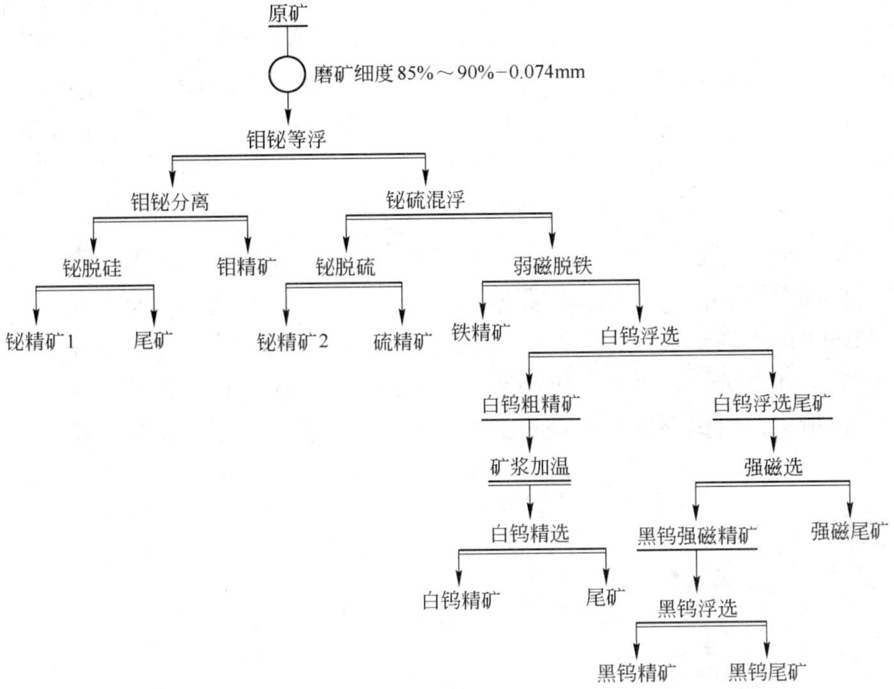

图 5-14 浮－磁－浮工艺原则流程图

由于白钨矿和黑钨矿存在可浮性的差异，最佳浮选的矿浆条件相差较大，白钨矿中有一部分为含铁的白钨矿，具有弱磁性，采用先浮白钨矿，再强磁选黑钨矿，获得的强磁选精矿再进行黑钨浮选。采用浮（白钨）－磁（黑钨）－浮（黑钨）的分步选矿方法和选钨新药剂 TAB－3，在获得高品位钨精矿（白钨精矿）和高回收率的同时，可获得较高的黑钨精矿品位和回收率。同时将白钨加温浮选尾矿返入主干流程，进入高梯度强磁磁选机的给矿，不但回收了一部分黑钨，有效地降低了尾矿品位，还提高了黑钨给矿品位，更有利于后续黑钨浮选。

浮－磁－浮选钨工艺流程获得较好选矿技术指标的关键是成功研制和应用新型高效白钨捕收剂 TAB－3，其对白钨矿和含铁白钨矿有较好的选择性捕收作用，与其他使用过的白钨捕收剂相比，对白钨浮选指标优势明显。此外，在原有的工艺流程尾矿回收中，由于锡石与石榴石矿物比重相近而无法进行分离，造成了锡资源无法回收。通过高梯度强磁选工艺，可以利用磁性差异对锡石与石榴石等弱磁性矿物进行分离,为在强磁尾矿中回收锡创造了条件,有利于锡金属矿物的综合回收。

广州有色金属研究院在柿竹园选矿厂进行了工业试验，取得了较好的技术指标，钨回收率为76.82%，钼回收率为75.01%，铋回收率为73.63%，萤石回收率为58.92%/55.95%（含加温尾矿/不含加温尾矿）。工业试验期间共处理矿量3002t,累计给矿 WO_3 品位0.44%,得到9.7t白钨精矿(WO_3 品位为68.06%),实际回收率为50.02%,得到9.5t黑钨精矿(WO_3 品位为35.85%),实际回收率为25.80%,总钨实际回收率为75.82%。钨的实际回收率比原工艺(黑白钨混合浮选)的回收率提高10%,建成低品位黑白钨共生矿石高效选矿生产示范系统。

B 强磁分流－黑白钨分开浮选工艺

北京矿冶研究总院在实验室小试的基础上，工业试验中采用了“磁选黑钨－磁选尾矿选白钨”的试验流程。原矿磨至一定细度后，先进行硫化矿浮选，硫化矿浮选尾矿进入强磁选（采用高梯度磁选机），强磁选精矿进行黑钨浮选，产出黑钨精矿，强磁选尾矿进入白钨浮选，产出白钨粗精矿，白钨粗精矿经加温浮选产出白钨精矿，白钨浮选尾矿进入萤石浮选。其原则工艺流程见图5-15。

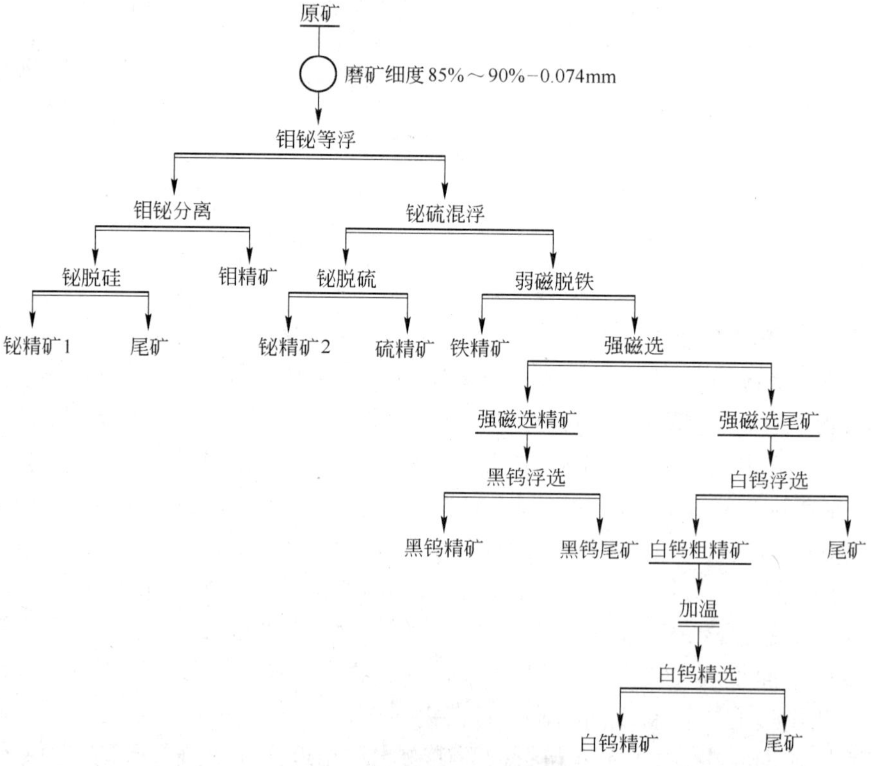

图5-15 强磁分流－黑白钨分开浮选工艺原则流程图

在该工艺流程中，高梯度强磁选使90%以上的黑钨矿物进入磁选精矿产品中，白钨矿主要在磁选尾矿中，黑钨矿物和白钨矿物基本分开；强磁选后磁性产品和非磁性产品的矿物组成简化，分别回收黑钨矿和白钨矿时，选矿的干扰因素相对减少，根据黑白钨矿物的不同特性，制定不同的浮选条件，工艺技术成熟可靠，对矿石的适应性强，可以不受黑、白钨矿物比例波动变化大的影响，钨选别指标稳定。

石榴石等磁性矿物随黑钨矿进入强磁性产品中，白钨浮选不用添加萤石抑制力很强的组合药剂，为萤石浮选创造了条件，有利于矿产资源的综合回收。浮选黑钨后的尾矿采用简单重选流程即可回收得到合格的石榴石精矿；石榴石的回收利用不仅减轻了选厂尾矿运输的负荷，还可以延长尾矿库服务年限，减少占地。原有工艺中由于锡石与石榴石矿石比重相近无法进行分离，造成了锡资源无法回收，通过高梯度强磁工艺，利用矿物磁性差异对锡石和石榴石进行分离，为锡石在非磁性尾矿中的回收创造了条件，有利于锡金属矿物的综合回收。

北京矿冶研究总院在柿竹园380选矿试验基地进行了现场工业试验，工业试验技术指标：总钨回收率达76.52%，钼回收率81.27%，铋回收率76.84%。实验室萤石回收试验作业回收率78.73%，对原矿回收率为59.05%。

5.3 黑钨矿浮选药剂

目前国内外黑钨矿主要用重选法选别。由于黑钨矿性脆，易产生泥化，据统计，世界上每年约有20%的钨损失于钨细泥中，国内各选厂钨细泥的回收率按入选原矿计算为40%～50%。根据江西省十一个统配钨矿的数据统计，每年处理矿石量为数百万吨，其中细泥占10%以上，金属量占13%～15%，因此，黑钨细泥浮选研究相当重要。然而，由于黑钨细泥颗粒小，表面积大，表面能高，易产生异相凝聚影响产品质量；同时，钨矿物组成复杂，除黑白钨矿外，还有许多伴生金属矿物（如辉钼矿、辉铋矿、磁铁矿等）和非金属矿物（如萤石、石榴石、石英、方解石等）。为搞好黑钨细泥浮选，必须解决浮选药剂问题，提高经济效益，减少环境污染，许多人对黑钨细泥浮选药剂进行了探索研究。

5.3.1 黑钨矿的可浮性

黑钨矿是Mn、Fe钨酸盐矿物的总称，按所含MnO和FeO的多少分为钨锰矿、黑钨矿和钨铁矿，黑钨矿表面Mn/Fe的大小对黑钨矿浮选行为有显著影响。

黑钨矿的浮选行为已有许多人进行过研究，当油酸钠作为捕收剂时，其可浮顺序为钨锰矿（$MnWO_4$）>黑钨矿（$(Mn,Fe)WO$）>钨铁矿（$FeWO_4$），即黑钨矿的可浮性随锰含量的升高而增大。胡岳华等研究了黑钨矿的组成与其可浮性的关系，指出锰离子与捕收剂形成络合物的能力决定了黑钨矿的吸附及浮选行为，因而 Mn/Fe 比高的黑钨矿吸附捕收剂的能力较大，可浮性更好，Mn^{2+} 对黑钨矿的活化作用优于 Fe^{2+}。王淀佐等用紫外光谱研究了 8－羟基喹啉对黑钨矿的捕收性能，提出锰是浮选的主要有效活化成分，用 α－亚硝基－β－萘酚作捕收剂也得出同样的结论。而 Martin Clement 进行了不同组分黑钨矿浮选试验，结果表明高铁黑钨矿可浮性好。还有人采用苄基胂酸作捕收剂研究黑钨矿的可浮性时发现，矿物浮游性取决于矿物表面的铁含量，起活化中心作用的是 Fe^{3+} 及其水解络合离子成分。Abeidu 用烷基硫酸盐作捕收剂时，矿物的浮游率及药剂吸附量按钨铁矿 > 钨锰铁矿 > 钨锰矿顺序排列，且差别很大。

目前关于 Mn^{2+}、Fe^{3+} 离子对矿物可浮性的影响众说不一，李毓康等通过对捕收剂性质深入研究，从浮选溶液化学原理出发，最终找出了一种锰铁质点作用的共同规律性。他们认为黑钨矿浮选活化中心与捕收剂性能和矿浆 pH 值有关，当捕收剂在酸性介质中表现出较强捕收能力时，活化中心为 Fe^{3+} 及其羟基络合物，当捕收剂在中、碱性介质中具有较强捕收能力时，起主要活性中心作用的是锰离子，含锰高的钨矿物可浮性好。

5.3.2 捕收剂的现状和进展

5.3.2.1 羧酸及羧酸盐类捕收剂

A 脂肪酸类捕收剂

黑钨矿浮选的研究最早始于 20 世纪 30 年代初，1934 年 Bruce 用油酸、亚油酸、蓖麻酸等脂肪酸皂浮选黑钨。随着矿产工业的发展，出现了油酸的代用品（如茜素油，氧化煤油，氧化凡士林，氧化蜡皂等）。1980 年，吴亨魁等用十二烷基氨基二羧酸、癸基氨基二羧酸和十六烷基氨基二羧酸等作为黑钨细泥的捕收剂，试验结果表明，它们的浮选效果比油酸好。

B 芳香酸类捕收剂

国外使用这类捕收剂浮选黑钨矿，取得比油酸好的分选效果，但因矿石性质差异，对国内黑钨细泥浮选效果不理想。

C 烷基磺化琥珀酰胺盐类捕收剂

此类捕收剂是由多种极性基团组成，最常用的是 A－22（含三个羧基，一个磺酸基）。20 世纪 40 年代，美国氰胺公司将 A－22 作润湿剂用于滤饼去湿，1965 年美国 N. Arbiter 发现它对锡石有捕收作用，并同时在几个国家申请了专利，后来 A－22 的商品名改为 A－捕收剂 845（Aeropromoter 845），先后在玻利维亚 Catavi 和英国 Wheal Jame 选厂使用。从 1974 年开始，我国昆明冶金研究所对 A－22 的合成及应用进行了研究，获得浮选精矿中 WO_3 的回收率为 98.91%，但富集比低，效果也不理想，同时在浮选过程中要消耗大量 H_2SO_4 和添加剂，污染较大，因此在国内使用意义不大。

羧酸及羧酸盐类捕收能力强，特别是脂肪酸来源广泛、价格低廉、无毒，但因羧基能与许多金属离子作用，一般只对矿石组成比较简单，并以石英为主的脉石类黑钨矿浮选有效，故属于选择性差的捕收剂。

5.3.2.2 烷基硫酸钠

烷基硫酸钠最初在选矿业中作乳化剂，用来乳化脂肪酸使它在水中充分分散。见百熙对某 WO_3 含量 0.07%、SiO_2 含量 78.35%、TiO_2 含量 0.18% 的原矿进行试验，在浮选 pH 值为 3 的条件下，用十六烷基硫酸盐作捕收剂（100 ~ 150g/t）浮选黑钨矿，钨精矿品位为 21.8%，回收率达 73.4%。由于烷基硫酸钠捕收能力弱，选择性能类似于脂肪酸，需要加抑制剂等，一般不单独作为黑钨矿的捕收剂。

5.3.2.3 胂酸类捕收剂

将有机砷化合物作为浮选剂始于 1940 年，而用于黑钨矿的捕收剂则稍晚些。20 世纪 70 年代，朱建光合成了苄基胂酸，之后又在其《黑钨与锡石细混浮选药剂》一书中有过专论。朱玉霜等用苄基胂酸浮选浒坑黑钨矿泥，闭路浮选试验结果表明，可从 WO_3 含量 0.33% 的原矿中得到 WO_3 含量 39.52%，回收率 84.72% 的钨精矿。虽然此类捕收剂捕收能力强，选择性好，曾被许多选厂使用，但因其毒性很大，严重污染环境，故已逐渐被淘汰。

5.3.2.4 膦酸类捕收剂

有机磷化合物主要应用于农业杀虫剂方面，20 世纪 70 年代，膦酸酯类等化合物在矿冶方面的应用引起了各国学者广泛的兴趣与注意。

1970 年德国的 V. E. Wottgen 等合成了苯乙烯膦酸，并研究了它的选择性及对各类锡石的捕收作用，现已工业化。1972 年长沙矿冶研究所也合成了苯乙烯膦酸，同样研究了它对锡钨浮选的性能。原东德弗莱堡选矿院也用苯乙烯膦酸作黑钨矿捕收剂，在给矿 WO_3 品位 0.5% 的条件下，得到 WO_3 品位为 27% 的精矿，回收率为 65%。20 世纪 80 年代末，林强设计并合成了十三类、四十四个新型有机膦浮选剂，探讨了结构与性能的关系，同时用其中一些药剂作黑钨细泥捕收剂进行研究。原苏联的 Kotlyarevskii 等发现各种结构的双膦酸是黑钨矿的捕收剂，其中以 Ftotol－7.9 应用最广。肖友明等研究用浮锡灵－14（一种双膦酸）捕收黑钨矿，并测定了黑钨矿与该捕收剂作用后的接触角、ξ 电位以及红外光谱图，探讨了其捕收机理，认为在广泛的 pH 值范围内，该捕收剂是黑钨矿的有效捕收剂，它在黑钨矿表面发生化学吸附。最近朱玉霜等新合成一种 FXL－14（十四烷基亚氨基二甲基膦酸），对黑钨矿实现了无 Pb^{2+} 浮选。研究结果表明，FXL－14 对黑钨矿表面的作用强于 Pb^{2+} 在黑钨矿表面的作用，表现为化学吸附，生成锰或铁的 FXL－14 酸式盐，采用 Pb^{2+} 作活化剂时，当 $pH > 3$ 时效果很差，而不加 Pb^{2+} 时，当 pH 值在 2 ~ 12 的范围内，FXL－14 对黑钨矿的捕收效果明显。

膦酸类捕收剂捕收能力、选择性比羧酸类好，比胂酸类稍差些，但其分选效果仍不理想，特别是对含钙矿物的分离，而且价格也比较贵，因而仍有待进一步研究开发。

5.3.2.5 羟肟酸类及其他螯合剂

A 羟肟酸类捕收剂

羟肟酸及其碱金属盐是一种较好的氧化矿捕收剂，早在 1961 年就有文献报道它对黑钨矿有良好的浮选效果。1972 年广州有色金属研究院研制出羟肟酸类捕收剂，并在沈阳浮选药剂厂对 C_{7-9}烷基羟肟酸钠进行生产。1988 年，徐金球以硝酸铅为活化剂、水杨醛肟为捕收剂，成功地实现了黑钨矿和方解石的分离，当两者比例为 1/1 时，精矿中黑钨矿的回收率可达 89% ~92%，WO_3 含量可达 64% ~67%，取得了比较理想的结果。不过羟肟酸类捕收剂价格较贵。

关于羟肟酸类捕收剂的研究较活跃，昆明冶金研究所、包钢冶金研究所、峨眉矿产综合利用研究所及中南工业大学等单位都曾对其研究过。水杨羟肟酸、萘羟肟酸、苯甲羟肟酸等螯合捕收剂的研制和应用都获得很好的效果。试验研究和选矿实践表明，这类羟肟酸是黑钨矿的良好捕收剂。高玉德采用以水玻璃为主的组合抑制剂、BD 单一抑制剂和以苯甲羟肟酸为主的混合捕收剂，处理柿竹园多金属矿白钨加温精选尾矿，尾矿 WO_3 含量为 1.74%，经一次粗选、三次扫选、三次精选，闭路试验获得 WO_3 品位大于 65% 的精矿，回收率大于 90%。朱一民等人用萘羟肟酸作捕收剂、硝酸铅作活化剂浮选黑钨细泥，也取得了良好结果。还有人用浮锡灵（烷基亚氨基二甲基膦酸）浮选黑钨矿获得成功。戴子林等人采用苯甲羟肟酸浮选黑钨细泥，获得了 WO_3 含量 52 .77% 的黑钨精矿，作业回收率为 68. 32%。余军等人用 CKY 浮选黑钨矿也获得好的结果。

朱建光等用 F_{203}（水杨羟肟酸的同系物）配合 $Pb(NO_3)_2$ 浮选 WO_3 含量 1.07% 的柿竹园黑钨细泥，扩大实验结果为：四次精选得到品位为 20.30% 的黑钨精矿，精矿回收率为 80.27%。广州有色金属研究院用苯甲羟肟酸配合 $Pb(NO_3)_2$及组合抑制剂 AD 回收 WO_3 含量 0.9% 的黑钨细泥，扩大实验结果为：五次精选获得最终精矿品位为 69.00%，回收率为 71.4%。北京矿冶研究总院用 CF（铜铁灵）捕收同种矿石，精矿品位为 12.62%，回收率为 70%。

B 其他螯合药剂

1960 年前，人们就开始研究螯合药剂作为黑钨矿的捕收剂，如 8 - 羟基喹啉、α - 亚硝基 - β - 萘酚的亚硫酸氢钠衍生物、1 - 亚硝基 - 8 - 磺酸钠 - α - 萘酚、亚硝基衍生物等。在刘帮瑞撰写的《螯合浮选剂》中，他按照螯合作用的特性，分析探讨了螯合浮选剂在浮选黑钨中的作用机理。王淀佐等也对 8 - 羟基喹啉、α - 亚硝基 - β - 萘酚浮选黑钨的性能作了研究。

螯合剂捕收黑钨矿尚有许多问题需要解决。首先，螯合剂合成步骤复杂，导致成本增高；再者，螯合剂一般需 $Pb(NO_3)_2$ 或 Fe^{3+} 预先活化目的矿物，这不但增加了成本，对环境也不利，解决好这两个问题，是螯合剂能否推广应用的一个关键。

20 世纪 80 年代，有关两性捕收剂的应用报道较多，这些研究开始于美狄兰在黑钨矿浮选中的应用。此外，美国专利报道用 Hut - pont 及 FlotbleAM20（N - 烷基 - B - 氨基丙酸钠）、AM21（油酸氨基磺酸钠）等两性捕收剂浮选黑钨矿，效果较好。螯合剂和两性捕收剂是黑钨药剂研究的两个新方向。羟肟酸类及其他螯合剂虽捕收性能尚好，但价格较贵，单独使用效果并非很理想，所以难以在工业上推广使用。

5.3.2.6 组合药剂

自 1957 年斯德哥尔摩国际选矿会议提出组合药剂这一方向后，引起了人们的重视，得到迅速发展，其中以捕收剂混用的研究最多。朱建光用丁黄药和苄基胂酸或甲苄基胂酸的混合物浮选黑钨矿，可降低胂酸用量，丁黄药具有辅助捕收剂的作用。王淀佐等用中性油和螯合捕收剂联合作用浮选黑钨细泥，效果明显比油酸好，从电气石、方解石和黑钨矿的人工混合细泥中分离黑钨矿的效率为 30% ~50%，而用油酸钠仅有 10%。苏联人研究从废弃尾矿中再回收细粒黑钨的浮选工艺，采用新的络合阴离子型捕收剂烷基羟肟酸钠与阳离子捕收剂氨化硝基石蜡配合使用，在用盐酸调整的酸性矿浆中浮选细粒黑钨取得了良好的效果。

为了提高黑钨矿的浮选效率，国内外学者还研究了不同用量的 Pb^{2+}、Fe^{2+}、Mn^{2+}、$C_2O_4^{2-}$ 等离子的影响，证明上述离子对黑钨矿的浮选都有活化作用，尤以草酸最显著，从 WO_3 含量 0.18% 的重选尾矿中选出 WO_3 含量 4% ~4.3% 的粗钨精矿，回收率为 92.45% ~93.12%。

王淀佐曾考察了 16 种捕收剂对黑钨矿的捕收能力，而且对它们的混合用药进行了研究，结果表明，大多数螯合捕收剂和两性捕收剂选择性较脂肪酸要好，但捕收能力偏弱，因此需联合其他捕收剂共同使用。能够彼此显著增加捕收能力的捕收剂组合有 TAA + 美狄兰、8 - 羟基喹啉 + 煤油、油酸 + 煤油、油酸 + 美狄兰 + 煤油、733 + 美狄兰；能够彼此增加捕收能力的捕收剂组合有 733 + TAA、733 + 羟肟酸、油酸 + 羟肟酸；而十六烷基氨基乙酸 + 羟肟酸组合彼此则无影响，可能是由于螯合捕收剂与氨基酸中的导电基团相互作用导致药剂捕收能力下降。

广州有色金属研究院在柿竹园多金属矿的选矿中，用 GYB（羟肟酸类）与脂肪酸类捕收剂组合，进行黑、白钨矿物的混合浮选，取得了很好的效果。

近十年来黑钨矿浮选捕收剂的研究进展和应用实践表明，捕收能力强、选择性好的药剂具有一定的毒性，而且价格也较昂贵，如甲苯胂酸，限制其在工业上广泛应用。组合用药可以减轻工业污染和降低药剂费用，特别是开发以昂贵的专属性药剂（如两性化合物、膦酸或烷基膦酸酯、羟肟酸等）为基底的组合捕收剂，添加辅助药剂（如中性油、聚氧乙烯合成物型非离子表面活性剂以及脂肪醇等）有可能增强其捕收力，达到减少用量、减轻工业污染和降低成本的目的，便于工业上推广应用。

5.3.3　调整剂的现状和进展

不同矿物浮选行为的相似性通常是由于它们的表面化学组成相近而引起的，钨矿浮选遇到的主要困难是黑钨矿与含钙脉石的分离，因为它们具有相同或相似的表面活性点，即铁离子和钙离子，这直接影响了浮选时捕收剂的选择性，这类情况在分选矽卡岩型钨矿时尤为突出。为了提高浮选的选择性，在浮选前必须加入合适的调整剂，常用的调整剂有 pH 调整剂、活化剂和抑制剂。

5.3.3.1　pH 调整剂

黑钨矿浮选一般在一定碱度条件下进行，通常需要碳酸钠、氢氧化钠来调整矿浆 pH 值。根据国外几十家选厂的经验，一般来说，对于含可溶性或微溶性矿物较多的矿石来说，用碳酸钠为佳，反之可用氢氧化钠。

5.3.3.2　活化剂

硝酸铅对黑钨矿浮选有显著的活化作用。陈万雄采用硝酸铅作活化剂对 WO_3 含量 1.62% 的黑钨细泥进行浮选试验，获得 WO_3 含量 66.04%、回收率 90.86% 的黑钨精矿，并从浮选溶液化学角度对硝酸铅水解后的各成分进行分析计算，结果表明，在 pH 值小于 9.5 时，Pb^{2+} 和 $Pb(OH)^+$ 是起活化作用的主要成分，硝酸铅可使黑钨表面的 ζ 电位由负变正，Pb^{2+} 在黑钨矿表面的特性吸附促进了捕收剂的作用。余军等人认为 $Pb(NO_3)_2$ 对黑钨矿和白钨矿有较强的活化能力，将 CKY 与油酸钠混用并配以组合抑制剂，可在常温下较好地实现钨矿物与萤石、方解石等脉石矿物的浮选分离；他们对 WO_3 含量 0.53% 的原矿，采用 CKY 和油酸钠作捕收剂，硝酸铅作活化剂，在开路试验中可获得 WO_3 含量 54.36% 的钨精矿，回收率为 60.72%；药剂作用机理研究结果表明，$Pb(NO_3)_2$ 的存在可增强 CKY 捕收剂的吸附作用。

5.3.3.3　抑制剂

水玻璃在黑钨矿浮选中是一种重要的抑制剂，它既是脉石的抑制剂，又是矿泥的有效分散剂。水玻璃是一个复杂的胶体－分子－离子体系，该体系中含有 OH^-、Na^+、$HSiO_3^-$、SiO_3^{2-} 离子，$HSiO_3$ 分子以及由胶核和包在胶核周围的硅酸和氢氧化物的分子和离子组成的胶团。水玻璃的浮选作用是多种多样的，低浓度（小于 100g/t）时，可活化脉石矿物（对萤石），中等浓度（$100g/t < C < 1000g/t$）时对方解石作用最强，对白钨矿、黑钨矿和其他矿物较弱，通常认为水玻璃的抑制作用是由 $HSiO_3^-$ 的吸附性能引起的，它具有强的吸水性能，吸附在矿物表面后使矿物表面形成亲水层而受抑制。也有人认为其抑制作用除了 $HSiO_3^-$ 之

外，胶体的 SiO_2 也是起抑制作用的有效成分。D. W. Fuerstenau 等人研究了水玻璃在非金属矿浮选中的应用，认为胶体 SiO_2 是抑制方解石的重要物质，而硅酸盐阴离子是抑制萤石的主要成分。M. A. Agrace 则指出，水玻璃组分在矿物表面的附着，不仅使矿物表面亲水，而且使某些矿物对脂肪酸捕收剂的吸附量降低。

药剂的研制和应用对提高钨矿浮选效率具有重要的作用。近年来,改性水玻璃和以水玻璃为主的混合抑制剂取得了很大的发展,对萤石、方解石、石英等脉石矿物有选择性抑制作用。改性水玻璃比普通水玻璃对脉石矿物具有更强的抑制性能,还能有效分散矿泥,降低矿泥对黑钨矿物的覆盖,改善黑钨矿物的浮选效果。柿竹园矿黑、白钨混合浮选中使用改性水玻璃,对提高钨浮选粗选指标起了很好的作用。当用普通水玻璃粗选时,获得钨粗精矿 WO_3 品位为 1.48%、回收率 78.69%,用同量的改性水玻璃时,钨粗精矿品位提高到 3.4%,回收率提高到 93%。

除了水玻璃外，常用的无机抑制剂还有磷酸盐类及硅氟酸钠等。李长根采用磷酸盐作调整剂从方解石、萤石、石英、石榴石中优先浮选钨，研究表明六偏磷酸钠和焦磷酸钠也是钨浮选的有效调整剂。有人指出亚磷酸对方解石和萤石的抑制效果优于其他磷酸类抑制剂。日本专利曾介绍用磷酸盐分离钨矿和方解石混合精矿的方法。

自 1931 年 Ranger 推荐用淀粉改善石英浮选的选择性后，高分子有机抑制剂在浮选中得到广泛应用。20 世纪 80 年代，高分子有机抑制剂因其用量低、效率高，再度成为研究的热点。烤胶是其中最常用也是最有实效的一种，80 年代全世界采用浮选的钨选厂，70% 以上都采用了栲胶等单宁类产品作为抑制剂用于钨浮选。除烤胶外，其他有机胶体，如淀粉、动物胶、PMA、CMC 等也用来解决特定问题。从目前发展趋势看，对高分子抑制剂进行改性，从而提高抑制的选择性将会成为新的热点。日本大谷钨选厂采用白坚木碱 C 和 D（变性栲胶）作为抑制剂用于钨浮选，精矿品位为 72.77%，总回收率为 86.76%。氰胺公司生产的 tim. brolFM530 也属此类产品。

羧甲基纤维素是含钙矿物方解石和萤石等的有效抑制剂，由于分子中每个葡萄糖单元上由醚化而引进的羧基与 Ca^{2+} 离子作用，吸附在这些矿物表面葡萄糖残基上的两个羟基亲水基团起抑制作用，故此羧甲基纤维素能抑制方解石和萤石等矿物。

混合抑制剂 AD 对含 Ca 脉石矿物具有选择性抑制作用，它是以水玻璃为主，再配入羧甲基纤维素和硫酸铝后组成，羧甲基纤维素和硫酸铝都增强了水玻璃的抑制作用。这种混合抑制剂已在柿竹园矿黑钨细泥浮选中得到成功应用，取得较显著效果。

6 钨共生矿的选冶联合工艺

6.1 钨共生矿床

共生矿是指在同一矿区（矿床）内有两种或两种以上的元素或成分都达到各自单独的品位要求和储量要求、各自达到矿床规模的矿产。共生矿中的成矿元素往往具有相似的地球化学性质，而且成矿地质条件相近，并在统一的成矿过程中形成，例如，江西大吉山、湘东钨矿钽铌钨共生矿床、广西壮族自治区栗木矿新木锡－钽铌－钨花岗岩多金属矿床、新疆若羌县白干湖钨锡矿、广西平桂长营岭钨锡矿、云南云锡卡房钼铋铜钨多金属矿等。

6.2 钽铌钨共生矿的选冶联合工艺

钽铌矿物主要为钽铌铁矿和细晶石，钨矿物主要为黑钨矿和白钨矿，这四种矿物密度都比较大。如果这四种矿物共生在一起，通过重力选矿法则能将这四种矿物与密度比较小的脉石矿物分开，但进一步分离则比较困难，因为黑钨矿和钽铌铁矿两者磁性相近，同属于导体矿物，通过物理选矿方法无法将其分开，因此只能通过选－冶联合流程实现钨和钽铌的分离。

6.2.1 江西大吉山钨矿 69 号矿体的选冶联合流程

江西大吉山钨矿 69 号矿体属一大型钽铌钨共生矿床，矿体为细粒钠长石化白云母花岗岩矿床，主要有用矿物为黑钨矿、白钨矿及少量的钽铌铁矿、细晶石、钽易解石、绿柱石和辉铋矿等。原矿中黑钨矿、白钨矿、钽铌铁矿、细晶石的嵌布粒度皆为不均匀嵌布，黑钨矿与白钨矿的嵌布粒度相对较粗，一般为 0.04～0.8mm，而钽铌铁矿及细晶石的嵌布粒度则很细，一般为 0.04～0.2mm。细晶石中钽的含量占 40%，而钽铌铁矿中的钽含量占 21%，石英、长石、云母中钽的含量为 27%，而以钽矿物存在的钽金属量仅占原矿的 65%，分散率比较高。原矿多元素分析见表 6-1。

该钽铌钨共生矿床主要回收的金属矿物钽铌铁矿、细晶石、钽易解石、黑钨矿、白钨矿密度比较大，一般为 5～7g/cm^3，主要非金属矿物为长石、石英、云母，密度小于 3g/cm^3。

该矿的选矿工艺流程为阶段磨矿阶段选别、浮重结合（粗粒重选－细泥浮选）、

表 6-1 江西大吉山钽铌钨共生矿多元素分析

元素	WO_3	Ta_2O_5	Nb_2O_5	Bi	K_2O	Na_2O	TiO_2
含量/%	0.387	0.0159	0.010	0.026	2.83	3.02	0.22
元素	Al_2O_3	CaO	Fe	Mn	SiO_2	S	BeO
含量/%	13.82	2.04	0.62	0.21	72.90	0.13	0.048

选冶联合流程。粗粒级采用螺旋选矿机－摇床和螺旋溜槽－摇床组合流程获得重选粗精矿，再经脱铁、脱硫后得到粗粒精矿；重选段的细泥经脱除一定的微细粒后进入浮选，浮选粗精矿经 YTF－C 微细摇床精选后获得细泥粗精矿，细泥粗精矿浮选脱硫后获得细泥精矿。选矿综合精矿进水冶流程。

当原矿 Ta_2O_5 含量 0.0159%，WO_3 含量 0.387% 时，选矿综合精矿 Ta_2O_5 品位 1.058%，WO_3 含量 42.01%，对原矿 Ta_2O_5 回收率 48.27%，WO_3 回收率 78.03%。选矿综合精矿进入水冶试验，获得选冶工业生产指标为钽产品 Ta_2O_5 含量 31.98%，对原矿回收率 43.44%；钨产品 WO_3 含量 89.40%，对原矿回收率 76.02%。选冶联合流程如图 6-1 所示，选矿钽铌钨综合精矿提取钨酸和钽富

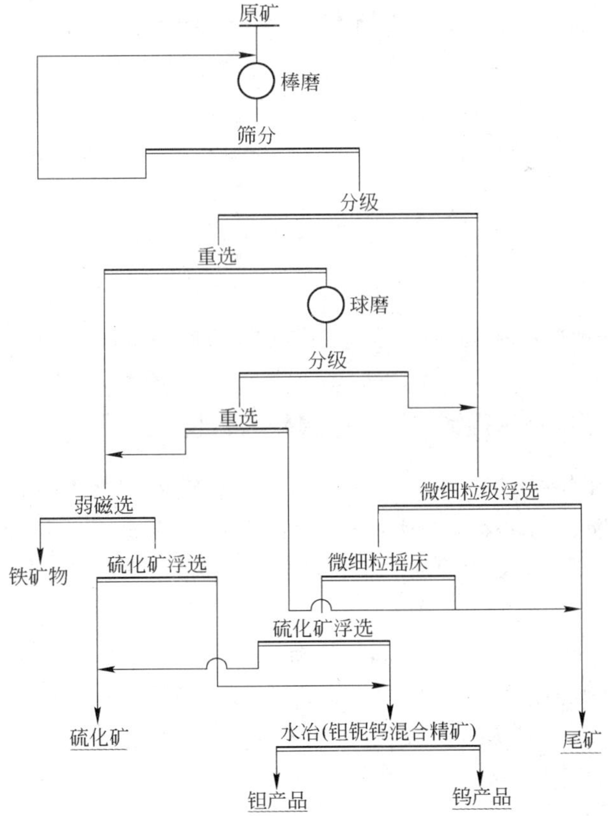

图 6-1 江西大吉山钽铌钨选冶联合流程

集物工艺流程如图 6-2 所示。

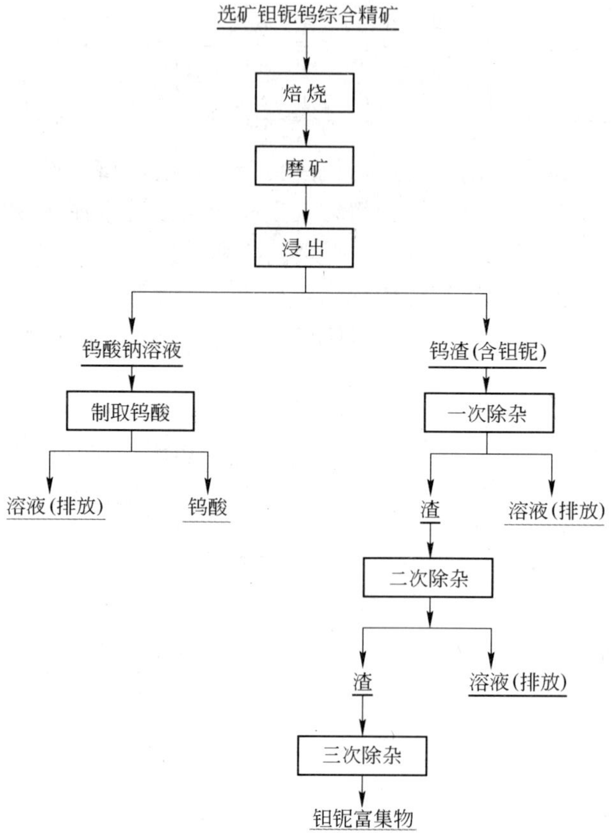

图 6-2 选矿钽铌钨综合精矿提取钨酸和钽富集物工艺流程图

6.2.2 栗木矿新木锡－钽铌－钨多金属矿选冶联合工艺

栗木矿位于广西壮族自治区境内，系一锡、钽铌、钨花岗岩多金属矿床，矿石含 Sn 0.1377%，$(TaNb)_2O_5$ 0.0229% （Ta/Nb＝1/1），WO_3 0.257%。锡矿物主要是锡石，粒度一般在 0.2mm 以下，少量是黝锡矿和胶态锡；钽铌矿物主要是铌锰矿、锰钽矿、铌铁矿、细晶石，粒度一般在 0.05～0.1mm；钨矿物主要是黑钨矿，粒度一般在 0.05～0.1mm；脉石主要有石英、长石。该厂采用选冶联合流程生产精锡、氟钽酸钾、氧化钽、钽粉、氢氧化钽、氧化铌、仲钨酸铵、氧化钨等产品，整个工艺由粗选厂、精选厂（含锡火冶工段）、水冶厂三个部分组成，是我国第一座钽铌采－选－冶联合企业。

粗选厂采用二段破碎、二段磨矿的跳汰－螺旋－摇床流程，如图 6-3 所示。矿石（300mm）经筛孔为 70mm 的棒条筛筛分，大于 70mm 的矿石送给 400mm ×

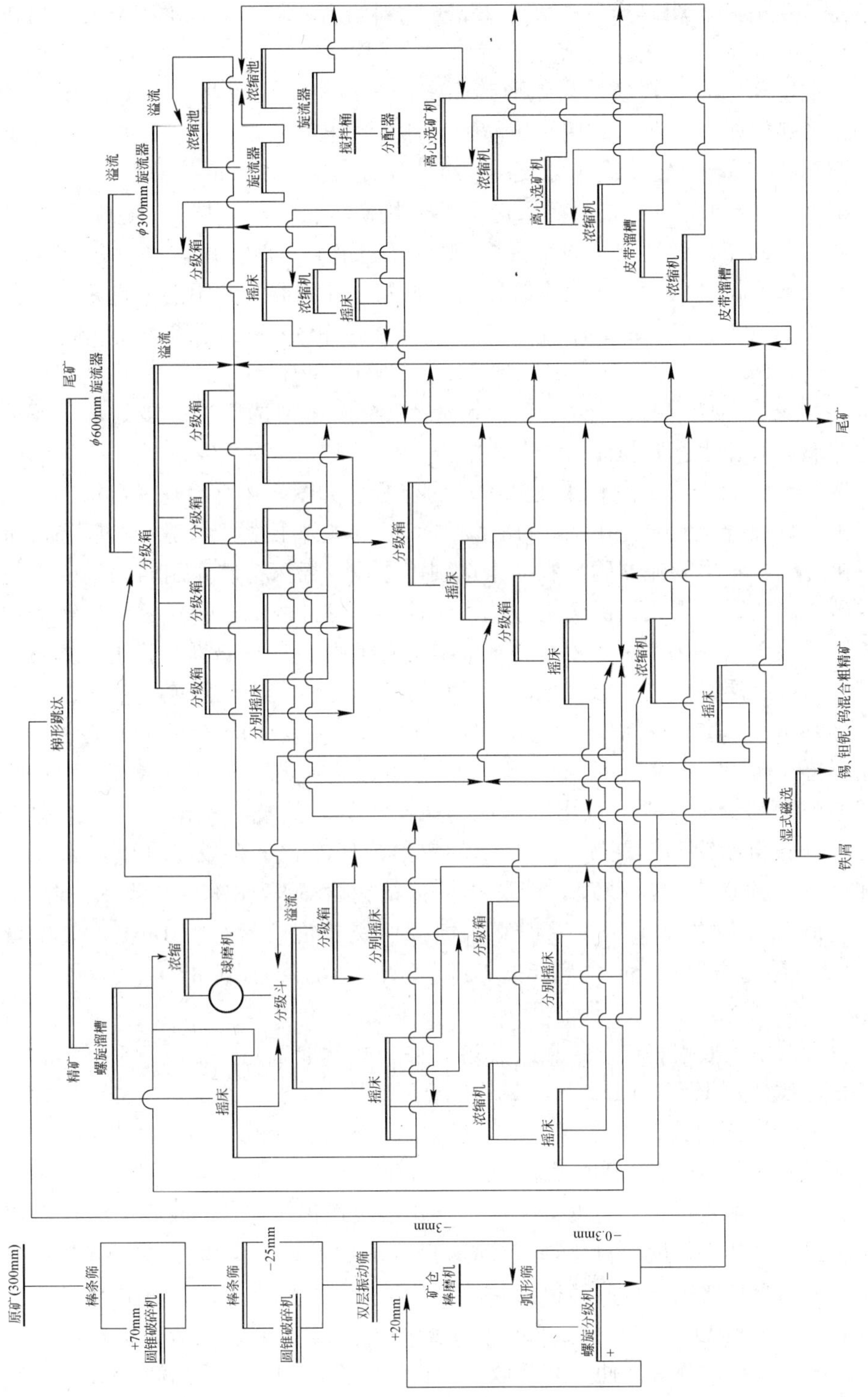

图6-3 栗木矿新木粗选厂流程

600mm 颚式破碎机，粗碎产品中大于25mm 物料给入 ϕ900mm 标准圆锥破碎机破碎至 -25mm，经过双层振动筛筛分，大于3mm 物料给入2100mm×3000mm 棒磨机，磨矿粒度0.3mm，棒磨机与弧形筛、螺旋分级机构成闭路。小于0.3mm 物料给入梯形跳汰机，跳汰精矿用螺旋溜槽－摇床选出部分粗精矿，尾矿给入球磨机，再磨至0.15mm。经分级斗分级，分级斗溢流（-0.15mm）采用分级摇床，分级斗沉砂（+0.15mm）先用摇床选出部分精矿，丢弃部分尾矿，然后将摇床中矿返回磨矿回路，做到“早收早丢”，避免了过磨碎；跳汰尾矿经过 ϕ500mm、ϕ300mm、ϕ125mm 和 ϕ75mm 旋流器分级、脱泥，旋流器沉砂用摇床选别，旋流器溢流用离心选矿机、皮带溜槽选矿，获得锡－钽铌－钨总粗精矿 Sn 含量12.54%，$(TaNb)_2O_5$ 含量1.614%，WO_3 含量31.139%，三者粗选回收率分别为52%～53%、41%～42%和64%～65%，粗精矿送精选厂进一步处理，尾矿可作为玻璃、陶瓷生产原料。

精选厂（含锡火冶工段）采用选冶联合流程，如图6-4所示。来自粗选厂的锡－钽铌－钨混合粗精矿先用7%的盐酸在80℃的条件下搅拌煮洗，然后经过水力分级机分级、水力旋流器脱泥和摇床选别等作业。摇床精矿先用弱磁场磁选机除去铁矿物，然后用干式强磁选机分选出磁性和非磁性两组矿物。磁性矿物为钽铌铁矿－黑钨矿（即钽铌－钨混合精矿）送水冶厂处理。非磁性矿物组为锡石－硫化矿物，再经浮游重选脱除硫化矿，所得锡精矿送给火冶工段炼成精锡，锡渣中尚含 $(TaNb)_2O_5$10%～12%，送给水冶厂处理。流程中产生的细泥集中给入沉淀池，再经 ϕ300mm 和 ϕ125mm 旋流器分级，旋流器底流用弹簧摇床选别，旋流器溢流用圆分槽选别。选出的细泥精矿经过苏打焙烧、浸出，浸出渣送火冶厂处理，获得精锡和钽铌锡渣。浸出的钨溶液经净化、合成得合成白钨，与含钽铌锡渣一并送水冶厂处理。精选指标：精锡含 Sn99.8%，回收率76%～85%；锡渣含 $(TaNb)_2O_5$10%～12%；钽铌－黑钨混合精矿 $(TaNb)_2O_5$ 含量17%、WO_3 含量37%、Sn 含量6%， $(TaNb)_2O_5$ 回收率87%，WO_3 回收率90%。

水冶厂采用碳酸钠焙烧、氢氟酸分解、仲辛醇萃取工艺，如图6-5所示。整个工艺由富集段、钽铌萃取分离段、钨锡综合回收段三个部分组成。首先将钽铌－黑钨混合精矿和含钽铌锡渣送富集段经过配料（精矿/纯碱/炭粉＝1/0.4/0.06；锡渣/纯碱/炭粉＝1/0.25/0.05）、磨矿（-0.15mm 含量大于95%）、焙烧（800～900℃）、磨矿、水煮浸出、过滤等工序。含钨溶液送钨锡综合回收段用镁盐净化法脱除磷、砷、硅，然后加氯化钙（$CaCl_2$）合成白钨矿，再用盐酸分解，氨净化，生产工业级氧化钨。滤渣经稀酸脱硅、盐酸煮、过滤等工序，其滤液经铁屑还原、电积，在阴极产生 Sn 含量75%～85%的电积锡，渣即人造钽铌精矿，送萃取分离段用氢氟酸分解，仲辛醇萃取，钽铌进入有机相，加反铌剂 $2NH_2SO_4$ 反

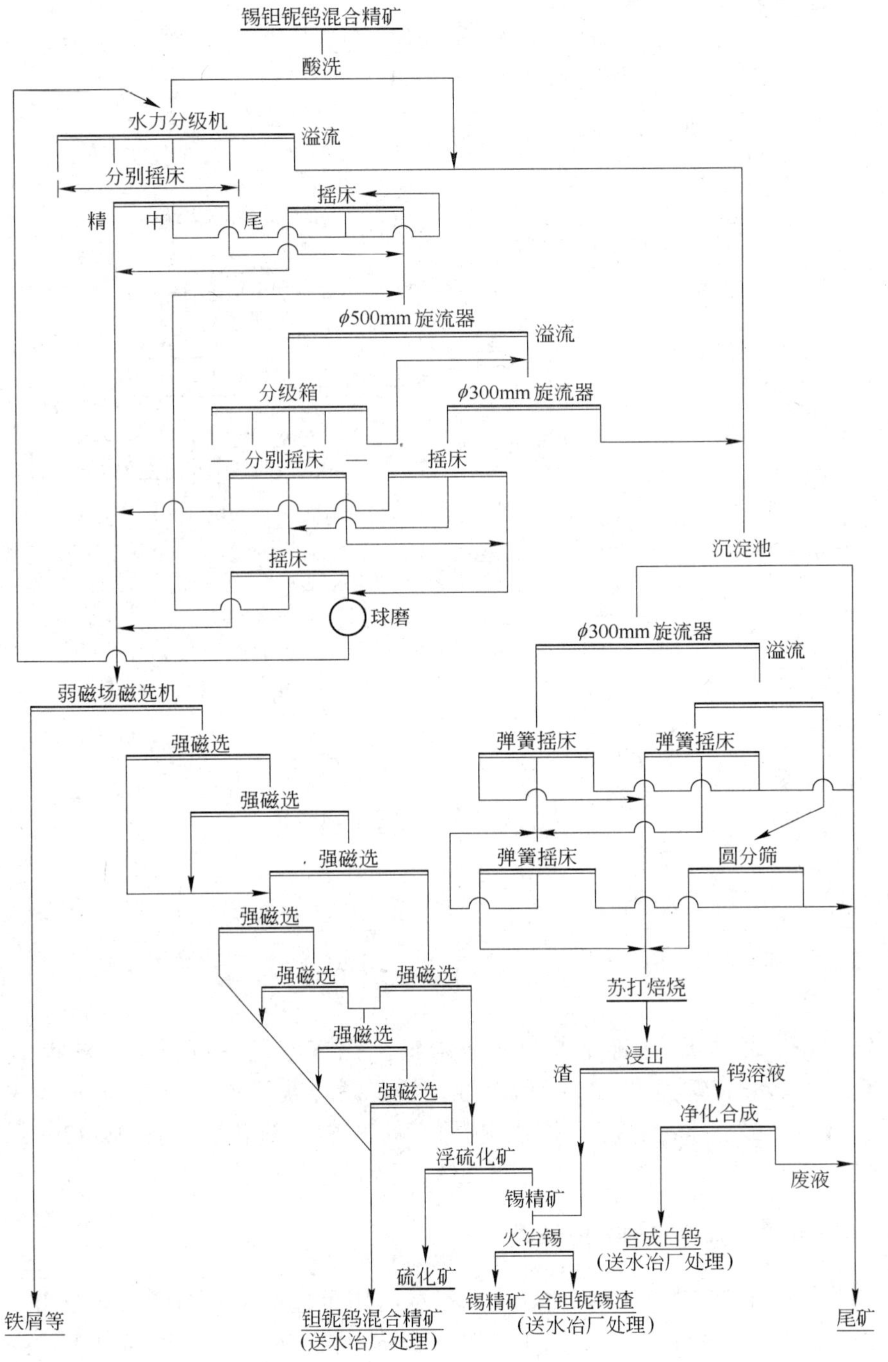

图 6-4 栗木矿精选厂流程

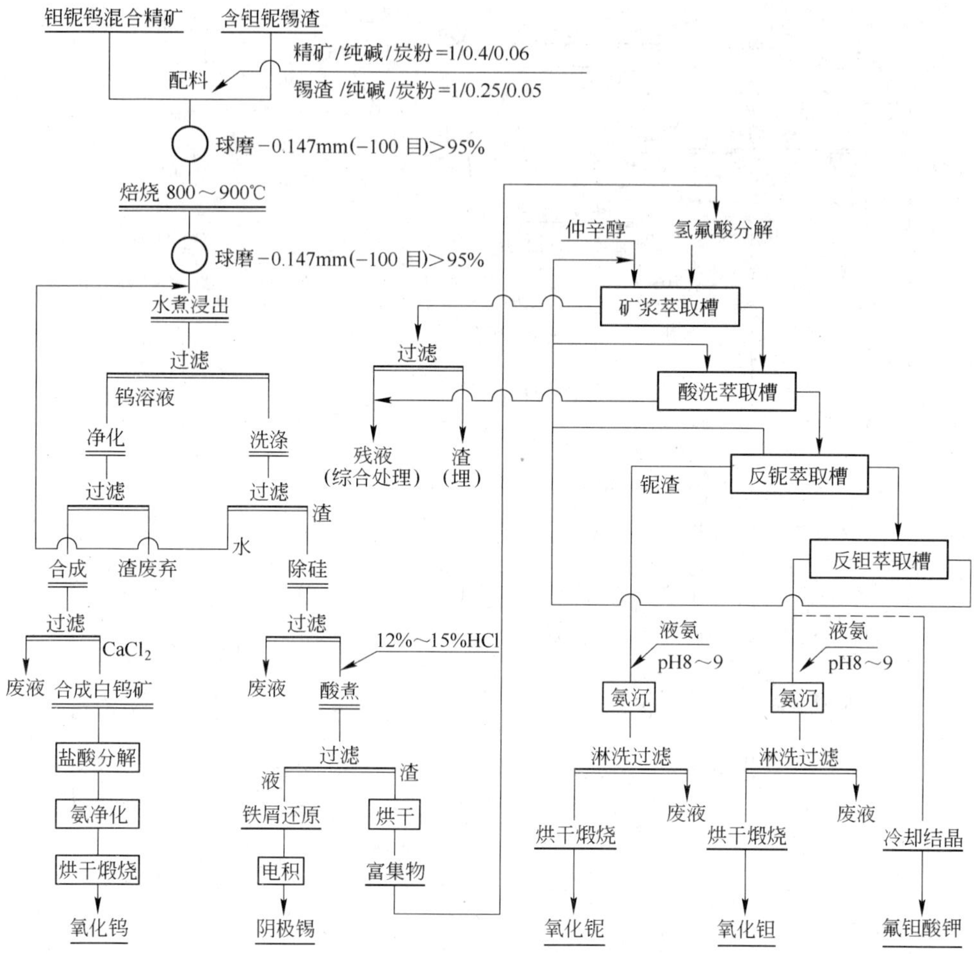

图 6-5　栗木矿水冶厂流程

萃取铌溶液，再加反钽剂纯水萃取钽溶液。铌溶液经氨沉、煅烧获得氧化铌（Nb_2O_5 含量98.72%）产品；钽溶液经氨沉、煅烧获得氧化钽（$Ta_2O_5$99.84%）和氟钽酸钾产品。水冶指标：氧化钽品位 99.84%，氧化铌品位 98.72%，钽铌水冶回收率 85.97%；氧化钨品位 99.8%，钨水冶回收率 81%。

6.3　钨锡共生矿选冶联合流程

钨和锡的主要矿物密度都比较大，粗选可用重选法将其与脉石矿物分开。粗精矿中一般集聚有黑钨矿、白钨矿和锡石，其中粗粒级物料可以通过干式强磁选使黑钨矿与锡石及白钨矿分开，然后再用电选法分离锡石和白钨矿，但细粒级物料则分离比较困难，虽然通过湿式强磁选可以把黑钨矿选入磁性产品中，但分选的精度较差，磁性产品中常混入白钨和锡石，非磁性产品可通过白钨浮选把白钨与锡石分开。

锡石中常含有部分铁矿物或表面受铁的污染，因此常带有不同程度的磁性，在精选中除获得黑钨和锡石精矿外，还会产出部分难以分选的黑钨与锡的中矿产品，这些中矿产品和细泥产品需要通过水冶使其得到回收。

广西平桂矿务局的长营岭钨锡矿是气化高温热液充填裂隙矿床，矿石共生组分复杂，从气化高温到低温均有矿物析出。矿石中金属矿物有黑钨矿、白钨矿、锡石、毒砂、闪锌矿、黄铁矿、黄铜矿、磁黄铁矿及少量的黝锡矿、白铁矿、辉铋矿、菱锰矿等；脉石矿物有石英、云母、萤石、白云石、方解石、黄玉、电气石、绿泥石、叶蜡石等；围岩为砂质页岩、灰岩。原矿 WO_3 含量 0.746%，Sn 含量 0.283%，在锡金属中，88.9% 为二氧化锡状态存在，其余为硫化锡和胶态锡。在钨金属中，以黑钨矿存在的钨占 55.23%，以白钨矿存在的钨占 32.3%，其余以钨华存在。锡石最大嵌布粒度为 10 ~ 20mm，一般为 1mm，多与云母、毒砂紧密共生，也有粒度为 0.2 ~ 0.3mm 的锡石分布在硫化物和石英中。白钨矿多呈微粒脉状、网状沿黑钨矿晶面或解离面分布，或与白云石一起胶结毒砂、闪锌矿、黑钨矿、锡石、黄铁矿、石英等；白钨矿嵌布粒度为 1 ~ 2mm，交代于黑钨矿中的白钨矿则呈微细粒嵌布。黑钨矿最大嵌布粒度为 20mm 以上，一般为 8mm，也有被白钨矿强烈交代而呈微细粒嵌布，粒度为0.036 ~ 0.05mm。

长营岭钨锡矿选厂的粗选段是用跳汰机、摇床和离心选矿机作重选设备，获得的粗精矿 WO_3 含量 4.45%、Sn 含量 3.57%，S 含量 13.52%，锡和钨的回收率分别为 82.16% 和 81.65%。粗精矿的精选先用枱浮和浮选除去硫化物，然后非硫化物产品经摇床富集，再经磁选、电选，即浮 - 重 - 磁 - 电联合流程分别产出锡精矿、黑钨精矿、黑钨中矿、白钨中矿、硫化物和尾矿。精选工艺流程如图6-6 所示，其中白钨中矿通过加温浮选、摇床选和磁选等方法，从中产出白钨精矿、黑钨精矿、锡精矿、钨中矿等产品，精选作业技术指标见表 6-2。

表 6-2 长营岭钨锡矿选厂精选作业技术指标

产　品	产率/%	品位/%		回收率/%	
		WO_3	Sn	WO_3	Sn
给矿	100	4.92	3.76	100	100
黑钨精矿	4.390	68.35	0.153	60.951	0.179
白钨精矿	1.626	73.82	0.157	24.395	0.068
黑钨中矿	0.633	16.21	20.83	2.086	3.506

续表 6-2

产　品	产率/%	品位/%		回收率/%	
		WO_3	Sn	WO_3	Sn
白钨中矿	0.403	41.09	7.33	3.366	0.791
锡精矿	5.188	1.64	63.98	1.728	88.275
细泥精矿	1.630	9.82	5.882	3.07	2.55

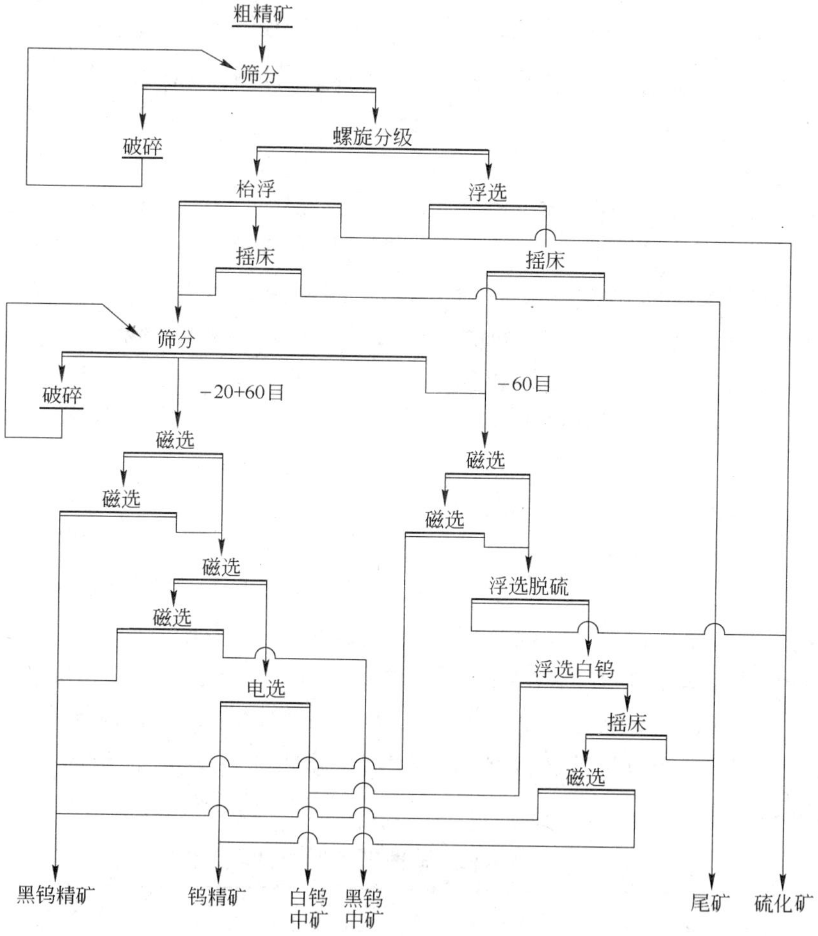

图 6-6　长营岭选厂精选原则流程

为解决细泥难选中矿的钨锡分离问题，该厂建立了水冶车间，处理的原料 WO_3 含量 15% ~25%、Sn 含量 5% ~15%、SiO_2 含量 12% ~20%。水冶流程由焙烧－浸出－净化－合成四个环节组成。

6.3.1 苏打焙烧

矿料中钨矿物与苏打反应生成钨酸钠，伴生的硅、砷、磷、钼等组分也同苏打发生反应，生成相应的化合物，因此，给矿钨、锡品位越高，上述杂质越少。但是白钨的苏打焙烧必须有 SiO_2参加反应，如矿料含硅过低，尚需补加石英，砷含量高于0.5%，则需先经焙烧脱砷，否则苏打焙烧后生成的可溶性 Na_3AsO_4 过多，将严重影响合成白钨矿的产品质量和钨的回收率。

苏打焙烧的入料粒度小于0.2mm，以利于焙烧及其后浸出的迅速进行。苏打用量为化学反应计算量的1.5～3倍，适当过量可达到较高的钨浸出率。组分和粒度不同的各种矿料按合理比例配料，加苏打混匀后，均匀铺在焙烧炉内，炉温750～850℃，焙烧时间2～4h，温度和时间不足则反应不完全，过度则炉料结块。焙烧过程中，要经常翻动料层，出炉的炉料以赤热疏松、无结块及苏打粉末为佳，处理能力为0.2～0.5t/(m^2·d)。

6.3.2 浸出

焙烧后的炉料置入搅拌槽内，在充分搅拌下用水浸出90min左右，澄清后放出浸液，浸渣用热水洗涤两次，洗涤液澄清后供下一批炉料浸出用。洗涤渣 WO_3 含量约2%，视锡品位的高低而作为锡精矿或再经选别后送冶炼。浸出工序的总用水量依矿料含钨量而定，一般需使浸液比重达1.1～1.5，WO_3 浓度保持在90～120 g/L。

6.3.3 净化

矿料中所含硅、砷、磷等成分在苏打焙烧中生成的 Na_2SiO_3、Na_3AsO_4、Na_3PO_4 等通过浸出也进入浸液。含硅不高时，在常温下添加氯化铵和氯化镁可生成 $Mg(NH_4)AsO_4$、$Mg(NH_4)PO_4$ 沉淀，即可达到净化的要求。含硅高的浸液，需先加稀盐酸和饱和氯化铵液，将pH值由14降至8.5，再加温至80～90℃后加入氯化镁溶液，经搅拌、沉淀后脱除硅（成为硅酸或硅酸镁）、砷、磷和碳酸，氯化铵和氯化镁的添加量依杂质含量而定。净化后的钨酸母液pH值为8.5，WO_3 作业回收率95%。

6.3.4 合成

净化后的母液添加氯化钙，即可生成人造白钨矿

$$Na_2WO_4 + CaCl_2 = CaWO_4 + 2NaCl$$

反应在搅拌槽内进行，母液先加热至70～85℃，再缓缓加入浓度25%的氯化钙溶液，并充分搅拌。反应完成后，全部放入过滤池，边搅动沉积下来的合成

白钨边加热水，洗去混杂在沉淀内的可溶性杂质，热水洗涤通常进行两次。最后将白钨矿沉淀过滤烘干，即得最终产品，合成作业 WO_3 回收率为97% ~98%。

选矿产生的难选中矿含钨和锡都比较高时，水冶流程采用碱压煮－离子交换－结晶 A. P. T 工艺，如图 6-7 所示。

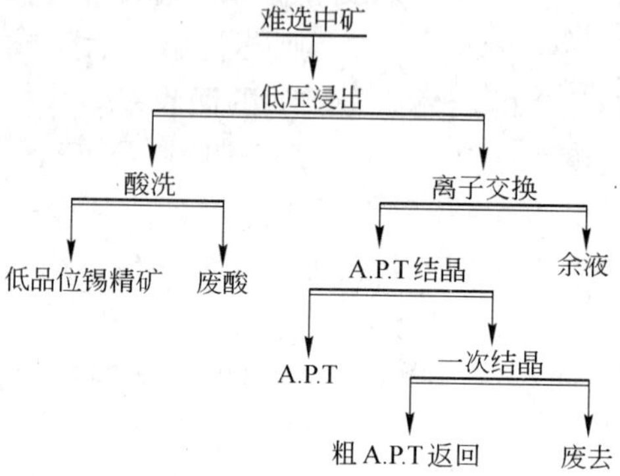

图 6-7　长营岭钨锡矿难选中矿处理工艺流程

7 钨伴生矿的选冶联合工艺

一般矿石中都含有伴生有价元素，但伴生元素的含量一般不太高，只是在其价值较大的情况下开采分离，才称为伴生矿。所谓伴生钨矿系指钨在矿床中与主矿、共生矿一起产出，虽然钨含量未达到开采标准，但在选矿过程中回收钨在经济和技术上是合理的矿石。如果伴生钨主要以黑钨矿和白钨矿的形式存在，综合回收要求平均 WO_3 品位不低于 0.05%。

7.1 我国伴生钨矿资源类型

各种金属矿产中伴生的钨是钨矿资源的重要组成部分，世界各国钨矿储量中均包含部分伴生钨，研究和加强有色金属矿山对伴生钨的综合回收是充分利用钨资源的一项具体措施。目前我国已探明有伴生钨储量的金属矿床有数十处，按含钨矿床中主要有用组分归类，可划分为以下一些伴生组合类型。

7.1.1 含钨的钼矿床

含钨的钼矿床分布于河南、山东、广东等地，该类型矿床含伴生钨的数量占伴生钨储量的2/3，是现阶段我国最重要的伴生钨矿石组合类型。矿床系斑岩型或斑岩与矽卡岩的过渡类型，平均 WO_3 品位 0.07% ~0.234%，如河南栾川地区细脉浸染状钼矿床即有矽卡岩钼矿石、角岩钼矿石和斑岩钼矿石。矽卡岩钼矿石含钨较丰富，WO_3 含量 0.1% ~0.2%，角岩和斑岩钼矿石 WO_3 含量一般小于 0.1%，伴生的钨呈白钨矿 - 钙钼矿系列矿物出现。

7.1.2 含钨的铜（铅、锌）矿床

河南、湖北、湖南、江西、广东、广西、云南等省铜或铜铅锌矿床中伴生的钨数量占总量的 19.4%。就现有资料看，含钨的铜或铜铅锌矿床均为矽卡岩型，平均 WO_3 品位一般小于 0.1%，钨矿物主要是白钨矿，浸染在铜、硫或铜、铅、锌的矽卡岩矿石中。伴生钨的数量多为中、小型，但江西永平铜矿伴生钨储量达大型规模。永平铜矿主要是铜、硫矿体，局部可圈出单一的硫、钨或铅锌矿体，全区平均 WO_3 品位 0.076%。含钨的铜矿床在湖北、湖南、江西、云南均有开采，但目前多未对钨进行综合回收。

7.1.3 含钨的锡矿床

该组合占伴生钨储量的5.3%，主要分布在云南，其次是广西、湖南等地。云南个旧地区原生含钨的锡矿为气化热液－矽卡岩型矿床，矿体形态和组分均较复杂，矿石类型以锡石－硫化物为主，伴生钨呈白钨矿出现，伴生和共生于锡矿石中的 WO_3 平均品位0.12%～0.21%，部分选厂已对矿石中共、伴生钨进行了综合回收。含钨的锡矿石差不多是目前我国能够稳定综合回收伴生钨的重要矿石类型。

7.1.4 含钨的铁矿床

此类组合占总储量的9.8%，见于内蒙古、湖南、广东等地，多为矽卡岩铁－多金属矿床。白钨矿或黑钨矿浸染在矽卡岩磁铁矿或褐铁矿中，含 WO_3 一般0.1%～0.25%，目前已经开采的有广东大宝山铁矿，已查明黑钨矿分散在褐铁矿中，钨矿物颗粒微细，粒径仅0.02～0.1mm。

7.1.5 含钨的金矿床

目前已知的仅有河南某金矿为含金石英脉矿床，脉体内见少许白钨矿，WO_3 平均品位0.117%。金矿现已建成投产，但未回收钨。

7.1.6 含钨的铌、钽矿床

湖南某铌、钽矿系白云母花岗岩型矿床，矿石为浸染状，伴生 WO_3 含量0.011%，尚未开采利用。

7.1.7 含钨的硫铁矿床

该组合见于山东某脉状、透镜状硫铁矿床，矿石细脉浸染状，白钨矿与黄铁矿共生，WO_3 平均含量0.067%。江西宁都青塘硫铁矿亦含钨，品位为0.07%。

综上所述，我国伴生钨的共生组合类型主要是含钨的钼矿床，其次为含钨的铜（铅、锌）矿床和含钨的锡矿床。此外，伴生在铁矿、金矿、钽铌矿及硫铁矿中的钨则极为次要。伴生钨在各类矿石中的赋存状态大多为独立矿物，且主要是白钨矿，有利于选矿回收。

我国伴生钨储量约占总储量的20%，伴生在其他矿床中的钨储量可观，大部分随主矿产开发而综合回收。如云南个旧锡矿，湖北大冶有色金属公司所属铜矿山（如大冶龙角山、铜绿山、封山洞等），江西铜业公司所属的铜矿山（如永平铜矿、东乡铜矿、德兴铜矿等）以及一些钼矿山等，在选矿过程中均已综合回收钨精矿，成为矿山各种精矿产品之一。

7.2 国内外伴生钨矿的选矿工艺

从分布上来看，我国有色金属矿产中，钨-钼、钨-铜（铅锌）、钨-锡三类共生组合矿床所含伴生钨占伴生钨总量的90%。国外从含钨的钼矿床、铜（铅锌）矿床和锡矿床中综合回收伴生钨均取得较好效果。我国已经实现钨-锡组合矿床的综合同收，从钨-钼和钨-铜（铅锌）组合矿床综合回收伴生钨的前景亦较好。

7.2.1 含钨钼矿石的选矿工艺

含钨钼矿石不仅在我国，而且在国外也是伴生钨的重要矿石类型。美国从该类矿石中综合回收伴生钨的研究较多。位于科罗拉多州的克莱麦克斯钼矿是世界最大的斑岩钼矿床之一，钼矿化呈细脉、浸染状产出在第三纪侵入的花岗斑岩体内。矿石主要金属矿物有黄铁矿、辉钼矿、黑钨矿、锡石；脉石矿物为石英、长石、黑云母，钼的平均品位0.318%，伴生WO_3平均品位只有0.03%。克莱麦克斯钼矿的开采始于1918年，开采的前30年都只回收钼，1948年增建了副产钨的选厂，从选钼丢弃的尾矿中回收钨，尾矿WO_3品位为0.025%，经重、浮、磁选流程处理后生产WO_3含量72%和40%~50%的两类钨选矿产品，总回收率约为40%。70年代初，矿山经过扩建实行坑、露采相结合，选矿能力达到30kt，而副产钨选厂的能力为40kt，每年生产精矿（折合WO_3品位68%）1300多吨，占美国20世纪70年代钨精矿年产量的24%，成为仅次于全美最大钨矿山派因克里克的第二大钨精矿生产厂家。从1943年至1977年，克莱麦克斯钼矿共生产钨精矿8180t，折合WO_3含量65%的精矿量12600t，此外，该矿山选厂还从钼矿石中综合回收硫、锡和独居石。

我国栾川钼矿田是世界六大巨型钼矿田之一，已探明矿石储量21亿吨，其中钼金属量2060kt，居世界第一位；伴生白钨620kt，为我国第二大白钨矿床，钼、钨平均地质品位为0.123%和0.124%。矿石埋藏浅、可选性好，采选成本低，宜于露天开采。三道庄矿区是栾川钼矿田最有代表性的矿床，以矽卡岩类型为主，占矿石总量的85%~95%，其余5%~15%主要为透辉石角岩、硅灰石角岩和少量其他类型矿石。选矿厂经浮钼之后，浮选尾矿WO_3含量0.141%，钨金属中95.3%以白钨矿存在，浮钼尾矿中除含白钨矿之外，还有少量辉钼矿、黄铁矿等，脉石矿物有透辉石、石榴石、萤石、磷灰石等。白钨矿呈粒状单晶或几个晶粒的几何体呈浸染状散布在脉石中。白钨矿与黄铁矿极少连生，但与辉钼矿关系密切，常见白钨矿中包裹或边缘连生有细片状辉钼矿单晶，其辉钼矿粒度1~30μm，这部分白钨矿难以与辉钼矿分离。另外，白钨矿中类质同象形式存在的钼含量占2.0%。白钨矿的成分不均一，钨、钼、钙的含量变化大，WO_3含量在

69% ~80%之间变化，平均75.4%；钼含量在0~5.4%之间变化，平均2.0%；CaO含量在21%~25%之间变化，平均22.5%，这是由于钨与钼置换引起含量变化，同时也引起CaO含量的变化。白钨矿的粒度为20~800μm，一般40~300μm，平均粒度64μm。据统计，+74μm含量占77.6%，+20μm含量占99.2%。石榴石矽卡岩、底部透辉石角岩及硅灰石大理岩中含白钨矿较丰富，粒度也粗些。

多年来，洛阳栾川钼业集团有限责任公司（以下简称洛钼集团）与多家科研院所和大专院校合作进行了大量的试验研究，取得了一定的成效。尽管矿石中白钨品位低、嵌布粒度细、组分复杂、回收的技术难度大，然而该项工作从未间断，特别是从1980年至今，共进行了10次试验研究。

（1）1979年11月~1980年12月，河南省地质局采用常温粗选，流程为一粗一扫五精流程，加温精选采用一粗一扫五精的浮选工艺和摇床重选工艺，重选是把选钼尾矿分成四级，每级都采用一粗一精的摇床分选以及重-浮-水冶联合流程进行实验室试验，在原矿品位0.11%的情况下，获得了精矿品位为22.53%~68.02%，回收率为41.02%~80.06%的选矿指标。

（2）1980年12月~1981年7月，北京矿冶研究总院采用加温浮选一粗一扫七精闭路流程进行实验室试验，原矿品位为0.12%~0.15%，精矿品位65%，回收率达70%~80%。

（3）1983年7月，栾川钼矿、西安冶金建筑学院和长沙有色冶金设计研究院采用ϕ1200mm螺旋溜槽-摇床联合重选流程进行实验室试验，精矿品位达71%，回收率达44.09%。

（4）1981年12月~1984年1月，栾川钼矿、长沙有色冶金设计研究院采用摇床-重选流程，开展从浮钼尾矿中回收粗粒部分低品位伴生白钨的工业试验，规模为60t/d，最终精矿WO_3品位达65%，回收率为30%，并获得白钨精矿0.9t。

（5）1987年由洛阳栾川钼业公司、西安冶金建筑学院和长沙有色冶金设计研究院采用ϕ1200mm螺旋溜槽进行工业试验，42个班平均指标：原矿WO_3含量0.159%，粗精矿WO_3含量0.42%，回收率36.9%；扫精WO_3品位0.215%，WO_3回收率7.02%，抛尾率45.7%，WO_3品位为0.071%，矿泥WO_3品位0.16%，产率35.14%。

（6）1987~1988年，洛阳栾川钼业公司、长沙有色冶金设计研究院和西安冶金建筑学院增加旋转螺旋溜槽进行了预选抛尾重选-浮选工业试验，并由洛阳栾川钼业公司、长沙有色冶金设计研究院完成了浮选小型试验及单一浮选的验证试验。9个班的重选工业试验平均指标为：原矿WO_3品位0.147%，粗精矿产率13.18%，WO_3品位为0.458%，回收率40.96%，抛尾率45.15%；尾矿WO_3品位0.035%，钨金属损率17.12%，细泥产率41.47%，细泥WO_3品位为0.171%，回收率为48.32%；粗精矿经再磨后，脱硫、脱水、加温浮选，获得WO_3品位为66.85%、回收率为34.74%的白钨精矿。单一验证试验，获得的精矿WO_3品位为65.75%，回收率54.34%。

（7）1985～1989年，洛阳栾川钼业公司和地矿部郑州矿产综合利用研究所采用磁选－重选工艺流程进行了工业试验，选钼尾矿平均WO_3含量0.102%，精矿WO_3品位72.22%，回收率32.41%。

（8）1999年，广州有色金属研究院、洛钼集团、长沙有色冶金设计研究院采用重－浮联合流程，进行了浮钼尾矿综合回收白钨试验，浮钼尾矿WO_3含量0.23%，白钨精矿WO_3含量66.85%，回收率67.53%。

（9）2000年，洛钼集团、俄罗斯国家技术中心有色金属研究院、河南省科委在洛钼集团技术中心模拟现场，采用单一浮选流程对钼浮选尾矿进行综合回收白钨的选矿试验研究，采用常温浮选、精选加温的浮选方法，在原矿品位0.149%的条件下，精矿品位40.38%，回收率80.82%。

（10）2000年12月～2001年5月，中方人员与俄方专家合作，在洛钼集团技术中心150 t/d工业试验厂进行了工业试验，对浮钼尾矿进行常温浮选、精选加温、酸浸得白钨精矿，在原矿WO_3含量0.143%的情况下，取得了精矿WO_3含量53.566%、回收率71.82%的理想指标。

工业试验采用的流程如图7-1所示。浮钼尾矿进入ϕ1500mm×1500mm搅拌桶搅拌后进入粗选作业，浮选是在碱性矿浆中进行，经过一粗二扫二精得白钨粗精矿，钨粗精矿品位可达2.361%，回收率达82.76%。粗精矿经过2PN砂泵送至ϕ3.6m浓缩机脱药，浓缩机底流集中进行加温搅拌，加温后的浓矿浆放入ϕ2m分泥斗脱药并经稀释后进入ϕ1000mm×1000mm搅拌桶调浆。经过一粗三扫三精，获得浮选白钨精矿，WO_3含量46.48%，回收率87.21%。浮选得到的白钨精矿进入酸浸作业，生产每吨精矿盐酸用量为200kg，酸浸后白钨精矿WO_3含量53.566%，作业回收率为99.54%，对原矿回收率为71.82%。

此后洛钼集团技术中心在工业试验的基础上，对药剂和流程进行了适当调整和改进，采用国产油酸（皂化）作捕收剂，并在精选加温脱药作业后添加了消泡剂，获得WO_3含量49.35%的白钨精矿，精选作业回收率达94.38%。目前实际生产中浮钼尾矿WO_3含量已降至0.06%左右，以油酸（皂化）作捕收剂，仍可产出WO_3含量30%～35%的白钨精矿，富集比达500倍以上，钨的回收率在50%左右，这是低品位白钨回收成功的典型范例。

河南栾川县众鑫矿业有限公司从多金属硫化矿浮选尾矿中进行了白钨回收的工业试验，以731氧化石蜡皂为捕收剂，水玻璃为抑制剂，当硫化矿浮选尾矿WO_3含量0.25%时，经一粗二扫三精的浮选作业，获得白钨粗精矿WO_3含量

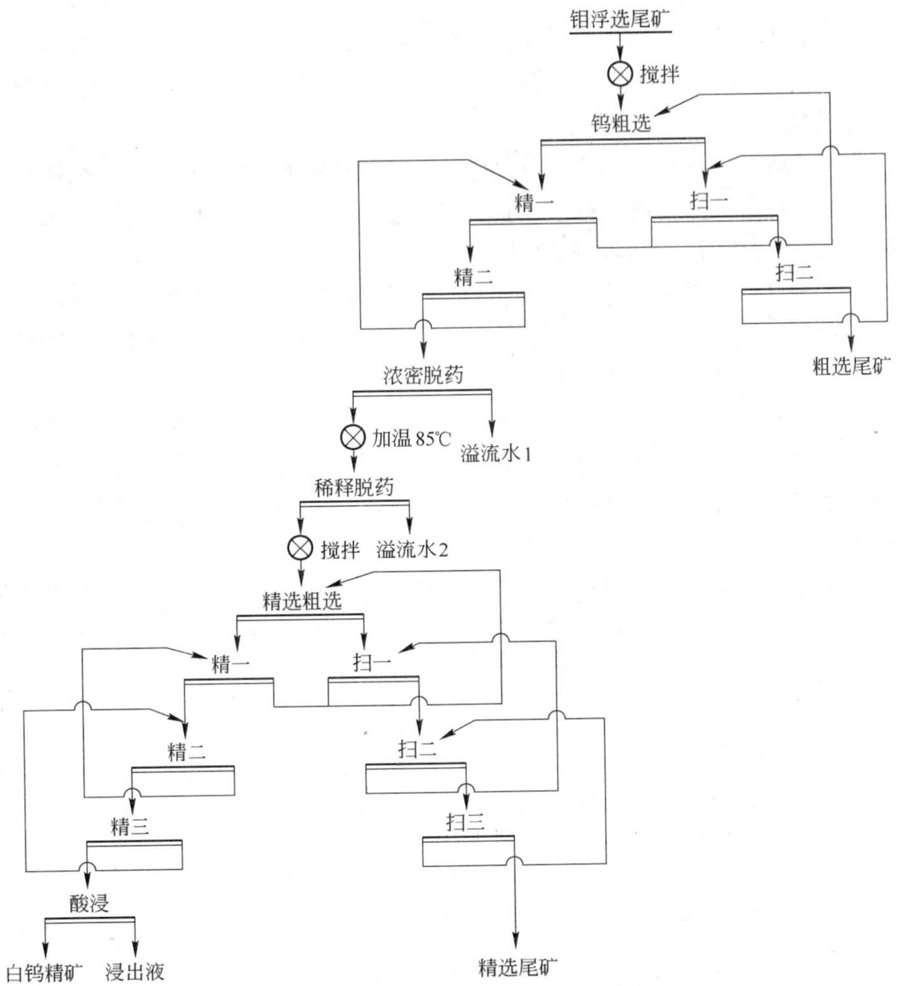

图 7-1　栾川钼矿浮选白钨工业试验流程

2.5%，粗选作业回收率为 69.6%，粗精矿采用加温精选法处理，经一粗一扫四精流程选别，获得白钨精矿 WO_3 含量 62.5%，精选作业回收率为 73.08%，再经酸浸处理后，最终白钨精矿品位达 65.05%，钨的总回收率为 50.47%。

福建省某地蕴藏着丰富的钼资源，目前已探明的钼资源超过 30kt 以上。长期以来，由于该地选矿技术比较落后，当地小型矿山企业只对钼进行了回收，且回收率都在 50% 以下，其中钨矿物得不到综合利用。

某矿石金属矿物有辉钼矿、黄铁矿、黄铜矿、闪锌矿、黑钨矿、锡石、金红石，非金属矿物以石英为主，次为白云母，其他矿物含量少。原矿中 Mo 含量 0.21%，WO_3 含量 0.2%。龚恩民等对该矿进行了选矿试验，经浮选－磁选流程处理后，可获得品位45.33%的钼精矿，回收率80.49%，硫精矿品位45.83%、回收率92.74%，钨精矿品位58.67%、回收率74.63%，较有效地回收了有用矿物，有着较好的社会效益和经济效益。

廖德华等人对河南某钼钨矿浮选尾矿进行试验研究，该尾矿中Mo含量0.05%，WO_3含量0.112%，且钼主要以辉钼矿形式存在，钨主要以白钨矿形式存在，脉石以钠长石、石英和方解石为主，因此该尾矿具有较好的开发利用价值。通过一粗一扫五精的钼浮选流程获得钼精矿，钼精矿品位48.50%、回收率57.06%。浮钼尾矿再选白钨，白钨浮选采用一粗一扫五精的试验流程得到白钨精矿，白钨精矿品位56.45%、回收率为69.74%。白钨粗选捕收剂为731，调整剂组合为$Na_2CO_3 + Na_2SiO_3$。

叶雪均等对河南某钼尾矿采用白钨常温浮选工艺进行综合利用试验研究，尾矿中有价金属钨和钼为主要回收金属，该尾矿中Mo含量0.04%，WO_3含量0.11%，钨以白钨矿为主，钼以辉钼矿为主，脉石矿物以硅酸盐为主，而其他有价元素均未达到综合回收的品位要求。试样在全浮脱硫后，钼浮选采用一粗一扫三精的流程，白钨浮选采用一粗二扫一精流程，精选采用三次精选一次精扫选。白钨粗选采用捕收剂为Ts（731改性产品），调整剂组合为$Na_2CO_3 + Na_2SiO_3$，试验室小型闭路试验获得Mo含量17.56%的钼精矿，钼回收率71.84%，白钨精矿WO_3含量27.34%，回收率为76.96%。

7.2.2 含钨铜（铅锌）矿石的选矿工艺

矽卡岩铜和铜铅锌矿床普遍伴生钨，日本和秘鲁等国均注意从该类矿床中回收伴生钨。日本福岛县八茎铜钨矿床系矽卡岩型，矿石所含金属矿物主要是黄铜矿，其次有磁铁矿、磁黄铁矿、白钨矿，以及少量方铅矿、闪锌矿、辉钼矿；脉石矿物为石榴石、绿帘石、透辉石、硅灰石、石英、方解石等。矿区有两类工业矿石分布于矿床中，下部是铜矿石，上部则为白钨矿石。铜矿石是主要矿石类型，含铜品位0.77%，白钨矿石WO_3品位0.085%，故该矿床实际上是以铜为主的伴生钨矿床。矿床开发历史可追溯到1890年，在很长时间内是以铜矿石为开采对象，直到1957年才开始开采白钨矿石。铜矿石和钨矿石分别由两个选矿系统进行处理，从浮选铜矿石系列排出的尾矿WO_3含量0.034%，而浮选白钨矿石系列排出的尾矿WO_3含量为0.159%。引人注目的是，为了进一步回收进入铜、钨浮选尾矿中的那部分微量钨，1963年选厂增设了尾矿处理流程，两个系列混合尾矿WO_3品位为0.04%，用浮选工艺生产WO_3含量32.54%的白钨中矿，回收率为33.83%，然后又将低度中矿送化学车间生产WO_3含量73%的合成白钨，作业回收率为95%。

日本另一处赤金铜矿亦为矽卡岩型，主要金属矿物有磁黄铁矿、磁铁矿、黄铜矿，其次为黄铁矿、闪锌矿、毒砂、黄铜矿，另有少量白钨矿、自然铋和自然金；脉石矿物是石榴石、绿帘石、角闪石、透辉石、斜长石。矿山从浮铜尾矿中用浮－重－磁联合流程回收低品位钨和铋，先产出钨、铋混合精矿（两者品位均大于30%），再用高压釜浸出，使钨、铋分离，获得 WO_3 含量75%的人造白钨和45%的铋精矿。

秘鲁的莫罗柯恰是1920年建成的铜矿山，1927年开始副产铅、锌，1964年开始副产钨。原矿 WO_3 含量0.09%，副产钨精矿品位71%，回收率为35%，可年产钨精矿百余吨。

我国目前对含伴生钨的铜矿床的开采利用比例较高，达77.5%，但均未形成稳定的综合回收伴生钨的选矿流程。究其原因，主要是由于勘探期间对钨在矿石中的含量、分布和赋存状态未能查清。

湖北新冶铜矿于20世纪50年代建成投产后才发现铜矿石中含钨。经查定，钨矿物有白钨矿和黑钨矿，以白钨矿为主。白钨矿呈粒状和脉状浸染于矿石中，粒径0.04～0.1mm，且与黄铜矿、石榴石、绿帘石连生，少量分散在石榴石中，选铜尾矿 WO_3 含量0.2%～0.3%。1975年曾采用浮选进行回收钨的试生产，产出 WO_3 品位72%的特级钨精矿，现已重建重－磁联合流程。

永平铜矿勘探于20世纪60～70年代初，勘探时即发现矿石普遍含钨，但未做系统查定，工业利用价值不明，开采设计亦无法考虑对钨的综合利用。现已查明矿石中的钨基本上为独立矿物，3/4是白钨矿，且大部分嵌布在石榴石等脉石矿物粒间。原矿 WO_3 含量0.076%，浮铜后70%～80%的钨矿物均富集在尾矿中，经选矿试验，从浮铜尾矿中可分选出 WO_3 品位74%～75%的钨精矿，回收率为33%～43%。

宝山铅锌银矿为一综合矿床，选矿厂处理的矿石分别来自原生矿体和风化矿体。矿石中主要有用矿物为黄铜矿、辉钼矿、方铅矿、闪锌矿、辉铋矿、黄铁矿、白钨矿、黑钨矿等；主要脉石矿物为钙铝榴石、钙铁榴石、石英、方解石、辉石、角闪石、高岭土等。选厂硫化矿（包括原生矿与氧化矿）浮选尾矿含有低品位钨矿物，主要是白钨矿。原生矿浮选铅锌后的尾矿中含有0.127%的 WO_3，其中白钨矿约占81%，黑钨矿占16%，钨华占3%。80%左右的白钨矿粒度集中在－0.074＋0.037mm之间，66%的黑钨矿粒度集中在－0.037＋0.019mm范围内。风化矿石浮选尾矿的性质与原生矿类似，WO_3 含量0.134%，但黑钨矿含量比原生矿稍高，约占25%，白钨矿的粒度较细，大部分集中在－0.037＋0.019mm之间，脉石矿物以钙铁辉石为主，并有较多的长石和铁矿物。针对该矿选矿，先用短锥旋流器、螺旋溜槽、摇床预选硫化矿浮选尾矿，可以丢弃产率为65.92%～73%，WO_3 损失率为39.55%～41.19%的尾矿，并且可以选出 WO_3 品位为47.29%～50.56%、回收率为18.62%～20.18%的精矿，同时选出产率为

26.95% ~34.027%、回收率为40.19% ~40.27%的粗精矿。粗精矿进行白钨浮选，矿量比硫化尾矿直接浮选的矿量少73.05% ~65.973%，从而可以大大节省药剂用量，降低选矿成本。

某多金属矿属岩浆期后汽化－中温热液交代多金属矽卡岩型矿床，金属矿物以方铅矿、闪锌矿、白钨矿为主，次为黄铜矿等；脉石以石英、云母为主，原矿含Pb 1.67%、Zn 1.21%、WO_3 0.24%。严川明等针对该多金属矿矿石性质复杂、白钨含量低等特点，采用混合浮选预先脱硫，脱硫尾矿以731氧化石蜡皂常温浮选白钨的工艺流程，白钨粗选调整剂组合为$Na_2CO_3+Na_2SiO_3$，取得了比较满意的工艺指标。

艾光华等对湖北黄石某低品位白钨矿石进行了合理的选矿工艺流程和药剂制度的试验研究。该白钨矿中金属矿物以黄铁矿为主，次为白钨矿、磁铁矿，其他金属矿物有黄铜矿和少量的辉铋矿、闪锌矿、赤铁矿、磁黄铁矿，偶见方铅矿；非金属矿物有石榴石、萤石、绿帘石、透辉石、透闪石、石英等，方解石、碳酸盐矿物、石榴石含量最多，其他矿物则较少，萤石含量也不高。由于辉铋矿粒度太细，回收难度较大，因此矿石中有回收价值的矿物为白钨矿和黄铜矿。经试验选优，在浮选分离硫化矿后，采用731氧化石蜡皂常温浮选法回收白钨，白钨粗选调整剂组合为$Na_2CO_3+Na_2SiO_3$，通过小型闭路试验，对含钨0.22%的矿样，取得了钨精矿产率0.28%、钨精矿品位61.46%、钨回收率74.82%的选矿技术指标。

7.2.3 含钨锡矿石的选矿工艺

钨、锡共生关系密切，两者常以共生、伴生矿产出现。捷克的克拉斯诺列别斯卡亚锡矿是网脉状锡石－硫化物矿石，主要有用金属矿物是锡石、黑钨矿，其次是黄铜矿，还有微量黄铁矿、砷黄铁矿、闪锌矿。锡的平均品位0.25%，伴生WO_3品位0.03% ~0.08%。选矿采用重－浮流程生产锡、钨混合精矿，并副产铜精矿，该厂产出两类锡、钨混合精矿，Sn、WO_3品位分别是45%及12% ~15%和40%及3% ~5%，锡的回收率53% ~65%，钨的回收率43% ~60%。

我国云南锡矿山和广西栗木锡矿都已在选矿中综合回收钨。云锡公司开采历史悠久，但历来只产锡，产品单一，自20世纪60年代中期以后才相继回收锡矿石中伴生的多种有用组分。处理锡石－硫化物矿石的基本选矿工艺是浮－重－浮流程，先混合浮选硫化物，浮选尾矿采用重选富集锡、钨、铋混合精矿，然后再通过浮选对锡、钨、铋进行分离。

7.2.4 含钨钽铌矿石的选矿工艺

花岗岩型钽铌矿床常伴生有钨，如江西大吉山钨矿的69号矿体、湖南湘东钨矿的钽铌矿体、湖南临武县尖峰坡钽铌矿等都不同程度地伴生钨。

湖南临武县尖峰坡钽铌矿为一蚀变花岗岩钽铌矿床，矿石中主要有用矿物为细晶石、钽铌铁矿、锡石、黑钨矿、白钨矿及少量磁铁矿、钛铁矿等；脉石矿物主要是石英、长石、白云母、黄玉等。原矿含 Ta_2O_5 0.015%、Nb_2O_5 0.014%、Sn 0.024%、WO_3 0.027%，钽铌含量已达到工业品位要求，锡石、黑钨矿、白钨矿可综合回收。

2002 年，广州有色金属研究院对该矿进行了试验研究，试验采用两段磨矿两段重选的粗选流程，第一段磨矿粒度为 -0.5mm，第二段磨矿粒度为 -0.2mm，两段磨矿产品经分级后分别用螺旋选矿机粗选，螺旋选矿机获得的粗精矿再用摇床分选，获得粗精矿 Ta_2O_5 含量 1.21%，作业回收率为 64.6%。粗选段获得粗精矿经筛分，分成 +0.1mm 和 -0.1mm 两个粒级，各级分别脱除硫化矿后再用摇床选，获得选矿精矿产品，该产品 Ta_2O_5 含量 6.89%、Sn 含量 6.9%、WO_3 含量 11.9%，精选作业 Ta_2O_5 回收率为 88.98%。精矿中主要矿物为细晶石、铌钽铁矿、锡石、黑钨矿和白钨，曾试图用磁选法将铌钽铁矿、黑钨矿与锡石、细晶石分开，但由于铌钽铁矿、锡石、黑钨矿都不同程度地具有一定磁性，各矿物的磁性范围重叠，因此很难通过磁选进一步将其分开，故只有通过水冶方法进一步分离。水冶试验流程如图 7-2 所示。

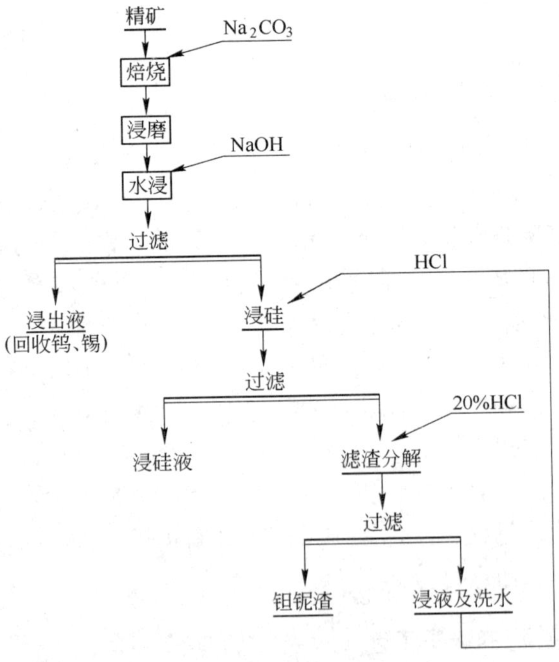

图 7-2 尖峰坡钽铌矿水冶试验流程

试验条件为：

（1）焙烧工艺参数：矿/苏打/炭粉 = 1/0.8/0.1，焙烧温度 850～950℃，保温时间 1.5～2h；

（2）水浸工艺参数：液固比 5/1，温度 60～70℃，搅拌时间 2h；

（3）脱硅工艺参数：液固比 10/1，HCl 溶液浓度 10%；

（4）滤渣分解条件：液固比 4/1，HCl 溶液浓度 20%，温度 80℃，时间 30min。

水冶试验结果：钽铌渣含 Ta_2O_5 29%、WO_3 1.9%，钽铌回收率为 93.05%，在钨锡浸液中，钨的浸出率为 96.14%～97.71%，锡的浸出率为 91.22%。钨锡浸液可先将浸液除掉硅、磷、砷等杂质，然后加入 $CaCl_2$ 合成白钨，过滤后溶液再加铁屑还原、电积，生成电积锡。

从国内外伴生钨的回收情况来看，由于伴生钨的含量比较少，回收钨的工艺一般在选厂总流程的末端，往往受前面分选工艺的影响，并且矿石性质复杂，因此伴生钨回收工艺所得到的钨产品往往不能作为钨精矿出售，而是再经水冶流程处理来获得最终钨产品。

8 钨矿石选矿新技术

随着矿石的不断开采和挖掘，目前开采的钨矿石都面临着原矿品位日趋下降、嵌布粒度更加细小、矿石成分愈加复杂的尴尬局面。从原矿选至精矿其富集比一般在40~300之间，这不仅使选矿的处理费用增加，同时也加大了选矿的难度。单凭某一项选矿方法，欲从低品位矿石中获得高的精矿质量和高的回收率是很不现实的。为了扩大资源的利用，尽量减少金属损失和谋求经济上的最大效益，借助多种选矿方法相互结合，以及采用选冶联合流程已成为钨选矿的发展趋势。世界上比较著名的钨选厂如韩国桑东钨矿（浮选+浸出），美国的PineCreek（浮选+浸出）、Tempiut（磁选+石灰法），加拿大的MTPleasant Mine（重选+浮选+浸出）都顺应了发展潮流，且取得了相当满意的成绩。

钨矿分选已经进入新药剂新工艺并行时代，研究的重点已经由原来的分选指标转移到重视成本与环保上，进一步寻找和开发低污染、低成本又高效的钨矿回收工艺和浮选药剂，已成为中国乃至全世界钨矿选矿工作者的工作重点。

8.1 化学选矿

进入20世纪80年代后，有许多新工艺应用到钨矿选矿中，当中较为突出的是化学选矿。化学选矿主要目的是：（1）用于处理低品位钨精矿和中矿，该工艺的优点是收率高，最终产品附加值高，在国外已是成熟有效的方案，尤其适用于细粒浸染型的难选矿石；（2）用于钨精矿除杂。

8.1.1 化学选矿法制备钨产品

钨选厂在分选过程中产出的钨细泥精矿和含杂质较多的中矿，大都含WO_3 20%~30%，矿物组成复杂，粒度较细。实践表明用常规的选矿方法效果不佳，若要达到合格的精矿品位，则回收率会有大幅度下降，如用化学选矿方法则可以大幅度提高钨金属回收率。如奥地利Mittersill选厂所处理的原矿中，白钨矿的嵌布粒度在60μm以下，一般为40μm。该厂采用浮选-水冶联合流程，从原矿WO_3品位为0.7%~0.8%的矿石中，先用浮选产出WO_3品位30%的精矿，回收率为95%；然后用苏打高压浸出工艺把精矿处理为仲钨酸铵，由于浸出率高达95%~98%，故选冶总回收率仍有90%~93%。该厂有时为了适应市场需要，间或也用浮选生产WO_3品位65%的商品精矿，但回收率却下降至85%，前后对比显示了选-冶联合流程的优越性，而且由于提高了钨的回收率，所增加收益足以弥补冶炼多耗的费用，最终体现了很高的经济效益。中南工业大学李洪桂等采用机械活化法浸出白钨矿，同样取得了不凡效果。随着高品位钨矿床逐渐开采殆尽，可以预见化学选矿将成为钨选矿的一个主流。目前常用的化学选矿方法有盐酸分解法、苛性钠浸出法、机械活化（热球磨）新工艺、苏打溶液压煮法、氟盐（氟化钠或氟化铵）分解法几种。

（1）盐酸分解法。白钨矿易于用酸分解，原则上盐酸、硝酸、硫酸均可，工业上一般采用盐酸，其反应为

$$CaWO_4(\text{固}) + 2HCl = H_2WO_4(\text{固}) + CaCl_2(\text{液})$$

盐酸分解白钨矿易于进行，且分解率可达99%以上，此方法流程短、成本低，通常用于高纯白钨矿和最终产品含量要求不特别严格的情况。

（2）苛性钠浸出法。此方法通常用于黑钨矿分解，现有冶炼技术表明，在一定条件下也可以用于分解白钨矿，其反应为：

$$CaWO_4(\text{固}) + 2NaOH(\text{液}) = Na_2WO_4(\text{液}) + Ca(OH)_2(\text{固})$$

（3）机械活化（热球磨）新工艺。中南大学李洪桂等研究开发了机械活化（热球磨）新工艺，对矿物进行机械活化，可强化化学反应，从而取得良好的分解效果。在热球磨条件下，控制一定碱量、温度、时间，苛性钠分解白钨矿的浸出率可达98.51%。由于我国大部分厂家都是碱法生产线，此法可在原有工艺情况下实现白钨矿的分解，经济效益可观，且极具推广价值，是白钨矿分解工艺的一项突破性成果。

（4）苏打溶液压煮法。国外处理白钨矿中常用到该方法，特别是对低品位白钨矿是一个非常有效的方法，其反应为

$$CaWO_4(\text{固}) + 2NaCO_3 = Na_2WO_4(\text{液}) + CaCO_3(\text{固})$$

此方法能处理低品位白钨矿，控制条件也能获得较高的浸出率，但其不足主要是需要高温、高压、高苏打用量。近年来，对此法进行了较多的研究和改进，如采用机械活化压煮新工艺，不仅大幅度降低了压煮温度和苏打用量，且流程短，“三废”排放减少，因此，此法具有较好的工业应用价值。

（5）氟盐（氟化钠或氟化铵）分解法。氟盐（氟化钠或氟化铵）分解法的反应如下：

$$CaWO_4(\text{固}) + 2NaF(\text{液}) = Na_2WO_4(\text{液}) + CaF_2(\text{固})$$

该法分解率为99%左右，优点是氟盐用量少、分解率高、分解时间短，且滤液较为纯净，废渣（CaF_2）可利用。

上述化学选矿方法中比较常用的是盐酸分解法和苏打溶液压煮法。江西赣州精选厂用化学选矿方法处理难选物料，每年可生产仲钨酸铵1000t，其原则工艺流程如图8-1所示。

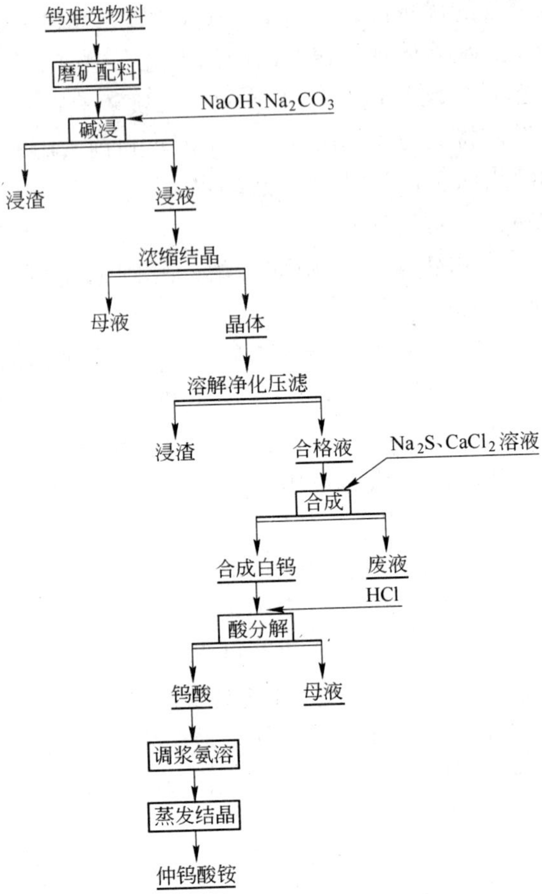

图 8-1 江西赣州精选厂化学选矿原则流程

另外，美国 ShearlsLake 化学选钨厂利用化学方法对 WO_3 含量 0.0062% 的盐水进行钨回收，他们采用选择性离子交换树脂 HERF 树脂（8－羟基喹啉、乙二胺、间苯二酚和甲醛）来萃取钨，然后从洗涤液中回收商品钨，回收率可达 92.5%，这种方法为我们开发钨资源提供了一个崭新的思路。

8.1.2 钨产品的化学除杂

黑白钨产品中有一部分质量达不到要求，进一步回收流程复杂、回收率低，因此要求通过化学选矿方法来回收黑白钨。有些白钨精矿中杂质含量高，为消除低度白钨中矿钙质矿物，并降低有害杂质 SiO_2、P、As、Mo、S、Cu 的含量，需要用化学方法来处理这些白钨精矿。

为获得球磨浸出要求的白钨精矿，魏庆玉应用成本较低的稀盐酸（5% ~ 8%）预浸白钨中矿，发现钙质碳酸盐矿物、磷灰石易被稀酸溶解去除，控制好浸出反应速度与 pH 值，经洗钙、脱水、干燥，除能增加白钨品位，提高质量外，还能产出高质量的白钨精矿，原则流程如图 8-2 所示。

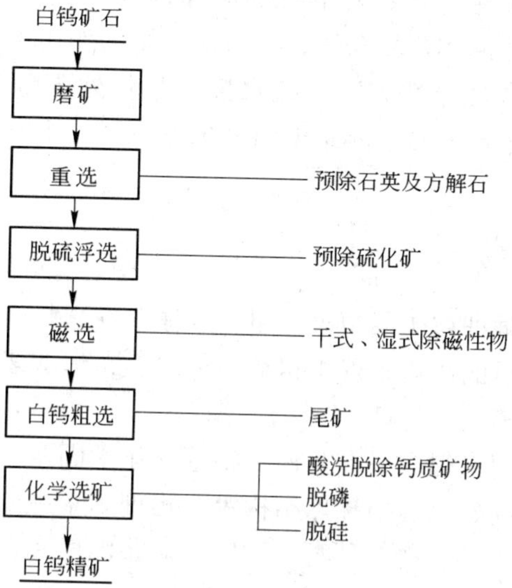

图 8-2 低品位白钨物理选矿与化学选矿原则流程

某白钨中矿，粒度小于 0.152mm，质地轻，含方解石类碳酸盐较多，多元素分析结果如表 8-1 所示。经稀酸浸出处理后的白钨矿，可不同程度地提高 WO_3 含量，降低 SiO_2、P、Mo、As、Fe、Mn、Cu、S 等杂质含量，如表 8-2 所示。个别高钙型白钨中矿可生产出高纯度的白钨精矿。

表 8-1 某白钨中矿多元素分析结果

元 素	WO_3	Sn	S	Cu	Ca	Mo
含量/%	29.49	0.15	2.23	0.09	24.04	0.008

表 8-2 某白钨中矿化学选矿试验结果

编 号	WO_3/%	Sn/%	S/%	Cu/%	SiO_2/%	Ca/%	Mo/%
1	68.08	0.04	0.05	0.02	7.13	0.016	0.001
2	67.80	0.07	0.12	0.02	3.76		0.001

8.2 细粒选矿技术

细粒选矿技术是浮选技术的一个重要分支，钨矿性脆，易过粉碎，因此细粒技术对于钨选矿来说更具有非同一般的意义。

细粒技术主要包括疏水聚团分选和高分子絮凝，目前国内外研究较多的是疏水聚团分选。疏水聚团分选是指先用调浆剂调浆，使微细粒目的矿物和脉石矿物处于完全分散状态，再用有选择性的表面活性剂（如捕收剂）使目的矿物表面疏水，进而添加非极性油作桥联介质，在剪切力场的作用下使表面疏水的目的矿物聚集团，随后采用常规浮选方法使疏水聚团与仍处于分散状态的脉石矿物分离。根据非极性油的用量差异，疏水聚团分选形成了三个分支：载体浮选、剪切絮凝浮选、油团聚浮选。

8.2.1 载体浮选

载体浮选是指在微细粒矿浆中添加粗粒载体，在选择性表面活性剂和剪切力场的作用下使微细粒目的矿物附着于粗粒载体之上，形成表面疏水的聚团，然后采用常规浮选进行分离。

载体浮选的影响因素很多，有几何、物理和化学因素。几何因素包括颗粒粒度、载体粒度、载体物料比、搅拌器结构等；物理因素主要是指搅拌速度、时间和矿浆浓度；化学因素则有药剂种类、浓度、矿浆温度和 pH 值等。

邱冠周用大于 10μm 的不同粒级黑钨矿对 -5μm 粒级的黑钨矿进行载体浮选，回收率从原来的 40.5% 上升到 70.38%。朱建光用 -5μm 粒级黑钨矿进行载体浮选，并与同样条件下的常规浮选作比较，加入的载体为大于 10μm 的不同粒级的黑钨矿，可提高 -5μm 细粒黑钨矿的浮选速率，极大地改善了微细粒黑钨矿的分选效果。邱冠周等还研究了微细粒矿物的载体浮选机理，提出载体 - 中介 - 助凝机理，并对黑钨矿载体浮选的影响因素进行了研究，指出载体浮选需要较高的搅拌强度和合适的粗细比。胡为柏等曾采用同类载体浮选工艺对微细粒黑钨矿的分选进行了研究，与常规浮选相比，黑钨矿精矿品位和回收率分别提高了 7.71% 和 14.92%。

8.2.2 剪切絮凝浮选

剪切絮凝浮选工艺属细粒选矿新工艺，一经问世就受到广大选矿工作者的重视。首次使用在瑞典的 Yxsjoberg 选厂，并取得了显著的成效，该厂生产指标表明，采用该工艺，可以从原矿 WO_3 品位 0.289% ~0.348% 的矿石中获得 WO_3 含量 65% ~69.9% 的商品精矿，回收率达 78.2% ~79.9%，当处理历年堆存的旧尾矿（WO_3 0.124%）时也获得 WO_3 品位 66.5% 的白钨精矿，回收率可达 65%。

Warren 认为剪切絮凝浮选是一种通过施加足够大的剪切力使悬浮在表面活性剂溶液中的细粒物料聚集成团而后分选的一种方法。剪切絮凝浮选的影响因素主要有颗粒大小、表面电性、疏水性、搅拌速度和时间、矿浆浓度以及搅拌槽和搅拌叶轮的几何形状和尺寸等。

选择性絮凝工艺过程简单，易工业化，是一种很有发展前途的回收微细粒有用矿物的分选工艺。选择性絮凝工艺的实现需要解决两大问题：（1）研究出目的矿物的选择性絮凝剂；（2）研究出克服 Ca^{2+}、Mg^{2+} 不良影响的调整剂和有效的脉石矿物分散剂。

杨久流等人以 FD 作为选择性絮凝剂，分别用水玻璃、六偏磷酸钠、氟硅酸钠、酸化水玻璃为分散剂，对 4 种脉石矿物石英、萤石、方解石和石榴石的分散行为进行了研究。结果表明，六偏磷酸钠是微细粒黑钨矿选择性絮凝工艺中最佳的分散剂。人工混合矿试验表明，采用最佳药剂制度可使微细粒黑钨矿与 4 种脉石分离，并取得了令人满意的分选指标。FD 是一种自制的经过改性的来源广泛的絮凝剂，图 8-3 是 FD 在不同 pH 值时对微细粒黑钨矿及四种脉石矿物的絮凝效果，FD 用量为 10mg/L，沉降时间为 40s。从图 8-3 可知，在整个 pH 值范围内，石英一直处于分散状态，当 pH 值大于 6 时，石榴石开始被完全分散；当 pH 值大于 11.9 时，萤石也处于分散状态，此时只有黑钨矿和方解石仍被絮凝，且絮凝物沉降率达 94%。FD 的絮凝能力与聚丙烯酰胺相近，而其选择性却比聚丙烯酰胺要高很多。

图 8-4 是 FD 在不同用量下对黑钨矿及脉石矿物的絮凝效果，沉降时间为 40s。从图 8-4 可以看出，当 FD 的用量在 5～40mg/L 之间时，黑钨矿絮凝能力最强，方解石次之，萤石第三，石榴石和石英则完全处于分散状态；当 FD 用量超过 80mg/L 时，所有矿物均被完全分散，由此可以推测，FD 是微细粒黑钨矿最适宜的选择性絮凝剂。为了证明这一点，采用 FD 为黑钨矿选择性絮凝剂六偏磷酸钠为四种脉石矿物的分散剂进行试验，结果表明微细粒黑钨矿与方解石、萤石、石榴石和石英的单一人工混合矿及黑钨矿与四种脉石人工混合矿实现了良好的分离，分选指标如表 8-3 所示。

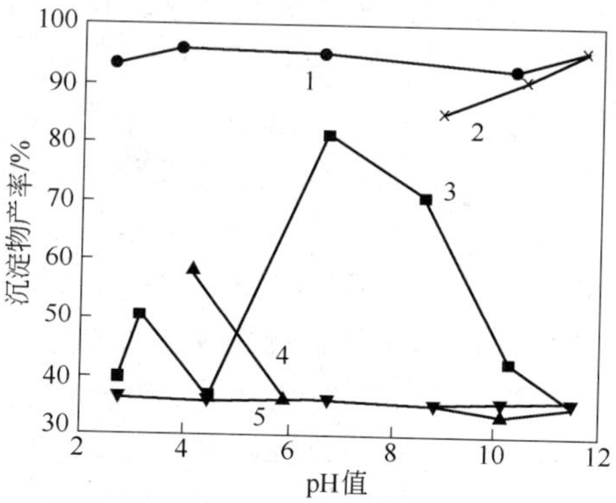

图 8-3 pH 值对 FD 絮凝各种矿物的影响

1—黑钨矿；2—方解石；3—萤石；4—石榴石；5—石英

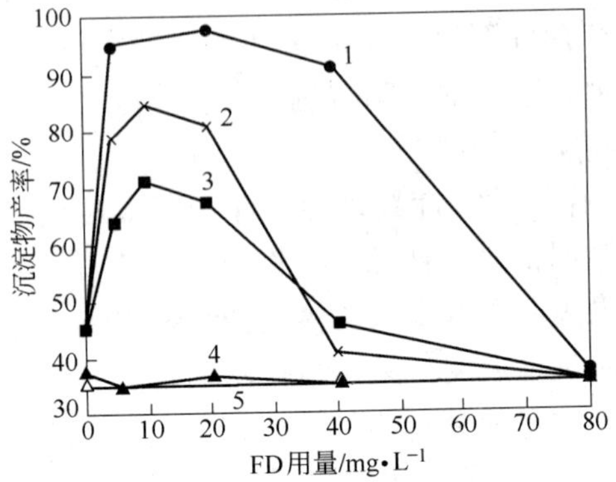

图 8-4 FD 用量与各矿物絮凝的关系

1—黑钨矿；2—方解石；3—萤石；4—石榴石；5—石英

表 8-3 FD 浮选微细粒黑钨矿试验结果

人工混合矿物	六偏磷酸钠 /g · L⁻¹	FD/mg · L⁻¹	原矿 WO_3/%	精矿 WO_3/%	回收率/%
黑钨矿 + 石英		20	30. 25	67. 00	93. 30
黑钨矿 + 石榴石	2. 4	20	32. 93	67. 84	84. 36
黑钨矿 + 萤石	0. 6	20	29. 76	68. 33	93. 41
黑钨矿 + 方解石	2. 4	20	37. 63	61. 22	90. 86
黑钨矿 + 石英 + 萤石 + 石榴石 + 方解石	1. 5	10	11. 99	48. 00	86. 07

卢毅屏研究了聚丙烯酸（PAA）对细粒黑钨矿的絮凝行为，以油酸钠为捕收剂，进行了细粒黑钨矿（ - 20μm）絮团浮选研究，并提出了一种新的絮团浮选工艺——CPC 絮团浮选工艺。

根据絮团浮选机理研究，在絮团浮选中，聚合物（聚丙烯酸）与捕收剂（油酸钠）所产生的联合团聚效应是决定细粒黑钨矿选择性团聚及其浮选行为的主要因素。近年来一些研究表明，在聚合物絮凝之前添加捕收剂可显著提高分子凝聚效果，并由此发展出了聚合物与捕收剂联合选择性絮凝工艺。研究也发现，将油酸钠先于聚丙烯酸添加，能强化细粒黑钨矿的絮凝效果。

所谓 CPC 絮团浮选工艺，就是以聚合物与捕收剂联合选择性团聚为基础，采用捕收剂（Collector） - 聚合物（Polymer） - 捕收剂（Collector）的加药方式，使聚合物与捕收剂产生充分的联合作用，使细粒物料达到最佳的选择性团聚，并实现絮团浮选。细粒黑钨矿的 CPC 絮团浮选行为研究表明，随着先加入油酸钠量的增大，黑钨矿的絮团浮选回收率先是逐渐增加，而后又出现下降趋势，在油酸钠用量为（50 + 50）mg/L（即先加入量为 50mg/L，总用量为 100mg/L）时，获得最高回收率。

对 -20μm 黑钨矿 - 石英混合矿（1/1）进行了 CPC 絮团浮选分离试验，结果如表 8-4 所示。

表 8-4 CPC 絮团浮选分离结果（pH 值为 6.8）

序号	药剂条件/$mg \cdot L^{-1}$		钨精矿		分选效率/%
	聚丙烯酸	油酸钠	WO_3 品位/%	回收率/%	
1	1	0 + 100	68.46	91.31	69.10
2	1	20 + 80	68.63	94.30	74.14
3	1	50 + 50	68.76	95.40	76.30
4	1	100 + 0	67.70	92.57	69.14
5	5	0 + 100	67.28	81.62	53.39
6	5	20 + 80	68.14	89.93	56.21
7	5	50 + 50	68.52	91.85	70.06
8	5	100 + 0	67.30	87.96	61.53

可见，CPC 絮团浮选能显著提高细粒黑钨矿的分选指标，可获得 WO_3 品位为 68.76%，回收率 95.40% 的钨精矿指标，分选效率达 76.30%，比常规浮选和常规絮团浮选的回收率分别提高了 25.03% 和 7.20%，而且在聚合物高用量条件下（聚丙烯酸 5mg/L），CPC 絮团浮选效果尤为显著。CPC 絮团浮选的一个显著特点就是将部分捕收剂先于聚合物添加，从而保证了捕收剂与矿粒的充分作用，减少了聚合物对捕收剂吸附的抑制作用。捕收剂吸附量测定结果表明，尽管油酸钠总用量保持恒值，但先加入的油酸钠量增大，油酸钠在黑钨矿表面的吸附量增大，当先加入量为 50mg/L 后（即油酸钠（50 + 50）mg/L），吸附量基本保持不变。

Koh 和 Warren 对澳大利亚 King Island 白钨矿进行了剪切絮凝浮选研究。原矿约含 1.5% 的白钨矿和 8.3% 的方解石，其余主要有石榴石和少量云母、石英、阳起石及绿泥石等，细磨矿石最大颗粒直径小于 11μm，在 Danvol 型浮选机中依次添加 Na_2CO_3 1kg/t、Na_2SiO_3 4kg/t、油酸钠 2kg/t 和起泡剂 0.2kg/t 进行剪切絮凝浮选，在白钨矿精矿品位略高的情况下，回收率提高了 16 个百分点，达到 47.7%。

邵亚瑞等对微细粒黑钨矿（5μm）、石英（-10μm）体系进行了剪切絮凝浮选研究，在浓度为 12%、pH 值为 9 的矿浆中依次添加油酸钠 50mg/L 和 2 号油 10mg/L，进行剪切絮凝浮选，与常规浮选相比，该工艺能较大幅度地提高黑钨精矿品位和回收率，分选指标如表 8-5 所示。

表 8-5 黑钨矿剪切絮凝浮选试验结果

选矿方法	给矿 WO_3 品位/%	精矿 WO_3 品位/%	回收率/%
常规浮选	12.18	30.14	58.92
剪切絮凝浮选	12.18	39.28	82.56

8.2.3 油团聚分选

油团聚分选的过程是首先细磨矿石，使目的矿物单体解离，再用调整剂和捕收剂处理矿浆，使目的矿物选择性疏水，在剪切力场中添加非极性油，覆盖油的颗粒相互黏附并形成球团，然后用浮选方法将球团与仍处于分散状态的亲水性微粒分离，或用筛分法分离出球团物。

韦大为曾对微细粒（-15μm）黑钨矿-石英人工混合矿进行了油团聚分选。在质量浓度为 11%，pH 值为 7.3 的矿浆中，依次添加活化剂 $FeCl_3$、捕收剂油酸钠以及燃料油进行油团聚分选。在给矿 WO_3 品位 6.83% 的条件下，获得黑钨矿精矿品位和回收率分别为 70.65% 和 91.62%。对于黑钨矿-石英，锡石-石英混合物料（粒度 -15μm，WO_3 和 Sn 品位分别为 6.81% 和 9.07%），油团聚筛分分离后可得到 WO_3 品位 73.05% 的黑钨矿精矿，回收率为 93.46%；锡石精矿 Sn 品位 74.10%，回收率 94.28%。

韦大为等考察了捕收剂在黑钨矿油团聚中的作用，提出在黑钨矿的油团聚中加入捕收剂的目的是使黑钨矿粒子充分疏水化，为中性油在矿粒表面的附着创造条件。黑钨矿矿粒能产生油团的必要条件是矿粒表面约 50% 的面积被油酸钠单分子层覆盖。当油酸钠的吸附达到一个单分子层吸附厚度时，油团聚效果最佳，而超过单分子层吸附后，油团聚效果变坏。

韦大为对疏水化矿粒间作用力的计算和分析表明，疏水化矿粒间相互聚集其主要作用力归因于吸附在矿粒表面的油酸钠烃链间的疏水键合力，而矿粒间的静电斥力与范德华引力对疏水化矿粒的团聚与分散不起主导作用。

韦大为在研究中性油的作用机理时发现，油团聚效果与中性油在物料孔隙中的充填率有直接关系。当中性油在物料孔隙中的充填率达 30% ~50% 时，开始形成油团，充填率达 60% ~80% 时，油团粒度最大，强度最高，而充填率达到 80% ~90% 时，油团变成糊状物。此外对黑钨矿、锡石油团聚中的各种影响因素也进行了考察和分析。

韦大为还进行了油团聚的动力学研究，认为搅拌槽叶轮位置是决定动力学的重要因素。在同一药剂条件下，油团平均粒度和产率随叶轮位置靠近槽底而增大，同时形成油团的最低油量随叶轮位置的降低而减少。

韦大为系统研究了各参数对油聚团效果的影响。搅拌强度对 -5μm 粒级黑钨矿油团聚的影响如图 8-5 所示。从图中可以看到，随着搅拌强度的提高，油团生长速度加快。在紊流条件下，颗粒间碰撞速率与流体流速的 3/2 次方成正比，而流体流速正比于搅拌速度，因而搅拌速度的提高不仅提高了矿粒的动能，还提高了矿粒间碰撞速率，从而提高了矿粒间的有效碰撞次数，使油团生长速度加快。

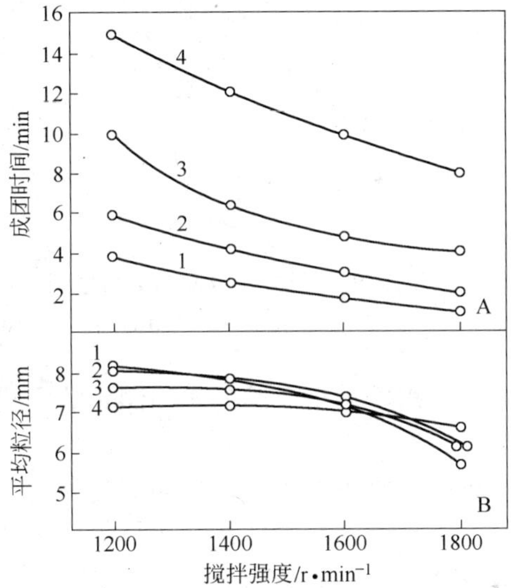

图 8-5 搅拌强度对油团聚的影响

1—煤油；2—柴油；3—变压器油；4—机油

-5μm 物料在不同条件下，搅拌时间与油团聚的关系如图 8-6 所示。图中曲线都有类似的特点，即经过一段时间的搅拌后，开始形成油团，而后随着搅拌时间的增长，油团形成粒度线性增大，搅拌时间达到一定值后，油团粒度几乎不再变化，油团生长达到平衡。

粗物料比细物料的成团和达到平衡所需的搅拌时间短，即油团生长速度越快，在特定的搅拌强度下，矿粒越大，所具有的动能越大，因而有利于矿粒间的黏附，成团速度越快，如图 8-7 所示。

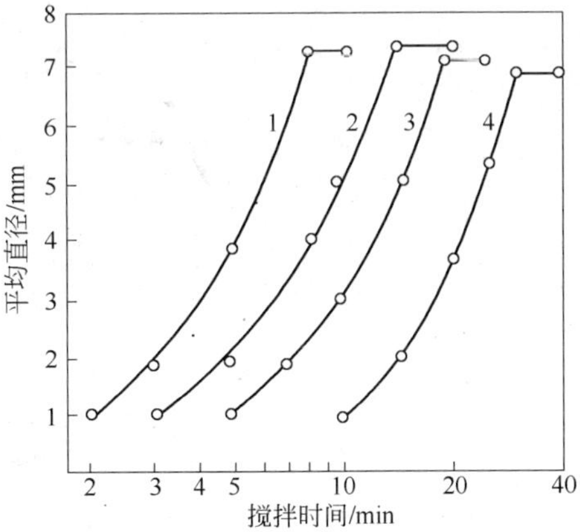

图 8-6 搅拌时间与油团生长的关系

1—煤油；2—柴油；3—变压器油；4—机油

Kelsau 等人用十二胺和异辛烷为团

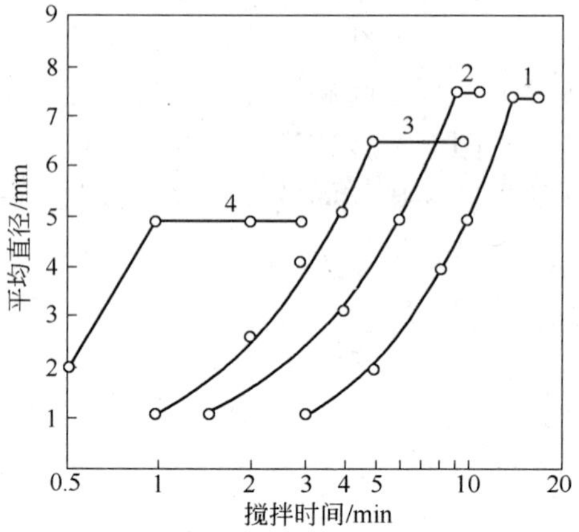

图 8-7 不同粒度物料搅拌时间与油团生长的关系

1—1 ~ 5μm；2—5 ~ 10μm；3—10 ~ 30μm；4—30 ~ 45μm

聚剂研究了矿粒 - 油 - 水三相接触角对黑钨矿油团聚的影响，结果表明接触角等于 180°对此体系的油团聚十分必要。

值得注意的是，在细粒浮选研究中，除剪切絮凝外，其他工艺仅停留在实验室研究阶段，主要是因为这些技术对于浮选环境要求比较苛刻，如何将之转化为巨大的生产力，尚有待选矿工作者的努力。

9 黑钨矿选矿实例

9.1 江西大吉山钨矿

大吉山钨矿位于江西省境内，1952 年建成，为我国第一座机械化钨选厂，1958 年扩建成大型选矿厂。原国外设计流程的要点是三段一闭路碎矿，一级正手选预先富集，三段磨矿至 0.2 mm，阶段选别，从 -0.5mm 开始丢弃尾矿，原、次生细泥用自动溜槽选别，重选尾矿全部磨矿浮选铋、钼硫化矿。生产实践表明，加强摇床中矿扫选，在重选过程扩大伴生铋、钼硫化矿的回收，可以不需三段磨矿及重选尾矿再磨再选，并能节约能源、钢材和浮选药剂的消耗，降低生产费用。随之经过一系列改进，逐步形成了四级手选废石、一段磨矿及中矿再磨的现行生产流程，目前选矿厂的处理能力已大大扩大。

9.1.1 矿床类型和矿石特性

大吉山钨矿属岩浆期后热液裂隙充填石英脉型黑钨矿床，主要金属矿物有黑钨矿、白钨矿、自然铋、辉铋矿、辉钼矿、绿柱石、磁黄铁矿、黄铁矿等，其中黑钨矿与白钨矿的比例为 3/1 ~ 4/1；脉石矿物主要有石英、云母、长石及电气石、萤石、绿泥石和方解石等，围岩是变质砂岩和千枚岩。

黑钨矿和白钨矿呈粗、细不均匀嵌布，黑钨矿在 10 ~ 25mm 就出现单体，一般在 0.15 ~ 0.35mm 单体出现最多；白钨矿粒度较细，常与黑钨矿连生，有的黑钨矿晶体为细网状与白钨所交替；黑钨矿、白钨矿与黄铁矿及铋、钼等硫化矿共生紧密，与云母等关系则不甚密切。铋以自然铋为主，辉铋矿次之，另有含银硫碲铋矿、含银辉铅铋矿，自然铋多呈细粒集合体，颗粒较大的有 0.5 ~ 1mm。钼为辉钼矿，多呈片状或鳞片状集合体。矿石密度 2.7 ~ 2.8g/cm^3，围岩呈灰黑色，与脉石矿物黑白分明，易于辨认，且围岩矿化很少，有利于拣选丢弃废石。原矿多元素成分分析结果如表 9-1 所示。

表 9-1 大吉山钨矿原矿多元素成分分析

元素及成分	WO_3	Bi	Mo	Cu	Zn	S	P	MnO	Fe_2O_3	Al_2O_3	SiO_2
含量/%	0.29	0.03	0.012	0.01	0.088	0.32	0.028	0.25	6.28	9.9	68.06

9.1.2 选矿方法及工艺流程

9.1.2.1 破碎和预选工艺

地下开采原矿石最大矿块约400mm，采用三段一闭路碎矿，第一段破碎为B500旋回破碎机，排矿粒度－150mm，经洗矿筛分后分成65～150mm、40～65mm、30～40mm和20～30mm四个粒级，用人工反手选，废石选出率58%以上，与原设计采用一级正选相比，废石选出率提高23%以上。第二段碎矿采用ϕ1750短头型圆锥破碎机，排矿粒度－40mm，进入筛孔为8mm的振动筛作检查筛分，+8mm的矿石进第三段ϕ1750短头型圆锥破碎机，它与检查筛分的振动筛形成闭路。三段破碎总破碎比为50，其中洗矿溢流水汇集在浓缩机中浓缩，随后送细泥工段处理。碎矿预选原则流程如图3-2所示。

9.1.2.2 重选段工艺

经碎矿和预先富集后的合格矿石送入重选，通过双层振动筛筛分成4.5～8mm、1.5～4.5mm、0～1.5mm三级，分别进入粗、中、细粒跳汰机，把已单体解离的钨矿及早回收。粗、中粒跳汰机的尾矿进入螺旋分级机脱水，再送入棒磨机磨矿，排矿返回双层振动筛形成闭路，磨矿粒度要求+1.5mm含量小于15%，－0.074mm（－200目）含量小于16%。细粒跳汰尾矿进入水力分级机分成0.8～1.5mm、0.6～0.8mm、0.25～0.6mm、0.074～0.25mm四级，分别用摇床进行一次粗选和中矿扫选，得出粗精矿和丢弃尾矿，扫选中矿单独再磨再选，再磨粒度为－0.5mm含量占85%。水力分级机的溢流即为次生细泥，与原生细泥一起进入细泥处理作业。大吉山钨矿重选段流程见图9-1。

重选所得钨粗精矿WO_3品位为30%，其中含0.6% Bi、0.05% Mo、11% S，钨回收率约为90%，重选段各选矿机组回收率如表9-2所示。表9-3为重选矿砂尾矿筛析结果。

表9-2 重选段各选矿机组作业回收率指标

项 目	跳汰机	矿砂摇床	矿泥摇床	合 计
作业回收率/%	71.6	86.35	41.29	
重选段回收率/%	62.61	21.45	5.19	89.25

表9-3 重选矿砂尾矿粒度分析

粒度/mm	产率/%		WO_3品位/%	金属分布率/%	
	粒 级	累 计		粒 级	累 计
+1.6	11.40	11.40	0.048	11.66	11.66
-1.60 +0.90	30.10	41.50	0.032	20.53	32.19
-0.90 +0.45	25.60	67.10	0.048	26.20	58.39
-0.45 +0.25	13.95	81.05	0.048	14.27	72.66

续表 9-3

粒度/mm	产率/%		WO_3 品位/%	金属分布率/%	
	粒 级	累 计		粒 级	累 计
-0.25 +0.18	5.61	86.66	0.028	3.34	76.00
-0.18 +0.14	3.31	89.97	0.030	2.12	78.12
-0.14 +0.10	5.02	94.99	0.030	3.21	81.33
-0.10 +0.075	1.19	96.18	0.030	0.76	82.09
-0.075	3.82	100.00	0.22	17.91	100.00
合计	100.00		0.047	100.00	

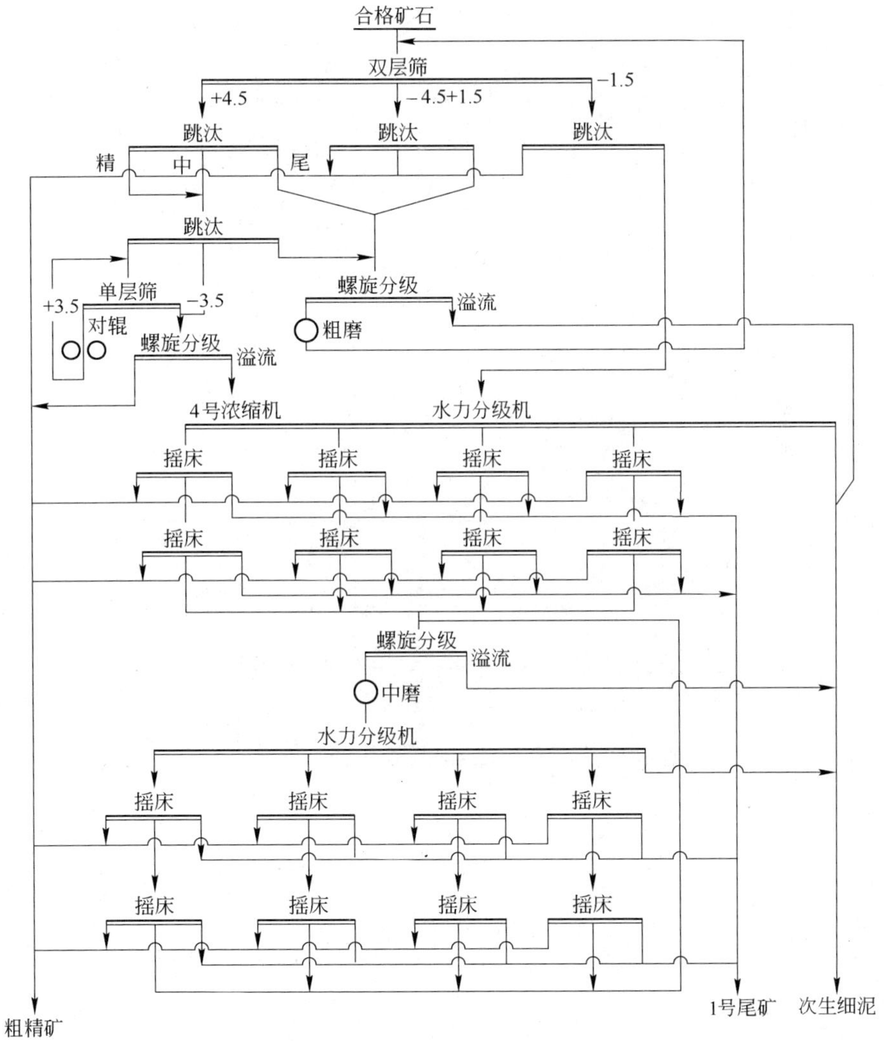

图 9-1 大吉山选厂重选段流程图

9.1.2.3 重选钨粗精矿的精选

先将粗精矿筛分成 -4 +1mm、 -1 +0.25mm、 -0.25mm 三级，前两级用枱浮脱硫，磁选得钨精矿， -0.25mm 粒级则用浮选除硫，再经两次摇床精选获得钨精矿。重选粗精矿精选原则流程如图 9-2 所示。

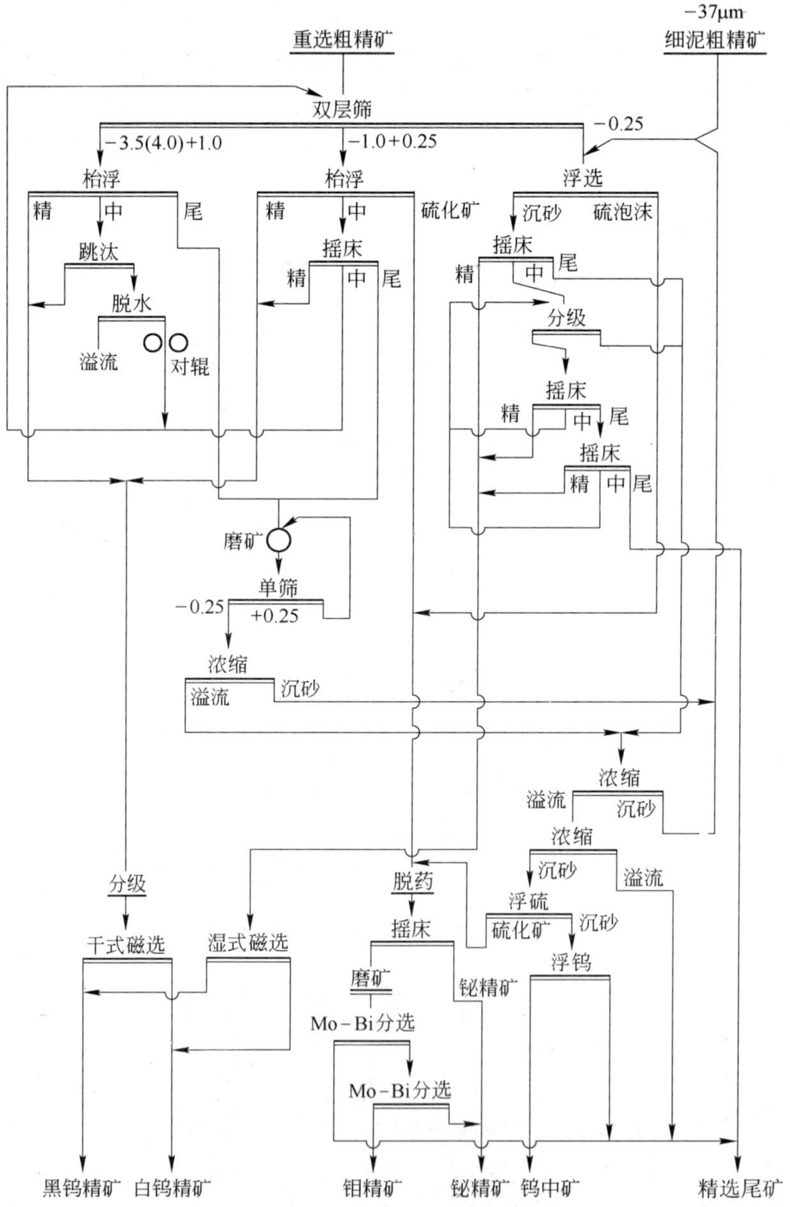

图 9-2 大吉山钨矿重选粗精矿精选原则流程

为了适应不同用户的要求，在精选流程上设置了湿式及干式强磁选机，可以分选出白钨精矿使精选流程具有灵活性，从而在产品结构上由过去只生产一级一类黑钨精矿，变为生产高、中、低档六个品级的钨精矿，其中特级品占87%。枱浮和浮选分出的硫化矿是综合回收铋、钼的原料，混合浮选的硫化矿经硫化钠搅拌脱药，先在摇床上回收部分自然铋，然后磨矿浮选，磨矿粒度为 -0.074mm（-200 目）含量占80%，加石灰和氰化钠抑制黄铁矿，用黄药和煤油作捕收剂，松油作起泡剂浮选铋钼，铋钼分离浮选用硫化钠抑铋浮钼，得铋、钼两种精矿。

9.1.2.4 细泥的处理

大吉山钨选厂的钨细泥处理工艺由过去的单一重选流程，经过几次改造，现已改为离心机-浮选流程。

大吉山钨选厂目前每日产生的原、次生细泥 400～500t，占原矿金属量的 7%～8%，原、次生细泥的钨品位为 0.1%～0.3%。在细泥处理原流程中，原、次生细泥一起经过 ϕ300mm 和 ϕ125mm 的水力旋流器两段分级，分别用矿砂摇床、矿泥摇床、弹簧摇床选得低品位（WO_3 含量 15%）的粗精矿送精选作业，作业回收率只有 26% 左右。细泥处理原流程如图 9-3 所示。

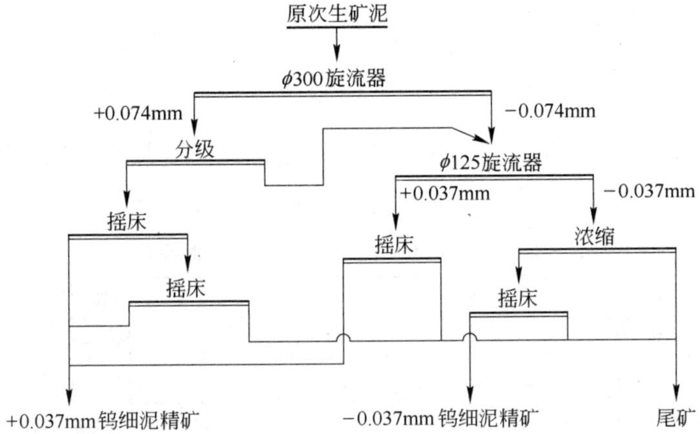

图 9-3 大吉山钨矿细泥处理原流程

2006 年，广州有色金属研究院进行了细泥回收新工艺研究。新工艺投产后，细泥作业回收率可从 26% 提高到 50%，精矿 WO_3 品位达 51% 以上。细泥处理新工艺流程如图 3-30 所示。

40 多年来，大吉山钨矿选矿流程不断完善，目前原矿 WO_3 品位由 20 世纪 50 年代的 0.55% 下降到 0.26%，但回收率仍保持在 85% 左右，综观其工艺流程，主要特点是：

（1）加强预先富集，扩大了生产能力，减少了磨矿量，节约能源，减少了原材料消耗，降低了选矿费用。

（2）针对矿石中黑钨矿粗粒嵌布的特点，重选实行三级跳汰、四级摇床，一段大闭路磨矿，中矿单独再磨再选，细泥集中处理的工艺。其中跳汰回收的钨金属占62.61%，体现了钨矿物粗磨早收的原则。

（3）精选采用两级枱浮、一级浮选脱除硫化矿，摇床再选提高品位，最后分级磁选获得黑钨精矿和白钨精矿，流程灵活，可生产多种品级的精矿。

（4）对硫化矿进行磨矿浮选，综合回收钼、铋等副产品。

9.1.3 尾矿设施和回水利用

选矿厂设有两座尾矿库，1号尾矿库容积2500km^3，服务年限已满，目前已停止使用，现在使用的2号尾矿库，容积5500km^3。从选矿厂排出的尾矿利用明槽自流与砂泵扬送相结合，输送至2号尾矿库，尾矿矿浆固液比为1/10～1/15，平均粒度0.42mm，矿浆呈弱酸性，尾矿密度2.7g/cm^3，松散密度为1.7g/cm^3。

选矿厂排出的废水主要来自精选及综合回收等作业，因采用浮选作业，废水中残余部分药剂，但因废水量较少，流入尾矿库与重选尾矿汇合后，有害组分即被稀释，故符合工业排放标准，可供回水使用，现生产用水中有80%～85%是来自尾矿库的澄清水。

9.1.4 选矿厂主要技术经济指标

选矿厂主要技术指标和原材料消耗分别列于表9-4和表9-5，选矿厂主要设备列于表9-6。

表9-4 大吉山选矿厂主要技术指标

作业	给矿 WO_3 品位/%	精矿（粗精矿）WO_3 品位/%	回收率/%	备　注
预选	0.266		97.56	丢废率58.44%
重选	0.625	31.29	88.65	
细泥	0.1～0.3	51	50	
精选	31.29	70.76	98.56	
全厂	0.266		85.24	
铋精矿		Bi 16.72	52.85	
钼精砂		Mo 35		

表9-5 大吉山钨矿选厂主要原材料消耗

项目	每吨原矿水消耗/m^3	每吨原矿电消耗/kW·h	每吨合格矿钢棒消耗/kg	每吨合格矿衬板消耗/kg	每吨粗精矿黄药消耗/kg	每吨粗精矿硫酸消耗/kg	每吨粗精矿煤油消耗/kg	每吨粗精矿松油消耗/kg
数值	15.5	17.5	0.63	0.078	1.4	8.9	0.69	0.49

表 9-6 大吉山钨矿选厂主要设备

序 号	设备名称	型号规格/mm	台 数
1	旋回破碎机	B500	1
2	圆锥破碎机	短头 ϕ1750	1
3	圆锥破碎机	短头 ϕ1750	2
4	棒磨机	CM－176－ϕ1500×3000	4
5	球磨机	ϕ900×900	1
6	球磨机	ϕ1200×1200	1
7	湿式强磁选机	SQC－2－1100	1
8	单盘强磁选机	ϕ885	1
9	双螺旋分级机	ϕ1500×8230	5
10	单螺旋分级机	ϕ750×5500	5
11	双层振动筛	1250×4000	1
12	双层振动筛	1250×2500	9
13	单层振动筛	1500×3000	4
14	水力分级机	KC－4	8
15	摇床	CC－2	132
16	摇床	6－S	6
17	跳汰机	670×920	8
18	跳汰机	1000×1000	5
19	跳汰机	300×450	9
20	浮选机	60L	8
21	浮选机	1A	2
22	浮选机	XJK－0.13	2
23	浮选机	XJK－0.63	2
24	浓密机	ϕ15000×3600	1
25	浓密机	ϕ6000×3000	4
26	浓密机	ϕ3600×1800	2
27	干燥机	回转式 ϕ1200×3540	1
28	干燥机	电热式 ϕ351×3200	1
29	远红外线干燥机	ZH－1 1600×4800	1

9.2 江西西华山钨矿

西华山钨矿位于江西省境内，于 1960 年 4 月建成大型选矿厂。选矿厂原设计流程包括三段一闭路碎矿、一级正手选、三段磨矿、阶段选别、宽粒级跳汰、四级摇床，原、次生泥混合用自动溜槽选别，从 0.5mm 开始丢弃尾矿，但投产后并未能达到设计要求。根据存在的问题，对原设计的流程进行了全面系统的改进：将局部洗矿改为全部洗矿，一级手选改为三级手选；三段磨矿改为一段磨矿，并从 1.7mm 起开始丢弃尾矿；原、次生泥混选改为分别用摇床和离心选矿机联合选别，不分级磁选改为分级磁选；改进钼铋综合回收工艺和完善精选流程。通过上述一系列改进，不仅简化了生产流程，节约了能源和材料消耗，降低了生产成本，同时扩大了处理能力，提高了副产品的综合回收，可产出黑钨、白钨、锡、钼、铋、铜六种精矿及稀土粗精矿。

9.2.1 矿床类型和矿石特性

西华山钨矿属热液充填石英大脉型黑钨矿床，石英脉赋存于花岗岩体内，与围岩的接触界线很明显，接触处有相当强烈的云母蚀变。矿石中主要金属矿物有黑钨矿、白钨矿和少量钨华、辉钼矿、辉铋矿、斜方辉铋铀矿、自然铋、磁黄铁矿、黄铁矿、白铁矿、毒砂、黄铜矿、辉铜矿、铜蓝、磁铁矿以及极少量的方铅矿、闪锌矿、锡石、磷钇矿、独居石；脉石矿物有石英、长石、云母、方解石、萤石、石榴石、磷灰石和锆英石等。

黑钨矿分布极不均匀，黑钨矿颗粒常被白钨矿交替，很少与硫化矿、云母连生，其结晶粒度一般为5~15mm，细者约0.01mm。该矿山目前开采的矿石品位已日趋下降，WO_3 含量为0.22%、Mo<0.01%、Bi<0.01%、Sn 含量为0.006%、S 含量为0.13%、Cu 含量为0.007%，As 含量为0.036%。

9.2.2 选矿方法及工艺流程

9.2.2.1 碎矿和预选工艺

矿石用电机车从主平窿巷道运至粗碎工段，矿石最大粒级400mm，破碎流程为三段一闭路，第一段粗碎采用B500旋回破碎机，排矿粒度 -150mm，+55mm 粒级用反手选丢弃废石，然后沿4466m架空索道将矿石送至中、细碎工段，全部进行洗矿和分级，其中 -55 +35mm 粒级反手选，-35 +22mm 粒级正手选，手选后的矿石进入 ϕ1650mm 标准型圆锥破碎机，排矿粒度要求大于25mm的矿石不超过20%；细碎采用 ϕ1650mm 短头型圆锥破碎机与振动筛构成闭路，最终破碎粒度为10mm，总破碎比为40。其原则流程如图9-4所示。

9.2.2.2 重选段工艺

合格矿石分成三级进入跳汰机分选，跳汰机回收的钨占总回收率的45%，粗、中粒级跳汰机的尾矿进入棒磨机，棒磨后的排矿返回跳汰机前的双层振动筛形成闭路。细粒跳汰机的尾矿进水力分级机分成四级，分别用矿砂摇床选别，摇床中矿返回跳汰机前的双层振动筛，全部摇床尾矿进入尾矿库。原、次生细泥分别用刻槽摇床粗选得细泥粗精矿，两者的中矿合并再经摇床扫选，粗、扫选摇床尾矿经两段水力旋流器（第一段采用 ϕ500mm 水力旋流器，第二段为 ϕ125mm 水力旋流器）脱泥，然后经摇床再选丢弃尾矿。水力旋流器的溢流用离心选矿机富集后丢弃尾矿，离心选矿的精矿用浮选精选得细泥钨精矿。重选段原则流程如图9-5所示，表9-7为重选钨粗精矿分类结果。

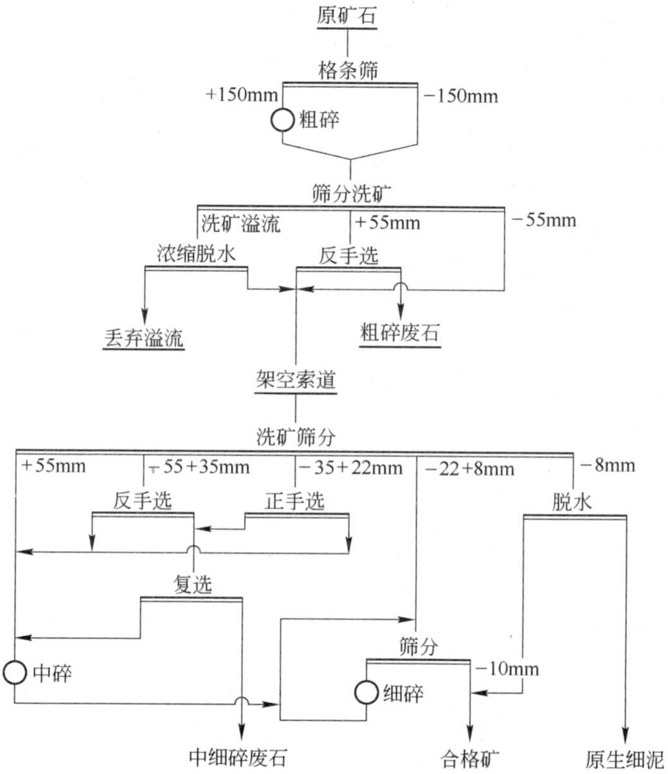

图 9-4 西华山选矿厂预选工段原则流程

9.2.2.3 精选工艺

重选粗精矿的精选是按其粒度大小、品位高低的不同进行的。由于共生矿物种类多，矿物组成复杂，欲提高精矿品位，综合回收副产品，采用的精选工艺比较复杂。

1.7~10mm 粗、中粒跳汰机筛上精矿，先由 300mm×450mm 丹佛型跳汰机精选，所得精矿筛分成 +5mm 及 -5mm 两级，+5mm 粒级经手拣粗粒锡石和硫化矿后得钨精矿（WO_3 含量65%以上、As 含量 0.3%、Sn 含量 0.18%、S 含量 0.7%）。跳汰精选尾矿经对辊破碎与筛分，筛上产物（+1.7mm）返回精选跳汰机，筛下产物（-1.7mm）与细粒跳汰机的尾矿一起进水力分级机，分级后进入摇床精选。-5mm 粒级的精矿则用干式磁选机精选得黑钨精矿。

0.2~1.7mm 的中粒级跳汰筛下精矿与细粒跳汰精矿，同样用丹佛型 300mm×450mm 跳汰机精选，得到的精矿 WO_3 含量 60%、Sn 含量 0.5%~0.7%、As 含量 3%~5%，跳汰精选尾矿送矿砂摇床再选。

矿砂摇床粗精矿，经水力分级机分成四级后，各级进入摇床精选，所得精矿

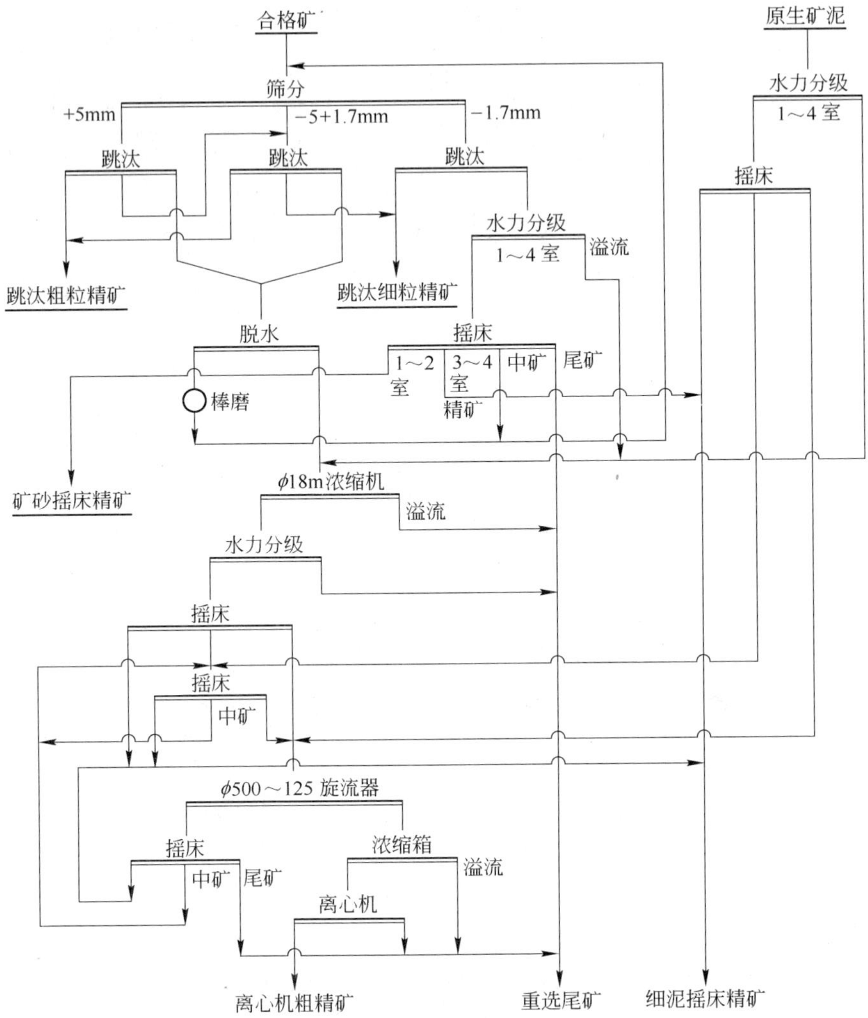

图 9-5 西华山选矿厂重选段原则流程

表 9-7 西华山钨矿重选钨粗精矿分类

产　品	粒度/mm	品位/%			
		WO_3	Sn	S	As
粗、中粒跳汰筛上精矿	10 ~ 1.7	30 ~ 36	0.18	8	3
中（筛下）、细粒跳汰精矿	1.7 ~ 0.2	36 ~ 40	0.3	9	3
矿砂摇床精矿	1.7 ~ 0.2	10 ~ 13	0.15	10	1.5
矿泥摇床精矿	−0.2	10	0.15	7	1.5

WO_3 含量25% ~30%，送枱浮精选脱除硫化矿。1~2室精选摇床的中、尾矿进球磨机再磨再选，3~4室精选摇床尾矿返回粗粒跳汰机前的双层振动筛，进入重选段再选。-0.2mm摇床粗精矿（含矿泥摇床粗精矿），先用刻槽摇床精选丢弃尾矿，精矿用浮选法选出硫化矿，再用湿式强磁选精选得出钨精矿（WO_3 含量69% ~72%、Sn含量0.2% ~0.3%、Sn、As含量0.05% ~0.06%、S含量0.1% ~0.2%），磁选尾矿综合回收白钨和锡石。

由离心选矿机粗选获得的精矿和精选段溢流组成的低品位细泥精矿，WO_3 含量4% ~ 7%，经浮选浮出硫化矿后，再进行黑钨矿浮选，先添加硫酸调整矿浆pH值至4~5，再用氟硅酸钠作脉石的抑制剂，用油酸和煤油并辅以少量的甲苯胂酸作捕收剂，浮选出的钨精矿 WO_3 品位为25% ~30%，钨浮选作业回收率75%，相当于钨细泥总回收率40%。精选段原则流程如图9-6所示。

9.2.2.4 磁选尾矿综合回收白钨和锡石

经干式和湿式磁选机分出黑钨精矿后的尾矿，WO_3 含量45% ~48%，Sn含量为8% ~12%，经摇床精选后将精矿磨矿至-0.25mm，先浮选硫化矿，然后加碳酸钠调整矿浆pH值至9.5~10，再加水玻璃抑制脉石，用油酸、煤油（1/1）及氧化石蜡皂作捕收剂浮选白钨矿，获得白钨精矿 WO_3 品位67% ~70%，Sn含量0.06% ~0.08%，As含量0.08% ~0.1%，P含量0.01% ~0.02%。白钨浮选的尾矿经摇床再选得高锡钨精矿，再用磁选分离成黑钨和锡石两种产品，摇床中矿进一步综合回收稀土。

9.2.2.5 稀土矿物的回收

如9.2.2.4小节所述，白钨浮选的尾矿经摇床再选产出的中矿以及电选分离的尾矿，TR_2O_3 含量为3% ~5%，以磷钇矿等重稀土为主，采用两段浮钨的方法，抑制稀土矿物，从而使其达到分离的目的。第一段浮选黑钨矿，加硫酸调节矿浆pH值至4~5，经强搅拌用氟硅酸钠作稀土矿物的抑制剂，用油酸和煤油（1/1）及混合甲苯胂酸作捕收剂进行黑钨矿和锡石浮选；再加碳酸钠调整矿浆到碱性，加水玻璃作抑制剂，油酸和煤油作捕收剂浮选白钨矿。经过两段浮钨后，槽内产品即为稀土粗精矿（TR_2O_3 含量12% ~15%），不仅增收了稀土副产品，并使钨精矿中磷含量降低，而且还改善了钨精矿的质量。

9.2.2.6 钼、铋、铜的回收

枱浮硫化矿是综合回收钼、铋、铜的原料，其中Mo含量1.65%、Bi含量2%、Cu含量0.8%。由于枱浮需采用数量较大的浮选药剂，在硫化矿物表面上覆盖了一层黄药和非极性油膜，为提高下步浮选分离的选择性，必须进行预先脱药。根据试验结果，先添加硫化钠（5kg/t硫化矿）搅拌，然后稀释洗矿，清除残余药剂后进入球磨机磨矿，磨矿粒度为-0.074mm（-200目）含量占70%，加入石灰在弱碱性介质中（pH值7~8）用氰化钠作抑制剂，进行钼铋混合浮

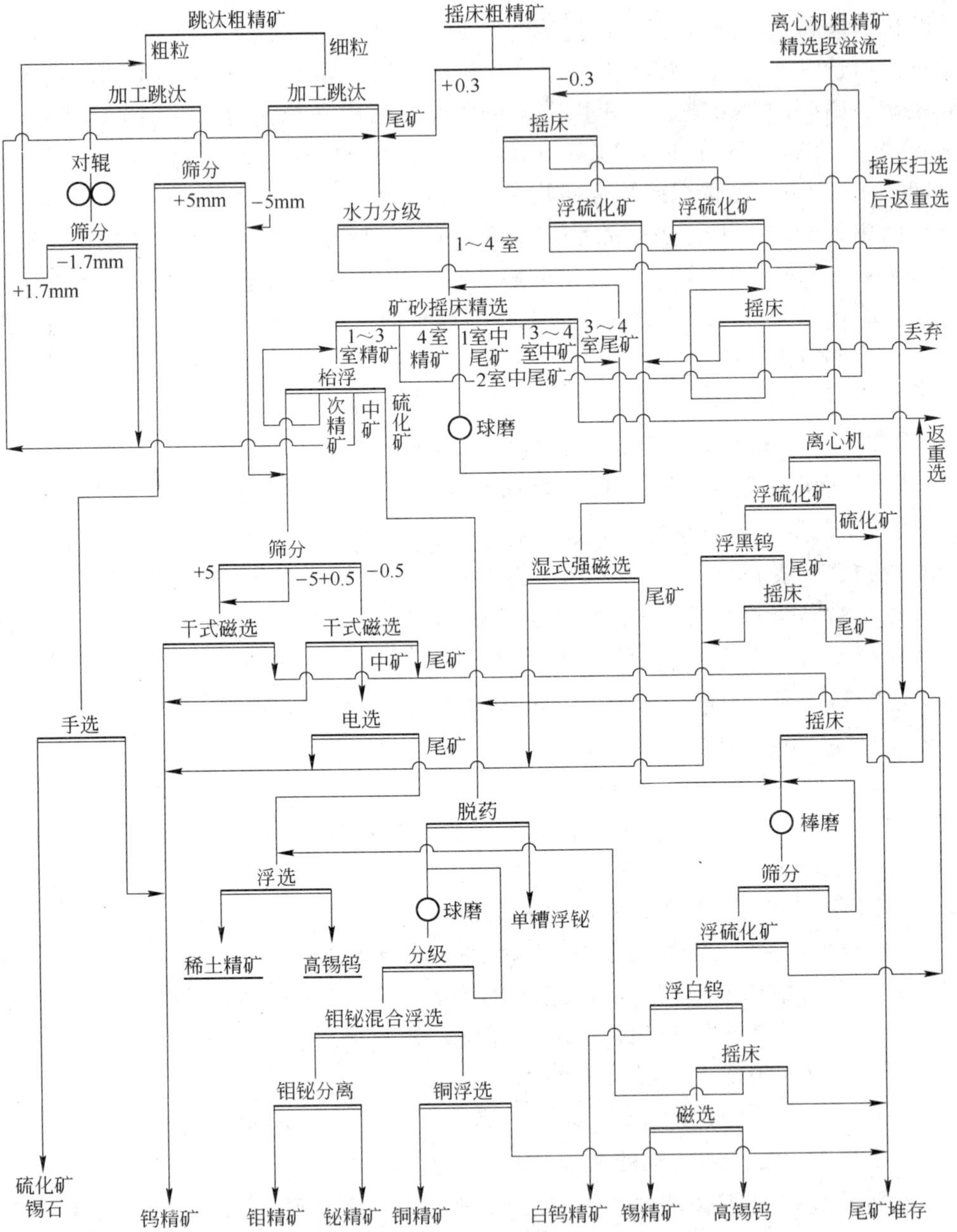

图 9-6　西华山选矿厂精选工段原则流程

选，钼铋混合浮选所得的混合精矿再进行分离浮选，用硫化钠抑铋浮钼，得钼、铋两种单独精矿，从钼铋混合浮选尾矿再浮选铜而得到铜精矿。

综上所述，选矿厂的工艺流程为三段一闭路破碎，三级手选，在粗碎工段设置反手选后，选矿厂的生产能力由2320t/d扩大到3000～3500t/d。重选工段采用三级跳汰、四级摇床，一段磨矿，从－1.7mm粗选摇床开始丢弃尾矿；细泥采用摇床、离心选矿机和浮选联合选别；精选采用枱浮、浮选、磁选和电选等多种选矿方法相配合，以达到提高钨精矿质量和综合回收副产品的目的。目前原矿品位日趋下降，钨的回收率为83.16%。

9.2.3 尾矿设施和回水利用

选矿厂的尾矿包括手选废石、重选尾矿和精选工段的硫化矿尾矿。手选废石采用双线循环移动式索道输送至废石堆堆存；重选尾矿用一级砂泵输送至尾矿库储存，现用尾矿库是1983年投产使用的，库容量696m^3，定期移动排砂管，自行堆积筑坝，澄清水返回使用；硫化矿精选尾矿另设专库堆放。全厂回水利用量占总水量的70%以上。

9.2.4 选矿厂主要技术经济指标

选矿厂主要技术经济指标及厂主要设备分别列于表9-8和表9-9中。

表9-8 西华山钨矿选矿厂主要技术指标

作业	给矿 WO_3 品位/%	精矿（粗精矿）WO_3 品位/%	回收率/%	备注
预选	0.225	0.365	97.36	丢废率38.84%
重选	0.366	17.04	88.45	
细泥	0.33～0.38	9.95	36.98	
全厂	0.266	66.22	83.16	
铋精矿		Bi 17.81	73.3	对硫化矿
钼精砂		Mo 57.64	94.24	对硫化矿
铜精矿		Cu 12.2	38.56	对硫化矿

表9-9 西华山钨矿选矿厂主要设备

序号	设备名称	型号规格/mm	台数
1	旋回破碎机	B500	1
2	圆锥破碎机	标准型 ϕ1650	1
3	圆锥破碎机	短头型 ϕ1650	1
4	棒磨机	CM－176－ϕ1500×3000	3
5	球磨机	格子型 ϕ900×900	2
6	湿式强磁选机	SQC－2－1100	1
7	单盘强磁选机	ϕ900	2
8	双盘强磁选机	ϕ576	2
9	三盘强磁选机	ϕ576	3

续表 9-9

序 号	设备名称	型号规格/mm	台 数
10	电选机	双辊 ϕ120×1500	1
11	双螺旋分级机	ϕ1500×8230	5
12	单螺旋分级机	ϕ1500	1
13	单层振动筛	1500×3000	4
14	水力分级机		8
15	摇床	CC－2	150
16	跳汰机	米哈诺巴尔－4 型 1000×1000	12
17	跳汰机	丹佛型 300×450	8
18	离心选矿机	ϕ800×600	12
19	浮选机	30L	20
20	浮选机	39L	26
21	浮选机	120L	52
22	浮选机	3A	20
23	浓密机	ϕ18000	5
24	浓密机	ϕ5000	1
25	水泵	DK－400－11	2
26	水泵	14SA－10A	2
27	尾砂泵	8H3－8′	2

9.3 盘古山钨矿

盘古山钨矿位于江西省境内，矿山发现于 1918 年，1954 年建成重选厂处理手选后的矿石，经陆续改进和扩大，现已形成大型钨选厂，生产钨、铋两种产品。

现行选矿工艺流程主要包括：原矿经三次洗矿脱泥，分四级反手选，－6mm 物料直接进跳汰机选收单体钨、铋矿物；重选工段采用三级跳汰，六级摇床一次粗选一次扫选，摇床中矿单独再磨再选；钨细泥采用摇床、离心选矿机粗选，弹簧摇床、皮带溜槽精选的组合流程；精选段按粗、中、细三种不同粒度的粗精矿进行精选，利用磁选、枱浮、浮选等方法，提高钨精矿品位和综合回收铋精矿产品。

9.3.1 矿床类型和矿石特性

盘古山钨矿属热液裂隙充填石英大脉型钨铋矿床，矿石中主要金属矿物有黑钨矿、白钨矿、辉铋矿、斜方辉铅铋矿、辉碲铋矿、黄铁矿、磁黄铁矿，其次有硫碲铋矿、自然铋、泡铋矿、铋华、辉钼矿、黄铜矿、毒砂、锡石、闪锌矿、方铅矿、独居石、磷钇矿等；脉石矿物以石英、长石、云母为主，其次为萤石、方解石、电气石和磷灰石；围岩以硅化板岩、变质砂岩为主，围岩与脉石之间界线清楚，易于辨别。

黑钨矿呈粗、中粒不均匀嵌布在石英脉中，晶体呈块状或板状，破碎到 -16mm即有完整单体出现，破碎至0.15mm已基本解离完全。白钨矿多呈粒状、块状产出，常与黑钨矿共生，有时独自产于石英裂隙中，下部矿床含量增多，白钨矿与黑钨矿的比例为1/6。辉铋矿呈柱状、针状、放射状或块状产出，晶体粗大者达数十毫米，一般为几毫米，与黑钨矿、黄铁矿、磁黄铁矿、毒砂密切共生。表9-10为原矿的多元素及成分分析结果。

表9-10 盘古山钨矿原矿的多元素及成分分析结果

元素及成分	WO_3	Bi	Fe	SiO_2	Cu	Pb	Mn	Al_2O_3	TiO_2
含量/%	0.48	0.052	2.7	81.64	0.006	0.029	0.153	7.30	0.38
元素及成分	Mo	Y_2O_3	Sn	BeO	MgO	K_2O	Na_2O	P	
含量/%	0.005	0.0003	0.004	0.0026	1.06	2.60	0.01	0.07	

9.3.2 选矿方法和工艺流程

9.3.2.1 碎矿和预选工艺

原矿给入振动筛进行洗矿脱泥，筛网孔径为3mm及150mm，依此分为三级，-3mm的矿石进入ϕ900mm×6000mm高堰式单螺旋分级机脱泥，+150mm的块矿进入400mm×600mm颚式破碎机，破碎后的矿石与上述螺旋分级机脱泥后的返砂以及洗矿后的3~150mm的矿石一起在单层振动筛上进行手选前的洗矿分级，筛网的孔径分为6mm、23mm和50mm三种，筛分后得23~50mm和50~150mm两级，分别用筛孔为35mm和70mm的单层振筛再分23~35mm、35~50mm、50~70mm和70~150mm四级进行反手选，废石选出率为48%~50%，废石WO_3品位为0.014%，Bi含量0.0045%。在-6mm的矿石中，已出现数量较多的钨、铋单体颗粒，为此特设置两台600mm×600mm双室侧动隔膜跳汰机进行回收，获得的钨粗精矿直接送往精选，从而避免泥化损失，有利于提高钨、铋的回收率。预选工段原则流程如图9-7所示。

9.3.2.2 重选段工艺

经预选后的矿石分成两个系统，各用250mm×500mm颚式破碎机和ϕ750mm×500mm对辊机两段开路破碎至-10mm，然后分成四个系统分别进入四台900mm×1800mm双层振动筛，筛分为-10+6mm、-6+2.2mm和-2.2mm三级，进入粗、中、细三级跳汰机，其选别结果及操作参数列于表9-11中。

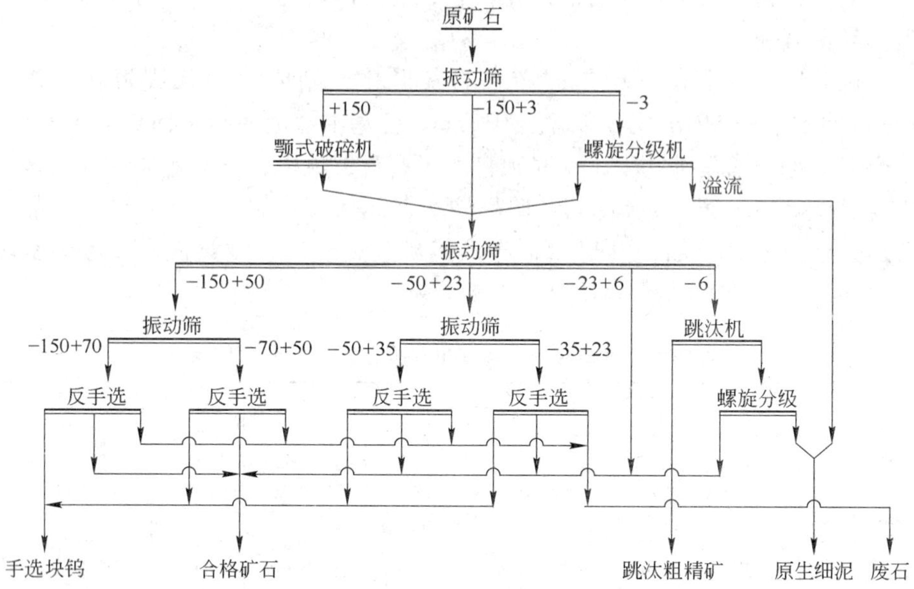

图 9-7　盘古山钨矿预选工段原则流程

表 9-11　盘古山钨矿跳汰机选别结果及操作参数

作业名称	给矿粒度 /mm	冲程 /mm	冲次 /次 · min^{-1}	床层厚度 /mm	精矿 WO_3/%	回收率 /%
粗粒跳汰（600mm×600mm）	10 ~6	17.5	270	38	65	44
中粒跳汰（600mm×600mm）	6~2.2	10	290	50	65	42
细粒跳汰（600mm×600mm）	2.2~0	7.7	300	60	65	21
细粒跳汰（600mm×600mm）	6~0	7.5	320	60	55~60	26

粗、中粒跳汰机的尾矿经 ϕ900mm × 6000mm 螺旋分级机脱水后，给入 ϕ900mm×2400mm 棒磨机再磨，在棒磨与双层振动筛的闭路循环中，插入丹佛型 300mm×450mm 跳汰机，将解离的钨矿粒及早回收。细粒（-2.2mm）跳汰机的尾矿流入丹佛型六室水力分级机，逐级用摇床进行一次粗选一次扫选，从粗选开始丢弃尾矿，表 9-12 为摇床选别结果及操作参数。扫选摇床中矿进入 ϕ900mm×2400mm 棒磨机单独再磨再选，形成重选流程中的一个特点，如图 9-8 所示。

表 9-12　盘古山钨矿摇床选别结果及操作参数

作业名称	冲程/mm	冲次/次 · min^{-1}	给矿浓度/%	精矿 WO_3/%	回收率/%
水力分级机 1 室	25~28	210~220	25~33	15~20	84
水力分级机 2 室	24~26	230~240	25~33	15~20	84

续表 9-12

作业名称	冲程/mm	冲次/次·min^{-1}	给矿浓度/%	精矿 WO_3/%	回收率/%
水力分级机 3 室	22～24	240～250	25～33	15～20	80
水力分级机 4 室	18～20	260～270	25～33	15～20	80
水力分级机 5 室	15～17	270～280	15～20	15～20	70
水力分级机 6 室	12～13	290～310	15～20	15～20	38

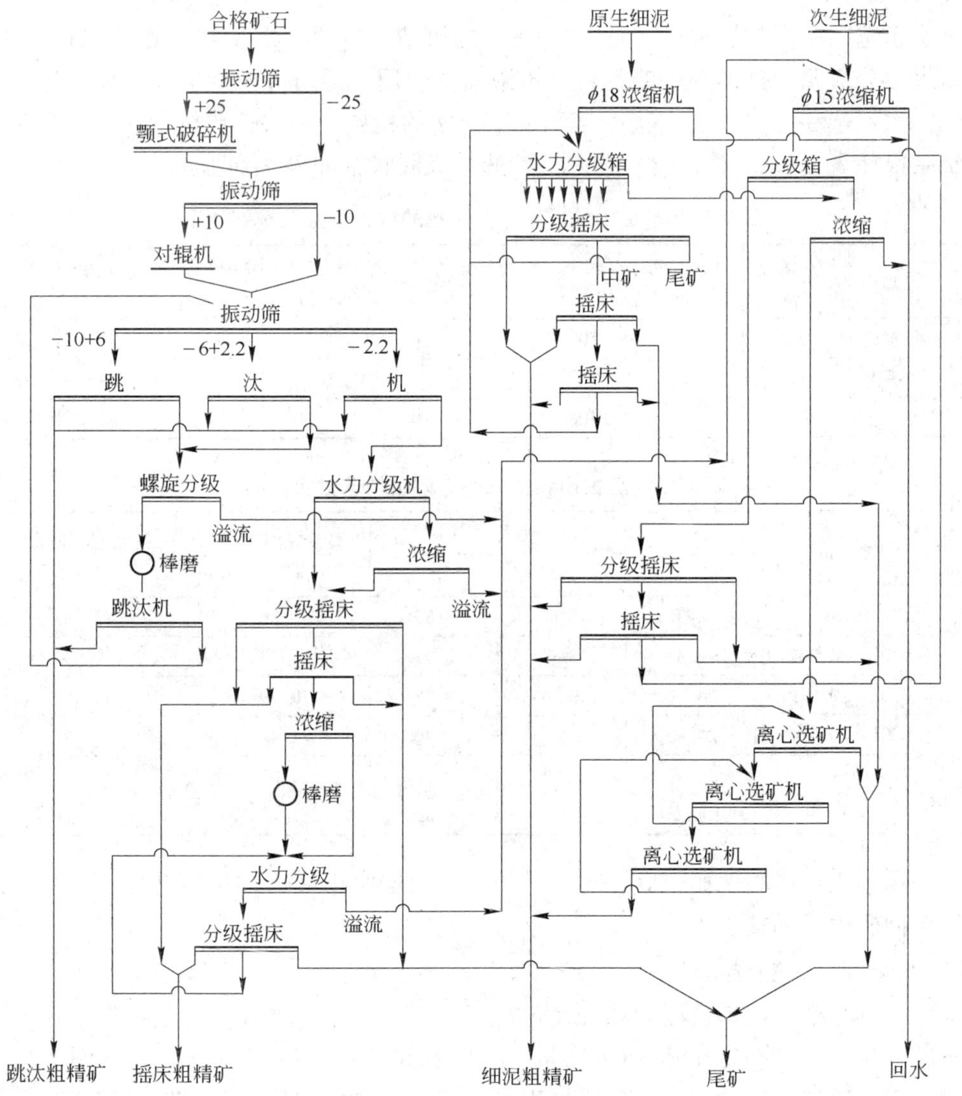

图 9-8 盘古山钨矿重选原则流程

通过重选获得的粗精矿 WO_3 品位为23%，重选回收率89.5%，粗精矿中 Bi 含量2.3%，铋的回收率58%。

从预选段洗矿溢流中来的原生细泥，约占原矿数量的6.3%，WO_3 品位为0.6%～0.7%，金属量约占12.6%。从重选段水力分级机溢流经浓缩收集的次生细泥，产率为6.4%，WO_3 品位为0.25%～0.3%，金属量约占4%。原、次生细泥分别处理，原生细泥进入 ϕ18000mm 浓缩机浓缩后，经六室水力分级箱分级，逐级在摇床上进行一次粗选、两次扫选获得 WO_3 品位 18% 的粗精矿；次生细泥经 ϕ15000mm 浓缩机浓缩，继而在五室水力分级箱中分级，然后用矿泥摇床进行一次粗选和一次扫选得到 WO_3 含量 8% 的粗精矿。原、次生细泥在分级过程中，从水力分级箱中排出的溢流经合并再浓缩，采用 ϕ800mm × 600mm 的离心选矿机经一次粗选和两次精选，获得 WO_3 品位 4% 的精矿。离心选矿机的操作参数及选别结果如表 9-13 所示，离心选矿机精选粒级回收率如表 9-14 所示。

表 9-13　盘古山钨矿离心选矿机的操作参数及选别结果

作 业	给矿浓度 /%	分选时间 /min	转速 /r · min^{-1}	转鼓倾角 /(°)	处理量 /t · (台 · d)$^{-1}$	精矿 WO_3 /%	回收率 /%	富集比
粗选	22	3	500	4.76	9.8	0.6	74	2
一次精选	11	1.5	450	4.76	7.2	1.2	78	2
二次精选	7.6	1.5	400	4.76	1.2	4	82	4.5

表 9-14　盘古山钨矿离心选矿机精选粒级回收率

粒级/mm	产率/%	品位/%		钨粒级回收率 /%	铋粒级回收率 /%
		WO_3	Bi		
+0.074	1.40	2.74	0.85	41.86	47.18
-0.074 +0.037	13.30	13.17	3.02	85.73	78.60
-0.037 +0.019	24.80	3.56	0.88	70.99	62.46
-0.019 +0.010	24.83	2.40	0.40	74.41	55.09
-0.010	35.67	0.64	0.18	17.01	6.13
合 计	100.00	3.5	0.80		

用摇床和离心选矿机联合粗选，钨的作业回收率可达65%～67%，并从中能综合回收白钨和铋矿物。

9.3.2.3 精选工艺

重选粗精矿按其粒度大小和品位高低，分为三部分精选。跳汰粗精矿用对辊机破碎到 -5mm，筛分成 -5 +2mm、-2 +0.83mm 及 -0.83mm 三级，分别用单盘和三盘磁选机精选，获得高质量黑钨精矿；磁选尾矿包含白钨矿和铋矿物另行再处理。摇床粗精矿分级后，其中 -2 +0.18mm 粒级用枱浮优先浮铋，再枱浮硫、砷，然后将枱浮精矿用磁选使黑钨矿与白钨矿、氧化铋矿等分离，得最终黑钨精矿。钨细泥粗精矿（含重选 -0.18mm 的摇床精矿）用浮选法优先浮硫化铋，再浮硫化矿，然后再浮氧化铋，浮硫后的精矿分级用弹簧摇床和皮带溜槽精选，弹簧摇床精矿送磁选分选出黑钨与白钨及铋矿物，皮带溜槽得钨次精矿。对各类产品在磁选作业中分出的尾矿进行枱浮白钨，用油酸和煤油作捕收剂，得到白钨精矿和铋精矿。精选原则流程如图 9-9 所示。

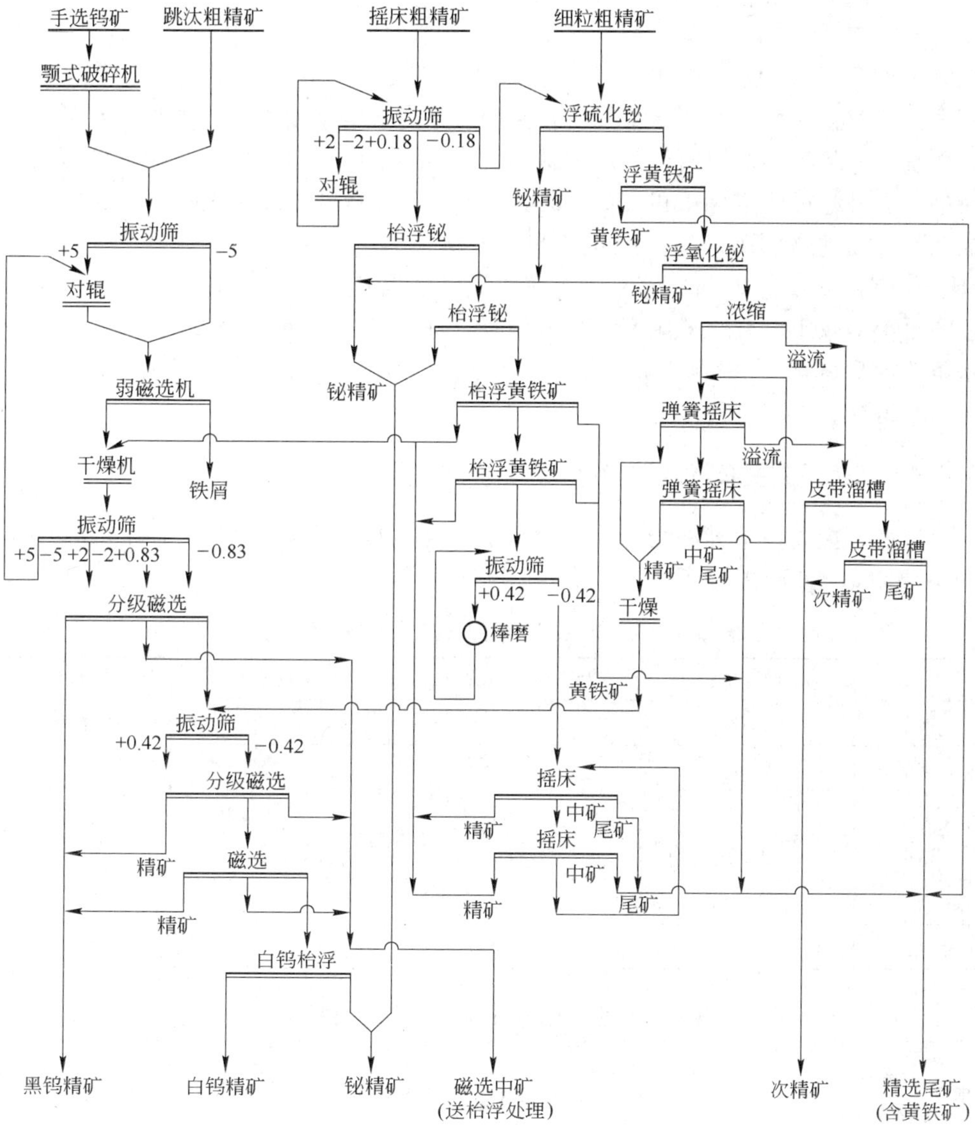

图 9-9　盘古山钨矿精选工段原则流程

为加强伴生金属铋的综合回收，选矿厂采取的措施是在原矿手选作业中，拣出块钨的同时，注意拣出块铋及其富连生体；适当降低跳汰钨精矿的品位，以利于铋的回收；对粗粒跳汰粗精矿的破碎，改用对辊代替棒磨，减少了泥化损失；铋浮选用硫氮取代黄药作捕收剂，并加强扫选，提高了浮选铋的回收率。

9.3.3 尾矿设施和废水处理

重选排出的尾矿约为原矿量的 52%，粒度上限为 2.4mm，矿浆浓度 7.7% ~ 9.2%，早期尾矿均以 9% ~10% 的坡度借自流进入尾矿库，生产日久，尾矿库堆积的标高已超出自流允许的坡度。自 1981 年开始使用一级泵扬送，用管架法在库面上分散，并设左右两路管线交替使用，库内澄清水由溢水井排出，和精选尾矿库废水一起流入仁风河。废水呈酸性（pH 值约 4），铜、铅离子和悬浮物含量较高，后者超过规定标准的 17 ~ 30 倍，废水量随季节变化一般在 12 ~ 35kt/d，显然不经处理会污染环境。经试验研究，结果表明采用石灰乳处理，使废水的 pH 值由 4 上升到 7 左右，铜、铅等有害离子的含量在 1mg/L 以下，悬浮物的含量降至 191mg/L，符合工业废水排放标准，净化后的废水在旱季可供回水使用，水量约为 9700t/d，相当选矿厂总水量的 33%。此外，对尾矿库子坝外坡还进行了植草覆被，以减少粉尘危害。

9.3.4 选矿厂主要技术经济指标

选矿厂主要技术经济指标、原材料消耗和选矿厂主要设备分别列于表 9-15、表 9-16 和表 9-17 中。

表 9-15 盘古山钨矿选矿厂主要技术指标

作 业	给矿 WO_3 品位/%	精矿（粗精矿）WO_3 品位/%	回收率/%	备 注
预选	0.28	0.54	97.5	丢废率 48%
重选	0.54	23.0	89.5	
细泥	0.47	13.50	67.00	
精选	23.0	60 ~ 70	98.5	
全厂			87	
铋精矿		Bi 20 ~ 25	46	对原矿

表 9-16 盘古山钨矿选矿厂主要原材料消耗

项目	每吨原矿水消耗/m^3	每吨原矿电消耗 /kW·h	每吨合格矿钢棒消耗 /kg	每吨合格矿衬板消耗 /kg	每吨粗精矿黄药消耗 /kg	每吨粗精矿硫酸消耗 /kg	每吨粗精矿油酸消耗 /kg	每吨粗精矿柴油消耗 /kg
数值	21	14.2	0.4	0.07	0.95 ~ 1.12	0.750	1	2.2 ~ 2.5

表 9-17 盘古山钨矿选矿厂主要设备

序号	设备名称	型号规格/mm	台数
1	颚式破碎机	PEF400 × 600	2
2	颚式破碎机	PEF250 × 500	2
3	对辊机	ϕ750 × 500	2
4	单螺旋分级机	ϕ900 × 6000	6
5	棒磨机	ϕ900 × 2400	5
6	跳汰机	600 × 600 双室	8
7	跳汰机	丹佛 300 × 450	4
8	摇床	6 - S	78
9	刻槽摇床	1800 × 4500	8
10	离心选矿机	ϕ800 × 600	24
11	皮带溜槽	1000 × 3000	8
12	磁选机	ϕ900 单盘	3
13	磁选机	ϕ576 三盘	3
14	浮选机	6A	4
15	振动筛	900 × 1800 双层	6
16	振动筛	1200 × 2400	3
17	振动筛	1750 × 3500	1
18	振动筛	1000 × 2000 双层	1
19	振动筛	600 × 1200 三层	1
20	振动筛	300 × 650 双层	1
21	砂泵	8PSA	2

9.4 瑶岗仙钨矿

瑶岗仙钨矿位于湖南省境内，1955 年建成重力选矿厂，后来陆续改进并扩充为现在的选矿厂。

9.4.1 矿床类型和矿石特性

瑶岗仙钨矿属高温热液充填石英脉型黑钨矿床，围岩中硅化石英砂岩致密坚硬，花岗岩呈灰白色或浅黄色，因蚀变常呈云英岩化和高岭土化，矿脉与围岩有明显分界线。矿石中的金属矿物主要有黑钨矿、白钨矿、毒砂、黄铜矿、黄铁矿、辉钼矿、辉铋矿、闪锌矿、方铅矿、锡石、褐铁矿、黝锡矿、银黝铜矿、深红银矿等；脉石矿物主要是石英、云母、长石，其次为萤石、方解石等。矿石含水量 3% ~5%，含泥量 5% ~7%。

黑钨矿呈粗、细不均匀嵌布，多呈放射状、柱状、板状等晶粒，从 18mm 开始出现单体，当粒度为 1mm 时钨矿的解离度达到 80%，当粒度为 0.3mm 已完全解离。锡石以粗粒为主，呈不均匀嵌布，粗粒大于 10mm，细粒小至数微米。黝锡矿亦呈粗粒不均匀嵌布，粗粒可达20mm，细粒约数微米，单矿物含银812g/t，是矿石中主要含银矿物之一。黄铜矿呈粗粒为主的不均匀嵌布，局部富集成块状，单矿物含银305g/t。银黝铜矿呈中细粒不均匀嵌布，最大颗粒为2mm，最小的颗粒数微米，一般为0.2～2mm，单矿物平均含银达17.50%，也是矿石中的主要含银矿物。深红银矿呈细粒不均匀嵌布，最大粒度为0.25mm，一般为0.01～0.07mm，单矿物含银达58.18%，是矿石重要的含银矿物。其他含银矿物尚有辉铋银铅矿、辉锑银铅矿、脆银矿、黝锑银矿及斜方辉铅铋矿等，这些矿物嵌布粒度均很细小。原矿多元素分析如表9-18所示。

表9-18 瑶岗仙钨矿原矿多元素分析 (%)

元素	WO_3	Bi	P	SiO_2	Cu	Pb	Zn
含量/%	0.293	0.009	0.028	81.38	0.059	0.119	0.137
元素	Al_2O_3	As	Sn	S	Ca	Pb	
含量/%	3.71	0.699	0.083	0.906	0.524	0.119	

9.4.2 选矿方法及工艺流程

9.4.2.1 碎矿和预选工艺

原矿石经三段一闭路破碎，第一段粗碎用600mm×900mm颚式破碎机，接着洗矿筛分，把矿石分成+50mm、-50+22mm和-22mm三级，前两级采用反手选，废石选出率48%～50%。手选后的合格矿石分别进中碎和细碎，最终破碎到-13mm送入重选。预选段原则流程如图9-10所示。

采用动筛型跳汰机丢尾矿，跳汰机对块钨的回收率可达95%，设备性能列于表9-19中。

表9-19 1200mm×600mm双室动筛型跳汰机性能

项目	筛面积 /m^2	给矿粒度 /mm	冲程 /mm	冲次 /次·min^{-1}	补加水 /$m^3·h^{-1}$	功率 /kW	处理量 /$t·h^{-1}$
数值	1.56	10～70	30～70	115	20	5.5	20

9.4.2.2 重选段工艺

合格矿破碎到-13mm的矿石，在双层振动筛上分成-13+6mm、-6+2mm及-2mm三个级别，分别进入粗、中、细粒跳汰机中选别，粗、中粒跳汰后的尾矿进第一段棒磨机，继续用跳汰机选别，跳汰尾矿送入单层振筛分级，筛上产物(大于2mm)进第二段棒磨，在与筛子组成的闭路循环中插入跳汰机，将解离的钨矿及时回收。-2mm的筛下产物和细粒跳汰机的尾矿，分别进入贫、富两系

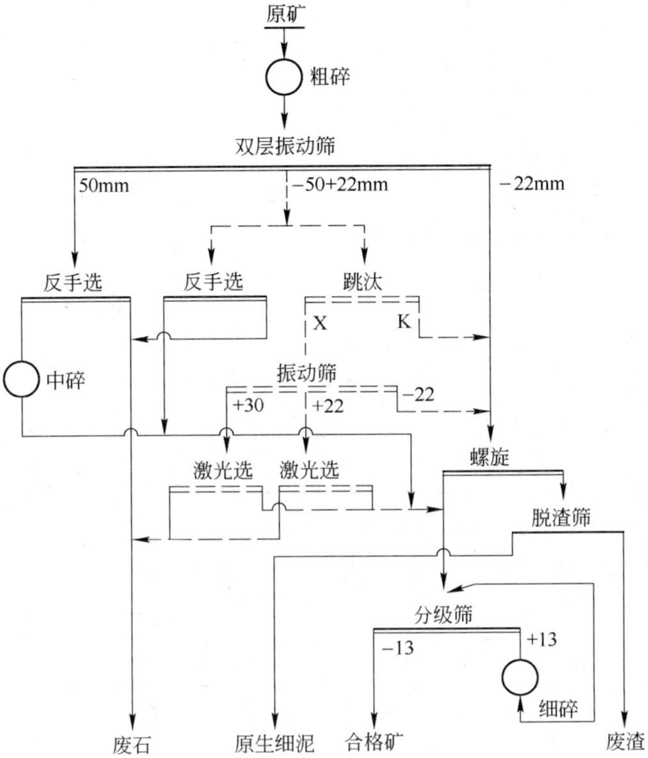

图 9-10 瑶岗仙钨选厂破碎预选流程

统的水力分级机分级，其中第一室、第二室的排矿，相应在不同的摇床上以不同的条件进行贫、富分选；水力分级机的第三、四室，因其数量较少，故不再贫富分选，而采用贫富物料一起选的工艺。跳汰和摇床的粗精矿 WO_3 品位约 15% ~ 20%，重选作业回收率 93%，图 9-11 为选矿厂重选原则流程。

原生细泥经浓缩后，用刻槽摇床粗选，中矿再摇床扫选丢尾，粗选尾矿进离心选矿机丢弃尾矿，其精矿经离心选矿机再精选一次后到皮带溜槽精选得细泥精矿。表 9-20 为细泥选别分选结果，图 9-12 为原生细泥选矿流程。

表 9-20 原生细泥选别结果

产　品	产率/%	WO_3 品位/%	回收率/%
精矿	5.95	8.05	52.02
尾矿	94.05	0.27	47.98
给矿	100.00	0.55	100.00

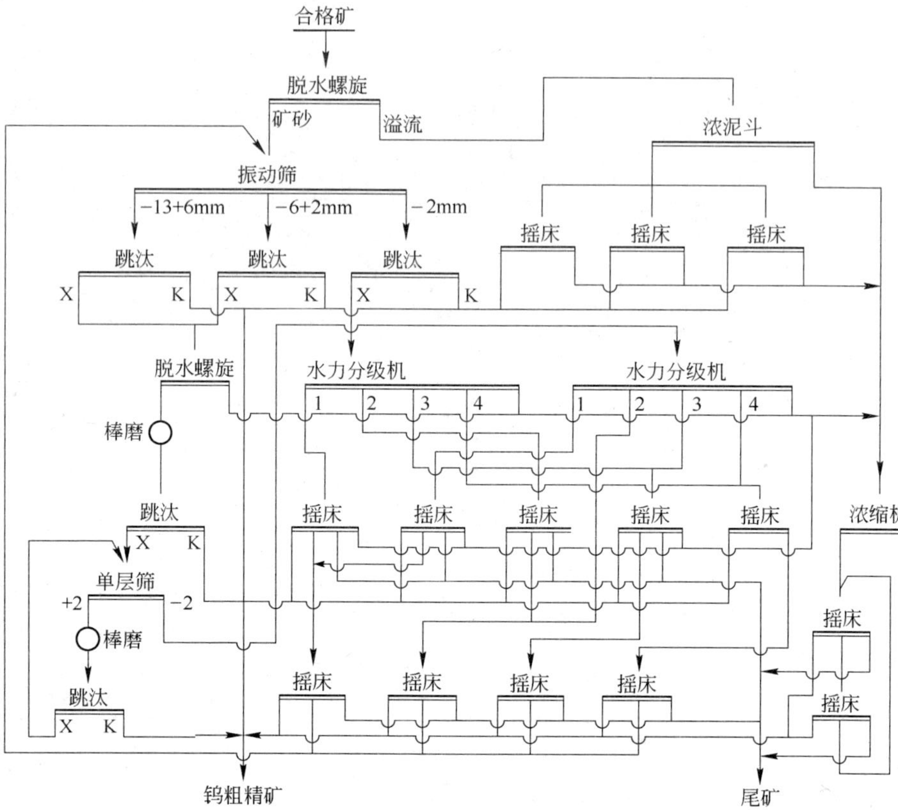

图 9-11 瑶岗仙钨选矿厂重选段原则流程

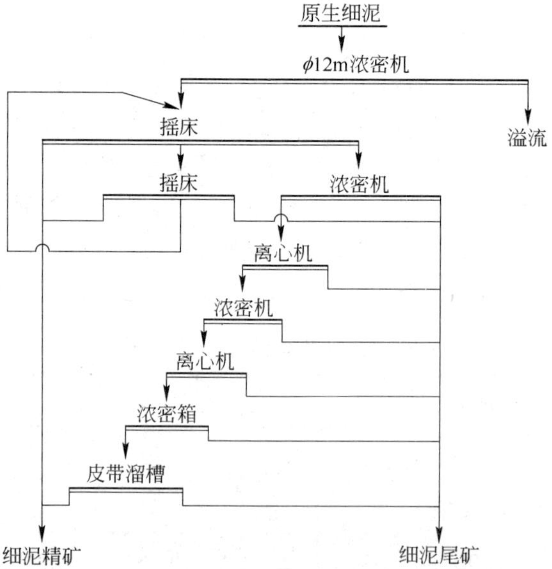

图 9-12 瑶岗仙钨矿原生细泥粗选选矿流程

9.4.2.3 精选段工艺

跳汰和摇床粗精矿先经筛分分级，－2＋0.2mm 粒级用枱浮选出硫化矿，－0.2mm的则用浮选脱除硫化矿，继而将精矿干燥，用磁选将黑钨矿与白钨矿、锡石分离。所得黑钨精矿再经焙烧脱除砷、锡，使钨精矿品位达68%以上，符合一级品商品精矿。磁选尾矿进入磨矿作业，磨矿粒度为－1.32mm，通过电选和浮选使白钨矿与锡石分离，得到白钨与锡石两种精矿。从重选获得的钨细泥低品位精矿，先浮选硫化矿，再湿式强磁选精选，提高精矿品位，锡的含量由0.88%降至0.21%，湿式强磁选机选别细泥粗精矿的结果如表9-21所示。

表 9-21 湿式强磁选机精选结果

产　品	产率/%	品位/%		回收率/%	
		WO_3	Sn	WO_3	Sn
精选精矿	17.72	49.69	0.21	71.03	4.23
精选尾矿	6.00	15.50	1.78	7.50	12.16
扫选精矿	6.93	15.59	1.59	8.72	12.55
扫选尾矿	69.35	2.26	0.90	12.75	71.06
给　　矿	100.00	12.40	0.88	100.00	100.00

从枱浮和浮选得到的混合硫化矿，经过磨矿和浮选，综合回收含银铜精矿和毒砂两种副产品，选矿厂精选工段原则流程如图9-13所示。

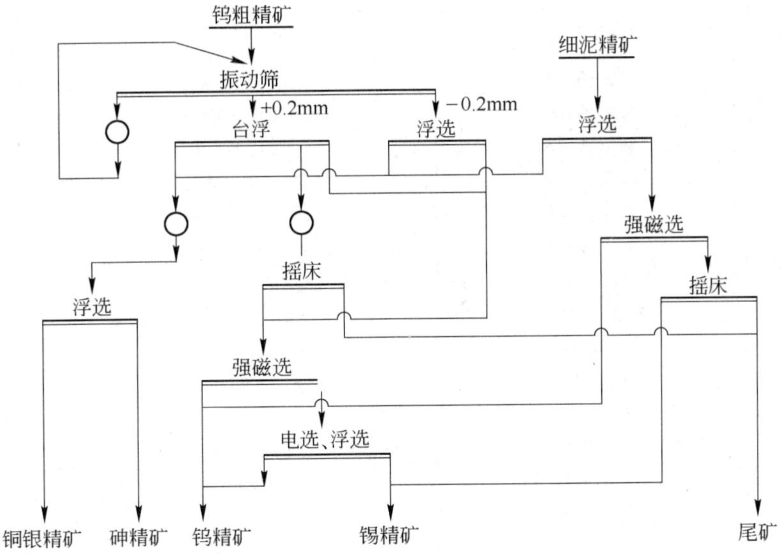

图 9-13 瑶岗仙选厂精选原则流程

9.4.3　尾矿设施和回水利用

选矿厂的尾矿自流到尾矿库，在库外设有两个回水泵站，装机容量400kW，回水量约86%以上。

9.4.4　选矿厂主要技术经济指标

选矿厂主要技术经济指标和主要原料消耗列于表9-22和表9-23，主要设备列于表9-24中。

表9-22　瑶岗仙钨选矿厂主要技术指标

作业	给矿 WO_3/%	精矿（粗精矿）品位 WO_3/%	回收率/%	备注
预选	0.352	0.68	97.24	丢废率48.6%
全厂		67.74	84.15	
锡精矿			33.21	对原矿
铜精矿			22.21	
银精矿			9.81	

表9-23　瑶岗仙钨选矿厂主要原材料消耗

项目	每吨原矿水耗/m^3	每吨原矿电耗/kW·h	每吨合格矿钢棒消耗/kg
数值	11.2	19.6	0.17

表9-24　瑶岗仙钨选矿厂主要设备

序号	设备名称	型号规格/mm	台数
1	颚式破碎机	PEF600×900	1
2	颚式破碎机	PEF250×400	2
3	圆锥破碎机	短头型 PYDϕ1200	2
4	双层振动筛	ZH 1750×3500	2
5	双层振动筛	SZZ_2 900×1800	3
6	单层振动筛	SZZ_1 1500×3000	1
7	单层振动筛	SZZ_1 900×1800	5
8	单螺旋分级机	FLG－1500	1
9	单螺旋分级机	FLG－1200	2
10	单螺旋分级机	ϕ900	2
11	单螺旋分级机	ϕ750	2
12	棒磨机	ϕ900×2400	4
13	球磨机	ϕ900×1500	2
14	光电拣选机	YG－40	3
15	动筛跳汰机	1200×600	1
16	跳汰机	丹佛 300×450	10

续表 9-24

序 号	设备名称	型号规格/mm	台 数
17	摇床	6 - S	18
18	刻槽摇床	6 - S	44
19	摇床	四层悬挂式	2
20	离心选矿机	ϕ800 × 600	7
21	皮带溜槽	1000 × 3000	4
22	磁选机	ϕ900 单盘	3
23	磁选机	ϕ560 双盘	1
24	磁选机	RL - ϕ600 平环	1
25	磁选机	对极式	1
26	浮选机	FW - 15	14
27	浮选机	XJK - 0.35	4
28	浮选机	XJK - 0.39	8
29	浮选机	XJK - 0.13	14
30	枱浮摇床	6 - S	6
31	电选机	ϕ120 × 1500	1
32	浓缩机	KGN - 24	1
33	浓缩机	TNZ - 12	1
34	浓缩机	TNZ - 3.6	2
35	浓缩机	TNZ - 1.8	1
36	板式给矿机	ZBG1200 × 6000	1

9.5 江西浒坑钨矿

浒坑钨矿位于江西省境内，1955 年建立重力选矿厂，钨的回收率达 87% 以上，并综合回收铋、锌及黄铁矿三种副产品。

9.5.1 矿床类型和矿石特性

浒坑钨矿属高温热液充填石英脉型黑钨矿床，钨矿物为钨锰矿，基本不含白钨矿，伴生金属矿物以黄铁矿为主，闪锌矿次之，还有少量辉铋矿、斜方辉铅铋矿等。

钨锰矿呈粗细粒不均匀嵌布，多呈块状、条带状及星点状等浸染在石英脉中，也有少量石英呈细脉状、网状沿着黑钨矿的解理及裂隙充填，黑钨矿从 4mm 开始出现单体，0.1mm 时基本解离完全。围岩为白云母花岗岩及变质岩 - 云母石英片岩、千枚岩和石英砂岩等，矿石最大块度为 400mm。原矿多元素分析结果如表 9-25 所示。

表 9-25 浒坑钨矿原矿多元素分析结果

元 素	WO_3	Zn	Bi	Mn	Cu	Mo	S	P	SiO_2	CaO
含量/%	0.476	0.12	0.008	0.12	0.001	0.007	0.25	0.008	73.3	0.28

9.5.2 选矿方法和工艺流程

9.5.2.1 碎矿及预选工艺

原矿经筛孔为200mm的圆筒筛筛分，+200mm粒级由人工拣选丢废石，-200mm粒级的矿石进入粗矿仓，再经洗矿脱泥和分级，其中100~200mm、60~100mm两级实行反手选，12~60mm粒级采用正手选，小于12mm的矿石进入螺旋分级机脱泥。

破碎流程为三段一闭路，第一段破碎使用400mm×600mm颚式破碎机，第二段用ϕ900mm标准型圆锥破碎机，排矿进入筛孔为10mm的1500mm×3000mm自定中心振动筛，筛上产物进入到第三段ϕ1200mm短头型圆锥破碎机，排矿返回振动筛，最终破碎粒度为12mm。破碎后的产品与螺旋分级机脱泥后的返砂一起进入重选前的细矿仓。预选段原则流程如图9-14所示。

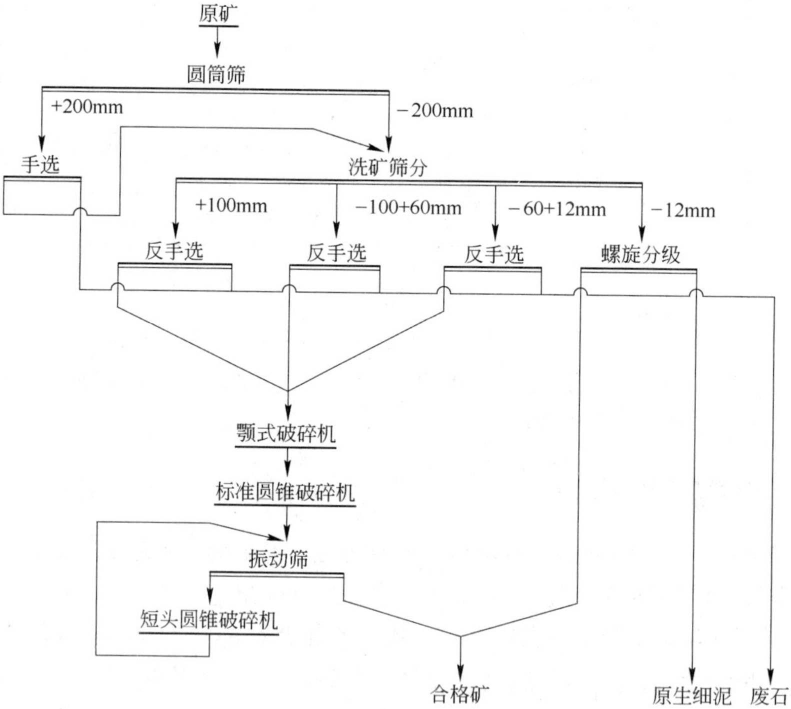

图9-14 浒坑选矿厂预选碎矿流程

9.5.2.2 重选段工艺

-12mm的合格矿在双层振动筛上分成5.6~12mm、1.6~5.6mm及-1.6mm三级，分别进入粗、中、细三级跳汰机，粗粒跳汰机的尾矿进入1号和

3号棒磨机磨矿，磨矿粒度为-1.5mm含量占70%；中粒跳汰机的尾矿进到2号和4号棒磨机磨矿，磨矿粒度为-1.5mm含量占80%。棒磨机的排矿分别用细粒跳汰机选别后，其尾矿按粒度大小不同，进入不同的作业，粗粒级的返回至双层振动筛形成闭路，筛下产物进入跳汰机，中粒级的送至单层筛，筛下产物与600mm×600mm跳汰机的尾矿一起进入十室水力分级机，然后逐级用摇床进行一次粗选和一次扫选。粗选摇床的部分尾矿和扫选摇床的中矿，各自又经再磨再选；扫选摇床的尾矿送往尾矿库。图9-15为重选段选矿原则流程。

该流程的特点是根据钨锰矿呈中、细粒不均匀嵌布的特性，采用三段磨矿、阶段选别，三级跳汰，窄级别分级摇床选，按照粒度粗细、品位的不同，实行难易分选的原则，以利于提高选矿指标。

细泥中的金属矿物以钨锰矿为主（基本不含白钨矿），其次为黄铁矿、闪锌矿及少量辉铋矿、硫铅铋矿；脉石矿物主要是石英、长石、云母和萤石。原生矿泥的粒度组成如表9-26所示。

表9-26 原生细泥的粒度组成

粒级/mm	产率/%		WO_3 品位/%	金属分布率/%	
	粒 级	累 计		粒 级	累 计
+0.09	17.48		0.07	3.11	
-0.09 +0.05	30.67	48.15	0.54	42.12	45.23
-0.05 +0.04	14.98	63.13	0.48	18.29	63.52
-0.04 +0.03	13.98	77.11	0.34	12.09	75.61
-0.03 +0.02	10.29	87.40	0.35	9.16	84.77
-0.02 +0.015	4.10	91.50	0.41	4.27	89.04
-0.015 +0.01	3.10	94.60	0.34	2.68	91.72
-0.01 +0.005	3.33	97.93	0.58	4.86	96.58
-0.005	2.07	100.00	0.64	3.42	100.00
合 计	100.00		0.40	100.00	

次生细泥比原生细泥粒度粗，WO_3品位低（0.16%），采用摇床一次粗选一次扫选得精矿WO_3品位14.79%，回收率40.18%。

原生细泥的处理曾一度采用浮选-重选联合选别，矿泥经过浓缩后，在碱性矿浆中（pH值8~9），加氧化石蜡皂作捕收剂，进行钨-硫混合浮选，混合精矿在酸性介质中进行分离浮选，加氟硅酸钠4.5kg/t作抑制剂，在丁黄药0.35kg/t、硫酸15kg/t、矿浆pH值1~2的条件下优先浮选硫化矿。硫化矿浮选的尾矿加水调浆，矿浆pH值调整至2~3，加入苄基胂酸0.12kg/t、氧化石蜡皂0.25kg/t浮选钨锰矿，获得钨精矿WO_3品位46.03%，回收率59.26%的指标。由于浮选药剂用量大、电耗大、生产费用高，加之污染环境等问题，因此到1983

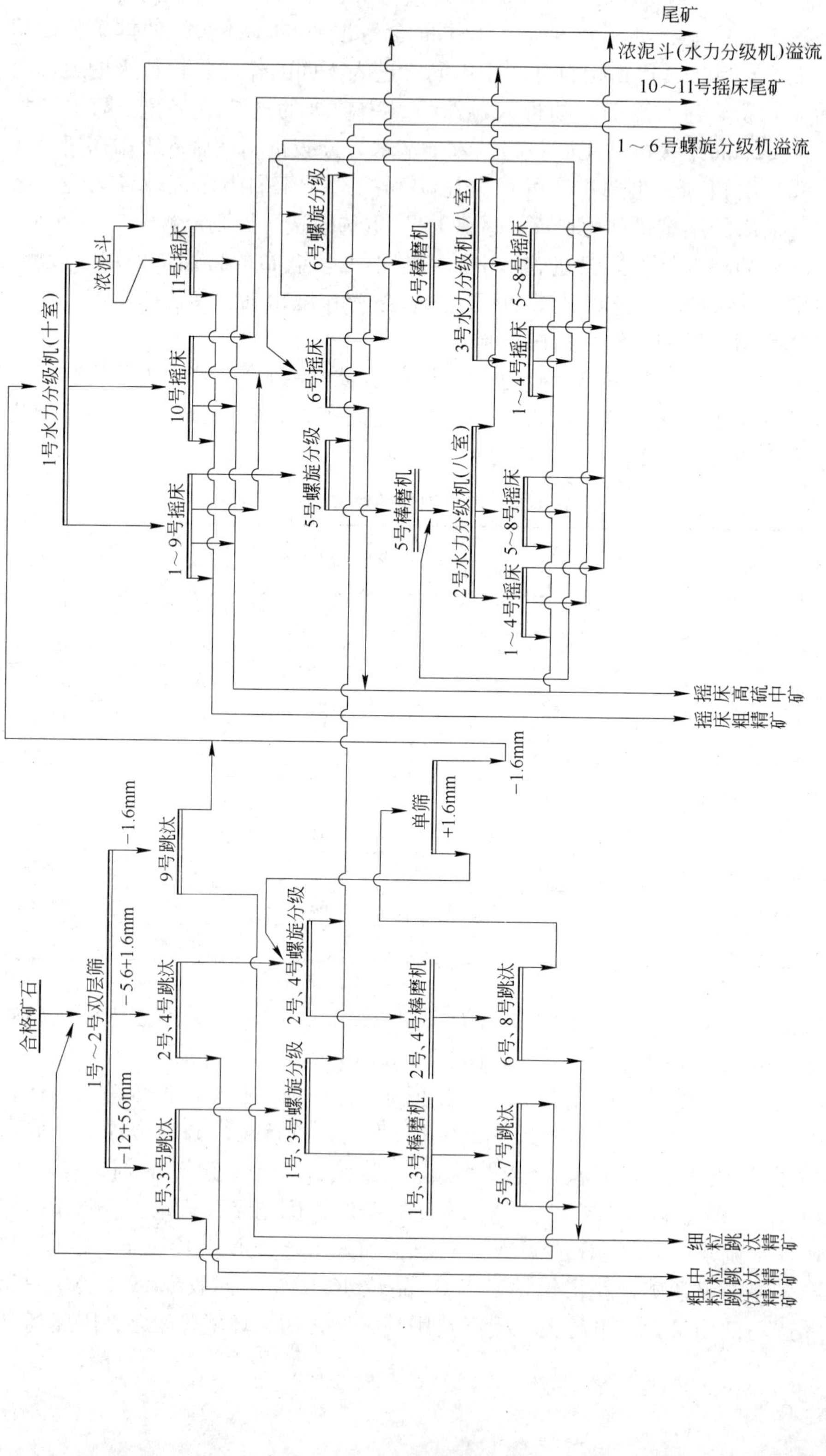

图 9-15　许坑选厂重选原则流程

年改用磁选作粗选，磁选得到的精矿再用浮选精选的磁－浮联合流程。其选别程序是矿泥经浓缩后，先用弱磁选机将含铁的强磁性物质除掉，继而在圆筒筛中将木屑等渣物排除，然后进入湿式强磁选机中，经一次粗选、一次扫选，在原矿 WO_3 品位为 0.32% 时，磁选所得的精矿 WO_3 品位为 5.93%，回收率为 77.67%。

磁选得出的细泥精矿经浓缩后用浮选精选，先浮选硫化矿，后浮选钨锰矿。浮钨时加硫酸作调整剂，氟硅酸钠作抑制剂，苄基胂酸和氧化石蜡皂作捕收剂，浮选矿浆 pH 值 3～4，浮出的钨精矿品位为 35.41%，浮选作业回收率 94.73%，磁－浮综合回收率 73.58%。浮选工艺条件及结果列于表 9-27 及表 9-28 中，表 9-29 为原生细泥不同分选工艺流程的对比结果。

表 9-27 浒坑钨细泥浮选工艺条件

作业	硫酸 /$kg \cdot t^{-1}$	氟硅酸钠 /$kg \cdot t^{-1}$	丁黄药 /$kg \cdot t^{-1}$	松醇油 /$kg \cdot t^{-1}$	苄基胂酸 /$kg \cdot t^{-1}$	氧化石蜡皂 /$kg \cdot t^{-1}$	矿浆 pH 值
硫化矿浮选	12	8.5	0.4	0.06			2
钨锰矿浮选					0.31	0.9	3

表 9-28 浒坑细泥混合粗精矿浮选精选结果

产品名称	产率/%	WO_3 品位/%	回收率/%
粗选精矿	5.82	53.58	48.27
扫选精矿	11.44	26.21	46.46
精矿小计	17.26	35.41	94.73
硫化矿	6.70	3.04	3.15
浮选尾矿	76.04	0.18	2.12
给矿	100.00	6.45	100.00

表 9-29 矿泥不同选矿流程分选结果

流程	原矿 WO_3 品位/%	粗精矿 WO_3 品位/%	最终精矿 WO_3 品位/%	回收率/%
浮－重流程	0.563	3.9	46.03	59.26
磁－浮流程	0.32	5.97	35.43	73.58

与浮－重流程相比，磁－浮流程的优点在于通过磁选就能丢弃 95% 的细泥尾矿，其中包括一些微细的有害矿泥，使浮选的矿量减少，入选的品位提高，达到改善分选效果、降低生产成本的目的。因此，次生细泥亦拟按此流程处理，如图 9-16 所示。

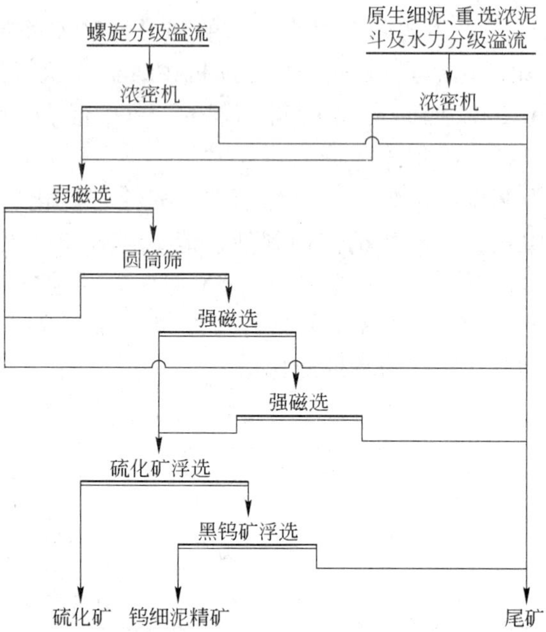

图 9-16 浒坑钨选厂钨细泥磁－浮联合处理流程

9.5.2.3 精选工艺

精选工艺流程如图 9-17 所示，其中粗、中粒跳汰机的精矿，再经破碎、筛分、跳汰分选，获得高品位钨精矿，并努力避免产生泥化，遵循钨矿物一旦被解离就及时回收的精工细作原则。细粒跳汰及粗粒摇床精矿，经枱浮脱硫后得高品位钨精矿。细粒摇床粗精矿通过筛分，+0.542mm（+30 目）以上的仍用枱浮选出硫化矿得到钨精矿；－0.542mm（－30 目）的粗精矿经浮选硫化矿后，再用摇床精选得钨精矿。各作业的尾矿送入球磨机再磨合、摇床再选得到钨细泥低品位精矿。从破碎、再磨过程产生的矿泥，全部汇集浓缩，继而用磁选、浮选联合选别，得到 WO_3 品位 35% 以上的精矿，整个精选段钨的回收率达 97.5%。

从枱浮、浮选得到的硫化矿，通过磨矿和浮选综合回收锌、铋和黄铁矿。首先加石灰、氰化钠抑制黄铁矿，进行锌－铋混合浮选，然后加硫酸调整矿浆成酸性，加硫酸铜作活化剂，用黄药和松醇油浮选黄铁矿；锌－铋浮选分离采用硫酸锌和氰化钠抑锌浮铋，最终获得锌精矿、铋精矿及硫精矿三种副产品。

9.5.3 主要技术经济指标

浒坑钨矿选厂主要技术经济指标如表 9-30 所示，主要原材料消耗如表9-31所

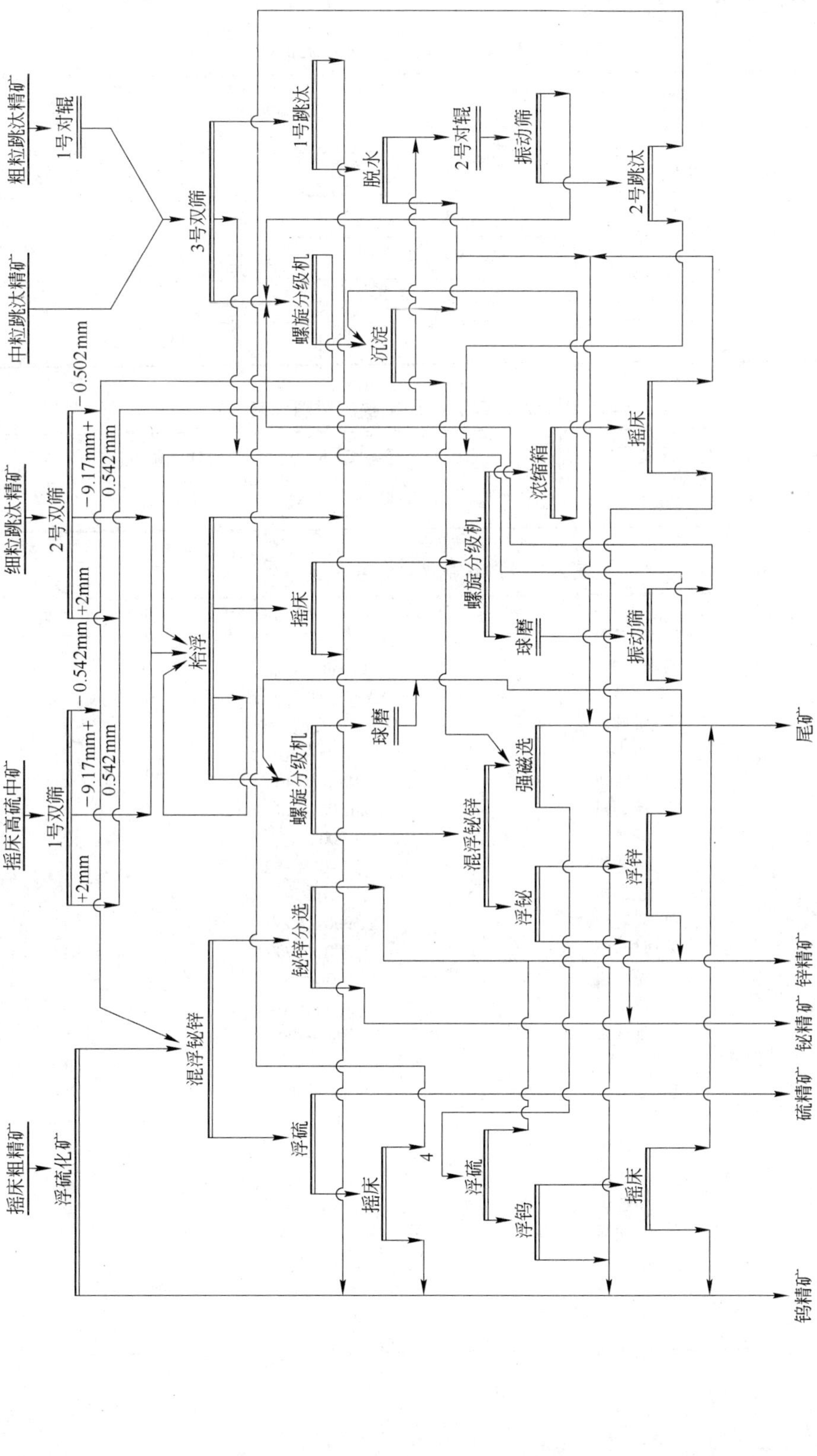

图 9-17 浒坑精选流程图

示，主要设备列于表 9-32 中。

表 9-30 浒坑钨选矿厂主要技术指标

作业	给矿 WO_3 品位/%	精矿（粗精矿）WO_3 品位/%	回收率/%	备注
预选	0.401	0.904	97.92	丢废率 56.73%
重选	0.904	33.23	91.59	
细泥	0.33	45.80	50.42	
精选		65.74	97.15	
全厂			87.51	

表 9-31 浒坑钨选矿厂主要原材料消耗

项目	每吨原矿水消耗/m^3	每吨原矿电消耗/kW·h	每吨原矿钢棒消耗/kg
数值	20	12.5	0.25

表 9-32 浒坑钨选矿厂主要设备

序号	设备名称	型号规格/mm	台数
1	颚式破碎机	PEF400×600	1
2	圆锥破碎机	PYB 标准型 ϕ900	1
3	圆锥破碎机	PYB 短头型 ϕ1200	1
4	对辊机	ϕ305×305	2
5	棒磨机	ϕ900×2400	4
6	球磨机	ϕ1500×1500	2
7	球磨机	ϕ900×900	2
8	磁选机	SQC-4-1800	1
9	磁选机	A102R	1
10	单螺旋分级机	ϕ900×6000	9
11	单螺旋分级机	ϕ500×5000	3
12	跳汰机	400×600	1
13	跳汰机	300×450	9
14	跳汰机	300×300	1
15	摇床	6-S	46
16	浮选机	6A×2	7
17	浮选机	5A×4	1
18	浮选机	3A×8	1
19	浮选机	3A×6	2
20	浮选机	3A×4	2
21	振动筛	1500×3000	1
22	振动筛	1250×2500	2
23	振动筛	900×1800	2
24	振动筛	600×1200	3

9.6 葡萄牙帕拉什凯拉钨矿

帕拉什凯拉（Panasqueira）钨矿位于葡萄牙东部贝拉省（Beira），距首都里斯本约340km。该矿于1911年生产，第二次世界大战期间曾年产钨精矿2000t，现由贝拉尔特钨锡有限公司（Beralttin and Wolfram Ltd.）经营，是西欧最重要的钨产地。该矿在坑口设预选厂，在6km外设精选厂，由索道相连。预选厂月处理WO_3含量0.31%的原矿60000t，精选厂月处理预选厂粗精矿约3000t，其平均WO_3品位为5%左右，月产钨精矿约180t，锡精矿12t，铜精矿70t。

9.6.1 矿床类型和矿石特性

该矿属石英脉型黑钨矿床，围岩是千枚岩、页岩等，由数十条石英脉呈水平状，断续重叠产出，倾角0°~15°，脉幅从几厘米至1m，平均30cm左右，沿走向或倾斜可延深几百米至上千米，主要矿体分布在距地表约250m深处，形成几个缓倾斜石英脉带。

该钨矿主要是黑钨矿，基本不含白钨矿，呈粗粒嵌布，一般在12mm已基本单体解离，主要共生金属矿物有毒砂、闪锌矿、黄铜矿、锡石、磁黄铁矿、黄铁矿等，脉石矿物以石英为主。1985年开发的原矿主要元素含量为：$WO_3$0.31%、Sn0.03%、Cu 0.1%、Zn 0.25%、As 1.30%。

9.6.2 选矿方法及工艺流程

9.6.2.1 预选厂

原矿石在井下由一台500mm×900mm颚式破碎机破碎到-100 mm，皮带运输机送至预选厂，第二段破碎由两台ϕ1200mm短头圆锥破碎机与两台筛孔25mm的振动筛构成闭路。破碎到25mm的矿石，经筛分分成-25+0.5mm及-0.5mm两级，前者约占原矿量的80%，在ϕ500mm的重介质旋流器中分选，用硅铁作介质，硅铁消耗量为310g/t，分选介质的密度为2.72~2.75g/cm^3，入选矿石的WO_3品位为0.2%，丢弃的轻产品WO_3含量0.025%，产率为给矿的95%，相当于原矿的76%；重产品Cu含量1%，Zn含量1.1%~4%，As含量在15%以上，据此推算重产品钨的品位在3.5%~4%，重介质选矿作业回收率为88%左右。

-0.5mm的矿石进入克雷布斯（Krebs）水力旋流器分级，其中-0.5+0.074mm粒级产率（对原矿）约12%，WO_3品位为1%，用矿砂摇床分选，获得WO_3品位为9%的粗精矿，与重介质富集后的矿石一起经索道送往精选厂。-0.074mm粒级在ϕ125mm莫兹利（Mozley）水力旋流器中脱去-10μm的矿泥，经浓缩后用巴特莱斯-莫兹利摇动翻床粗选，矿泥再摇床精选，摇床精矿经浮选硫化矿后，再用矿泥摇床精选，得到 WO_3 含量 50% 以上的精矿，送往精选厂磁选使钨、锡分离。图 9-18 为帕拉什凯拉钨矿预选厂的选矿流程。

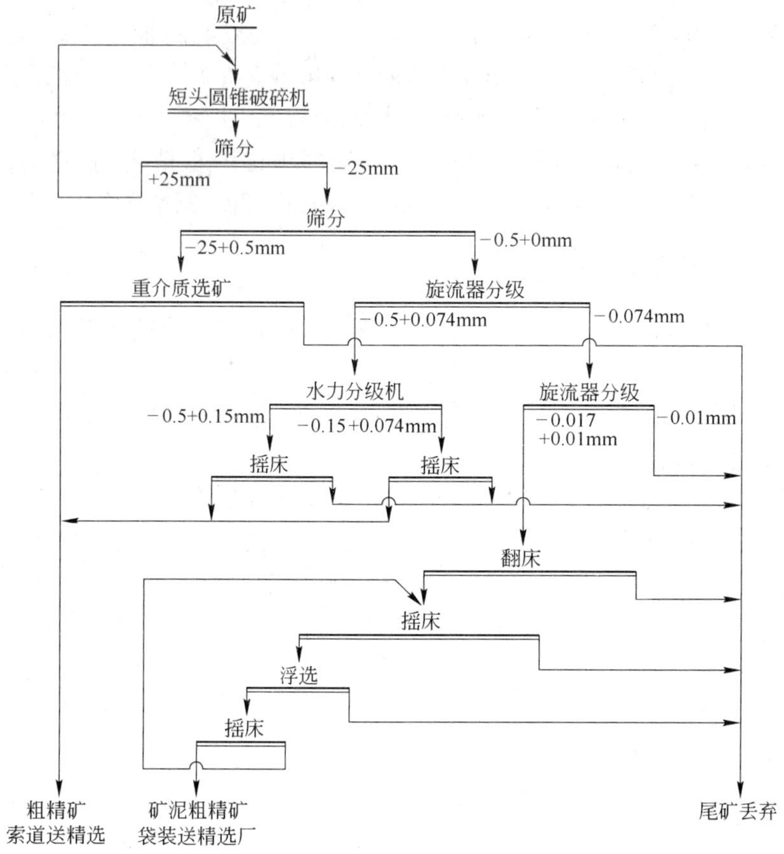

图 9-18 帕拉什凯拉钨矿预选厂选矿流程

9.6.2.2 精选厂

精选厂处理预选厂的三种粗精矿，综合平均 WO_3 品位约 5%。粗粒原料先在筛孔 5mm 的振动筛上预先筛分，+5mm 粒级进入 ϕ900mm 短头圆锥破碎机，排矿返回振筛，−5mm 的筛下产物进入耙式分级机，返砂在双层振动筛上分成 −5 +3mm、−3 +0.5mm 和 −0.5mm 三级，用摇床选别。摇床粗精矿在另一台双层振动筛分成 +2.5mm、−2.5 +0.8mm 和 −0.8mm 三级，前者进入对辊破碎，并与双层振动筛组成闭路；后两级用枱浮选出硫化矿，同时排除部分脉石，精矿干燥后再用对辊破碎，筛分分成 +0.83mm、−0.83 +0.25mm 和 −0.25mm 三级，分别在强磁选机上进行钨、锡分离，得到钨、锡两种最终精矿。

耙式分级机的溢流在水力旋流器中脱除 −10μm 的细泥，再经细筛筛分为

+0.074mm 及 -0.074mm 两级，前者用摇床分选得粗精矿送枱浮脱硫，后者经浮选硫化矿后，在矿泥摇床上选得细泥精矿，然后干燥、磁选分离钨、锡。全部摇床尾矿、枱浮和浮选的硫化矿及尾矿都归入浮铜系统，进行磨矿浮选，获得 Cu 品位 25% 以上的铜精矿，铜的回收率 85%。图 9-19 为帕拉什凯拉钨矿精选厂流程。

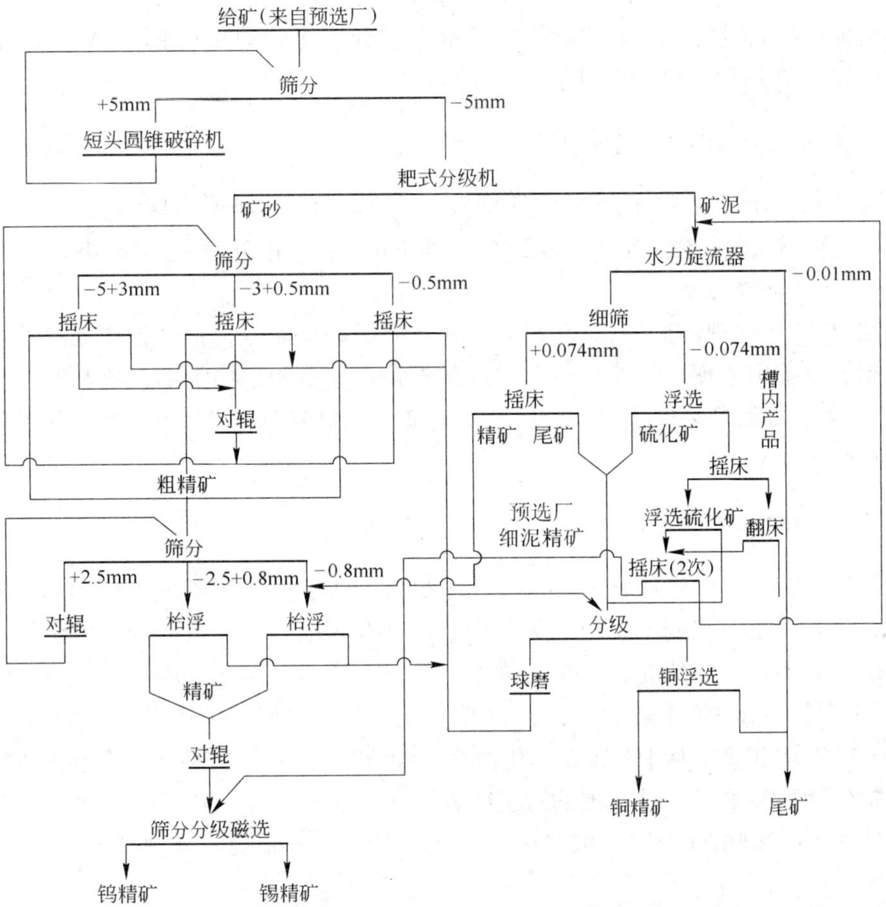

图 9-19 帕拉什凯拉钨矿精选厂选矿流程

帕拉什凯拉钨矿的选矿特点是：（1） -25 +0.5mm 的矿石采用重介质旋流器进行预先富集，可丢弃占原矿量 76% 的废石；（2）精选过程采用多段对辊破碎和严格筛分分级实行逐段分级精选；（3）在分选回路中对精矿或中矿采用小型耙式分级机输送，减少砂泵扬送的泥化损失；（4）重视副产品的综合回收，对重选及精选过程中的全部硫化矿和尾矿都经球磨再磨浮铜，提高了铜的回收率。

9.6.3 主要技术经济指标

预选厂钨的回收率一般在87% ~89%，精选厂回收率90%，两段钨的综合回收率为78% ~80%，损失主要在细粒级。钨精矿 WO_3 品位在73%以上，S含量0.3%、P含量0.02%、As含量0.06%、Sn含量0.02%、MnO含量2.5%、SiO_2 含量2.5%，被西方国家誉为优质钨精矿。

破碎筛分每吨原矿电耗2kW·h，重介质选矿每吨原矿电耗5kW·h，精选厂每吨给矿电耗85 ~90kW·h。

9.7 加拿大普列森特山钨矿

普列森特山钨矿位于新布伦斯威克省（New Brunswick）夏洛特（Charlotte Count）县，距圣乔治（ST. George）约50km，距布伦斯威克南部港口圣约翰（Saint John）约65km。

从1967年发现该矿后，至1976年地质勘探基本完成，证明该矿是一个大型钨、钼、铋矿山，现已探明可供开采的矿石量约9350kt，由加拿大比利顿（Billiton）有限公司和多伦多公司联合经营。选矿厂设计年处理矿石650kt，年产钨精矿2500t，于1983年投产。

9.7.1 矿床类型和矿石特性

普列森特山钨矿属斑岩型矿床，其中最大的法尔托尔钨矿带中黑钨矿、辉钼矿、辉铋矿呈浸染状或不规则细脉状产于中度至高度硅化和角砾岩化的流纹斑岩中。矿床典型矿物组成是：70%石英、10%黄玉、5%萤石、4%云母、4%绿泥石、4%钾长石和3%不透明矿物，后者包括约1%毒砂、1%闪锌矿、0.4%黑钨矿、0.15%辉钼矿、0.1%铋矿、0.15%黄铜矿、0.05%方铅矿、0.05%锡石。矿床中矿物种类繁多，已发现的有104种。矿物嵌布粒度变化很大，大多数颗粒很细，在50 ~200μm之间，黑钨矿要细磨到50 ~100μm方基本解离。

9.7.2 选矿方法及工艺流程

开采出来的矿石在井下粗碎，由一台1050mm×1200mm库克型（Kue Ken）颚式破碎机碎至 -200mm，由皮带运输机将矿石输送到破碎车间，经双层振动筛分成三个粒级，+80mm的进入块矿仓，-80 +16mm的进入第三段短头圆锥破碎机破碎，-16mm的送入粉矿仓。当块矿仓装满时，多余的矿石则进入第二段标准圆锥破碎机破碎，破碎后的产物与第三段破碎机的排矿一起返回到振动筛。

磨矿是自磨，由第一段粗磨和第二段细磨并与水力旋流器和弧形筛串联的两段分级所组成。第一段粗磨的给矿由 +80mm 的块矿和 -16mm 的粉矿分别计重合并给入，前者作磨矿介质。第一段分级为一台水力旋流器，旋流器的底流先在一台 DSM 粗筛筛分，筛分粒度 -300μm，筛下产物受重力通过五台弧形细筛，筛分粒度为 80μm，筛下产物与水力旋流器的溢流汇合给到浮选。粗、细 DSM 筛的筛上物借重力流入第二段磨机再磨，磨矿粒度 50～100μm。

浮选分硫化矿浮选和黑钨矿浮选两个系统。先混合浮选硫化矿，再从混合硫化矿中选择性浮钼，混合浮选时加戊基黄药作捕收剂，MIBC 作起泡剂，混合精矿经一次精选的精矿再磨，又经两次精选，然后进行浮选分离。为改善浮选分离的选择性，需要脱除矿浆中的残余药剂，为此将精矿过滤并通蒸汽加温搅拌，添加 NaHS 作抑制剂，燃料油作捕收剂，MIBC 作起泡剂浮选辉钼矿。硫化矿浮选的尾矿经两段水力旋流器串联，脱掉 -10μm 的矿泥，然后添加硅氟酸抑制脉石矿物，用膦酸酯作捕收剂浮选黑钨矿，经两次粗选和三次精选获得钨粗精矿。工艺流程如图9-20 所示。

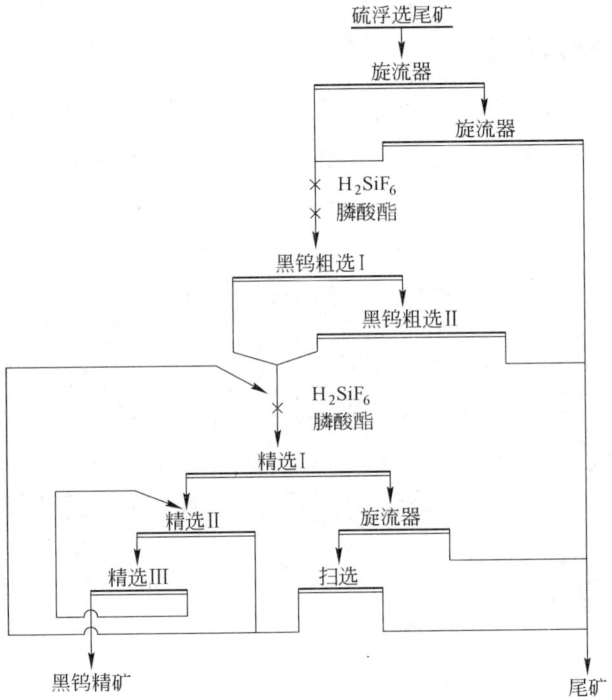

图 9-20　普列森特山选矿厂黑钨浮选流程

浮选精矿的提纯分三段进行，第一段用硫酸搅拌浸出，使磁性物和脉石溶解从滤液中排出；第二段将浸出后的精矿用湿式强磁选机精选；第三段将磁选后的精矿在 70℃用硫酸高铁溶液浸出 2h，除掉砷、铋等重金属元素，以提高钨精矿质量，如此每天浸出六批。

普列森特山选矿流程的特点是粗碎在井下进行，磨矿采用两段自磨，用水力旋流器和弧形筛串联实行两段分级，防止黑钨矿泥化；从混合硫化矿中选择性浮钼，采用矿浆蒸汽加温，用硫氢化钠作抑制剂，经五次精选得钼精矿，再通过酸浸提纯；黑钨矿浮选预先用两段水力旋流器脱除 -10μm 的矿泥，然后用硅氟酸作调整剂，膦酸酯作捕收剂，经两次粗选、三次精选得钨精矿，随后通过磁选和化学选矿再提高品位。

9.8 韶关精选厂

韶关精选厂位于广东省，1960 年建成投产，集中处理粤北地区各钨矿生产的钨粗精矿，1970 年建立化学选矿车间，曾生产合成白钨等产品，现生产仲钨酸铵。对钨细泥的处理，通过技术改进，采用浮选 - 湿式强磁选 - 浮选流程，不仅提高了钨的选别指标，而且综合回收了锡。现生产的主要产品有黑钨精矿、白钨精矿、仲钨酸铵，以及综合回收锡、钼、铋、铜四种精矿。

9.8.1 矿物原料组成及其特性

原料来自粤北地区各钨矿的钨粗精矿，其矿物组成主要有黑钨矿、白钨矿、锡石、黄铜矿、辉铋矿、辉钼矿、方铅矿、闪锌矿、黄铁矿、毒砂、泡铋矿、铋华、褐铁矿等；脉石矿物以石英、云母和长石为主。表 9-33 为入厂粗精矿比例，表 9-34 为原料主要成分分析，表 9-35 为主要原料矿物组成。

表 9-33　入厂粗精矿数量比例

矿点	A	B	C	D	E	F	G	H	I	合计
%	26.37	19.43	18.66	13.73	6.91	6.70	6.36	1.3	0.54	100

表 9-34　原料主要成分分析

矿点	WO_3/%	Sn/%	Mo/%	Bi/%	Cu/%	S/%	As/%	P/%
A	25.75	0.58	0.008	0.4	0.52	7.90	6.0	0.034
B	25.33	4.07	0.02	0.14	0.28	9.71	14.42	0.022
C	25.81	1.49	0.27	1.23	0.78	11.21	2.00	0.103
D	25.50	0.06	0.90	3.5	2.08	6.78	0.11	0.268
E	25.89	0.23	0.96	4.40	3.40	12.07	0.40	0.05
F	26.56	0.36	0.37	3.50	2.09	1.81	0.15	0.288
G	22.15	0.12	0.30	2.04	1.5	9.60	0.50	0.068
H	23.60	0.10	0.47	3.10	0.19	8.91	0.08	0.17

表 9-35 主要原料矿物组成

矿点	矿 物 组 成	选 矿 方 法
A	黑钨矿、白钨矿、锡石、黄铜矿、黄铁矿、毒砂	磁选、枱浮、浮选、电选、焙烧
B	黑钨矿、白钨矿、锡石、毒砂	磁选、枱浮、浮选、电选、焙烧
C	黑钨矿、白钨矿、锡石、辉铋矿、黄铋矿、铋华、毒砂	磁选、枱浮、浮选、重选、电选、酸浸、焙烧
D	黑钨矿、白钨矿、辉铋矿、黄铋矿、铋华、毒砂	磁选、枱浮、浮选、重选、电选
E	黑钨矿、锡石、辉铋矿、辉钼矿、黄铜矿、黄铁矿、铋华	枱浮、磁选、电选、酸浸
F	黑钨矿、黄铜矿、辉铋矿、铋华	枱浮、浮选、磁选、重选、电选
G	黑钨矿、白钨矿、黄铜矿、辉铋矿、辉钼矿	磁选、枱浮、电选

9.8.2 选矿方法及工艺流程

由于原料来源不一，性质差异甚大，必须分类、分粒级和分批进行分选。选矿工艺流程包括破碎筛分、磁选、浮选、枱浮、重选，以及焙烧和化学选矿等方法联合处理。如 B 矿点是含高锡、高砷类的粗钨精矿，而 D、F、G 三个矿点是含高硫低锡低砷类的钨粗精矿，两者的分选流程如图 9-21 及图 9-22 所示。对于锡、砷、硫的含量介于上述两类之间的，属中等含量的钨粗精矿，如 A、C 矿点的原料，其处理方法亦类似于图 9-22。

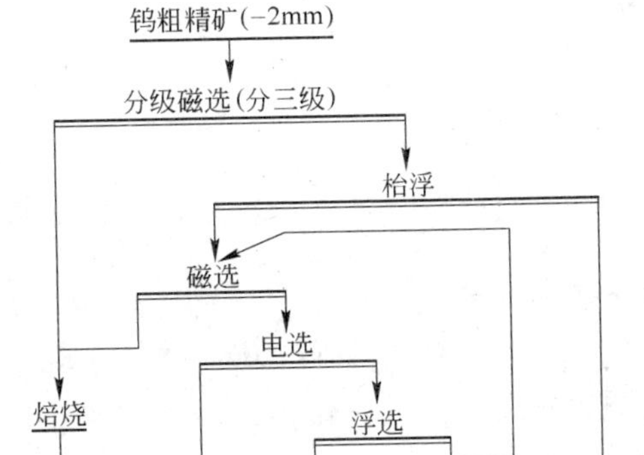

图 9-21 高砷高锡类钨粗精矿（B 矿点）精选原则流程

现将钨细泥、难选物料以及硫化矿的综合回收分述如下。

（1）钨细泥粗精矿的精选。钨细泥来自重选、枱浮和水力分级作业的溢流，经集中浓缩，用重选富集，再浮选硫化矿，所得钨精矿 WO_3 含量 46% ~53%，Sn 含量 1.5% ~5.2%。对此过去一直沿用氯化焙烧法除锡，但磷、钙的含量较高，产品仍难外销。现改用浮选 - 湿式强磁选 - 浮选工艺流程，即细泥粗精矿浮

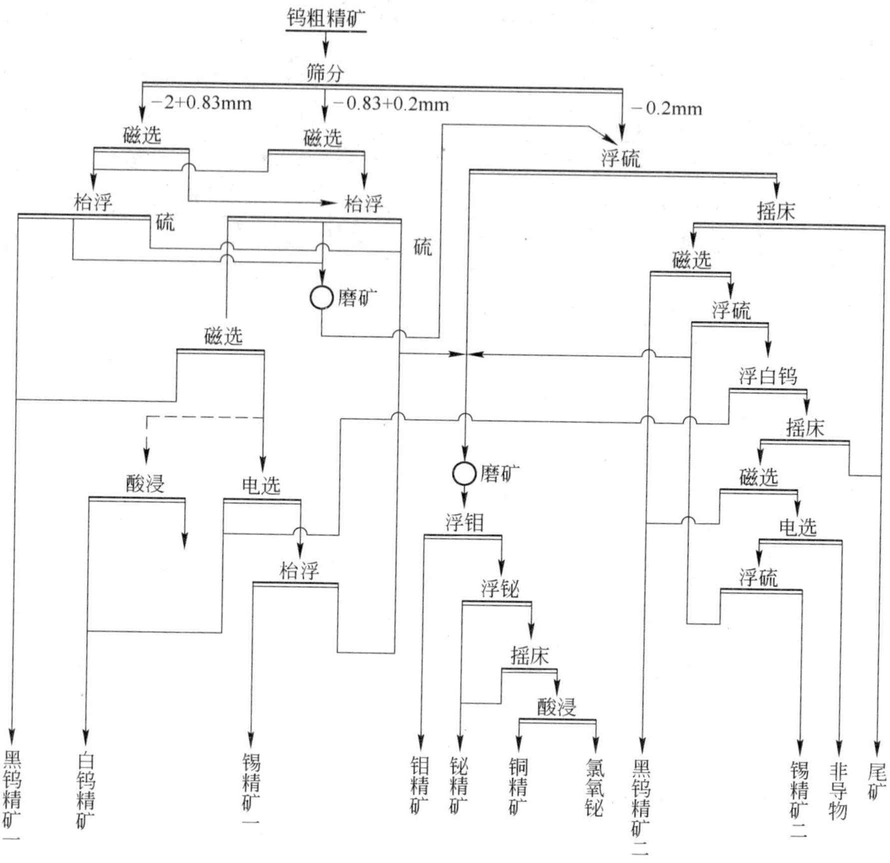

图 9-22 高硫低砷、锡类钨粗精矿（D、F、G 矿点）精选原则流程

硫后，继而浮选白钨，槽内产品进湿式强磁选机分离钙、磷、锡等矿物获得黑钨精矿，磁选尾矿再浮选钨、锡，工艺流程如图 9-23 所示。采用这一流程，得到了含磷、锡低的白钨精矿和含钙低的黑钨精矿，并使锡获得综合回收，比氯化焙烧法有明显的优越性。磁选后的钨精矿品位由 46% ~ 53% 提高到 57% ~ 62.75%，锡含量由 1.55% ~2.8% 降低到 0.27% ~0.45%，为提高全厂钨精矿质量创造了条件，一部分低品位中矿转送化学选矿处理。

（2）难选物料处理。难选物料包含磁选过程产出的高铁钨中矿、高锡中矿、电选中矿和细泥精选得到的中矿，以及破碎、筛分和选别作业产生的粉尘。其中钨矿包含黑钨和白钨矿，WO_3 品位约 25%，且钼、磷、砷、硅等的含量甚高，用常规选矿法难以分选提纯，因此转用化学选矿方法处理，采用苛性钠低压浸出法生产仲钨酸铵，工艺流程如图 9-24 所示。该工艺特点是生产作业线短、成本低，适于处理这类物料。

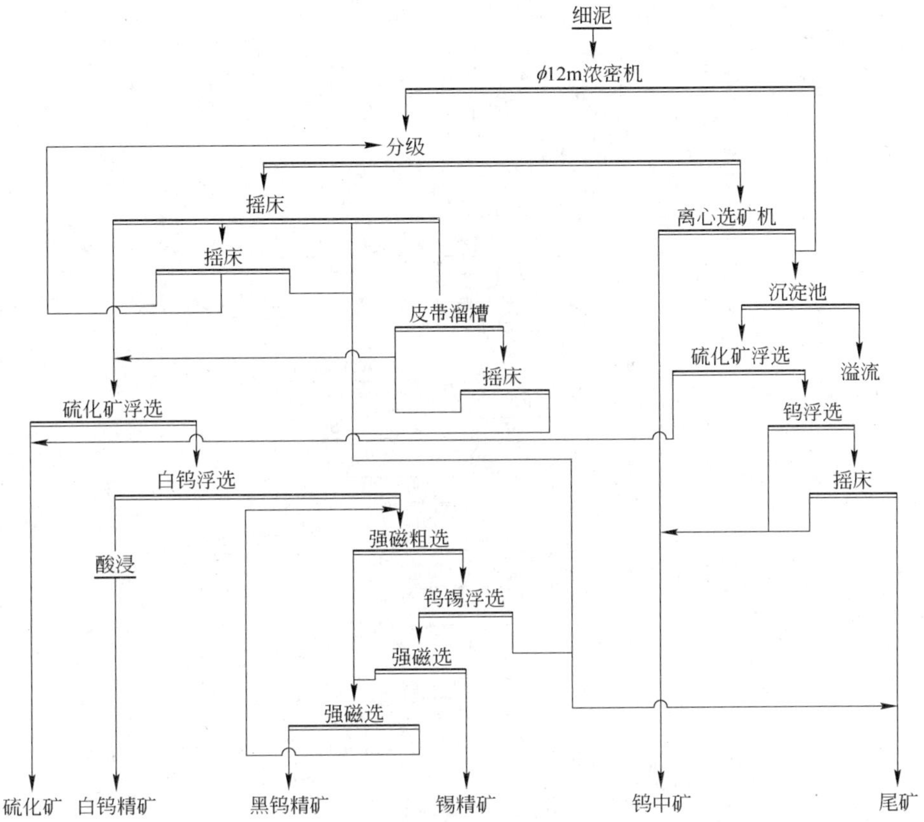

图 9-23 钨细泥精选流程

(3) 硫化矿综合回收。从枱浮和浮选得到的硫化矿平均含 Mo 0.62%、Bi 4.80%、Cu 6.4%、Ag 0.096%、$WO_3$1.0%，矿物组成以黄铁矿和毒砂为主。长期以来为综合回收钼、铋、铜，将硫化矿磨矿后，再浮选分离，但回收率甚低。经试验研究，采用浮选与化学选矿法联合处理，能使综合回收水平有较大程度的提高，增加了回收品种。扩大试验结果表明，混合硫化矿优先浮钼后，用低浓度 $FeCl_3$ 浸出，滤渣再浮选，金属回收率可分别达到：Ag 81.33%、Bi 89.65%、Cu 85.79%、Mo 90.09%、Pb 80.69%、W70.44%，工艺流程如图 9-25 所示。

9.8.3 尾矿及三废处理

原料经精选后，每年排出的尾矿约 3000t，平均含 $WO_3$1.2%、Bi 0.2%。为从尾矿中再回收钨，1982 年曾取样进行小型试验。筛析查明，尾矿 -0.833mm (-20 目)含量约 9% ~10%，钨矿物大多分布在 +0.121mm(+120 目) 粒级中，

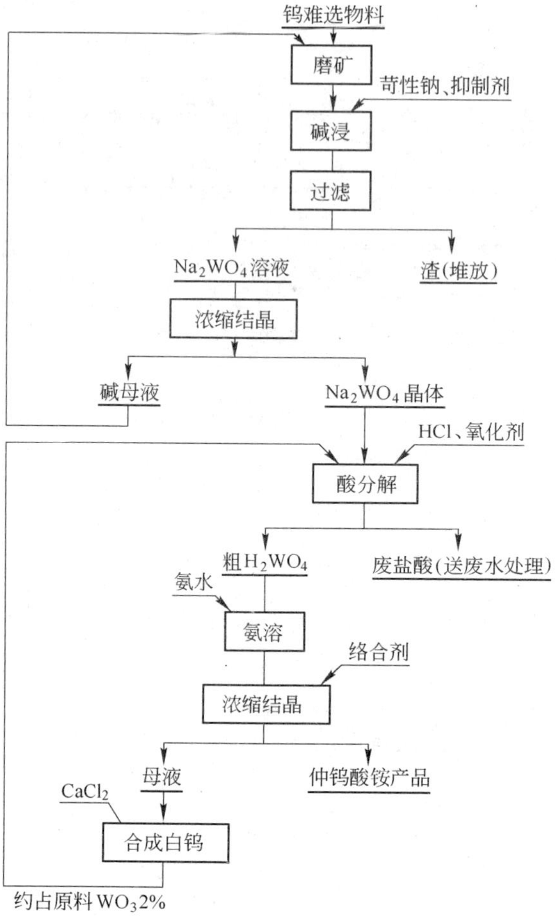

图 9-24 难选物料化学选矿工艺流程

绝大部分与褐铁矿、石英连生。因此，将尾矿在棒磨机中磨细到 -0.121mm（-120目），用摇床分选，精矿再浮选脱硫，试验结果如表 9-36 所示。同年建成 30t/d 的尾矿再处理车间，选得的钨精矿 WO_3 品位在 20% 以上，回收率 40%，对全厂回收率提高了 0.5% ~0.6%，精矿送化学选矿再处理，再选后的尾矿 WO_3 含量 0.3% ~0.4%，重新另行堆放。

表 9-36 尾矿再选试验结果

产 品	产率/%	品位/%		回收率/%	
		WO_3	Bi	WO_3	Bi
硫化矿	2.70	1.35	2.35	2.26	13.13
钨精矿	3.82	24.54	3.19	53.11	27.27

续表 9-36

产品	产率/%	品位/%		回收率/%	
		WO_3	Bi	WO_3	Bi
中矿	30.08	1.20		22.03	
尾矿	50.62	0.36		10.17	
溢流	12.78	1.72	0.55	12.43	15.91
合计	100.00	1.77	0.55	100.00	

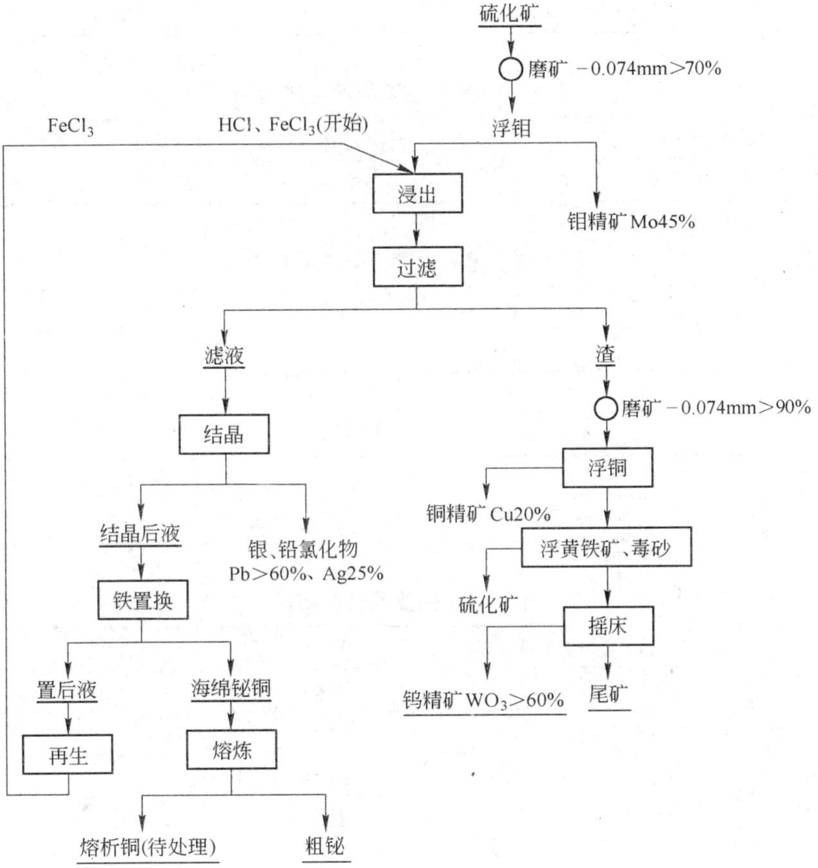

图 9-25 硫化矿综合回收原则流程

选矿处理废液中，As、Pb、Cd 以及 pH 值都对环境构成危害，必须处理后方能排放。目前通过添加氢氧化钠提高 pH 值，再添加石灰搅拌沉淀，通过沉淀池沉淀后的澄清液再排入江河。

对破碎、筛分、磁选、电选及精矿干燥和混批作业的除尘，已将过去的泡沫集尘改建为三个布袋集尘系统，收尘率达 95%，每月收尘量约占原矿量的 1%，粉尘的粒度为 -0.048mm（-300 目）含量占 95%。其他有关作业，如酸浸和化验中逸出的有害气体，均采用密封式塑料抽风机排气。

9.8.4 主要技术经济指标

韶关精选厂主要技术经济指标分别如表 9-37 ~ 表 9-41 所示。

表 9-37 原矿主要元素与成分含量

元素与成分	WO_3	Sn	Cu	Mo	Bi
含量/%	26.05	0.97	0.58	0.18	0.85

表 9-38 精矿主要技术经济指标

指 标	钨精矿 WO_3	锡精矿 Sn	铜精矿 Cu	钼精矿 Mo	铋精矿 Bi	仲钨酸铵 WO_3
含量/%	66.59	55.56	13.00	49.35	35.50	88.76

表 9-39 尾矿主要元素与成分含量

元 素	WO_3	Sn
含量/%	0.91	0.15

表 9-40 主要元素回收率

元素	钨	锡	铜	钼	铋	仲钨酸铵
回收率/%	94.65	86.12	47.96	77.52	62.89	75.03

表 9-41 主要原材料消耗

项 目	单 位	单 耗	项 目	单 位	单 耗
水	m^3/t	160	油酸	kg/t	0.16
电	kW · h/t	156	煤油	kg/t	0.75
黄药	kg/t	0.75	水玻璃	kg/t	0.45
硫酸	kg/t	2.96	盐酸	kg/t	55
松醇油	kg/t	0.09	烧碱	kg/t	0.06
硫化钠	kg/t	0.82	氟硅酸钠	kg/t	0.26
氯化铵	kg/t	40			

10 黑、白钨矿选矿实例

10.1 柿竹园多金属矿

10.1.1 选厂概况

柿竹园多金属矿是世界级特大型钨钼铋萤石矿床，经济价值和战略意义巨大。该矿地处湖南郴州市苏仙区境内，距市区 20km，区域内矿产资源丰富，矿物品种达 143 种之多，矿石资源量达 3.6 亿吨，金属储量 1616.9kt，其中钨 747kt，铋 305kt，锡 486kt，钼 132kt；伴生萤石矿物储量 45890kt，是世界闻名的多金属矿床地，被中外地质专家誉为“世界有色金属博物馆”。

柿竹园多金属矿是一个集采矿、选矿、冶炼为一体的国有大型矿山企业，同时，也是国家新确定的五大矿产资源综合利用基地之一，目前主要有 5 个选厂：三八〇选厂、野鸡尾选厂、1000t/d 多金属选厂、2000t/d 选厂及柴山选矿厂，其中 2000t/d 选厂于 2006 年 9 月 29 日开始投产。

10.1.2 地质概况

柿竹园矿体呈巨大的水平透镜状，产于千里山岩体东南与余田桥组泥质条带灰岩的内外接触带。矿床由一个矿体（4 类矿石）组成，南北长达 1200 m，东西最宽 600m，厚度一般达 200 ~ 300m。矿床具明显的垂直分带，自下而上依次为：云英岩型钨、锡、钼、铋、矿石（Ⅳ），脉状云英岩 - 矽卡岩钨、锡、钼、铋矿石（Ⅱ），矽卡岩型钨、铋矿石（Ⅰ）及大理岩型锡（铍）矿石，为世界罕见的超大型多金属钨矿床。

10.1.3 矿石性质

10.1.3.1 *矿物组成*

柿竹园多金属矿为大型接触交代矽卡岩矿床，工业类型属于云英岩矽卡岩复合型钨多金属矿。柿竹园矿石的矿物组成较为复杂，矿石中可回收的金属矿物有白钨矿、黑钨矿、辉钼矿、辉铋矿、铅铋硫盐、自然铋，其他金属矿物有黄铁矿、磁黄铁矿、黄铜矿、墨铜矿、锡石、锡钛榴石、磁铁矿。矿石中黑钨矿与白钨矿之比约为 1/2，白钨矿中半数以上为交代黑钨矿而生成，这部分白钨矿含有黑钨矿包裹体或连生体，并因含铁、锰杂质而具弱磁性。

10.1.3.2 嵌布粒度

白钨矿的嵌布粒度相对较粗，并且较集中，主要粒度范围为0.02～0.16mm；黑钨矿的嵌布粒度严重偏细，主要粒级范围在0.01～0.08mm，并且0.01～0.02mm的微细粒级黑钨矿占了40%左右，因此黑钨矿必须细磨才能解离。辉钼矿和辉铋矿的粒度介于白钨矿和黑钨矿之间，辉铋矿略细于辉钼矿。

矿石中主要有价矿物的嵌布粒度粗细极不均匀，在确定磨矿细度时要兼顾各有价矿物的嵌布粒度特征。辉钼矿的嵌布粒度较均匀，具有良好的解离性，辉铋矿在+0.074mm粒级解离度不高，但在-0.074mm粒级解离得较快。在磨矿细度-0.074mm含量占75.08%时，辉铋矿的解离度已接近90%。由于矿石中的白钨矿比黑钨矿嵌布粒度粗，白钨矿与黑钨矿的解离度差别很大，在磨矿细度-0.074mm含量占62.51%时，白钨矿的解离度已达92%以上，而此时黑钨矿的解离度只有76%左右，在磨矿细度达到-0.074mm含量89.35%时，黑钨矿的解离度才能达到90%以上。

10.1.3.3 物相分析

矿石中以白钨矿存在的钨占原矿总钨的63%左右，以黑钨矿存在的钨占原矿总钨的31%左右，分散于磁铁矿、磁黄铁矿和黄铁矿中的钨占原矿总钨的0.74%，分散于萤石和其他脉石矿物中的钨占原矿总钨的5%～6%。钨的最高回收率为94%左右。

矿石中钼主要以辉钼矿形式存在，辉钼矿中的钼占原矿总钼的92%左右。此外，约有2%的钼以类质同象形式进入白钨矿晶格，分散于磁铁矿和磁黄铁矿、黄铁矿中的钼非常少，仅占原矿总钼的0.41%，分散于萤石和其他脉石矿物中的钼占原矿总钼的5%左右。钼的最高回收率为92%左右。

矿石中铋主要以辉铋矿形式存在，辉铋矿中的铋占原矿总铋的73%，其次以铅铋硫盐类和自然铋矿物形式存在，两者分别约占原矿总铋的10%和3%。分散于磁铁矿和磁黄铁矿、黄铁矿中的铋仅占原矿总铋的2%左右；由于铋矿物嵌布粒度微细，以铋矿物包裹体分散于萤石和其他脉石矿物中的铋占原矿总铋的11%左右。铋的最高回收率为87%左右。

矿石中脉石矿物的种类非常多，除了含大量的富钙矿物萤石和方解石之外，还有部分富钙、富铁脉石矿物，对钨的分选干扰较大。矿石中萤石的矿物量达到20%以上，具有回收价值。本矿石中萤石具有嵌布粒度细、共生关系较复杂的特点，萤石中含有固液包裹体或含有石英、绢云母等包体，大多数萤石不纯净，萤石的单矿物分析（在-0.036mm细度下完成最后提纯）CaF_2含量为98.40%，这是萤石精矿品位难以提高的根本原因。

矿石中只有极少量的锡石，近60%的锡呈类质同象方式分散于石榴石和各种脉石矿物中，难以回收。

10.1.4 选矿工艺

近20多年来，围绕该矿进行了大量研究，提出了多种工艺流程，如重-浮、浮-重-浮和全浮选流程等。尽管各方案各有特点，试验指标都不错，但现场可能主要出于流程简单和管理方便等原因，多年来一直沿用733法钨混合浮选流程，该法粗选虽较简单，但选择性差、钨粗精矿品位低、加温矿量大、黑钨回收不充分、总钨回收率低，多年来统计的回收率仅55%～57%。

经过多年研究和生产实践，柿竹园选矿工艺采用柿竹园法工艺进行生产，其选矿原则流程如图10-1所示。

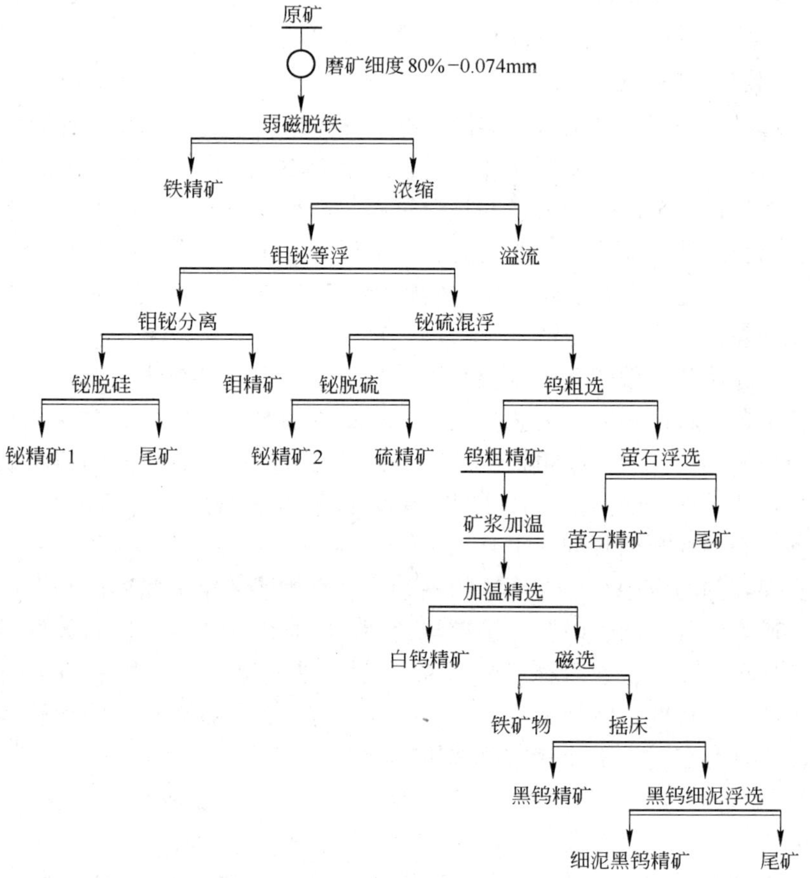

图10-1 柿竹园法主干全浮工艺原则流程图

柿竹园2000t/d选厂磨矿工艺流程为两段连续闭路磨矿（-0.074mm含量占78%），第一段选用球磨+螺旋分级机，第二段为球磨+水力旋流器。磨矿产品先用弱磁选机脱除铁矿物后，进入硫化矿浮选作业。

10.1.4.1　钼、铋浮选工艺

工艺矿物学研究表明，柿竹园多金属矿的钼主要以辉钼矿的形式存在，占总钼量的92.97%，该矿石中辉钼矿物呈2H型（立方晶系），结构较紧凑，可浮性好。铋矿物主要以辉铋矿为主，占总量的65.49%，此外有自然铋和氧化铋，其中大部分辉铋矿与辉钼矿可浮性相近，少部分铋矿物的浮游性较差。柿竹园法硫化矿物浮选充分利用矿物天然可浮性的差异，采用等可浮流程进行浮选分离，防止重压重拉对浮选分离造成的不利影响。首先添加少量非极性油和起泡剂进行钼铋等可浮，再用SN－9号或丁黄药捕收剂进行铋硫混选，用选择性调整剂硫化钠和活性炭浮选分离钼铋混合精矿，用石灰和充气氧化法浮选分离铋硫混合精矿，分别得到钼精矿、铋精矿1、铋精矿2、铋中矿和硫精矿。该工艺选择性好、浮选指标高、药剂费用低，是我国特有的钼铋分离新工艺。

10.1.4.2　钨粗选工艺

钨浮选过去采用烧碱法，不能同时有效浮选白钨矿和黑钨矿，而且大量的含钙矿物（方解石、萤石和石榴石）进入钨粗精矿中，不但给钨精矿后续精选造成困难，而且钨粗精矿带走大量的易浮萤石，给后续作业萤石的回收带来困难。

传统的脂肪酸类捕收剂不能同时有效地浮选黑钨矿和白钨矿，且对含钙矿物选择性差，这在理论上和多年的生产实践中得到证实。经过大量研究，首次采用高效选择性螯合捕收剂同步浮选黑白钨矿物，并成功研制以螯合捕收剂、硝酸铅活化剂、水玻璃和六偏磷酸钠或硫酸铝组合抑制剂和少量脂肪酸作辅助捕收剂的混合浮选黑钨矿和白钨矿新工艺。该工艺可以在自然pH介质中实现黑白钨矿物混选，粗精矿钨富集比大，粗精矿产率小，可大大减少加温精选的粗精矿量，大幅度提高精选效率，而且采用该工艺，97%以上的萤石进入后续萤石浮选作业，为下一步萤石的综合回收创造了有利条件。

螯合捕收剂的应用是柿竹园法的核心，它解决了多年来黑钨矿和白钨矿必须用不同选矿方法分步回收以及白钨矿与含钙矿物难以浮选分离这两大世界上公认的难题，使黑、白钨混合浮选流程得以实现，是世界钨选矿技术领域的重大突破。该工艺中活化剂也非常关键，螯合捕收剂对含钙脉石矿物捕收力较弱，但如果没有活化剂存在时亦不能有效浮选钨矿物。

采用新型钨浮选药剂GYR、GYB，黑白钨混浮的回收率较高，达到82.1%。在精选分离过程中，先浮选回收白钨，白钨浮选尾矿采用先重后浮两道工序回收黑钨，可以较好地解决黑钨在磨矿过程中泥化的问题，黑白钨总回收率达到68%以上。

在粗选中使用了改性水玻璃作抑制剂。水玻璃是钨浮选常用脉石抑制剂，若与某些酸、碱或无机盐类共用时效果会更好。研究表明，GY法浮钨时，水玻璃单用效果不明显，若对其改性，则选择性显著提高，萤石等脉石矿物受到很好抑

制。工业生产中,因矿石性质变化,改性水玻璃用量也相应变化较大,范围一般为1200～3000g/t。用量小时,捕收剂用量也较少,即“轻压轻拉”方式,此时钨浮选过程稳定性较差,若控制不好会导致大量脉石上浮;改性水玻璃用量大时,捕收剂用量也较大,即“强压强拉”方式,否则钨矿物易受到抑制。实践中改性水玻璃常控制在1800～2500g/t,此时,浮选过程较稳定,粗精品位常在20%～50%,作业回收率为75%～90%。

粗选中采用硝酸铅作活化剂。硝酸铅用作黑钨矿活化剂报道较多,试验表明,在中性或弱碱性介质条件下,硝酸铅对白钨矿也有一定活化作用。GY法工业生产中,若不加硝酸铅,黑白钨几乎不可浮;随着硝酸铅用量增加,钨粗精矿品位和回收率同时增加。若矿石品位高,黑钨比例较大,则硝酸铅用量要适当多些,过量则不必,一般用量为500～600g/t。分析硝酸铅活化机理可知,在中性和弱碱性条件下,铅主要以Pb^{2+}和$Pb(OH)^{+}$形态存在,可与矿物表面WO_3^{2-}呈化学吸附或物理吸附,形成活性中心,再与螯合捕收剂等发生化学吸附。

GY药剂是新研制的组合捕收剂,它既含有对黑白钨矿物,特别是黑钨矿物有高效选择性捕收作用的螯合剂成分,又有对白钨矿作用较强且起泡性能适中的改性脂肪酸成分。针对柿竹园黑白钨共存的情况,GY捕收剂除发挥各组分各自的药效外,还有良好的协同效应。工业生产中,为适应矿石品位和黑白钨比例变化,GY药剂要对其成分作适当调整。原矿钨品位高时,药剂总用量要适量大些,黑钨比例增大时,相应螯合剂组分要大些,反之亦然,适当的总用量为350～550g/t。

采用GY法钨粗精矿WO_3品位通常为6%～20%,三次精选后品位能达到20%～50%,基本可以满足加温精选作业的要求。精选次数过多有时对提高粗精矿品位效果不明显,且往往会降低作业回收率。现场原设计为二次精选,根据工艺要求及现场配置的可能性,增加5台SA浮选机作为第三次精选。

钨粗选矿浆浓度在25%～40%间浮选效果较好,最适宜的浓度为33%～35%,浓度过稀,回收率下降,矿浆过浓则精矿品位和回收率都有所恶化。

10.1.4.3 白钨加温精选作业

近半个世纪以来,钨粗精矿精选工艺一直沿用俄国彼得洛夫制定的添加水玻璃高温加热矿浆、脱水脱药、重新调整矿浆浮选白钨矿的工艺。对柿竹园多金属矿而言,该工艺由于水玻璃用量大,脱药效果不好,钨矿物与脉石矿物的分离不彻底,钨精矿中杂质含量高,细泥中钨损失大。改进的办法是在加温过程中先添加硫化钠搅拌,当矿浆温度达到95℃后再添加水玻璃,并保温1h,脱水脱药后浮选白钨矿。该工艺不仅强化脱药过程、加快矿泥的沉降、降低精矿杂质含量、大幅度降低钨在矿泥中的损失,而且脱药效果好、洗涤次数减少、精矿成品率大幅度提高。

GY法获得的黑白钨混合粗精矿WO_3含量为20%～50%,仍含一定数量的萤石等脉石矿物和磁铁矿、硫化物等。曾试图用常温精选获得合格白钨精矿，结果不太稳定。因调试时间有限，目前仍基本采用经典的彼得洛夫法，即矿浆加热到95℃左右，添加大量水玻璃来实现白钨矿与脉石分离。改进之处是加温时另添加LN调整剂，形成水玻璃混合剂，强化选择性脱药效果，使钨与脉石及硫化物分离效果显著改善，改变了单加水玻璃有时出现精矿品位不合格的现象。加温精选作业采用一粗五精三扫流程，加温精选给矿 WO_3 含量20% ~40%，白钨精矿品位不低于65%，作业回收率60% ~80%。加温精选时，部分黑钨随白钨一同浮游，但大部分黑钨矿会进入尾矿。加温浮选尾矿先用弱磁选脱铁，再用摇床回收部分粗粒黑钨矿，摇床精矿品位达70%以上，作业回收率30% ~45%，摇床尾矿经浓密脱水后即进入黑钨细泥浮选。

黑白钨混浮设备采用浮选柱，可提高黑钨细粒级的浮选回收率。浮选柱具有结构简单、高效节能、微细粒浮选效果显著的特点，已在生产中得到广泛应用。

10.1.4.4 钨细泥浮选

柿竹园多金属矿钨嵌布粒度粗细不均，原矿必须细磨，而黑钨矿、白钨矿性脆易磨，生产过程中必然产生大量的钨细泥。此前，由于缺乏高选择性的捕收剂和高效的选别设备，占钨总金属量10% ~15%的钨矿泥完全丢弃，严重影响了钨的回收率。柿竹园法首次采用螯合捕收剂和组合调整剂，制定了钨细泥浮选新工艺，并成功应用于生产中回收细粒钨矿物，使柿竹园钨总的回收率提高了8.33%。

10.1.4.5 综合回收萤石

高效螯合捕收剂在钨浮选中的成功应用为萤石的回收创造了有利条件。螯合捕收剂浮钨在自然pH值下进行，萤石没有受到强烈抑制，且对含钙矿物选择好，97%以上的萤石进入萤石浮选作业，这为萤石的综合回收奠定了基础。

萤石浮选使用组合抑制剂和选择性捕收剂，采用萤石粗精矿再磨、精选及用强磁选除去萤石精矿中少量石榴石的联合流程，取得了良好的选矿技术指标。扩大试验在原矿萤石品位17.58%的条件下，获得 CaF_2 含量98.59%、回收率64.35%的萤石精矿。由此可见，柿竹园多金属矿萤石回收工艺技术上已经成熟。

10.1.5 选矿技术指标

柿竹园矿选矿技术指标分别如表10-1、表10-2所示。

表10-1 柿竹园1000t/d选厂技术指标表

项　目	单　位	2007年	2008年	2009年
处理量	t	400558	424085	437859
原矿品位（WO_3）	%	0.337	0.389	0.405
原矿品位（Mo）	%	0.059	0.072	0.076

续表 10-1

项　　目	单　位	2007 年	2008 年	2009 年
原矿品位（Bi）	%	0.118	0.125	0.137
钨精矿品位（WO_3）	%	50.67	54.1	52.26
白钨精矿品位（WO_3）	%	63.08	63.3	63.78
黑钨精矿品位（WO_3）	%	30.33	37.7	33.19
钼精矿品位（Mo）	%	44.11	44.72	44.09
铋精矿品位（Bi）	%	28.4	33.3	30.7
钨回收率	%	55.94	59.74	58.17
钼回收率	%	83.48	86.52	86.1
铋回收率	%	64.17	72.72	70.13

表 10-2　柿竹园 2000t/d 选矿厂选矿技术指标表

项　　目	单　位	2007 年	2008 年	2009 年
处理量	t	569394	564530	650347
原矿品位（WO_3）	%	0.347	0.387	0.39
原矿品位（Mo）	%	0.061	0.073	0.075
原矿品位（Bi）	%	0.121	0.123	0.132
钨精矿品位（WO_3）	%	38.84	50.53	51.45
白钨精矿品位（WO_3）	%	61.72	61.19	63.78
黑钨精矿品位（WO_3）	%	24.28	35.58	35.55
钼精矿品位（Mo）	%	38.63	44.35	44.87
铋精矿品位（Bi）	%	27.69	30.18	30.41
钨回收率	%	49.74	60.86	61.04
钼回收率	%	75.51	82.85	82.96
铋回收率	%	67.74	69.48	70.77

10.1.6 选矿经济指标

柿竹园矿选矿经济指标分别如表 10-3、表 10-4 所示。

表 10-3　柿竹园 1000t/d 选矿厂单位消耗指标表（按原矿计）

名　称	单　位	2007 年	2008 年	2009 年
电	kW · h/t	44.886	34.224	43.103
钢球	kg/t	1.13	0.874	0.722

续表 10-3

名　称	单　位	2007 年	2008 年	2009 年
钢锻	kg/t	0.222	0.656	0.629
工资	元/t	22.91	21.97	25.46
选矿成本	元/t	191.72	227.53	205.58
原材料	元/t	49.84	59.31	53.23

表 10-4　柿竹园 2000t/d 选矿厂单位消耗指标表（按原矿计）

名　称	单　位	2007 年	2008 年	2009 年
电	kW·h/t	41.009	32.585	35.455
钢球	kg/t	1.468	0.907	0.636
钢锻	kg/t	0.49	0.483	0.558
工资	元/t	18.68	21.11	21.48
选矿成本	元/t	186.39	227.54	191.22
原材料	元/t	54.63	59.39	51.32

10.2　行洛坑钨矿

10.2.1　选厂概况

宁化行洛坑钨矿位于福建省宁化县湖村镇境内，矿山最早在 1958 年开发，当时仅开采少量石英大脉钨矿床，1962 年底下马，1965 年由福建省 503 矿接管继续开采，1968 年关闭，1979 年福建省冶金厅成立行洛坑钨矿筹建处，拟大规模开发。1981 年，先后完成了采选规模为 5000t/d 的可研和初步设计，于 1982 年将宁化钨矿小选厂改建成日处理 125t 原矿的工业试验厂，回收黑白钨精矿。

厦门钨业股份有限公司于 2002 年 8 月提交了《福建省行洛坑钨矿储量现状及开发方案调研报告》，2003 年 1 月福建省冶金工业设计院完成了《福建省行洛坑钨矿预可行性研究报告》，2003 年 3 月中国有色工程设计研究总院（原北京有色冶金设计研究总院）和福建省冶金工业设计院联合编制了《福建省行洛坑钨矿总体规划（资源开发利用方案）》并通过了审批，又于 2004 年 9 月完成了《福建省行洛坑钨矿一期工程可行性研究报告》。2005 年 5 月，广州有色金属研究院完成了《行洛坑钨矿原生矿选矿试验》和《风化矿选矿试验》。同年，南昌有色冶金设计研究院完成了《福建省行洛坑钨矿初步设计（地质、采矿、厂址部分）》。2005 年 8 月份开始动工建设规模 5000t/d 选厂，2007 年 8 月 1 日主体工程建成并投料试车成功。2009 年 7 月，广州有色金属研究院成功研究出适合处理该选厂钨细泥的新工艺并投入生产。

10.2.2 地质概况

行洛坑钨矿为全国少有的巨大型钨矿床，矿体产于燕山早期黑云母花岗岩岩株体中，少部分矿体位于花岗岩岩株的外接触带的变质岩、含长石石英砂岩、粉砂岩中。矿床主体为细脉型矿石，少量系石英大脉型矿石类型，浅表部分为风化带矿石类型。细脉型矿石为主要开采设计对象，由于风化带矿石赋存于矿体浅表部位，风化带矿石可选性虽不及下部原生矿石，但研究表明仍是可选的。根据行洛坑钨矿有限公司提出的设计原则，在项目投产第二年或第三年集中处理风化矿，因此设计采剥进度安排，项目投产前三年主要处理风化矿，原生矿占少数；从第 4 年开始，风化带逐渐减少，到第 5 年基本消失，此后全部是原生矿。

该矿具有三大特点：一是矿床规模大，WO_3 储量达 300kt，是国内已探明的最大钨矿床之一；二是品位低，开采品位仅有 0.21%，是国内单一钨矿中品位最低的；三是黑白钨共生，属难选矿石。

10.2.3 矿石性质

10.2.3.1 *原矿矿物组成、多元素分析及物相分析*

原生矿及风化矿多元素分析结果及物相分析结果分别如表 10-5 ~ 表 10-8 所示。

表 10-5 行洛坑钨矿多元素分析结果 (%)

元素	WO_3	Mo	Bi	Cu	Pb	Zn	Au	Ag	As	S
含量	0.23	0.018	0.02	0.013	0.01	0.06	0.13g/t	—	0.016	0.17
元素	$CaCO_3$	CaF_2	MgO	Al_2O_3	SiO_2	P_2O_5	K_2O	Na_2O	Fe_2O_3	Mn
含量	2.18	0.74	2.68	12.45	73.78	0.066	4.41	1.19	2.57	0.1

原生矿多元素分析结果表明，本矿样除钨为主要回收元素外，钼也可以综合回收。

表 10-6 原生矿钨物相分析结果 (%)

物 相	钨 华	白钨华	黑钨华	合 计
WO_3	0.002	0.119	0.119	0.240
占有率	0.80	49.60	49.60	100.00

表 10-7　风化矿多元素分析结果　（%）

元素	WO_3	Mo	Cu	Bi	Pb	Zn	Au	Ag	As	Mn
含量	0.207	0.007	0.008	0.02	0.01	0.037	0.05g/t	—	0.004	0.06
元素	CaO	MgO	Al_2O_3	SiO_2	P_2O_5	K_2O	Na_2O	Fe_2O_3	S	
含量	0.32	1.00	12.17	77.67	0.022	4.24	0.2	1.35	0.013	

表 10-8　风化矿钨物相分析结果　（%）

物相	钨华	白钨华	黑钨华	合计
WO_3	0.003	0.068	0.136	0.207
占有率	1.45	32.85	65.70	100.00

由风化矿多元素分析结果可知，风化矿中硫化矿含量较低，均未达到综合利用的品位，可回收利用的元素只有钨。

原生矿主要矿物含量如表 10-9 所示,风化矿主要矿物含量如表 10-10 所示。

表 10-9　原生矿矿物相对含量　（%）

矿物	含量	矿物	含量	矿物	含量
黑钨矿	0.150	磷灰石	0.257	石英	52.860
白钨矿	0.146	绿帘石	0.002	长石	25.336
辉钼矿	0.027	萤石	0.787	高岭石	0.089
辉铋矿	0.009	铁白云石菱铁矿	1.467	锆石	0.006
黄铁矿	0.351	褐铁矿	0.073	绿泥石	1.478
毒砂	0.031	黑云母	6.241	合　计	100.00
黄铜矿	0.036	白云母/绢云母	10.654		

表 10-10　风化矿矿物相对含量　（%）

矿　物	含量	矿　物	含量	矿　物	含量
黑钨矿	0.195	磷灰石	0.001	石英、长石	73.870
白钨矿	0.092	磁铁矿	0.031	黑云母	2.571
钨华、钨铋矿	0.018	萤石	0.060	高岭石、绢云母	9.155
辉铋矿、方铅矿	0.002	白云石菱铁矿	0.004	锆石	0.006
黄铁矿	0.021	褐铁矿	2.302	绿帘石	0.001
闪锌矿	0.004	赤铁矿	0.004	合　计	100.00
黄铜矿	0.002	白云母	11.682		

从表 10-9、表 10-10 可知，原生矿和风化矿矿物组成基本相近，金属矿物主

要为黑钨矿和白钨矿，脉石矿物主要为石英、长石、白云母，但风化矿中硫化物总量不足0.05%，辉钼矿量很少，高岭石、绢云母含量大为增加。

10.2.3.2 矿石结构及构造

原生矿结构主要为自形晶、半自形晶，主要构造为块状、脉状、条带状、晶洞等。风化矿主要结构与原生矿差别不大，但由于矿石处于风化壳，经历表生作用，矿石具有一些氧化矿石特有的特征，主要结构为自形晶、半自形晶结构，淋滤孔洞结构，被膜结构，主要构造为残余花岗岩构造、脉状、条带状等。

10.2.3.3 钨矿物嵌布粒度和解离度

原生矿白钨矿、黑钨矿嵌布粒度和解离度测定结果分别如表10-11和表10-12所示，风化矿嵌布结果如表10-13和表10-14所示。

表10-11 原生矿白钨矿及黑钨矿粒度（短径）测定结果

粒级/mm	白钨矿		黑钨矿	
	含量/%	累积含量/%	含量/%	累积含量/%
+1.28	1.53	1.53	0.76	0.76
-1.28 +0.64	8.30	9.83	4.16	4.92
-0.64 +0.32	12.29	22.12	6.91	11.83
-0.32 +0.16	18.43	40.55	7.01	18.84
-0.16 +0.08	20.48	61.03	15.56	34.40
-0.08 +0.04	22.02	83.05	25.07	59.47
-0.04 +0.02	12.03	95.08	26.37	85.84
-0.02 +0.01	4.86	99.94	13.61	99.45
-0.01	0.06	100.00	0.55	100.00

由表10-11可以看出，原生矿中钨矿物的嵌布粒度分布范围比较宽，白钨矿的粒度主要分布在0.02~1.28mm范围，黑钨矿的短径粒度主要分布在0.01~1.28mm范围。钨矿物嵌布粒度极不均匀，白钨矿嵌布粒度略粗于黑钨矿。

表10-12 原生矿 -1.7mm 原矿解离度测定结果

粒度/mm	产率/%	WO_3/%	粒级解离度/%
-1.7 +1.2	22.01	0.13	12.92
-1.2 +1.0	11.51	0.16	22.29
-1.0 +0.8	8.01	0.18	36.12
-0.8 +0.5	18.01	0.20	47.05
-0.5 +0.2	16.06	0.20	66.37
-0.2	24.40	0.28	87.23
合　计	100	0.2002	总解离度56.20

表 10-13 风化矿白钨矿和黑钨矿粒度测定结果

粒级/mm	白钨矿		黑钨矿	
	含量/%	累积含量/%	含量/%	累积含量/%
+1.28	0	0	1.84	1.84
-1.28 +0.64	1.24	1.24	8.38	10.22
-0.64 +0.32	2.82	4.06	13.34	23.56
-0.32 +0.16	3.89	7.95	15.57	39.13
-0.16 +0.08	13.27	21.22	18.90	58.03
-0.08 +0.04	39.80	61.02	22.24	80.27
-0.04 +0.02	36.49	97.51	12.23	92.50
-0.02 +0.01	1.66	99.17	6.81	99.31
-0.01	0.83	100.00	0.69	100.00

表 10-14 -1.7mm 风化矿解离度测定结果

粒度/mm	产率/%	WO_3/%	粒级解离度/%
-1.7	15.68	0.12	31.29
-1.7 +1.2	8.62	0.15	40.36
-1.2 +0.8	7.84	0.13	66.83
-0.8 +0.5	19.60	0.15	71.41
-0.5 +0.2	24.70	0.20	87.86
-0.2	23.56	0.36	94.51
合 计	100		总解离度 79.04

从表 10-13 可知，风化矿中白钨矿的嵌布粒度范围略窄，白钨矿粒度范围主要在 0.02 ~ 0.16mm 之间；黑钨矿的嵌布粒度如同原生矿，粒度范围较宽，主要嵌布粒度在 0.02 ~ 1.28mm 之间。风化矿中黑钨矿嵌布粒度明显粗于白钨矿，白钨矿嵌布粒度虽细，但比较均匀，集中在 0.02 ~ 0.16mm 粒级范围，有利于解离。

10.2.3.4 钨矿物的嵌布特征

原生矿中黑钨矿多与黑云母连生，其次与石英连生，少量与长石连生。在花岗岩中，黑钨矿呈厚板状或薄板状嵌布于黑云母或石英中，并可见黑钨矿与白钨矿连生，两者嵌布于石英中。黑钨矿板晶长径一般为 0.1 ~ 3mm，短径粒度一般为0.01～1mm。白钨矿呈粒状、数粒或单粒或自形晶粒零星分布在石英、长石中，有时与黑钨矿连生，嵌布粒度极不均匀，一般粒度为0.02～1.28mm之间。

风化矿中黑钨矿呈厚板状或薄板状，主要嵌布于黑云母中，其次出现于石英中，板晶长径一般为0.2～2mm，短径粒度一般为0.02～1mm，粒度分布极不均匀。白钨矿多呈不规则粒状，数粒或单粒或自形晶粒状零星分布在石英、长石中，一般粒度为0.02～1.28mm之间，嵌布粒度极不均匀。

10.2.3.5 钨在矿石中的赋存状态

钨在原生矿、风化矿中的赋存状态分别如表10-15和表10-16所示。

表10-15 钨在原生矿中的分配 (%)

矿 物	含量	WO_3	分配率
黑钨矿	0.15	75.86	47.54
白钨矿	0.146	78.35	47.79
硫化物	0.454	0.28	0.54
脉石	99.25	0.001	4.13
合 计	100.00		100.00

从表10-15可知，原生矿中钨主要以黑钨矿和白钨矿形式存在，二者比例近似1/1，分散于硫化物和脉石中的钨很少，不足5%，钨的理论回收率可达95%。

表10-16 钨在风化矿中的分配 (%)

矿 物	含 量	WO_3	分 配 率
黑钨矿	0.163	70.56	58.91
白钨矿	0.077	74.77	29.51
钨铋矿、钨华①	0.018	17.25	1.59
褐铁矿	2.302	0	0
脉石和矿泥	97.440	0.020	9.99
合 计	100.000		100.00

① 钨铋矿、钨华数量少，而且泥化严重，无法富集成单矿物，含钨量采用能谱测试平均值。矿泥中含有部分无法分离的黑钨矿、白钨矿、钨华和钨铋矿。

从表10-16可知，风化矿中钨主要以黑钨矿和白钨矿形式存在，钨的理论回收率约 90% 左右。黑钨矿和白钨矿矿物比例约 2/1，钨的分配率也接近 2/1。矿泥中含有部分极细的无法分离的黑钨矿、白钨矿、钨华和钨铋矿，将影响钨的回收。

10.2.3.6 脉石矿物

本矿石钨的成矿岩体为花岗岩，主要脉石矿物为石英、长石、黑云母、白云母、绢云母和少量萤石、磷灰石、绿帘石等。石英、长石、白云母、绢云母等密度小，对重选富集钨矿物影响不大，而部分厚片状黑云母、细粒磷灰石、萤石、铁白云石、绿帘石等密度大于 $3g/cm^3$，作为重选介质矿物，部分进入重选精矿。

风化矿中脉石矿物与原生矿种类相同，但萤石、磷灰石的数量大为减少，而长石风化产物绢云母、高岭石大大增加，增加了矿石的泥化程度。

10.2.4 选矿方法和选矿工艺

采场原矿由 14t 电机车双机同步牵引 $10m^3$ 底侧卸矿车运至选厂，经卸载曲轨卸入粗碎原矿仓，原矿最大块度为 800mm。

原矿仓下设振动棒条给料机，矿石被给入 PA1000 × 1200 颚式破碎机破碎，破碎后产品与棒条筛下产物一起由胶带输送机运往中细碎车间中碎机前的给矿仓，经给矿仓下振动给料机给入 GP300S 中碎机中碎，中碎后物料由胶带输送机运至筛分车间的分配矿仓，分配矿仓下设有振动给料机，通过它给入 YA2460 圆振动筛，碎矿产品在此被分成筛上、筛下两部分，筛上产物经胶带输送机返回中细碎车间细碎机前的给矿仓，再经给矿仓下的振动给料机给入细碎机细碎，从而构成闭路碎矿，筛下产物即为碎矿合格产品，粒度为 0 ~ 12mm。

粉矿仓下设多台摆式给料机，粉矿仓内的矿石经摆式给料机排至设于其下的胶带输送机，再经胶带输送机转运一次后进入 ϕ3.0m × 4.0m 棒磨机磨矿。磨矿排矿经泵扬至 ZKB2460 振动细筛进行筛分分级，筛上产物用泵返回棒磨机以实现闭路磨矿，筛下产物自流至 2SG48 - 60R - 5STK 高频细筛。

进入高频细筛的物料在此被分成 +0.2mm 和 -0.2mm 两部分，并分别流至各自泵池。+0.2mm 物料由泵扬至矿浆分配器，自流给入螺旋选矿机进行选别，得到螺旋粗精矿和螺旋尾矿，螺旋粗精矿自流给入粗选摇床选别，得到粗选摇床粗精矿、中矿和尾矿，粗选摇床中矿扫选后得到扫选摇床精矿、中矿和尾矿。粗选摇床精矿、扫选摇床精矿经泵扬入精选车间 ϕ6m 浓缩机，扫选摇床中矿返回棒磨机，螺旋尾矿、粗扫选摇床尾矿均自流进入厂外 ϕ30m 浓缩机，浓缩后进入选钼车间。-0.2mm 部分进入旋流器，用旋流器分成 +0.04mm 沉砂和 -0.04mm 溢流，沉砂先经粗选螺旋溜槽选别，得到粗选溜槽精矿、中矿和溢流。溜槽精矿再经粗扫选摇床选别，得到粗扫选摇床精矿、粗扫选摇床尾矿和扫选摇床中矿。粗扫选摇床精矿均由泵扬入 ϕ6m 浓缩机而进入精选车间，粗扫选摇床尾矿自流入 ϕ30m 浓缩机浓缩后进入选钼车间，扫选中矿返回棒磨机。粗选溜槽中矿经扫选溜槽分选，也分得扫选溜槽精矿、中矿和溢流，扫选溜槽精矿经粗扫选摇床，得到粗扫选摇床精矿，粗扫选尾矿和扫选中矿。

粗选溜槽溢流、扫选溜槽溢流、旋流器溢流自流入 ϕ53m 浓缩机浓缩后进入细泥车间。扫选溜槽中矿、粗扫选摇床尾矿均自流进入 ϕ30m 浓缩机浓缩后进入选钼车间。

磨矿粗选车间和细粒粗选车间所有粗扫选摇床精矿进入精选车间 ϕ6m 浓缩机后，分成溢流和沉砂，溢流可返回利用，沉砂进行浮选，依次选得钼精矿、硫化矿及浮选尾矿。浮选尾矿（即为钨粗精矿）先经水力分级机分成 +0.2mm、-0.2 +0.1mm、-0.1mm 三级分别入选。+0.2mm 先经粗、扫选摇床选别，得到精矿和尾矿，尾矿经螺旋脱水，返砂进行开路磨矿，磨矿产品再次经下一作业的粗扫选摇床精选，同样也得到精矿和尾矿。-0.2 +0.1mm 和 +0.1mm 两粒级分别进入各自的粗扫选摇床系统也选出精矿和尾矿，这两粒级的流程差别在于 -0.1mm在进入摇床选别之前需先进浓泥斗脱水。

所有摇床精矿集中给入磁选，以除去磁性铁，再脱水（干燥），所得产品即为本次设计的最终产品钨精矿。进入 ϕ53m 浓缩机的细泥分出溢流后，沉砂自流进入选钼循环系统（一粗一扫一精）、选硫循环系统（一粗一精）和选钨循环系统（一粗二精三扫）依次选得钼粗精矿、硫粗精矿、细泥钨粗精矿和尾矿。精选浮选机规格型号为 XCF/KYF11 -2，粗扫选则为 XCF/KYF11 -16 型。给入 ϕ30m 浓缩机的尾矿，分出溢流后，沉砂自流进入浮选选钼系统，选得钼粗精矿和尾矿，浮选机选用 CLF -16m^3 型。

行洛坑钨矿选矿工艺流程为一段磨矿、粗粒重选、细粒浮选、粗精矿脱硫、重选精选，选矿原则流程如图 10-2 所示。

行洛坑钨矿两个系列主流程生产规模为 5500t/d，原矿平均 WO_3 品位为 0.2%，主流程生产指标已经达到设计要求。原生与次生钨细泥（-0.043mm 粒级）中 WO_3 平均品位为 0.16%。针对行洛坑钨矿细粒不均匀嵌布、低品位、黑钨矿与白钨矿混合、原生矿与风化矿比例变化大、原生与次生混合的钨细泥特点，广州有色金属研究院成功研究出适合处理该细泥的新工艺（细泥预处理 - 常温浮选 - 离心机重选）。新工艺中浮选采用了高效新型螯合捕收剂 GYB 与辅助捕收剂 FW 组合，同时利用 SLON -1600 型离心选矿机回收率高的特点处理浮选精矿，显著提高了微细粒级钨矿物的回收率和精矿品位。新工艺可获得 WO_3 品位 21.20% 的细泥钨精矿，回收率提高到 65% 以上。钨细泥工业生产流程如图10-3 所示。

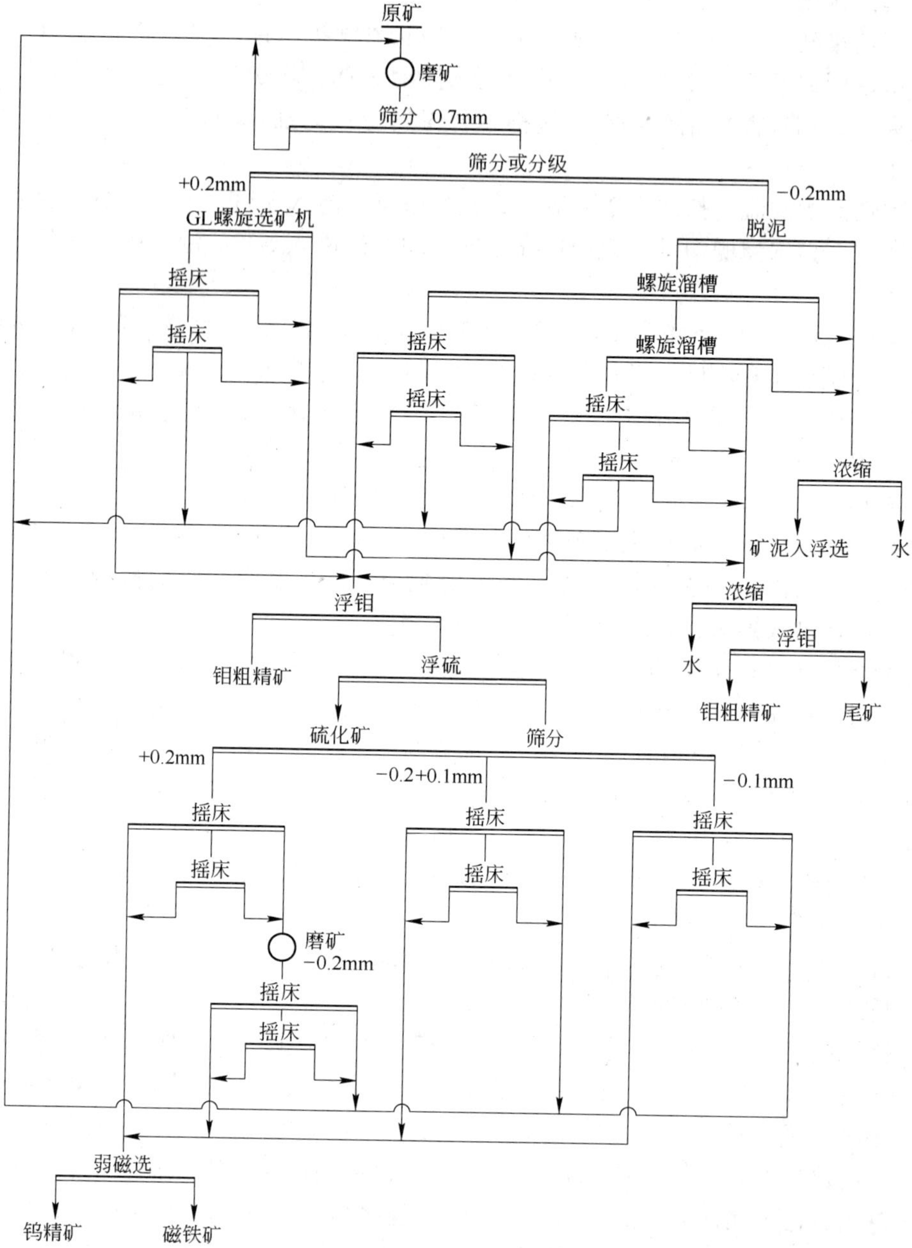

图 10-2 行洛坑钨矿主流程图

10.2.5 选矿技术指标

选厂 2008 ~ 2010 年主流程钨选矿技术指标如表 10-17 所示。

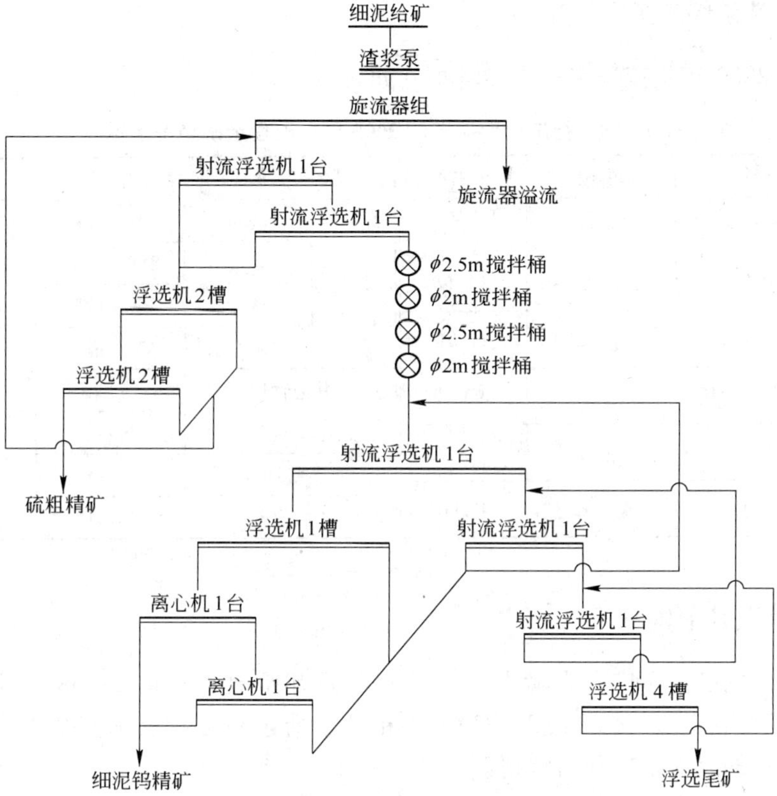

图 10-3 行洛坑钨细泥工业生产流程

表 10-17 2008～2010 年行洛坑钨矿主流程钨选矿技术指标

时　间	名　称	选厂指标
2008 年	原矿品位（WO_3）/%	0.217
	精矿品位（WO_3）/%	50.73
	实际回收/%	51.62
2009 年	原矿品位（WO_3）/%	0.221
	精矿品位（WO_3）/%	54.66
	实际回收/%	61.84
2010 年	原矿品位（WO_3）/%	0.206
	精矿品位（WO_3）/%	53.55
	实际回收/%	68.96

10.2.6 选矿经济指标

选厂2009年主流程钨选矿经济指标如表10-18所示。

表10-18 行洛坑钨矿选厂2009年主流程选矿经济指标

名称		单位	年累积
破碎机物耗	粗碎衬板	kg/kt	1.34
	中碎衬板	kg/kt	10.49
	细碎衬板	kg/kt	11.01
	其他物耗	元/kt	490.72
棒磨机物耗	钢棒	kg/kt	1025.76
	衬板	kg/kt	42.00

名称		单位	年累积
电力	破碎	kW·h/kt	1927.58
	磨重	kW·h/kt	18166.58
	新水	kW·h/kt	1518.88
	尾矿回水	kW·h/kt	949.78
其他物耗		元/kt	214.80
丁基黄药		kg/kt	10.24
2号油		kg/kt	11.35
丁胺黑药		kg/kt	1.02

10.3 莲花山钨矿

莲花山钨矿位于广东省境内，1957年3月开始地质勘探，1958年建设选矿厂，至1978年扩建。选厂设破碎筛分、粗选、精选和磁－电选四个工段，生产一、二级品的黑钨精矿和白钨精矿。

10.3.1 矿床类型及矿石特性

莲花山钨矿属细脉浸染斑岩型钨矿床，矿体主要赋存在石英斑岩与变质砂岩的内外接触带。整个矿区分为南北两个矿带，构成七个矿体，北矿带Ⅲ号矿体为主要矿体，是目前和今后开发的主要对象，其长约600m，宽10～100m，延深260m，地质平均WO_3品位0.618%，矿体上部氧化程度较深，下部较浅，上部以黑钨矿为主，白钨矿和硫化矿较少，随矿体向下延深，白钨矿和硫化矿的含量增加。

矿石中主要金属矿物有黑钨矿（高铁型）、白钨矿、磁黄铁矿、黄铁矿、毒砂及少量黄铜矿、闪锌矿、辉钼矿、方铅矿、辉铜矿、辉铋矿、斜方砷铁－斜方砷钴矿、钛铁矿、镍磁黄铁矿、独居石、锑银矿、磷钇矿、锡石、自然金、金银矿等25种；非金属矿物主要有石英、绿泥石、绢云母、锰铝榴石、黑云母、磷灰石、电气石、绿帘石、方解石等共13种；次生矿物主要有褐铁矿、赤铁矿、钨华、铜蓝、绿矾、胶黄铁矿等22种。表10-19为Ⅲ号矿体化学分析结果。

钨的相分析结果表明，矿石中黑钨矿占58%，白钨矿占37%，钨华为5%。黑钨矿、白钨矿是回收的主要对象，其次钴、铜、锡、金、银均具有综合回收价值。

表 10-19 莲花山Ⅲ号矿体化学分析结果

元素	WO_3	Co	Cu	Bi	Au/g·t^{-1}	Ag/g·t^{-1}	S	P	As
含量/%	0.618	0.033	0.147	0.065	1.07	4	3.56	0.071	0.765
元素	Sn	Pb	Zn	Ni	SiO_2	Ca	Fe	Mg	Al_2O_3
含量/%	0.004	0.02	0.052	0.08	61.49	0.70	8.66	0.30	11.45

由于矿物组分繁多，性质复杂，属难选黑白钨共生矿。导致矿石可选性差的原因主要有：（1）矿体与围岩之间无明显的品位差和颜色界线，不能利用拣选预先富集。（2）钨矿物与伴生硫化矿及脉石共生密切，结构复杂，多呈交代、穿插和包裹体等细脉状或星散状的嵌布形式；黑钨矿常以粒状集合体或星散状产出，由于溶蚀交代作用而无完整晶形，与硫化矿、褐铁矿及石英密切连生，石英等脉石矿物常以不规则细脉，或粗细不均匀颗粒分布在黑钨矿中，两者接触界线极不平整；白钨矿常呈他形粒状集合体产出，与硫化矿及石英、绿泥石等密切连生；硫化矿多以细脉穿插于白钨矿中，也有以不均匀粒状嵌布于白钨矿中。（3）钨矿物嵌布粒度细小，1mm 方见单体，一般粒径为 0.1mm，细者小于 0.04mm。（4）硫化矿物含量高，矿石中黄铁矿、毒砂和磁黄铁矿的含量达到 7.5%，加之与钨矿物共生极为密切，往往导致钨精矿中硫、砷含量超过产品规定要求。（5）黑白钨矿共生密切，难以分离，而且含磷矿物种类甚多，使钨精矿质量难以提高。（6）在褐铁矿、绿泥石、绢云母、石英和硫化矿物中，均有小于 5μm 的钨矿物呈分散状存在，褐铁矿中尤其较多。以Ⅲ号矿体为例，分散相上部高达 34.19%（褐铁矿中占 22.25%），下部为 21.82%（褐铁矿中占 11.33%），矿石中可供回收的钨约为 65.81% ~78.18%。

10.3.2 选矿方法及工艺流程

原矿用 7t 电机车从采场运到选矿厂，矿石含泥量最高达 15%，破碎前需进行洗矿脱泥。第一段破碎为 400mm×600mm 颚式破碎机，把矿石从 350mm 破碎到 100mm；第二段是标准圆锥破碎机，排矿粒度 30mm；第三段由短头圆锥破碎机与筛孔为 10mm 的振动筛形成闭路，最终破碎粒度为 10mm。

重选分为两个系统，入选粒度 -5mm，经两级跳汰、两段磨矿和两段摇床后得到粗精矿，丢弃尾矿。原、次生细泥经浓缩用摇床粗选，中矿扫选后丢弃尾矿。-10mm 的原矿经筛分分为 +5mm、-5+1.3mm 和 -1.3mm 三级，后两级进跳汰，-5+1.3mm 级跳汰尾矿与 +5mm 的筛分原矿一起进入第一段棒磨，磨矿粒度 -1.3mm，排矿经跳汰再选，尾矿返回双层振动筛与第一段棒磨组成闭路。-1.3mm 粒级跳汰尾矿在水力分级机中分级后，送入第一段摇床粗选，摇床尾矿进入第二段棒磨机（ϕ900mm × 2400mm）再磨，磨矿粒度为 0.5mm，跳汰机选别后，尾矿在水力分级机中分级，然后在第二段摇床选别后丢弃尾矿，跳汰和摇床选得的粗精矿 WO_3 品位 4% ~6%。图 10-4 为重选原则流程。

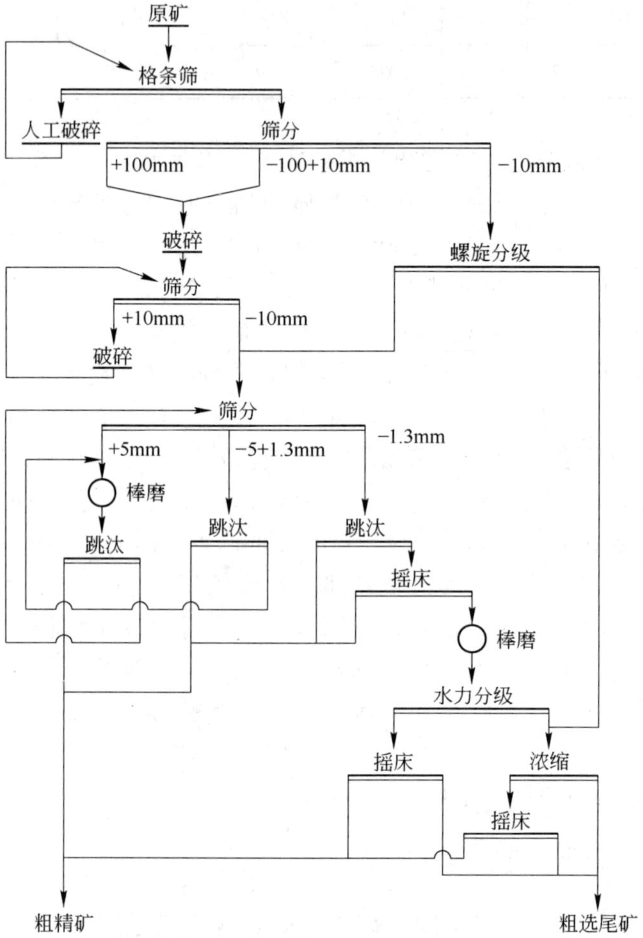

图 10-4 莲花山选矿厂重选原则流程

粗选得到的粗精矿经筛分分级，从 −1mm 开始入选，包括两段磨矿、两级枱浮，优先浮硫再浮白钨，浮选尾矿经摇床扫选，得到 WO_3 含量 50% ~55% 的黑、白钨混合精矿，S 含量 5% ~8%、As 含量 2% ~4%、P 含量 0.15%。

为进一步提高钨精矿品位，降低杂质含量，将精矿在水冲箱中分成粗、细两级，分别用粒浮和浮选再选硫化矿，精矿再干燥、分级磁选和电选，通过强磁选从白钨精矿中分出独居石、磷钇矿和磷灰石等含磷矿物，使白钨精矿中磷的含量由 0.15% 降至 0.034%，达到特级品要求。为进一步脱除粗粒级黑钨精矿和白钨精矿中的硫、砷，使其符合产品规范要求，尚需采用焙烧处理。图 10-5 为精选原则流程。

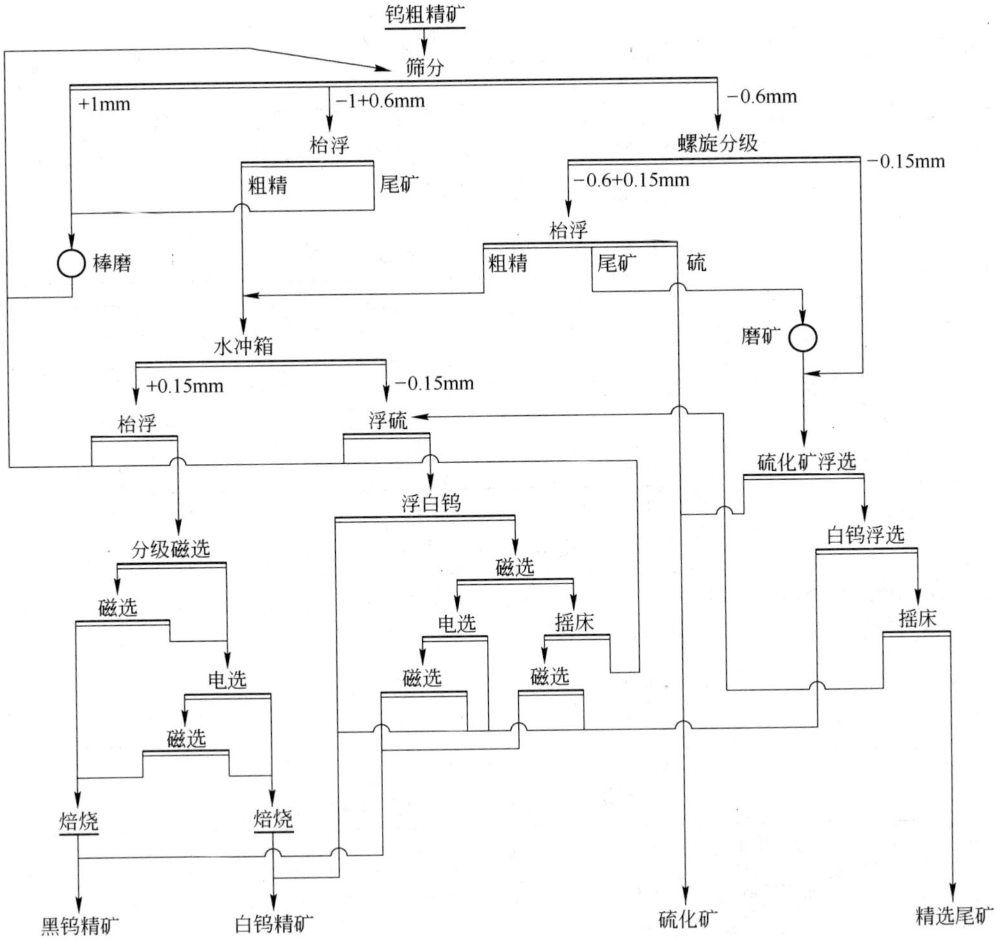

图 10-5 莲花山钨选厂精选原则流程

10.3.3 尾矿设施和废水处理

选矿厂排放的尾矿分为粗选及精选两部分，考虑尾矿再处理的可能性，将其分别堆存。粗选尾矿量约 140kt/a，其中 WO_3 含量 0.24%、Co 含量 0.004%，粒度为 −1.5mm；精选段排放的尾矿量至今约有 100kt，WO_3 含量 1.4%、Co 含量 0.0332%、金品位 4.3g/t。

选矿厂全部回水用作生产，回水不足则由尾矿库上游坑谷的泉水和库内积蓄的雨水补给。由于矿石含大量易氧化的硫化铁矿，矿体氧化较深，所以矿区的水呈酸性，硫酸亚铁含量很高，回水 pH 值约为 3.5～4。为便于生产应用以及不危害附近农田，把矿区范围内的坑道水和地表水都汇集到尾矿库，加石灰中和使水的 pH 值上升到 5～6 供给使用。

10.3.4 选矿厂技术经济指标和主要设备

由于矿石性质复杂，自投产以来仅回收了单一钨精矿，而且钨的回收率很低，历史最高水平是 62.42%，最低为 46%。表 10-20 为选矿厂技术经济指标，表 10-21 为选厂主要原材料消耗，表 10-22 为选厂主要设备表。

表 10-20 莲花山选矿厂主要技术指标

作 业	给矿 WO_3/%	精矿（粗精矿）WO_3/%	回收率/%
粗 选	0.618	4～6	70
枱 浮		50～55	57
磁选、电选		65～70	46～50

表 10-21 莲花山选矿厂主要原材料消耗

项目	每吨原矿水消耗/m^3	每吨原矿电消耗/kW·h	每吨原矿钢棒消耗/kg	每吨原矿衬板消耗/kg	每吨原矿黄药消耗/kg	每吨原矿硫酸消耗/kg	每吨原矿碳酸钠消耗/kg	每吨原矿松醇油消耗/kg
数值	40	40	0.8～1	0.07	0.08	0.04	0.02	0.04

表 10-22 莲花山选矿厂主要设备

序 号	设备名称	型号规格/mm	台 数
1	颚式破碎机	PEF400×600	1
2	圆锥破碎机	标准型 ϕ900	1
3	圆锥破碎机	短头型 ϕ900	2
4	跳汰机	旁动型 600×900	6
5	棒磨机	ϕ1500×3000	2
6	棒磨机	ϕ900×2400	2
7	棒磨机	ϕ900×1500	1
8	球磨机	ϕ1200×1200	1
9	摇 床	6－S	88
10	浮选机	XJK－0.35	20
11	磁选机	ϕ900 单盘	1
12	磁选机	ϕ600 双盘	1
13	永磁对辊磁选机	ϕ560×400	1
14	高压电选机	ϕ120×1500	1

10.4 澳大利亚卡宾山钨矿

卡宾山（MT. Carbine）钨矿位于澳大利亚昆士兰（Queensland）州，距澳大利亚东海岸的昆士兰道格拉斯海港（Port Douglas）西30km，坐落在大草原上。

矿山在1880年就已发现，曾几度进行开采，1976年成立昆士兰钨业有限公司，吸收外资扩大基本建设。现已探明的储量已达15000～25000kt，但原矿 WO_3 品位仅0.09%～0.1%，是世界上开采的钨矿中品位最低的。由于采用光电拣选机进行预先富集极为成功，含钨石英脉的回收率达97%，废石选出率达98%，在经济上取得显著的效益，为低品位钨矿的开发提供了新的途径。现年处理矿石1200～1500kt，年产钨精矿1200～1500t，成为西方国家生产钨精矿较大的产地之一。

10.4.1 矿床类型和矿石特性

矿床赋存于紧密褶皱的中期泥盆纪层和晚期石炭纪霍奇金森层的地区内，主要由含少量基性火山岩的泥质沉积物所组成，含钨矿石赋存于一群接近平行的石英脉中，矿脉宽150～300mm。

钨矿物大部分是黑钨矿和白钨矿，前者含量约为后者的1～2倍，呈极不均匀分布。伴生矿物有磷灰石、黄铁矿、白铁矿、磁黄铁矿、黄铜矿、辉钼矿和毒砂等，都没有回收的经济价值。脉石矿物主要是石英，另含5%～10%的钾长石。

10.4.2 选矿方法及工艺流程

原矿用30t载重汽车送到选矿厂，先在振动筛上筛分，+160mm的矿石经颚式破碎机破碎，然后将矿石用皮带运输机送到光电拣选机前的筛分塔，塔内装有一组振动筛，可筛分成－160＋80mm、－80＋40mm、－40＋10mm、－10＋3mm及－3mm几个粒级，前三级进入M－16型光电拣选机，经预先富集后的矿石进入中碎和细碎，破碎到－10mm送往选矿车间；后两级分别用跳汰机和螺旋选矿机粗选，所得粗精矿与破碎到－10mm的矿石一起，经分级再重选。其中－10＋3mm粒级进跳汰机，跳汰尾矿进入棒磨机再磨，磨矿粒度为2～3mm，经跳汰机和螺旋选矿机扫选后丢弃尾矿，－3mm粒级则用摇床选得粗精矿，摇床尾矿与跳汰机尾矿再磨再选。

由重选获得的粗精矿经枱浮脱硫，磁选分离黑钨和白钨矿，后者继续用摇床提高品位，摇床尾矿返回再磨再选，精矿送入回转窑干燥，再用强磁选和高压电选精选得最终白钨精矿。黑、白钨精矿的平均 WO_3 品位达70%～73.5%。图10-6为卡宾山钨选矿厂生产原则流程。

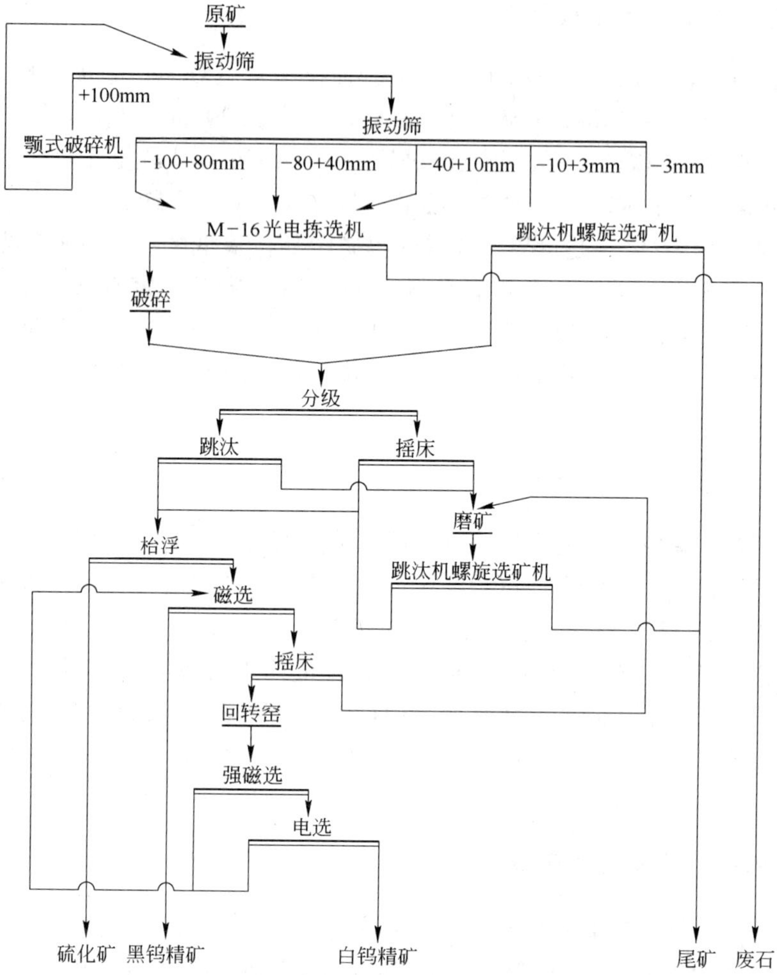

图 10-6 卡宾山钨选厂生产原则流程

选矿厂生产流程的特点是采用三台 M－16 型光电拣选机丢弃废石，废石选出率 98%，钨的回收率为 97%，处理能力 300t/h，预先富集效果显著。在重选流程中采用跳汰机和螺旋选矿机作粗、扫选设备，分段丢弃尾矿。精选流程综合多种选矿方法，产出高品位黑、白钨精矿。选矿厂从破碎到选矿的全部作业都有控制系统，集中装在光电拣选车间控制室内，有内部通信设备与各作业区联系，并装有闭路电视系统，以保持对入选矿石进入车间的监督，全部控制系统只需一人看管。

10.4.3 主要技术指标

据 1979 年统计，选矿厂年处理矿石 1500kt，原矿 WO_3 品位 0.09%，黑钨精矿和白钨精矿的产量为1200t，钨精矿平均WO_3品位70%，总尾矿品位0.034%，回收率为62.22%。除采矿和管理人员，选矿厂的操作工人较少，劳动生产率很高。

10.5 赣州有色冶炼厂

赣州有色冶炼厂，原名赣州精选厂，于1958年建成，现已发展成既有选矿，又有湿法和火法冶炼的综合企业。生产品种有黑钨、白钨、锡、铜、钼、铋六种精矿，以及精锡、精铋、锡铅焊条、锡基轴承合金、仲钨酸铵、钨粉和碳化钨等21种产品。

10.5.1 原料组成特性

该厂处理的原料来自江西省的中、小型钨矿和若干地方矿点计四十多个矿山所产的钨粗精矿。矿物组成甚为复杂，有价金属矿物以黑钨矿为主，另有白钨、锡石、黄铜矿、辉钼矿、辉铋矿、泡铋矿、自然铋、硫铅铋矿、方铅矿、闪锌矿、黄铁矿、磁黄铁矿、硫砷铁矿、褐铁矿等，脉石矿物为石英、长石、萤石、云母等。

入厂原料分为钨粗精矿（WO_3品位25%以上），钨中矿、锡中矿及钨细泥四类，典型化学成分如表10-23所示。

表10-23 入厂原料典型分析结果

原料类型	WO_3/%	Sn/%	S/%	Cu/%	Mo/%	As/%	P/%	SiO_2/%	Ca/%	Bi/%	Pb/%	Zn/%
钨粗精矿												
Ⅰ	56.6	1.56	6.61	0.06	2.3	0.10	0.01	4.90	1.43	1.50	0.22	0.02
Ⅱ	47.2	0.47	7.48	0.82	1.80	3.60	0.01	8.89	1.93	0.92	1.22	0.04
Ⅲ	58.0	4.86	1.27	0.41	0.76	0.15	0.03	5.00	0.61	0.49	0.52	0.02
Ⅳ	61.0	3.86	2.41	0.29	0.19	1.40	0.01	11.2	2.47	0.34	0.26	0.04
Ⅴ	43.5	3.55	8.60	5.22	0.99	0.75				1.03	0.70	0.90
钨中矿												
Ⅰ	21.2	0.42	3.67	0.23	0.67	0.04	0.22	27.5	7.66	0.94	0.02	0.02
Ⅱ	23.2	3.85	9.05	2.69	0.35	1.53				0.64		
Ⅲ	10.8	0.15	20.6	13.3	0.50	0.06	0.09	11.2	2.47	1.60	0.26	0.04
锡中矿												
Ⅰ	8.45	45.7	0.46	0.07		0.06				0.93		0.05
Ⅱ	32.9	24.7										

10.5.2 精选工艺

基于原料组成复杂，精选工艺包括磁选、重选、枱浮、浮选、电选以及化学选矿法。其工艺特点是流程灵活可变，以适应不同原料的加工要求，同时可根据用户要求组织生产对口的钨精矿产品。图 10-7 为精选原则流程。

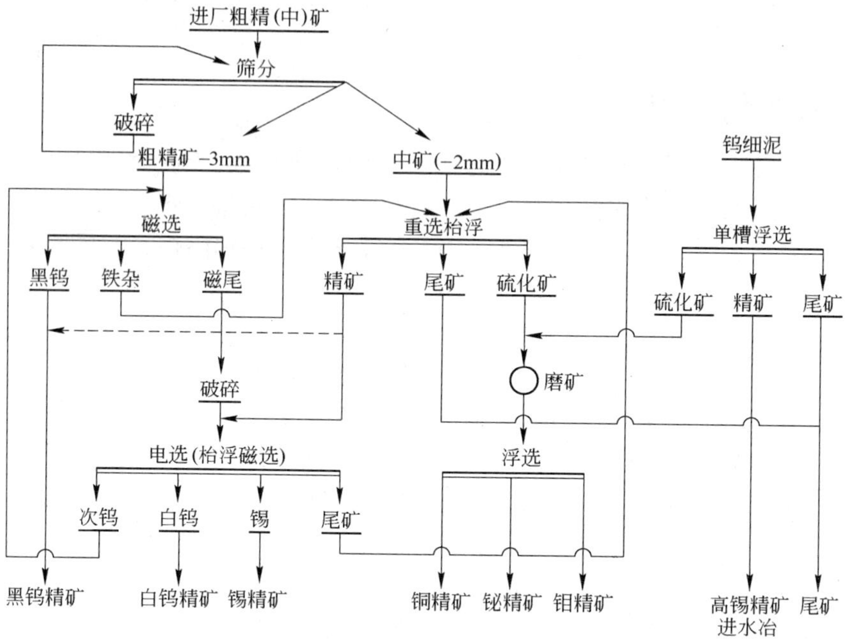

图 10-7 赣州有色冶炼厂钨粗精矿精选原则流程

现将几种典型物料的精选方法叙述如下。

10.5.2.1 钨粗精矿的精选

分选前将物料用对辊机破碎到 -3mm，筛分成 -3 +0.83mm、 -0.83 +0.2m 及 -0.2mm 三级，分级磁选得到黑钨精矿。其中 -3 +0.83mm 粒级的磁选尾矿经对辊机破碎到 -1.17mm，使钨的连生体解离，再分级磁选，各粒级磁选作业的次数视物料的性质而定。使用 ϕ690mm 单盘磁选机分选，场强为 0.9T，除可调整电流、电压、极距和给矿粒度外，物料包含的水分和铁污染的程度也会影响选别指标。图 10-8 为磁选精选流程，其中磁选尾矿包含白钨矿、锡石和硫化矿，供综合回收。

10.5.2.2 钨中矿的分选

处理的原料包括入厂钨中矿和厂内产生的强磁选尾矿，WO_3 含量在 25% 以下，但硫化矿的含量较高，入选前先预先筛分分级再酌情处理，其中 -2 +0.83mm 和 -0.83 +0.2mm 两级用枱浮分出硫化矿， -0.2mm 粒级用浮选分出硫化矿。含锡较高的物料，经过脱硫后的产品，用摇床精选得到钨锡混合精矿，再经磁选使钨 - 锡分离。当处理含锡低的原料时，则枱浮硫化矿后无需另行精选，就可直接获得商品精矿；如若处理粗粒磁选尾矿，则枱浮硫化矿后的产品

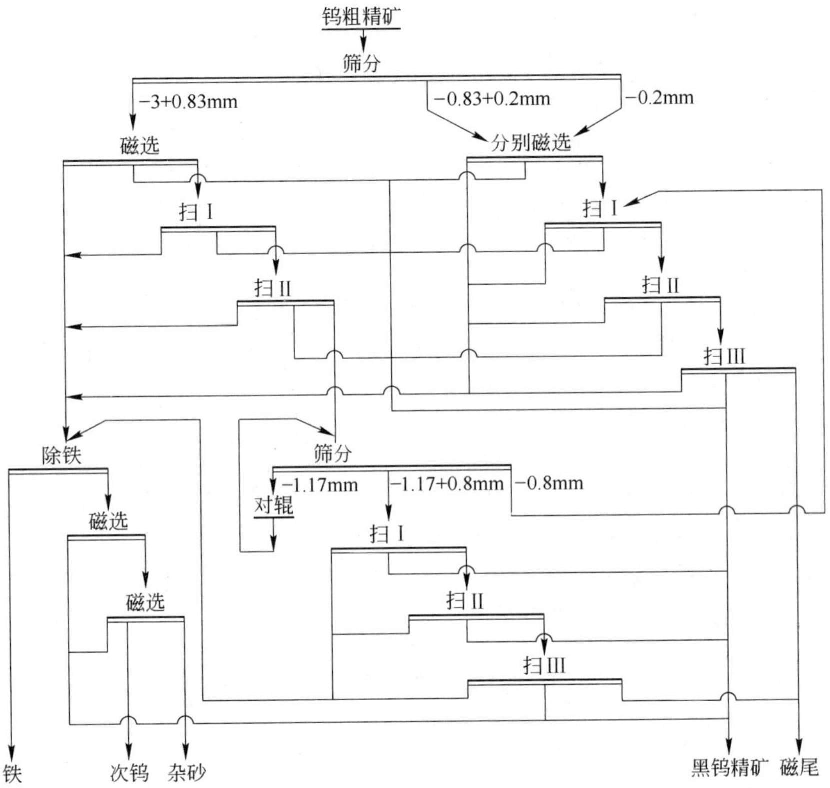

图 10-8 赣州有色冶炼厂钨粗精矿磁选精选流程

是白钨与锡石的混合精矿，可用枱浮白钨法进行分离。总之，经过枱浮或浮选硫化矿后的产品，视其矿物组成、品位高低，采用相应的方法进行处理。图 10-9 为枱浮－浮选精选流程，药剂制度列于表 10-26 中，分选结果如表 10-27 所示。

10.5.2.3 白钨－锡石类分选

分选的原料是枱浮和浮选硫化矿后的钨－锡混合精矿及少量以白钨为主的磁选尾矿。按照品位的不同，分成下列三种类型：高钨低锡类（40% WO_3、10% ~ 20% Sn）、高锡低钨类（40% Sn、10% ~20% WO_3）和中等钨锡类（20% WO_3、20% ~30% Sn），先筛分分成 −0.83 +0.2mm 和 −0.2mm 两级，然后按图 10-10 的流程精选。当枱浮和浮选白钨矿时，均用蒸汽把矿浆加热到 80 ~90℃，药剂用量如表 10-24 所示。这时锡石受到抑制，白钨矿获得上浮，表 10-25 为电选－枱浮－浮选分离白钨－锡石的综合结果。

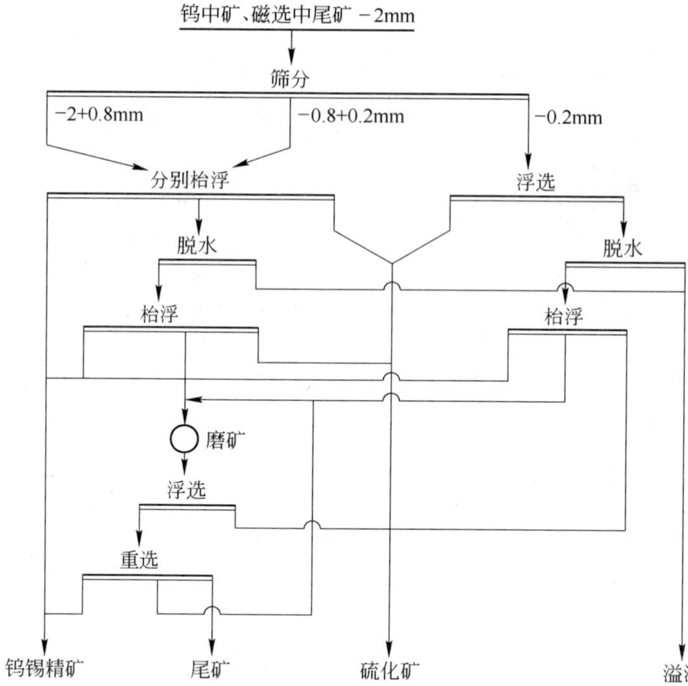

图 10-9 赣州有色冶炼厂枱浮 – 浮选精选流程

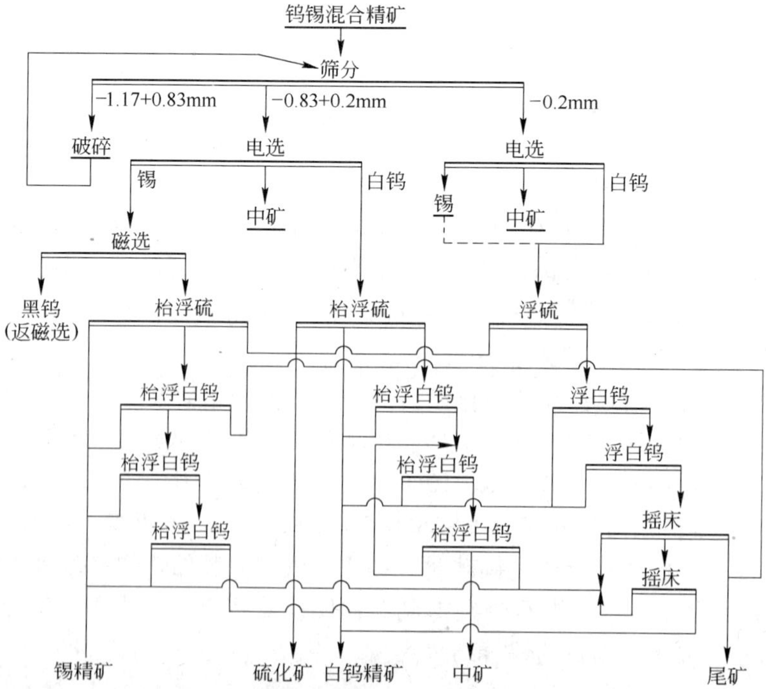

图 10-10 赣州有色冶炼厂白钨 – 锡石类分选流程

表 10-24 枱浮和浮选白钨矿的药剂用量

作业	药剂用量/$g \cdot t^{-1}$				
	碳酸钠	水玻璃	硫化钠	混合油	盐酸
枱浮	1500	500	400	2000	2000
浮选	800	1500	200	800	

注：混合油为油酸/煤油/松醇油 = 1/2/2。

表 10-25 电选－枱浮－浮选分离白钨－锡石的综合结果

产品	产率/%	品位/%			回收率/%	
		WO_3	Sn	S	WO_3	Sn
白钨精矿	38.24	72.49	0.33	0.44	83.19	0.5
锡精矿	33.90	1.53	68.88	0.30	1.51	94.46
硫化矿	5.70	9.16	3.13		1.57	0.72
中矿	4.96	26.46	13.72		3.94	2.75
钨次精矿	4.10	54.99	6.84		6.77	1.14
尾矿	8.67	7.06	0.40		1.84	0.14
溢流	4.43	8.92	1.62		1.18	0.29
原矿	100.00	32.94	24.72		100.00	100.00

10.5.2.4 硫化矿综合回收

从枱浮和浮选分出的硫化矿是综合回收的原料，按其矿物富集的程度分为高铜类、铜－铋类和钼铋铜硫类，分开储存，分类选别。在磨矿前将混合硫化矿按50%的固体浓度加硫化钠（5000g/t）搅拌脱药，加水稀释后送到螺旋分级机脱去残余药剂，返砂进入球磨机磨矿和浮选，在碱性介质中（pH 值为 8 ~9）加氰化钠和硫酸锌抑制铜和铁的硫化物，用黄药和煤油作捕收剂浮选钼铋，钼铋浮选分离用硫化钠抑铋浮钼，得到钼、铋两种精矿，钼－铋浮选后的产品即是铜精矿。图 10-11 为硫化矿分选流程，分选结果如表 10-26 所示。

表 10-26 高铜类硫化矿分选结果

产品	产率/%	品位/%			回收率/%			每吨给料药剂用量/kg
		Cu	Mo	Bi	Cu	Mo	Bi	
铜精矿	87.17	24.06	0.049	0.53	91.99	3.46	15.82	硫化钠 10 氰化钠 4.5
钼精矿	2.14	1.08	50.86	1.43	0.10	88.18	1.04	
铋精矿	7.93	16.19	1.15	29.38	5.65	7.40	79.70	硫酸锌 4.5 丁黄药 0.5 煤油 0.2 松醇油 0.05
溢流	2.76	18.66	0.43	3.43	2.26	0.96	3.44	
原矿	100	22.26	1.23	2.74	100	100	100	

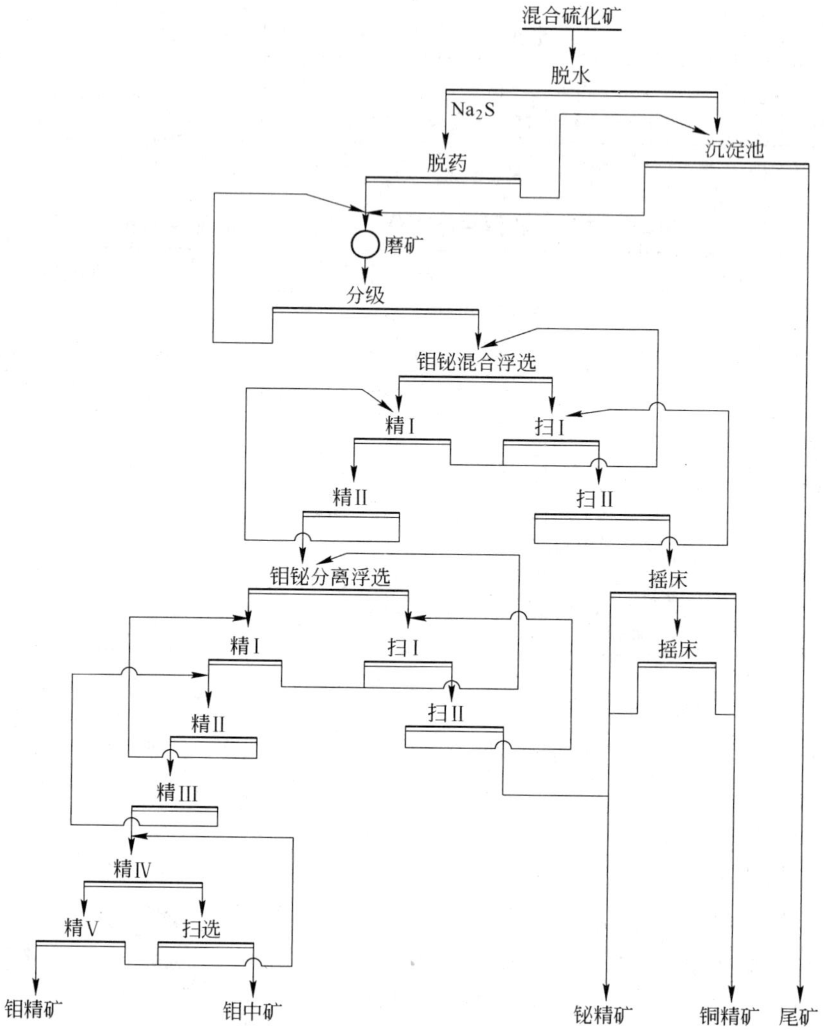

图 10-11　赣州有色冶炼厂硫化矿分选原则流程

10.5.3　主要技术指标

实践证明，对中、小型钨矿实行集中精选，既有利于提高钨精矿的质量和回收率，也有利于矿产资源的综合回收。针对物料来源分散、成分复杂、性质多变的特点，在精选前做好物料的分类和按粒度分级是非常重要的。在选别过程中，采用多种方法的联合，工艺灵活、精工细作是提高技术经济指标的关键。该冶炼厂主要技术指标如表 10-27 所示。

表 10-27 主要技术指标

指标名称	成分	数值/%	指标名称	成分	数值/%
原矿品位	WO_3 Sn Cu Mo Bi	44.97 1.95 3.05 0.76 0.94	尾矿品位	WO_3 Sn	0.81 0.1
精矿品位	WO_3 Sn Cu Mo Bi	69.6 70.04 25.84 51.07 21.44	回收率	WO_3 Sn Cu Mo Bi	96.22 90.22 64.56 90.78 56.30

11 白钨矿选矿实例

11.1 香炉山白钨矿

11.1.1 选矿厂概述

香炉山钨业有限责任公司位于江西省修水县港口镇，距离修水县城 75km，隶属于中国五矿有色金属股份有限公司。矿山设计采选能力为 2050t/d，有四个选矿厂，选厂员工共有 331 人。一选厂处理能力为 550t/d，二选厂处理能力为 300t/d，三选厂和四选厂处理能力均为 600t/d。其中一选厂于 1994 年建厂，原矿运距约 6km；二选厂于 2001 年 5 月建成投产，原矿运距约 1.6km；三选厂于 2002 年 9 月建成投产，原矿运距约 1.5km；四选厂于 1999 年 10 月建成投产，原矿运距约 0.5km。

11.1.2 矿石性质

香炉山白钨矿有以下性质：

（1）矿床类型：矽卡岩型白钨多金属矿床。

（2）矿石类型：矿石类型有三种，1）透辉石石英角质岩白钨矿，占总矿量的 95% 以上；2）大理岩化灰岩白钨矿石；3）铅、锌、硫白钨矿石。

（3）矿石的物理性质：矿石硬度 12～15；矿石密度 3.16g/cm³；矿石松散密度 1.98g/cm³；矿石松散系数 1.60。

（4）矿石的多元素分析如表 11-1 所示。

表 11-1 矿石的多元素分析结果

成　分	SiO_2	TiO_2	Al_2O_3	Fe_2O_3	FeO	MgO	MnO	CaO	K_2O
含量/%	40.76	0.16	7.71	9.71	6.30	5.80	0.64	12.02	1.78
成　分	Na_2O	P_2O_5	CO_2	F	S	WO_3	Cu	Pb	Zn
含量/%	0.58	0.30	0.197	3.00	6.62	1.35	0.13	0.044	0.17
成　分	Bi	Mo	Sn	Cd	Se	Te	Au	Ag	
含量/%	0.06	0.006	0.004	0.004	0.00022	0.0019	0.06	21.90	

（5）主要金属矿物的赋存状态和嵌布特性。金属矿物主要有白钨矿，伴生

矿物有磁黄铁矿、赤褐铁矿、黄铁矿、白铁矿、闪锌矿、黄铜矿、菱铁矿、黑钨矿、磁赤铁矿、辉钼矿、毒砂、钨华、自然铋、辉铋矿、泡铋矿、铋方铅矿、钼铅矿、辉银矿、斑铜矿、蓝铜矿、镜铁矿、辉锑矿、板钛矿、金红石、锐钛矿、软锰矿、硬锰矿、锆石和水绿矾等。脉石矿物有石英、钾长石、斜长石、透闪石、符山石、萤石、磷灰石、透辉石、阳起石、白云母、绢云母、绿泥石、白云石、方解石、绿帘石、黑云母、石榴石、榍石、重晶石和电气石等。

钨矿物以白钨矿为主，其含量占钨矿物的95%左右，黑钨矿仅占4%左右，其余为钨华。白钨矿多为不规则粒状，矿物颗粒细小，粒径一般在0.1～0.15mm之间，少数可达1mm以上。黄铜矿呈不规则的粒状或蠕虫状，一般粒径为0.023～0.046mm，部分在0.1mm左右，少数大于0.1mm或小于0.005mm，常被白钨矿包裹。磁黄铁矿呈不规则的他形粒状或片状，颗粒比较粗大，小于0.1mm者不甚多见，常与闪锌矿、黄铜矿、黄铁矿、辉铋矿、铋方铅矿、透闪石、符山石、石英、长石、白钨矿等伴生，少数被白钨矿包裹。黄铁矿粒径常在0.1～1mm之间，大于或小于此范围者并不多见，与白钨矿共生紧密，且常被白钨矿包裹。

11.1.3 选矿方法和选矿工艺

香炉山钨矿目前有四个生产选厂，处理的矿石均出自一个矿体，原矿性质相近，所以工艺流程和药剂制度也基本一致，选矿方法均为浮选法。

来自地下开采的矿石经汽车运输至选矿厂，经破碎、筛分、磨矿和分级后，矿石细度为-0.074mm含量占70%，矿浆首先进入铜硫等可浮作业，经一粗、一扫、一精后产出铜硫混合粗精矿，铜硫混合粗精矿经过一粗、一扫、二精的铜硫分离浮选作业后可选出铜品位为16%～18%的铜精矿。铜硫混合浮选作业的尾矿则进入一粗、一精的脱硫作业。脱硫尾矿进入白钨粗选作业，经一粗、三扫、二精作业后得到白钨粗精矿。白钨粗精矿经一粗、三扫、五次精选作业后产出品位65%左右的白钨精矿，白钨粗选作业的尾矿即为最终尾矿。一选厂磨矿作业为两个系列，浮选作业为一个系列，四选厂磨矿和浮选作业为两个系列，2009年9月将两个系列的铜硫分选合并为一个系列。选矿工艺流程如图11-1所示。

11.1.4 选矿技术指标

四个选厂2007年、2008年、2009年白钨选矿技术指标如表11-2所示。

11.1.5 选矿经济指标

香炉山白钨选厂2009年选矿经济指标如表11-3所示。

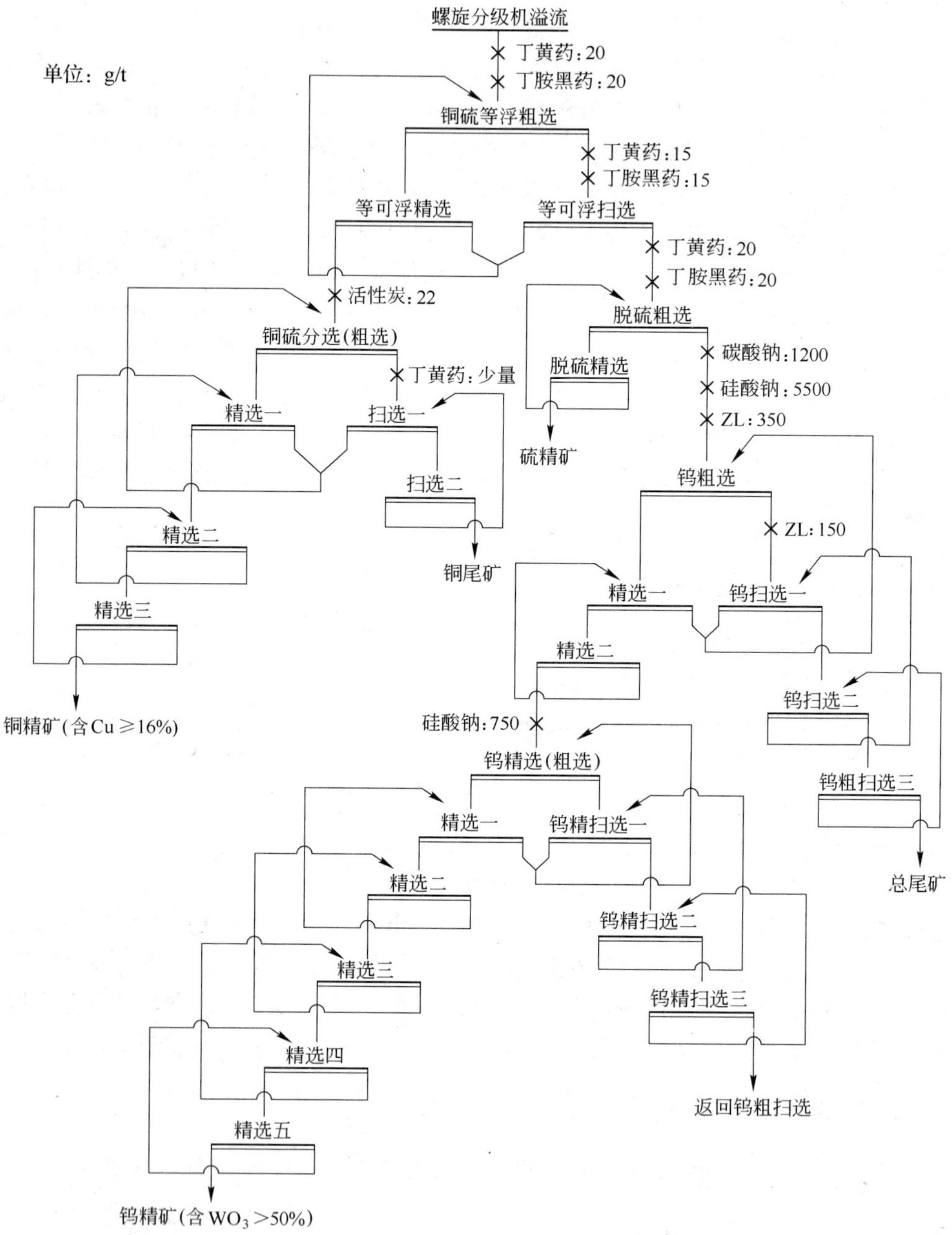

图 11-1 香炉山选矿厂浮选工艺流程图

表 11-2 香炉山选矿厂白钨选矿技术指标

时　间	名　称	一选厂	二选厂	三选厂	四选厂
2007 年	原矿量/t	172189	95359	222237	210756
	原矿品位/%	0.680	0.707	0.683	0.560
	精矿品位/%	66.32	66.99	66.59	68.58
	尾矿品位/%	0.175	0.147	0.142	0.122
	回收率/%	74.45	79.27	79.52	78.40
	精矿产率/%	0.763	0.836	0.813	0.641
2008 年	原矿量/t	167416	88303	201818	196142
	原矿品位/%	0.674	0.545	0.725	0.600
	精矿品位/%	54.71	54.44	64.97	68.06
	尾矿品位/%	0.143	0.116	0.160	0.128
	回收率/%	78.89	78.78	78.18	78.84
	精矿产率/%	0.972	0.788	0.872	0.694
2009 年	原矿量/t	216369	128097	246724	214435
	原矿品位/%	0.566	0.631	0.737	0.514
	精矿品位/%	58.29	53.45	65.75	68.45
	尾矿品位/%	0.124	0.139	0.169	0.107
	回收率/%	78.25	78.08	77.29	79.15
	精矿产率/%	0.760	0.922	0.866	0.595

表 11-3 香炉山白钨选厂 2009 年选矿经济指标

名　称	全年总量		单　耗	
	单　位	数　量	单　位	数　量
钢　球	t	809.098	kg/t	1.004
盐　酸	t	2884.22	kg/t	3.580
氧化石蜡皂	t	145.50	kg/t	0.181
ZL 捕收剂	t	432.64	kg/t	0.537
碳酸钠	t	1043.10	kg/t	1.295
水玻璃	t	10283.43	kg/t	12.765
选矿用水	t	2704282	t/t	3.36
选矿用电	kW · h	30733566	kW · h/t	38.15
工　资	万元	1158.36	元/t	14.38
选矿成本	万元	15283.26	元/t	189.71

11.2 小柳沟白钨矿

甘肃小柳沟钨矿选矿厂隶属甘肃新洲矿业有限公司，位于甘肃省肃南县祁青工业园区，距嘉峪关市 150km，海拔约 2900m，下设 2000t/d 选矿厂和试验选厂两个钨矿选矿厂。2000t/d 选矿厂始建于 2005 年 9 月，2006 年 11 月建成投产，设计生产能力 2000t/d，主要用于处理小柳沟矿区 1 号和 4 号矿体白钨矿石。选矿厂下设破碎、磨浮、精尾、热力、机电 5 个生产工段及重选、水玻璃两个生产车间。试验选厂原为 1998 年 11 月张掖有色金属公司建成，建设规模为日处理量 100t，2005 年 5 月新洲公司成立后租赁，正式更名为试验选厂，2006 年 6 月将规模扩大为日处理量 170t，2009 年工艺改造后日处理量增加到 190t。

11.2.1 2000t/d 选矿厂

A 矿石理化性质及物质组成研究

小柳沟钨矿属矽卡岩型块状白钨矿，原矿多元素分析结果和钨的物相分析结果分别如表 11-4 和表 11-5 所示。由表 11-4 和表 11-5 看出，矿石中的有用元素主要是钨，此外还含有硫、铜、铋、钼、锌、锡等有用成分，钨是矿石中主要回收的对象，而硫、铜、铋等具有一定的综合利用价值，可考虑综合回收。矿石中钨主要以白钨矿存在，有少量钨华及黑钨矿。

表 11-4 小柳沟钨矿多元素分析结果

元素	WO_3	Cu	S	Bi	Zn	Mo	Pb	Sn
含量/%	0.73	0.033	0.82	0.016	0.039	<0.01	<0.01	<0.013
元素	K_2O	Na_2O	MgO	CaO	Al_2O_3	SiO_2	CaF_2	Fe
含量/%	1.27	0.29	4.6	13.03	8.39	45.32	3.94	2.89
元素	Mn	TiO_2	F	P	Co	Au	Ag	
含量/%	0.19	0.48	0.54	0.067	0.01	0.029g/t	3.26g/t	

表 11-5 小柳沟钨矿钨的物相分析结果

相 态	钨 华	白钨相	黑钨相	合 计
WO_3/%	0.023	0.704	0.002	0.729
占有率/%	3.155	96.571	0.274	100.00

近年来 2000t 选矿厂主要处理小柳沟钨矿床 1 号和 4 号矿体矿石。该矿床的矿石类型主要有矽卡岩型矿石、蚀变千枚岩矿石、角闪云母片岩型矿石、花岗岩型矿石。试验选厂处理的矿石为细泥含量高的风化白钨矿。

2000t 选矿厂处理矿石中，有用矿物主要有白钨矿、黄铜矿、黄铁矿、磁黄铁矿，其次为辉铋矿、辉钼矿、闪锌矿及少量毒砂、斑铜矿、辉铜矿。脉石矿物主要有透闪石、阳起石、绿泥石、石英、符山石、透辉石－钙铁辉石、绿帘石、绢云母、长石等。

矿石构造有浸染状构造、斑杂状构造、细脉状构造、假象条带状构造、团块状构造。矿石结构有自形－他形粒状结构、自形半自形粒状结构、包含结构、交代溶蚀结构和交代残余结构。

原矿的矿物组成及含量如表 11-6 所示。

表 11-6　原矿矿物组成及相对含量

矿物名称	含量/%	矿物名称	含量/%
白钨矿	0.91	透闪石－阳起石	50
黄铜矿	0.1	绿泥石	
辉铋矿	0.024	白云母、绢云母	11
辉钼矿	0.016	方解石、白云石	10.5
闪锌矿	0.06		
黄铁矿	1.4	石榴石	1
磁黄铁矿		长　石	2.5
符山石	6.5	石　英	11.5
透辉石－钙铁辉石		磷灰石	0.3
绿帘石		萤　石	3.94
少量或微量矿物	毒砂、斑铜矿、辉铜矿、硅灰石、黑钨矿、钨华、自然铋、方铅矿、锡石		

矿石中白钨矿呈粗细不均匀嵌布，多以细粒为主浸染状嵌布，矿石磨碎后 －0.100＋0.053mm 粒级白钨矿单体解离可达 95.52%，矿石中部分白钨矿含类质同象的钼，最高的含钼达 0.44%，这部分钼难以用选矿方法分离。

B　选矿工艺流程

针对矿石性质，广州有色金属研究院（以下简称广州有色院）于 2004 年底对小柳沟 1 号、4 号矿床采集的矿样（按 1/2 混合），进行了选矿工艺小型试验。试验采用白钨粗精矿加温浮选新工艺，取得了精矿品位 69.71%，回收率 89.48% 的良好指标，为选矿厂的建设提供了依据。从 2005 年起，广州有色院与甘肃新洲矿业有限公司先后共同对甘肃肃南县小柳沟白钨矿进行了扩大试验、200t/d 小选厂工业试验、2000t/d 选厂工业生产调试、2000t/d 选厂工业达产达标调试。选矿工艺各项试验都取得很好的指标，为正常工业生产提供了坚实基础。

a　小型试验和扩大试验结果

小型试验选矿工艺流程分为硫化矿浮选段、白钨粗选段和白钨粗精矿精选段，试验对白钨浮选粗精矿进行了常温精选工艺流程和加温精选工艺流程的比较，原矿 WO_3 含量0.735%，Cu 含量 0.034%，小型试验除回收钨外，还获铜品位 14.10%、回收率 50.11% 的铜精矿，小型试验结果如表 11-7 所示，白钨粗精矿加温精选方案扩大试验指标如表 11-8 所示。

表 11-7 小型闭路试验最终试验结果

试验流程	产品名称	WO_3 品位/%	WO_3 回收率/%
白钨粗精加温精选工艺流程	白钨精矿	69.71	89.48
白钨粗精常温精选工艺流程	白钨精矿	57.34	91.26

表 11-8 加温精选工艺流程试验指标

流程方案	产品名称	产率/%	WO_3 品位/%	回收率/%
加温精选方案	铜硫粗精矿	1.345	0.17	0.322
	白钨粗精矿	10.28	6.27	90.836
	溢　流	0.25	0.76	0.027
	白钨精矿	0.903	65.18	84.25
	粗选尾矿	88.374	0.071	8.842
	精选尾矿	9.273	0.495	6.573
	原　矿	100.00	0.71	100.00

b 现场工业试验

工业试验于 2006 年 9～10 月在 200t/d 试验选厂进行。

针对原选厂存在的问题，在以下方面进行了改进：采用丁黄药 + DY 取代丁黄药 +2 号油，硫化矿可有效回收；白钨粗选时采用 GYW 高效选择性捕收剂取代 731 药剂；用 $Na_2CO_3 + Na_2SiO_3$ 取代 $NaOH + Na_2SiO_3$ 并分开添加；白钨粗选精一尾和扫一尾由直接返回浮选改成合并返至 Na_2CO_3 药剂调浆桶；在白钨加温精选段，采用 Na_2SiO_3 + SN 取代单一水玻璃并在加温搅拌槽添加 GYW。试验取得圆满成功，整个工艺流程顺畅稳定，技术经济指标高，重复性好，对矿石适应性强。工业试验指标如表 11-9 所示，同时将原工艺流程（731 药剂）对同类型矿石的工业试验指标一并列入表 11-9 中。

C 2000t/d 选矿厂工业生产及技术改进

2000t/d 选矿厂于 2006 年 10 月建成投产，全部采用 200t/d 选厂工业试验的工艺流程，并因地制宜作了适当变动。

经过短短 3 个月的生产设备及工艺调试，生产很快步入正轨。经过大规模开采后，原矿 WO_3 品位显著下降（WO_3 含量仅为0.45%～0.50%），由于多坑道出矿，矿石性质变化很大。原矿中 CaF_2 和 $CaCO_3$ 含量波动较大，部分矿石经风化后含矿泥及可溶性盐分较多，给生产带来很大的影响。即使在这种情况下，经

表 11-9 新工艺与原工艺工业试验指标对比

工艺流程	日期	班次	原矿 WO_3 /%	白钨粗选段		白钨精选段		白钨浮选段总回收率 /%	备注
				WO_3 /%	回收率 /%	WO_3 /%	回收率 /%		
原工艺流程捕收剂 731	2006 年 6 月 20 日 ~ 2006 年 9 月 16 日	240 个班	0.806	4.30	81.05	58.04	95.92	77.75	白钨粗选调整剂 $NaOH + Na_2SiO_3$，捕收剂 731
新工艺流程（捕收剂 GYW）	2006 年 9 月 19 日	0:00 ~ 8:00	0.78	5.32	87.59	64.65	96.23	84.29	白钨粗选调整剂 $Na_2CO_3 + Na_2SiO_3$，捕收剂 GYW，80 小时回收率总计 84.17%
		8:00 ~ 16:00	0.86	5.75	88.29	66.32	94.85	83.74	
		16:00 ~ 24:00	0.82	5.25	87.32	67.88	96.76	84.49	
	2006 年 9 月 20 日	0:00 ~ 8:00	0.79	5.17	86.85	65.48	95.75	83.16	
		8:00 ~ 16:00	0.86	5.35	89.11	66.49	95.45	85.06	
		16:00 ~ 24:00	0.74	5.45	86.22	64.89	96.03	82.79	
	2006 年 9 月 21 日	0:00 ~ 8:00	0.72	5.28	87.78	65.66	96.54	84.74	
		8:00 ~ 16:00	0.76	5.53	88.15	68.46	97.04	85.54	
		16:00 ~ 24:00	0.71	5.28	87.54	65.17	95.82	83.88	
	2006 年 9 月 22 日	0:00 ~ 8:00	0.67	4.98	88.01	67.16	95.36	83.93	

过努力和科技攻关，可获得品位 65% 左右的白钨精矿，浮选回收率达 78% 以上。

在生产中对工艺流程和药剂制度作了进一步的优化和改进，为了降低选矿成本，又对常温精选工艺进行了深入研究。经调整和优化常温精选中的水玻璃、SN 和捕收剂的用量，常温精选工艺也获得成功，取得了与加温精选工艺基本接近的指标。该常温精选流程中，除产出最终白钨精矿外，其精选尾矿送至摇床重选进一步回收细粒白钨后再丢弃。

该选矿工艺主要有以下几个特点：

（1）在弱碱性介质中采用 DY 选择性硫化矿捕收起泡剂和丁黄药组合预先浮出硫化矿，避免大量起泡剂对后续白钨浮选的不利影响。

（2）首次采用 GYW 新型捕收剂用于白钨矿粗选，取代目前一般采用的选择性较差、用量较大的 731 氧化石蜡皂捕收剂，与碳酸钠 - 水玻璃组合调整剂并用，实现白钨矿与萤石、方解石、透辉石等含钙脉石矿物的高效选择性浮选分离。

（3）在白钨粗精矿精选分离中，同时添加 SN 和 GYW 捕收剂，既强化大量水玻璃对含钙脉石矿物的选择性抑制作用，又强化对白钨矿的选择性捕收作用，实现在独立回路中常温下直接精选。

(4) 在精选作业中取消原流程中需要一次或多次稀释脱药后再进行浮选作业的工艺，而是直接进行浮选，不仅简化了工艺，减少了有价金属的损失，还使加温浮选工艺过程更加稳定，指标显著提高。

(5) 采用浮选和重选（摇床）联合的工艺流程，使白钨精选段作业回收率达97%以上。

(6) 采用石灰和硫酸对全部废水进行处理后，全部用于选厂浮选和精选尾矿重选作业，实现废水零排放。

2000t/d 选矿厂工业生产工艺流程如图 11-2 所示，近几年生产指标如表11-10所示。

表 11-10 小柳沟钨矿 2000t/d 选矿厂近几年工业生产指标

时 间	矿量/kt	原矿 WO_3/%	白钨粗选段		白钨精选段		浮选总回收率/%	摇床作业		总回收率/%
			WO_3/%	回收率/%	WO_3/%	回收率/%		WO_3/%	回收率/%	
2007 年	550	0.45	4.85	85.21	65.20	94.12	77.72	41.2	3.63	79.78
2008 年	600	0.52	5.28	85.43	65.95	95.08	79.60	40.5	3.3	82.90
2009 年（3~5 月）	100	0.65	5.74	86.13	65.42	94.90	80.10	43.1	3.12	83.32

注：硫化矿中钨损失率为2%，原矿含 Cu 0.03%，铜精矿含 Cu 15.5%，回收率51.29%。

11.2.2 试验选厂

试验选厂主要处理小柳沟钨矿地表受强烈风化、细泥含量高的白钨矿石。风化矿含有大量黏土矿泥，对白钨矿浮选产生很大干扰，需预先脱出，以消除其影响。试验选厂原矿钨物相分析结果如表 11-11 所示。

表 11-11 试验选厂原矿钨物相化学分析结果

物 相	钨 华	白 钨	黑 钨	合 计
WO_3/%	0.09	0.783	0.06	0.933
占有率/%	9.65	83.92	6.43	100.00

钨的物相分析结果表明，原矿中含有一定比例的黑钨矿和钨华。黑钨矿在脂肪酸类捕收剂条件下，可浮性很差，钨华基本上不能回收。

选矿方法为重-浮联合工艺，浮选分两段进行，一段为常温粗选，二段为加温精选，粗选尾矿和精选尾矿合并后用摇床进行重选。

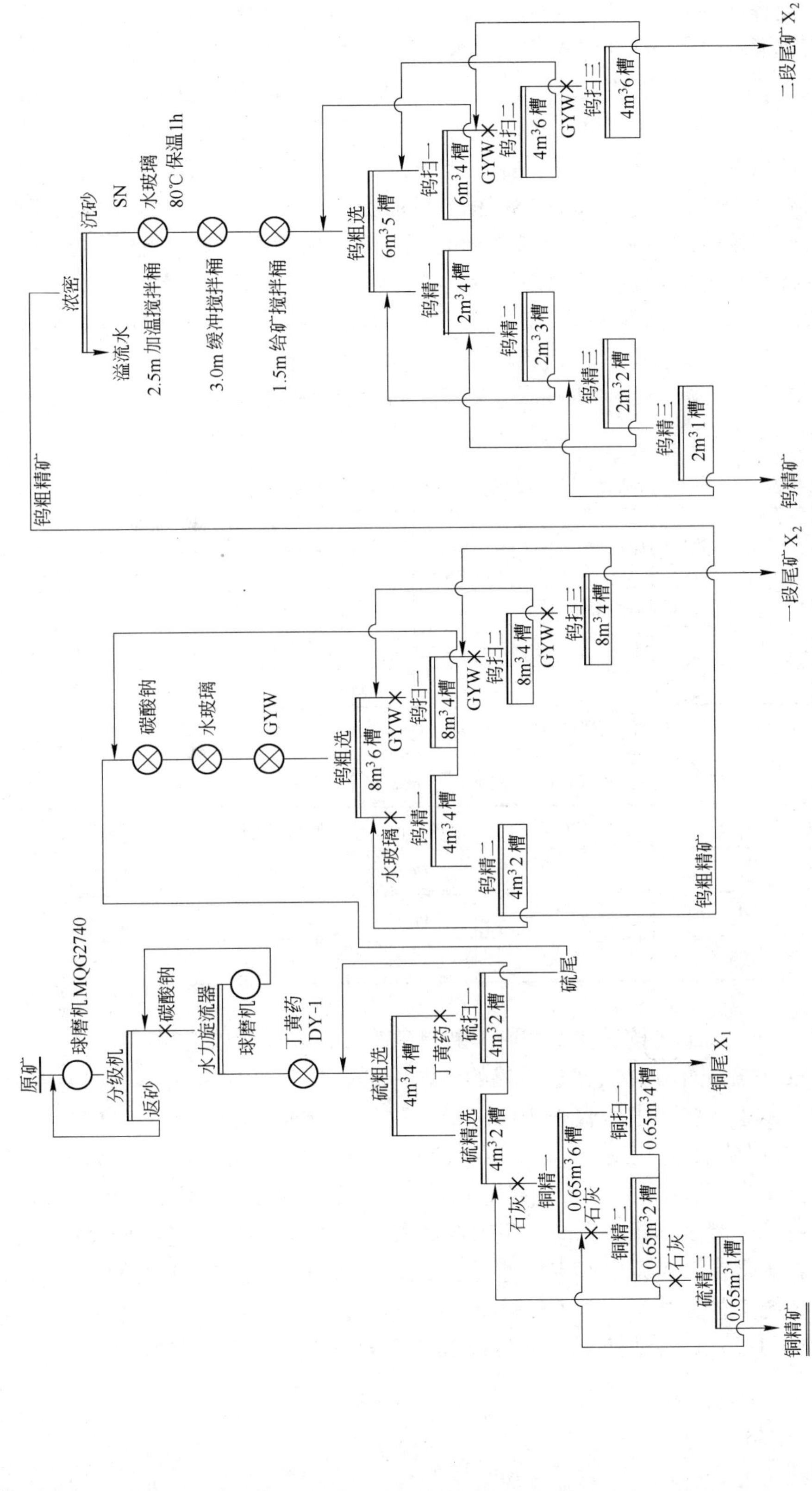

图 11-2　小柳沟钨矿 2000t/d 选矿厂工艺流程

（注：2000t/d 选矿厂粗选段是平行的两个系列，粗精矿集中在一个精选系列中，图中粗选段仅画出一个系列）

具体流程如下：原矿经 MQG1535 球磨机与 FL－1.2 螺旋分级机形成闭路磨矿；分级机溢流给入 ϕ900 螺旋溜槽，螺旋溜槽产出精矿和中矿两个产品，精矿部分给入 MQY0918 球磨机再磨，中矿给入 ϕ75 水力旋流器进行分级脱泥，水力旋流器沉砂与 MQY0918 球磨机排矿混合给入一段浮选。水力旋流器溢流单独进行浮选，产出的粗精矿与一段粗精矿混合进入 ϕ9m 浓密机，粗精矿矿浆经浓缩脱药后给入 ϕ2500mm×2500mm 搅拌桶进行加温，加温处理后的矿浆给入二段浮选。白钨矿粗选采用碳酸钠－水玻璃组合调整剂，实现白钨矿与萤石、方解石、透辉石等含钙脉石矿物高效选择性浮选分离；白钨加温精选也采用改进后的“彼得洛夫法”，同时添加 SN 和 GYW 捕收剂，既强化大量水玻璃对含钙脉石矿物的选择性抑制作用，又强化其对白钨矿的选择性捕收作用。

选矿工艺流程如图 11-3 所示，近三年的选矿技术指标和经济指标分别如表 11-12 和表 11-13 所示。

表 11-12 试验选厂近三年的技术指标 (%)

时 间	原矿 WO_3 品位	精矿 WO_3 品位		回 收 率	
		重 选	浮 选	重 选	浮 选
2008 年	0.815	47.08	61.04	22.03	54.62
2009 年	0.84	37.16	65.05	13.37	56.22
2010 年	0.928	36.17	63.08	12.15	62.29

注：2010 年指标为 1～8 月份生产指标。

表 11-13 试验选厂选矿经济指标

时 间	用水量/$t \cdot t^{-1}$	电耗/$kW \cdot h \cdot t^{-1}$	工资/元·t^{-1}	原材料/元·t^{-1}	生产成本/元·t^{-1}
2008 年	7	65.17	17.27	43.94	121.75
2009 年	6.3	49.26	17.95	43.8	107.07
2010 年	6	58.89	19.18	46.54	108.65

投产后，选矿工艺技术在生产中不断得到改进，表现在以下几方面：

(1) 去掉脱硫作业，直接进行钨的浮选。试验选厂自 2007 年 6 月开始生产白钨氧化矿以来，多年来一直采用原矿预先脱硫后再进行白钨浮选的传统工艺。因原矿石中铜硫含量相对较低（铜含量低于 0.02%、硫化矿综合品位仅为 0.6%～0.7%），脱硫作业产品一直作为尾矿处理，脱硫过程使用了大量的浮选药剂及设备，生产成本相对较高。2010 年 3 月初，为进一步降低生产成本，提高浮选经济技术指标，对原生产流程进行了改进，将原矿经预先脱硫处理后再进行钨浮选的传统工艺变革为原矿不经过预先脱硫直接选钨的新工艺。改进后的流程节省了 MB、DY－1 两种药剂，节省药剂成本约 3 元/t，同时节省设备总功率

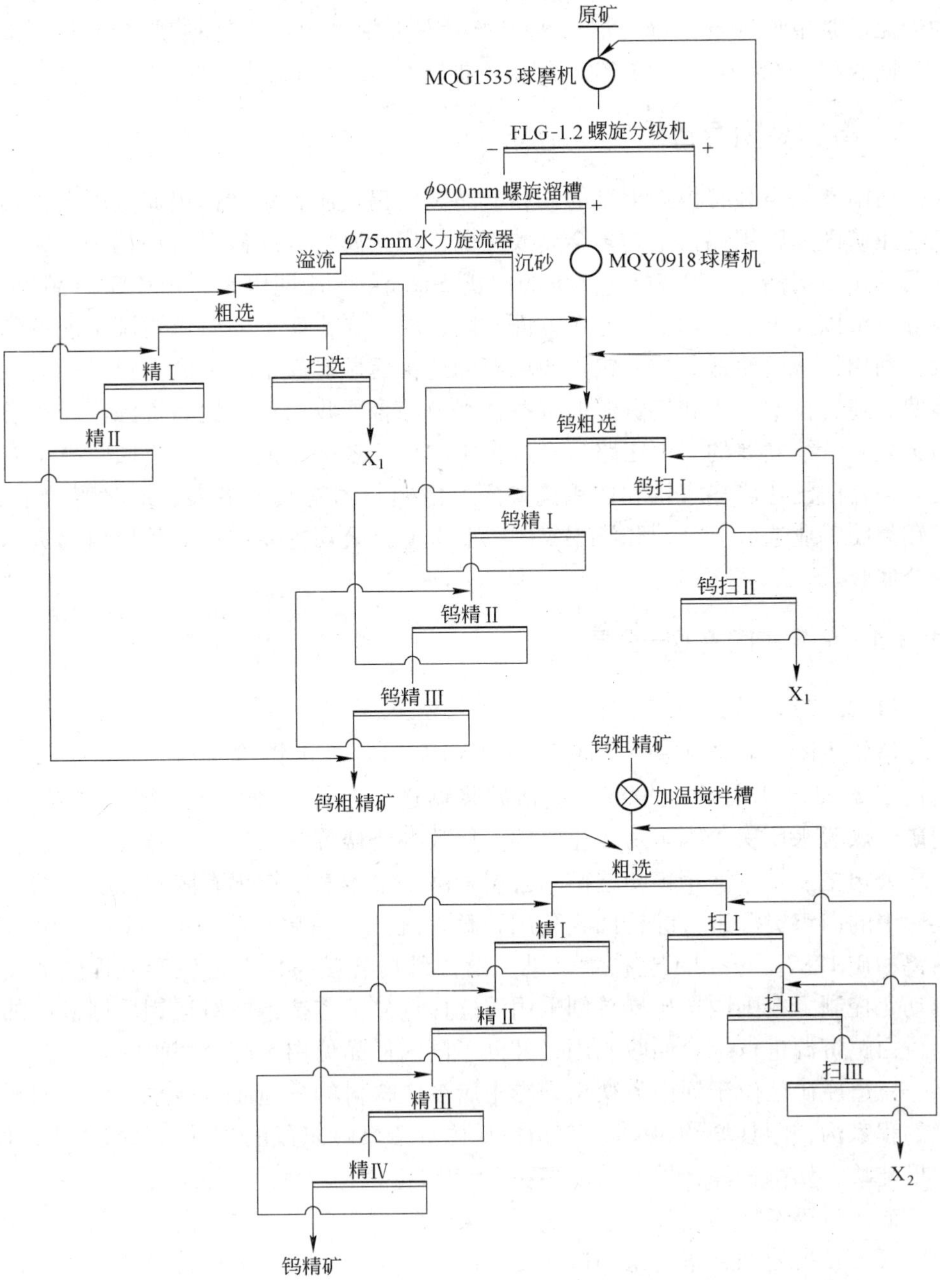

图 11-3 试验选厂生产工艺流程图

46.5kW，原矿处理量由 170t/d 增加到 190t/d，直接节约生产成本约 7 元/t。

（2）提高磨矿细度、调整脱泥量，对脱出的细泥矿浆单独浮选。试验选厂原来将水力旋流器脱出的矿泥丢弃，白钨损失较大。通过调整磨矿细度和对脱出的细泥矿浆单独进行浮选，浮选生产指标有大幅度提高，钨精矿品位达 62% 以上，回收率达 65.84%，较 2009 年生产提高 9.62 个百分点。

11.3 洛钼集团白钨矿

河南省栾川县有极为丰富的钼和低品位白钨资源，钼和白钨储量巨大，其中三道庄矿区是以钼钨为主的多金属共生矿，矿区属特大型矽卡岩型钨钼矿床，已探明的钼金属储量 672.5kt，伴生的白钨 502.5kt。长期以来，由于矿石品位低，组分复杂以及工艺技术落后等多方面原因，伴生在钼矿中的白钨资源未能得到回收和利用，从而使低品位白钨资源堆弃到选钼后尾矿库中，造成白钨资源的巨大浪费。随着技术进步和钨资源的日益枯竭，综合回收白钨，提高资源利用率已成为企业可持续发展的必由之路。经过多年的科技攻关，低品位白钨回收技术有了突破，目前已建成多家钼和白钨选矿厂，洛钼集团是其中最大、最典型的企业，洛钼集团钨业选矿一公司和洛钼集团钨业选矿二公司主要进行低品位白钨资源的综合回收。

11.3.1 洛钼集团钨业一公司

11.3.1.1 选厂概况

洛钼集团钨业选矿一公司位于洛阳市栾川县冷水镇冷水村，距县城 25km。公司于 2008 年 1 月建成投产，包括矿浆输送、白钨回收厂房、精选加温厂房、精矿干燥脱水厂房、锅炉房、化验楼、行政办公楼等各项生产设施。

公司主要是对洛钼集团选矿一公司和洛钼集团三强钼钨有限责任公司选钼后尾矿中的白钨资源进行综合回收利用，日处理选钼后尾矿 6000t，可年产 65% 的白钨精矿 1287t。公司工艺技术先进、设备科技含量高，工艺生产流程全部实现自动化控制，在国内选矿界首创采用浮选柱选矿工艺技术，对选钼后尾矿中的低品位白钨资源进行综合回收利用，开创了国内低品位白钨综合回收的先河。

三道庄矿区位于河南省栾川县赤土店乡庄科村的三道庄及冷水乡南泥湖村管辖的程家沟，距县城约 30km。三道庄矿区处于秦岭东段的熊耳山与伏牛山之间，地形陡峻，切割较深，地形坡度多在 35°以上。

矿区位于秦岭纬向带东端，三川 – 栾川陷褶断带构造线方向由北西西转向北西的弧形转折处和新华夏系构造的复合部位，受青和堂 – 庄科背斜的北西倾伏端次级构造：南庄口 – 三道庄岭箱状背斜所控制，区内地层、构造、岩浆岩主要呈北西西 – 北西向展布，次为北北东向。

钼、钨矿体的空间分布与构造、岩性及热液交代作用的强度有关。钼矿体不仅赋存于三川组上段的矽卡岩、钙硅酸角岩内，在其顶、底板长英角岩构造有利部位（背斜轴部）亦可成矿，与矽卡岩、角岩内的矿体一起构成一完整的钼矿体，但其品位明显低于矽卡岩、钙硅酸角岩。钨矿体主要分布在钼矿体之间的矽卡岩及钙硅酸角岩中，一般钼矿体大于钨矿体，在矿体中部，钼、钨矿体在矽卡岩中的分布范围与形态基本相似，而边部相差较大，一般钨矿体多出现在钼矿体的下部。

11.3.1.2 矿石性质

矿石自然类型有矽卡岩型矿石、透辉石斜长石角岩型矿石、长英角岩型矿石、斑状花岗岩型矿石、变细晶正长岩型矿石，以矽卡岩型矿石为主，其矿石储量比例占全区的73%。矿石中主要金属矿物有黄铁矿、磁黄铁矿、辉钼矿、白钨矿、磁铁矿、黄铜矿、闪锌矿、斑铜矿、钛铁矿、赤铁矿、方铅矿等，主要有用矿物为辉钼矿、白钨矿。脉石矿物主要有钙铁榴石、钙铝榴石、钙铁辉石、透辉石、硅灰石、石榴石、斜长石、钾长石等；次要矿物有石英、黑云母、阳起石等；还有少量萤石、方解石、符山石、角闪石、沸石、方柱石、绿帘石等；微量磷灰石、榍石、锆石、金红石、电气石、独居石等。

矿石结构有片状、束状、放射状结构，自形－半自形粒状结构，镶嵌结构，包体结构，交代残余结构，充填结构，他形粒状结构，胶状结构，充填胶状结构，以前三种结构为主。矿石构造有稀疏浸染状构造，细脉状构造，角砾状构造。

矿石中主要有用组分为钼和钨，伴生有用组分为铼、硫、铁、钴等。钼（Mo）的主要矿物为辉钼矿，还有少量氧化物钼钙矿、铁钼华，或以类质同象存在于白钨矿中。钨在各类型矿石中矿化程度不一，在矽卡岩型中含量高，角岩型中含量低。矿石化学多元素分析结果如表11-14所示，矿石中钨的化学物相分析结果如表11-15所示。

表11-14 矿石化学多元素分析

元素	WO_3	S	Mo	P	Fe_2O_3	Fe_3O_4	SiO_2	Al_2O_3	As
含量/%	0.065	1.08	0.25	0.2	6.21	0.87	48.71	3.9	0.054
元素	CaO	$CaCO_3$	MgO	CaF_2	Cu	Pb	Zn	Au	Ag
含量/%	25	4.2	1.51	4.88	0.022	0.02	0.037	0.76g/t	6.03g/t

表11-15 浮钼尾矿中钨的物相分析

物相	白钨矿/%		黑钨矿/%		钨华/%		全钨/%	
分布与含量	WO_3	占有率	WO_3	占有率	WO_3	占有率	WO_3	占有率
	0.060	95.2	0.002	3.21	0.001	1.59	0.063	100

白钨矿主要为灰-灰白色、白色，化学组成为 WO_3 含量 76.82%，CaO 含量 19.89%，Mo 含量 2.99%。白钨矿粒径以细粒为主，其中 -0.2 +0.1mm 粒级占 8.37%，-0.1 +0.074mm 粒级占 17.25%，-0.074 +0.019mm 粒级占 43.09%，-0.019mm 粒级占 31.29%。在 -0.074mm（-200 目）含量为 75% 的条件下，白钨矿的单体解离度为 82.39%。连生体中白钨矿-石榴石连生体占 4.85%，白钨矿-金属矿连生体占 8.21%，白钨矿与其他脉石矿物连生体占 4.55%，上述连生体多为毗连型，少数为白钨矿包裹辉钼矿、方解石等矿物，被包裹矿粒的粒径一般小于 0.03mm。白钨矿中辉钼矿呈均匀分布，以类质同象形态存在，其含量变化 5.3% ~0.36%，平均为 2.9%，用机械破磨的方法很难使这部分钨钼解离。

11.3.1.3 选矿工艺

白钨回收车间的工艺流程采用全浮流程，浮钼尾矿自流到钨业选矿一公司后进行白钨粗选、粗精矿加温脱药后精选（一粗五精三扫），得到白钨精矿。白钨精矿脱水流程为二段脱水，即过滤、干燥，过滤作业为压滤机压滤，干燥作业为蒸汽螺旋干燥机，最终干燥后的精矿经混合包装成 50kg 袋后外运。目前实际生产中采用的工艺流程如图 11-4 所示。

选矿工艺技术特点体现在以下几方面：

（1）采用浮选柱作为钨选矿的主体设备。洛阳栾川钼业集团白钨一公司的设计生产流程为浮钼尾矿自流到白钨选厂分级再磨后脱硫，再进入白钨粗选；脱硫作业分为 1 次粗选、1 次扫选，白钨粗选作业分为 1 次粗选、1 次扫选、1 次预精选；脱硫作业和白钨粗选、扫选分为两个系列，扫选尾矿即为最终尾矿；白钨经粗选和预精选后得到粗精矿，再加温脱药进行精选；白钨精选作业为 1 个系列，分为 1 次粗选、3 次精扫选、5 次精选，得到浮选白钨精矿；浮选白钨精矿经压滤烘干后，即为最终白钨精矿。脱硫作业、粗选作业扫选作业及预精选均采用浮选柱，白钨精选采用 BF-4 和 BF-2 机械搅拌式浮选机。

浮选柱产生的气泡分散度高、微细气泡多，与矿物颗粒的碰撞及黏附概率大，杂质含量小。洛阳栾川钼业集团选矿三公司的工业应用结果表明，在白钨粗选的实践中，原矿品位虽从 0.1% 左右下降到了 0.05% 左右，但却得到了粗精矿品位 1.171%（浮选机为 1.06%），回收率 75%（浮选机 1 粗 2 扫回收率为 63.37%）的较好指标。由于充气装置结构设计独特新颖，且占地面积小，动力消耗小，节能明显，维修量小，运行稳定可靠，因此，洛阳栾川钼业集团公司在 2005 年先后将下属的 5 个选矿厂的钼精选系统全部用浮选柱代替了浮选机，并在新建的 10000t/d 和 5000t/d 选矿厂将浮选柱应用于粗选及精选，保证了钼精矿品位达到 54% 以上，最高达到了 57%，为生产高品位的氧化钼及钼铁奠定了基础。目前，洛阳地区 90% 的钼选厂都使用了浮选柱，并逐步在全国钼及其他有色金

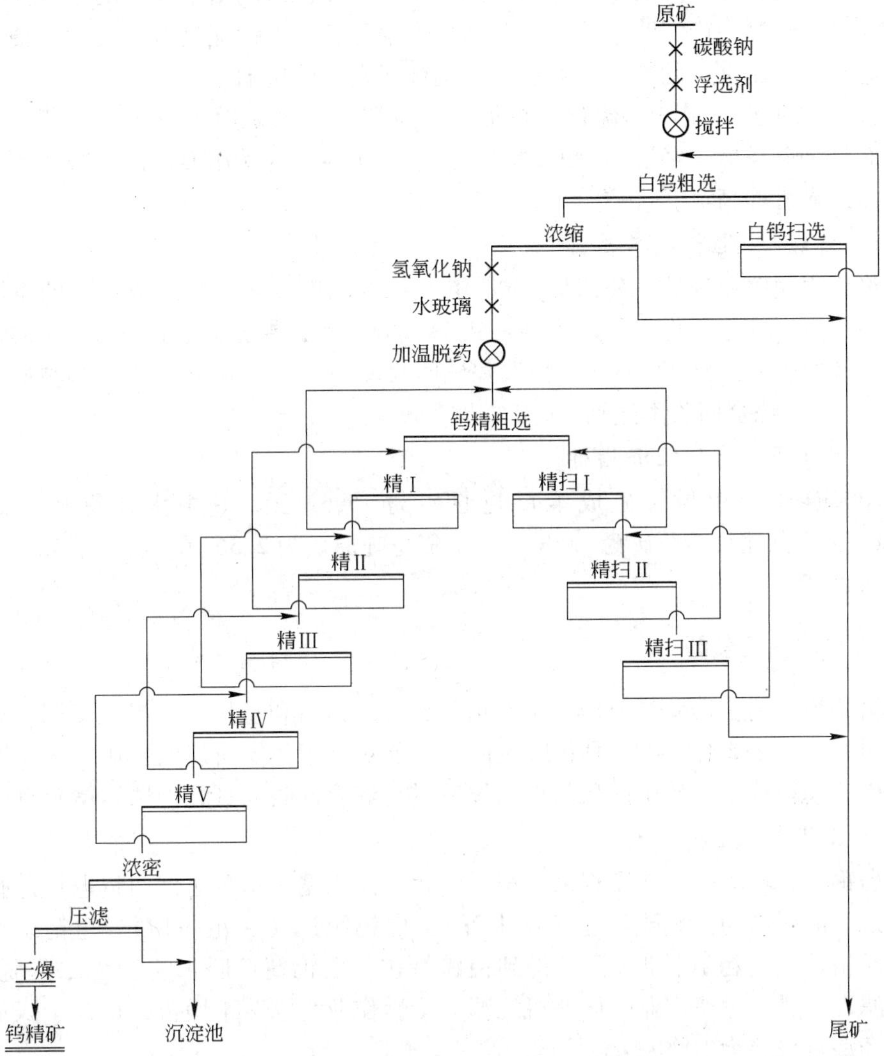

图 11-4　洛钼集团钨业选矿一公司生产工艺流程图

属选矿厂推广使用，具有良好的应用前景。

浮选柱已在洛钼集团选钨工艺中成功应用，使白钨粗选段工艺流程大为简化（仅一粗一扫），而且占地面积小、处理能力大、节约能源、易损件少、维修方便，可完全实现自动控制，浮选时泡沫层厚，捕收区域长，目的矿物在泡沫上升过程中富集时间较长，富集比高。

（2）新型白钨浮选药剂 FX－6 的应用。低品位白钨矿传统的浮选采用由油酸和工业碳酸钠按一定比例配制的皂化型浮选剂。针对栾川矿区选钼尾矿中低品位白钨的浮选特性，开展了浮选药剂的探索和研发，研制出了新型的白钨浮选药剂 FX-6。经过生产实践证明，该药剂具有制备容易、性能良好、使用方便、价格相对较低、用量少的特点，各项性能均优于皂化浮选剂。

（3）选矿药剂制度的优化。在加温精选段，原来采用石灰作为脱药剂，用量大而且污染环境，经过不断的试验、探索、实践，现采用 QY 作为脱药剂，使精矿品位显著提高。

11.3.1.4 选矿技术指标

洛钼集团钨业选矿一公司从 2008 年 1 月份试车以来，经过两年多的不断努力，各项指标都趋于稳定，达到良好状态。2009 年，在原矿品位 0.054% 的情况下，粗选回收率达到 77.08%，精选理论回收率回收率达到 94.3%。钨精矿品位达 24.91%，综合回收率达到 60.85%。

11.3.1.5 选矿经济指标

2009 年全年单位选矿成本每吨原矿为 15.62 元，其中水耗每吨原矿为 0.0314 元，电耗每吨原矿为 2.38 元，工资每吨原矿为 2.36 元，材料消耗每吨原矿为 6.99 元。

11.3.2 钨业二公司

洛钼集团钨业选矿二公司位于栾川县赤土店镇清和堂村，是洛钼集团下属的分公司，公司于 2008 年 12 月正式投产，主要对洛钼集团所属的选矿三公司和大东坡矿业公司选钼尾矿中的低品位白钨矿进行综合回收，日处理选钼尾矿 9000t。

11.3.2.1 选矿工艺

白钨回收车间的工艺流程采用全浮流程，浮钼尾矿用泵送到白钨选厂进行白钨粗选。流程结构为脱硫浮选（现未开）、白钨粗选（一粗一扫）、粗精矿加温脱药后精选（一粗五精四扫），得到白钨精矿。白钨精矿脱水流程为二段脱水，即过滤、干燥；过滤作业为压滤机压滤，干燥作业为闪蒸干燥机，最终干燥后的精矿经混合包装为 1000kg/袋外运。

目前实际生产中采用的工艺流程与钨业一公司相同，仅仅加温精选时较钨业一公司多一次扫选，选矿工艺技术特点也与钨业一公司相同。

11.3.2.2 选矿技术指标

2009 年洛钼集团钨业二公司在原矿品位 0.0598% 的条件下，获得品位 21.83% 的白钨精矿，设备运转率 97.04%，理论回收率 73.46%，实际回收率 60.26%。

11.3.2.3 选矿经济指标

2009 年全年单位可控成本每吨原矿 14.78 元，其中水耗每吨原矿为 0.031 元，电耗每吨原矿为 1.5 元，工资每吨原矿为 3.02 元，材料费每吨原矿为

9.13 元。

11.4 荡坪钨矿

荡坪宝山白钨矿位于江西省境内，1966 年建成浮选厂，1970 年扩大到现有生产能力。原来的浮选流程是硫化矿混合浮选再选择性分离，混合浮选硫化矿的尾矿浮选白钨，白钨粗精矿用“彼得洛夫法”精选得最终白钨精矿。1970 年，将白钨浮选的捕收剂油酸改为 731 氧化石蜡皂，实现粗精矿常温精选。1971 年又将硫化矿全浮选改为铜-铅与锌-硫部分混合浮选再分离浮选的流程。实践表明，这些改进是成功的。

11.4.1 矿床类型和矿石特性

宝山矿区属接触交代矽卡岩型铅、锌、白钨矿床，矿体形态比较复杂，围岩为花岗岩、灰岩或大理岩，结构致密坚硬。矿体由白钨矿矽卡岩矿石和硫化物矿石组成，后者位于上盘，占总量的 70%，矿体与围岩界线分明，矽卡岩矿石由透辉石、石榴石、石英、方解石、萤石等组成。白钨矿以 0.05～0.1mm 的颗粒分布在矽卡岩中，呈浸染状结构。硫化物矿石由磁黄铁矿、黄铁矿、方铅矿、闪锌矿、黄铜矿等组成，呈致密块状或粗粒块状产出，矿化均匀。表 11-16 为原矿化学分析结果。

表 11-16 宝山原矿化学分析结果

元素	WO_3	Mo	Cu	Bi	Au	Ag	S	P	As
含量/%	0.47	0.011	0.11	0.075	0.15g/t	80g/t	6.74	0.008	0.003
元素	Sn	Pb	Zn	SiO_2	CaO	Fe	MgO	Al_2O_3	
含量/%	0.014	1.50	1.22	33.34	20.22	15.21	0.47	5.85	

11.4.2 选矿方法及工艺流程

原矿破碎为三段一闭路，第一段粗碎为一台 600mm×900mm 颚式破碎机与一台 400mm×600mm 颚式破碎机配合使用，第二段中碎为 ϕ900mm 标准圆锥破碎机，第三段为 ϕ900mm 短头圆锥破碎机与筛孔为 10mm 的振动筛组成闭路，最终破碎粒度 10mm，总破碎比为 48。1986 年在一段破碎后，设置了手选作业，可丢弃废石 10% 左右。磨矿由两台 ϕ1800mm×3000mm 溢流型球磨机与两台 ϕ1500mm 高堰式螺旋分级机并列成两个系统，磨矿浓度 75%～80%，磨矿粒度为 -0.074mm（-200 目）含量 63%。

浮选分硫化矿浮选和白钨矿浮选两个回路。硫化矿浮选采用先铜-铅混合浮选，后锌-硫混合浮选，然后分别进行分离浮选。在铜-铅分离浮选中，添加水玻璃抑铅浮铜；锌－硫浮选分离加入石灰抑制磁黄铁矿和黄铁矿浮选闪锌矿。为避免硫化矿残留到白钨矿浮选回路中，在锌－硫浮选之后，特增加补充浮硫作业，浮出的硫化矿不再返回，直接合并到硫精矿。硫化矿浮选后，加入碳酸钠调整矿浆 pH 值至 9，加水玻璃作抑制剂（此时矿浆 pH 值上升至 9.5～10），然后浮选槽中物，以“731”和“733”氧化石蜡皂浮选白钨矿，通过一次粗选和两次扫选后丢弃尾矿，粗精矿 WO_3 品位在 15%～20%，在不浓缩的情况下，加水玻璃（模数 2.4）5～6kg/t，常温下搅拌 40min，然后进行 5～6 次精选，得到白钨精矿，WO_3 品位 65% 以上。表 11-17 为浮选药剂制度，图 11-5 为硫化矿浮选流程，图 11-6 为白钨浮选流程。

表 11-17 宝山白钨浮选药剂制度

作 业	添加药剂	用量/$g \cdot t^{-1}$	矿浆 pH 值
Cu－Pb 浮选			
粗选	丁基胺黑药	80～100	
扫选Ⅰ	丁基胺黑药	30	
扫选Ⅱ	丁基胺黑药	50	
精选Ⅲ	硫酸锌	50	
	亚硫酸钠	25	
Cu－Pb 分离	活性炭	80	
	水玻璃	800	
Cu 精选Ⅰ	水玻璃	400	
精选Ⅱ	水玻璃	150	
精选Ⅲ	水玻璃	50	
Zn－S 浮选			
粗选	硫酸铜	80～100	
	丁基黄药	80～120	
	松醇油	20	
Zn－S 浮选			
Zn 精选Ⅰ	石 灰		>11
Zn 扫选Ⅰ	硫酸铜	30	>11
白钨矿浮选			
粗选	碳酸钠	2000	8.5～9
	水玻璃	5000	10.5
	731 氧化石蜡皂	450	
扫选Ⅱ	731 氧化石蜡皂	300	
精选Ⅱ	氰化钠	20	
	水玻璃	5000	

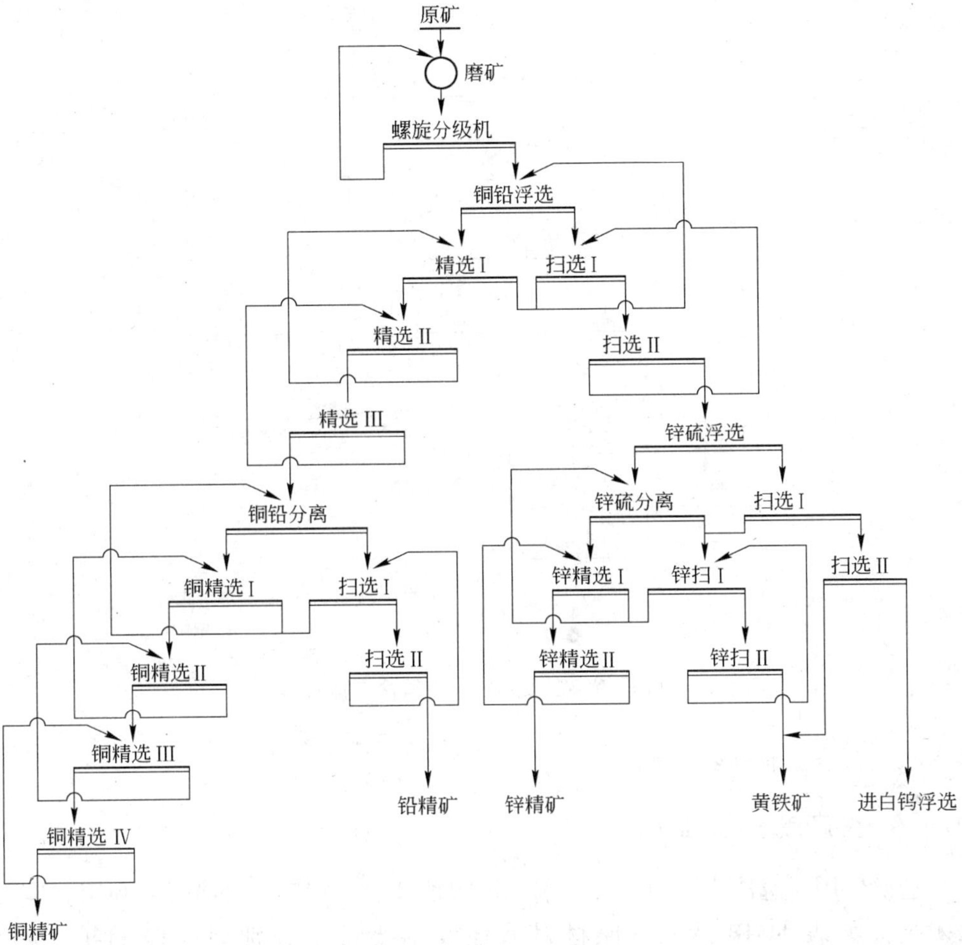

图 11-5 宝山选矿厂硫化矿浮选流程

为满足用户需要，对生产的产品可再行加工，以提高钨精矿品位和降低 Pb、Zn、Bi 等杂质含量，这时需使用加温浮选，用蒸汽把矿浆加热到 80℃ 以上，并加硫化钠抑制硫化矿，浮选白钨矿，经三次精选得到的白钨精矿，可以获得高等级的白钨精矿质量，可直接供炼钢使用。

11.4.3 尾矿设施和废水处理

浮选厂的尾矿沿坡度 2.5% ~3% 的明渠自流到尾矿库，库容量为 $1270km^3$，外加附近自然水汇流到库，排放水量达 300 ~ 500t/d，因其悬浮物以及氰、氟等有害元素的含量超过工业废水排放标准，必须进行处理。该厂 1982 年建成日处理 3000t 废水量的设施，通过添加石灰、液氯、聚丙烯酰胺、硫酸等药剂处理，

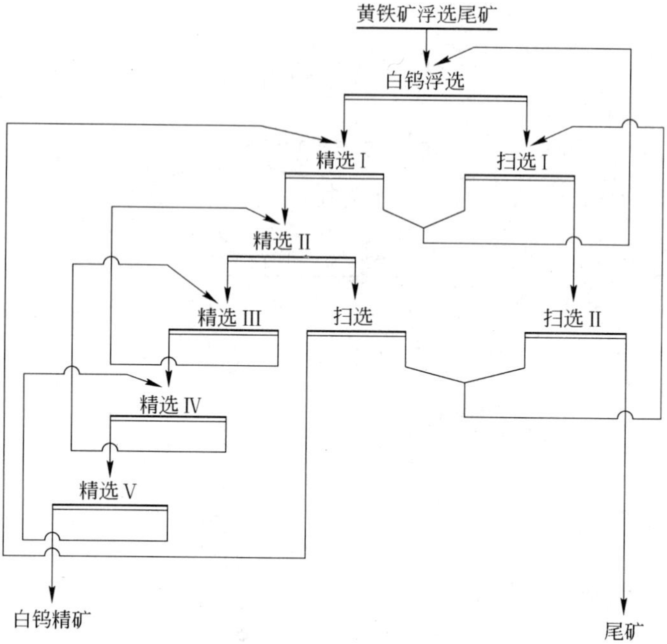

图 11-6 宝山选矿厂白钨浮选流程

废水水质符合工业排放标准。

11.4.4 生产技术经济指标

选矿厂用浮选法生产铅、锌、铜、钨四种精矿，硫精矿目前暂未利用。生产技术指标如表 11-18 所示，原材料消耗及主要设备分别列入表 11-19 和表 11-20中。

表 11-18 宝山选厂生产技术指标

产品	品位/%				回收率/%			
	WO_3	Cu	Pb	Zn	WO_3	Cu	Pb	Zn
铜精矿	0.03	22.37	10.27	5.178	0.03	62.87	1.79	1.28
铅精矿	0.025	0.66	61.39	3.84	0.21	15.38	88.62	7.84
锌精矿	0.022	0.403	1.36	46.69	0.15	8.11	1.70	82.63
钨精矿	70.63	0.013	0.093	0.119	79.65	0.04	0.02	0.03
尾矿	0.075	0.018	0.167	0.123	19.96	13.60	7.87	8.22
原矿	0.354	0.124	1.993	1.409	100.00	100.00	100.00	100.00

表 11-19 宝山选厂原材料消耗

原材料	耗量/kg·t^{-1}	原材料	耗量/kg·t^{-1}
钢　球	1.235	731 氧化石蜡皂	0.39
衬　板	0.407	733 氧化石蜡皂	0.045
松醇油	0.019	亚硫酸钠	0.098
活性炭	0.091	石　灰	3.9
纯　碱	1.607	丁胺黑药	0.127
硫酸锌	0.107	水玻璃	11.322
硫酸铜	0.101	水	8m^3
丁基黄药	0.127	电/kW·h·t^{-1}	50.12
氰化钠	0.016		

表 11-20 宝山选厂主要设备

序　号	设备名称	型号规格/mm	台　数
1	颚式破碎机	PEF600×900	1
2	颚式破碎机	PEF400×600	1
3	圆锥破碎机	PYB 标准型 ϕ900	1
4	圆锥破碎机	PYB 短头型 ϕ900	1
5	球磨机	ϕ1800×3000	2
6	双螺旋分级机	高堰式 ϕ1500	2
7	浮选机	6A-2	21
8	搅拌桶	ϕ2000×2000	4
9	搅拌桶	ϕ1500×1500	5
10	浮选机	XJK-0.35	4
11	浮选机	0.34m^3	12
12	浓密机	TN2-9	3
13	浓密机	ZN-6	1
14	浓密机	ϕ4200	1
15	真空过滤机	10m^2 外滤式	2
16	真空过滤机	5m^2 外滤式	3
17	烘砂转炉	长筒式	2

11.5 美国坦佩犹特钨矿

坦佩犹特（Tempiute）钨选矿厂位于美国内华达州林肯县坦佩犹特地区的埃默森（Emerson）钨矿山，在阿拉莫（Alamo）西北约 112km 处，现由联合碳化钨公司经营，选矿厂规模为 1000t/d，原矿 WO_3 品位 0.4%～0.5%，已探明矿石储量 44000kt，可供开采 20 年。

11.5.1 矿床类型和矿石特性

坦佩犹特地区主要岩层是古生代的石灰岩堆积层，它被两个年轻的穹形岩株所隔开，北部接触岩株狭窄而不连续，南部岩株的西北部和西部接触处附近，有两个近乎平行的含白钨矿的矿带，紧靠着侵入花岗岩的矿体底壁，称之为穆迪（Moody）矿带，延长很深。

现要开采的接触岩矿体分为四种主要类型：（1）石榴石接触岩，在穆迪矿带里数量最多，由红至红褐色的石榴石组成，有辉石伴生，含少量硫化物，白钨矿的粒度较细。（2）硫化物接触岩，主要由石榴石和辉石组成，含有大量黄铁矿和磁黄铁矿，且沿着断裂面发生氧化。（3）绿帘石、绿泥石接触岩，主要有方解石、绿帘石和萤石，而且有较丰富的白钨矿，其晶体完好粗大，在类似灰色石英或长石的绿帘绿泥接触岩中，方解石晶体的再结晶使得这种接触岩类似花岗岩，或类似石灰岩。（4）辉石或闪石接触岩，主要含辉石、角闪石及少量的石榴石，颜色墨绿，局部含有微量的辉钼矿。

综上所述，矿床中的主要矿物有白钨矿、磁黄铁矿、黄铁矿、闪锌矿、石榴石、方解石、萤石等。

11.5.2 选矿方法及工艺流程

原矿最大块度为900mm，采用两段一闭路破碎，第一段是900mm×1700mm颚式破碎机，第二段是ϕ1675mm短头圆锥破碎机，与筛孔为20mm的振动筛形成闭路。破碎到-20mm的矿石，进入第一段ϕ2100mm×3600mm棒磨机中开路磨矿，棒磨排矿进入第二段ϕ2400mm×1800mm的圆锥球磨机，它与水力旋流器形成闭路，磨矿粒度为-0.074mm（-200目）含量占70%。

水力旋流器的溢流经过磁絮凝，用湿式圆筒磁选机将大量的磁铁矿和磁黄铁矿先行排出，磁选尾矿进入浮选，在调浆桶中加入捕收剂Z-6、起泡剂松油浮选黄铁矿，粗精矿经三次精选得到黄铁矿精矿。黄铁矿浮选的尾矿进行白钨矿浮选，在四个串联的调浆桶中，加入石灰、碳酸钠、水玻璃和第一批捕收剂（油酸和环烷酸1/1）。白钨矿粗选是在阿基泰尔48号浮选机中进行的，共14槽。在第三槽和第七槽中补加适量捕收剂，前三槽刮出的泡沫产品不再精选送往浓缩机中浓缩，此后刮出的泡沫产品在阿基泰尔24号浮选机中精选两次，精矿送往浓密机浓缩、过滤、脱水。浮选尾矿自流到尾矿库，精矿送到加利福尼亚州毕肖普（Bishop）附近的仲钨酸铵厂处理。图11-7为坦佩犹特钨选矿厂生产原则流程，表11-21为白钨浮选药剂制度。

该流程的特点是白钨浮选前矿浆进行磁絮凝，先用磁选将大量磁铁矿和磁黄铁矿排除，然后白钨矿采用石灰法浮选，得到低品位精矿再送化学选矿处理，以保证获得高的回收率。

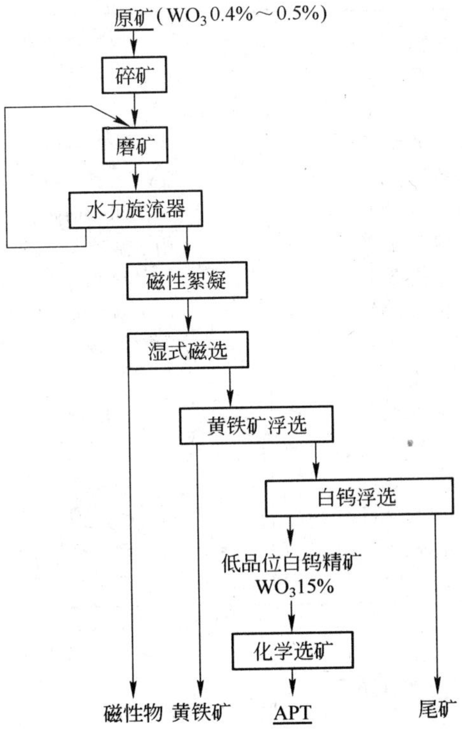

图 11-7　坦佩犹特钨选矿厂生产原则流程

表 11-21　坦佩犹特钨选矿厂白钨矿浮选药剂制度

项　目	石　灰	碳酸钠	水玻璃	油酸、环烷酸
用量/$g \cdot t^{-1}$	900	1810	3628	272
加药地点	1 号调浆桶	2 号调浆桶	3 号调浆桶	4 号调浆桶

11.5.3　主要技术指标和设备

坦佩犹特钨选矿厂主要技术指标如表 11-22 所示，主要设备如表 11-23 所示。

表 11-22　坦佩犹特钨选矿厂主要技术指标

产 品	产量/t	产率/%	WO_3 品位/%	回收率/%
原 矿	1000	100	0.4～0.5	100
精 矿	22.7～28.3	2.27～2.83	>15	85
尾 矿	977.3～971.7	97.73～97.17	0.06～0.07	15

表 11-23 坦佩犹特钨选矿厂主要设备

序号	设备名称	型号规格/mm	台数
1	板式给矿机	双速	1
2	摆式给矿机		1
3	颚式破碎机	特雷勒型 900×1700	1
4	圆锥破碎机	短头西蒙斯型 ϕ1675	1
5	振动给矿机	Vibranetics	5
6	棒磨机	哈丁型 2100×3600	1
7	水力旋流器	克雷布斯型 D20B	
8	圆锥球磨机	哈丁型 2400×1800	1
9	湿式磁选机	圆筒型 800×1500	1
10	黄铁矿粗选浮选机	48 型	11
11	精选浮选机	48 型	3
12	白钨粗选浮选机	48 型	14
13	精选Ⅰ浮选机	24 型	5
14	精选Ⅱ浮选机	24 型	3
15	浓缩机	阿基泰尔	1
16	带式过滤机		1

11.6 奥地利米特西尔钨矿

矿区位于奥地利中部米特西尔（Mittersill）镇南面 10km 处，东北距萨尔茨堡市（Salzburg）10km，由奥地利钨矿矿冶股份有限公司经营，在斯台尔玛克（Steirmark）的柏格纳（Bergla）建有一个冶炼厂，处理本选矿厂的白钨精矿。1975 年着手建设选矿厂，1976 年 7 月投入生产，采用单一浮选流程，原设计生产能力为 250kt/a，现已达 450 ~ 500kt/a。

11.6.1 矿床类型和矿石特性

矿床赋存在上古生代变质岩中，特别是变质火山岩和凝灰岩中，由角闪岩、闪长岩、钠长石 - 片麻岩、石英片麻岩、白钨矿石英岩等组成，属层控型钨矿床，矿石总储量 2464kt，原矿 WO_3 含量 0.7% 左右。白钨矿呈细脉状、斑状和浸染状，主要与石英致密共生。白钨矿的粒度大都在 60μm 以下，一般在 40μm 左右。脉石矿物以石英为主，数量在 60% 以上，其次为角闪石、长石、云母等。

11.6.2 选矿方法及工艺流程

破碎车间设在井下，采用三段一闭路流程，第一段为颚式破碎机，第二、三段为圆锥破碎机，第三段破碎与莫根森筛组成闭路，将矿石由最大块 1500mm 破碎到 15mm，转送到 500t 的细矿仓，以保证连续生产。破碎流程如图 11-8 所示。

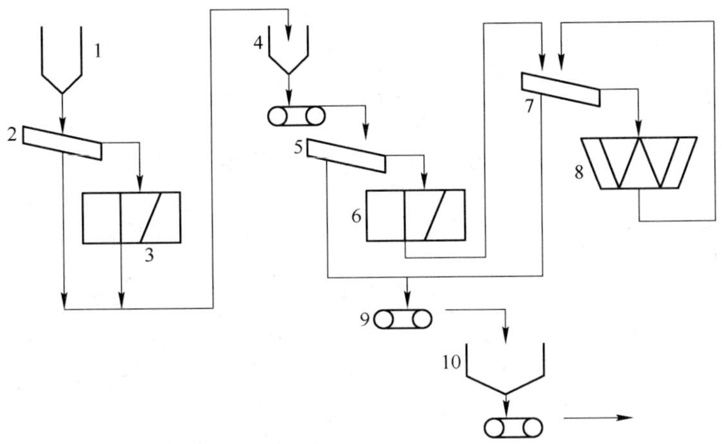

图 11-8 米特西尔钨矿地下破碎车间流程

1，4—粗矿仓；2—振动给矿机；3—颚式破碎机；5，7—莫根森筛；
6，8—圆锥破碎机；9—Vest Alpine2.5km 运输机；10—细矿仓

磨矿由一台溢流型球磨机与一台 4000mm × 1500mm 振动筛组成闭路，浮选为一次粗选，三次精选。浮选前矿浆在容积 $25m^3$ 的调浆桶中充蒸汽加温到 60℃，随后进入第二个容积为 $6m^3$ 的调浆桶中，加入浮选药剂，浮选温度为 32℃，矿浆 pH 值为 10.8，浓度为 1320g/L。粗选尾矿用泵送进水力旋流器，旋流器溢流到尾矿库，底流则返回球磨机，粗精矿平均 WO_3 品位 5%，三次精选后的最终精矿品位 25% ~ 30%。精矿经浓缩、过滤、装包送往柏格纳冶炼厂。图 11-9 为浮选简明流程，浮选药剂用量如表 11-24 所示。

表 11-24 浮选药剂用量 (g/t)

药 剂	石英片麻岩类	角闪石 - 闪长岩类
氢氧化钠	800	1500
水玻璃	1200	4500
塔尔油	150	300
Flotinor S_{t2}	170	170

白钨精矿在冶炼厂经以煤气为燃料的回转窑加热到 600℃，煅烧去除有机杂质，随即送往高压釜，以苏打溶液浸出得到钨酸钠溶液，经过两次沉淀和过滤，除去矿石中带来的 SiO_2，以及化学反应产生的碳酸钙和少数未溶的白钨矿等。提纯后的钨酸钠溶液加硫酸酸化，再加入石油和脂肪族胺进行萃取。水相中仲钨酸的阳离子与有机相中 SO_4^{2-} 进行交换，钨进入有机相中，通入氨水，钨在有机相中沉淀，并放出氨气和水蒸气，经捕集后再循环使用，含钨母液在结晶器中结晶，生成仲钨酸铵供制作钨粉及钨制品用。图 11-10 为柏格纳冶炼厂的工艺流程。

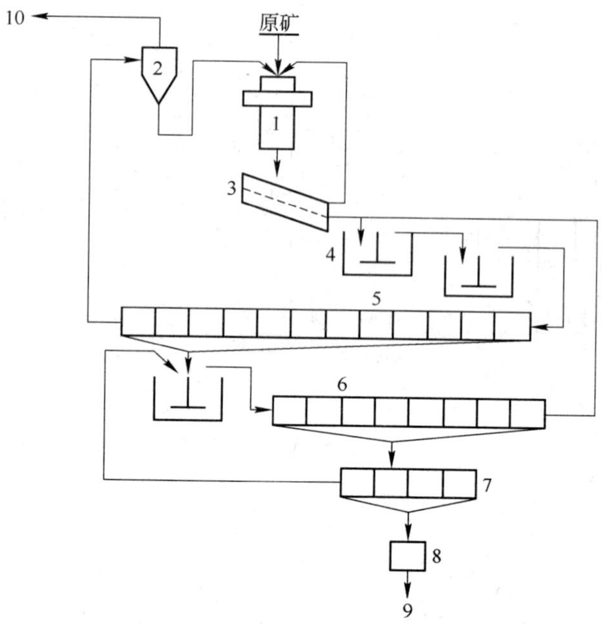

图 11-9　米特西尔钨选厂浮选简明流程

1—磨矿机；2—水力旋流器；3—振动筛；4—搅拌桶；5—粗选槽；6,7,8—精选槽；9—精矿；10—尾矿

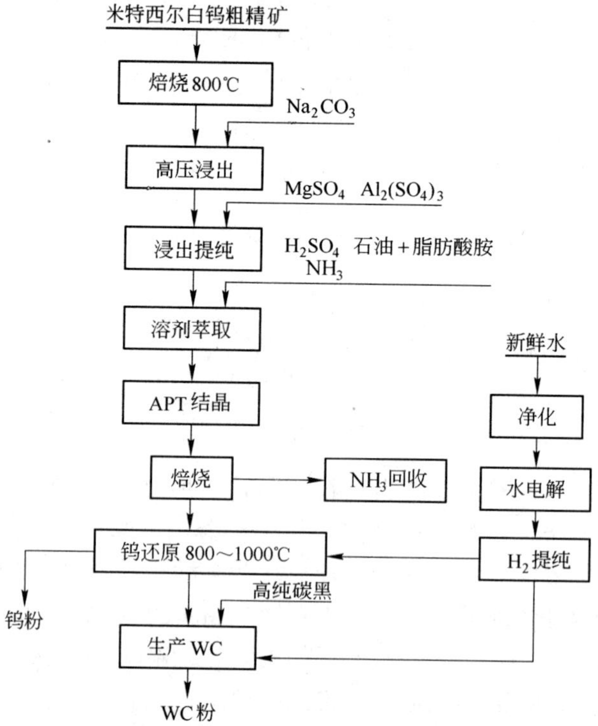

图 11-10　柏格纳冶炼厂工艺流程

11.6.3 尾矿处理

浮选尾矿经水力旋流器分级后，溢流送尾矿库堆存，尾矿库占地面积1公顷，经加入硫酸、硫酸铝处理后，悬浮物含量由500mg/L降至200mg/L，并按照溶解铁的含量1.25mg/L，高锰酸钾49.9mg/L，蒸发残物767mg/L和pH值为6.9的排放规定标准予以控制。

11.6.4 主要技术经济指标

米特西尔选厂主要技术经济指标和主要设备如表11-25和表11-26所示。

表11-25 米特西尔选厂主要技术经济指标

指标名称	单位	数值	材料消耗	单位	数值
原矿处理量	t/a	250000	钢球	g/t	850
原矿 WO_3 品位	%	0.675	磨矿电耗	kW·h/t	13
精矿 WO_3 品位	%	30	硫酸	g/t	720
精矿产量	t/a	5062.5	硫酸铝	g/t	2000
尾矿 WO_3 品位	%	0.069	氢氧化钠	g/t	800~1600
钨回收率	%	90	水玻璃	g/t	1500~3200
			塔尔油	g/t	80~300
			起泡剂 S_{t2}	g/t	170

表11-26 米特西尔选厂主要设备

序号	设备名称	型号规格/mm	台数
1	颚式破碎机	Morgardshammar AR-180	1
2	圆锥破碎机	Krupp Kubria 132-4 Gyratory	1
3	圆锥破碎机	Krupp Kubria 150-12 Gyratory	1
4	球磨机	Vest $\phi3200\times4600$	1
5	莫根森筛		2
6	振动筛	4000×1500	1
7	水力旋流器	$\phi500$	1
8	浮选机	威姆科型 $2.3m^3$	12
9	浮选机	丹佛型-24，$1.5m^3$	13
10	搅拌桶	$\phi3200\times3600$	1
11	搅拌桶	$\phi2000\times2200$	1
12	搅拌桶	$\phi2200\times1800$	1
13	浓缩机	道尔·奥利沃 $\phi5000\times2000$	1
14	过滤机	道尔·奥利沃圆筒形 $1m^2$	1

11.7 瑞典伊克斯约贝格白钨矿

伊克斯约贝格（Yxsjöberg）钨矿位于瑞典中部，现由瑞典国营企业 LKAB 有限公司所属的 Stafagruvor 公司经营，1972 年按常规选矿方法生产，采用弱磁选、强磁选、磁化焙烧以及重选和浮选等联合选矿流程，至 1974 年，白钨精矿品位已达 68% ~70%，但回收率太低，仅为 50%。此后将重选使用的三层摇床改为赖克特圆锥选矿机，作业回收率由 60% 提高到 80%，但钨的总回收率却只提高 2%。通过大量试验研究，终于研制出一个新的白钨矿浮选方法，并于 1977 年 10 月正式投入生产，1978 年 1 ~4 月，在原矿 WO_3 品位 0.4% 的条件下，获得品位 69% 的钨精矿，回收率 79.8%，年处理矿石 250kt。新方法具有显著的优越性，由于商业上的原因，浮选工艺过程的参数尚未披露。

11.7.1 矿床类型和矿石特性

伊克斯约贝格钨矿属矽卡岩型白钨矿床，矿石类型有两种，一种是辉石矽卡岩，其造岩矿物以他形钙铁辉石为主，一般粒度大于 0.2mm，白钨矿呈粗粒不均匀浸染；另一种是闪石矽卡岩，它主要由角闪石和均匀嵌布在矿脉中的细粒白钨矿所组成，白钨矿与磁黄铁矿、黄铜矿及数量较多的萤石共生。距该矿床东南约 24km 处的威格斯特浪姆（Wigström）白钨矿床，则几乎不含硫化矿，主要含有硅灰石、符山石、方柱石，矿石大都由含少量角闪石和黑云母的石榴石 - 辉石矽卡岩组成，白钨矿粒度粗大，呈斑点状或细脉状分布，与大量萤石共生，白钨矿晶格中 Mo 含量 2%，WO_3 含量 0.3%，用汽车运到伊克斯约贝格选矿厂。两种矿石的平均矿物组成如表 11-27 所示，各类岩石的化学组成如表 11-28 所示。

表 11-27 两种矿石的矿物组成 （%）

矿　物	伊克斯约贝格	威格斯特浪姆	矿　物	伊克斯约贝格	威格斯特浪姆
白钨矿	0.5	0.45	石　英	5.20	2.00
硫化矿	6.2	0.30	长　石	15.00	3.00
磷灰石	0.10	0.10	黑云母	10.00	2.00
萤　石	7.50	10.00	矽卡岩矿物	50.00	75.00
方解石	5.10	7.00			

表 11-28 各类岩石的多元素分析结果 （%）

元　素	SiO_2	Al_2O_3	Fe_2O_3	FeO	MnO	MgO	CaO
Novergruvan 矽卡岩	42.9	8.01	3.1	9.6	1.24	1.07	19.6
Fingruvan 矽卡岩	32.9	5.16	3.1	13.1	0.96	1.41	15.4

续表 11-28

元　素	SiO_2	Al_2O_3	Fe_2O_3	FeO	MnO	MgO	CaO
接触带岩石	54.3	20.4	3.0	4.6	0.4	1.17	6.22
元　素	Na_2O	K_2O	P_2O_5	F	WO_3	FeS	FeS_2
Novergruvan 矽卡岩	2.19	0.51	0.014	5.3	0.46		3.6
Fingruvan 矽卡岩	1.54	1.02	0.018	4.21	0.41	12.6	2.8
接触带岩石	5.27	1.43	0.016				

11.7.2 选矿方法及工艺流程

原矿经三段破碎到 -20mm，每段都配有筛分，将 -20mm 的矿石预先筛出送入磨矿。第一段是 ϕ1800mm × 3700mm 棒磨机开路作业，第二段是 ϕ2300mm × 2400mm 球磨机配以 ϕ125mm 水力旋流器分级形成闭路，水力旋流器的溢流粒度为 -0.074mm（-200 目）含量49%，浓度为50%。浮选分为铜浮选和白钨矿浮选两个系统，铜浮选采用一次粗选、两次扫选、四次精选得到铜精矿，铜浮选尾矿进入白钨矿浮选，在调浆桶中加入适量的脂肪酸捕收剂，使白钨矿产生选择性絮凝，然后进行浮选，通过一次粗选、三次扫选和四次精选获得白钨精矿。因原矿品位低，WO_3 含量约 0.4%，因此在回路中白钨矿需要经过高度积累才能产生丰富而稳定的泡沫层，通过中矿循环，粗选给矿品位几乎提高了三倍，获得的粗精矿品位约35% ~50%，因此进入精选回路的流量甚小，只需小型浮选机，在最后三次精选仅用 100L 的浮选槽即可。白钨矿絮凝浮选，要求在精选过程采取特殊措施，使白钨矿从絮团中释放出来并丢弃被夹杂的污染颗粒，同时将最后三次精选的尾矿集中返回，以防止萤石和方解石每次返入回路中，引起浮游活性的提高而难以抑制。图 11-11 为伊克斯约贝格选矿厂浮选流程。

按照这一流程选别威格斯特浪姆的矿石以及旧存的老尾矿，都获得良好的选别结果，从浮选产品分级化验的结果看，尾矿中白钨矿的损失多半在 -9μm 粒级。为了减少泥化损失，有可能用砾磨机取代球磨机，并计划建立在线 X 荧光分析仪，加速获得品位信息，便于及时调整操作因素，保证生产稳定。

综上所述，选矿厂的工艺特点是，为使水力旋流器的溢流能提供浮选所需的粒度和浓度，特备有两套自控系统，能调节供给旋流器的水量与底流的矿浆浓度，从而保证获得精确的分级效率。在白钨矿浮选中采用的新方法，其实质是在白钨浮选前的搅拌桶中加入适量的浮选药剂，控制适当的矿浆 pH 值和矿浆浓度进行搅拌，使白钨矿选择性地絮凝成包裹有数百个颗粒的粒团，这种粒团相当稳固，以至在精选时需要用特殊的方法将其破坏，方能释放出被包裹的脉石。与高

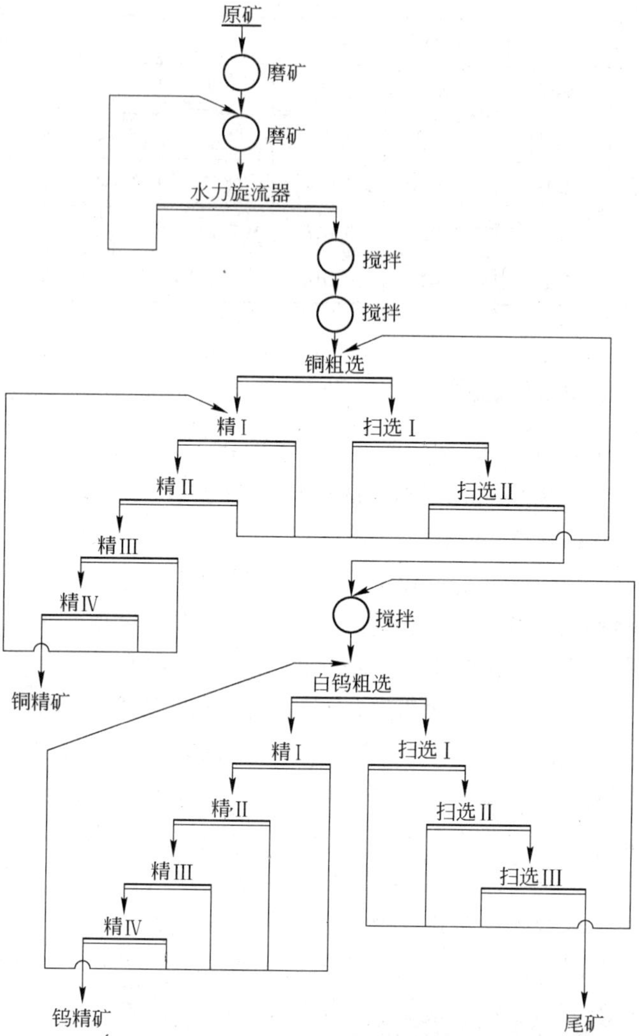

图 11-11　伊克斯约贝格选矿厂浮选流程

速搅拌形成剪切絮凝有别，该厂仅在中等速度下搅拌，也产生了同样效果，究其原因尚未完全清楚。总之，剪切絮凝浮选首次在该厂进入工业生产已获成功，可见这是一个很有前途的方法。

11.7.3　尾矿设施

浮选厂的尾矿用砂泵输送到1.3km外的尾矿库，并在砂泵中加入石灰，尾矿水澄清后含悬浮物小于6mg/L，混浊度小于10Ftu，其中碱金属含量很低，含铜约 $50\times10^{-4}\%$，含氟约4～5mg/L。

11.7.4 主要技术经济指标

选矿厂年处理矿石250kt，原矿 WO_3 品位0.4%，年产钨精矿1100t，钨精矿品位62%～78%，平均品位69%，回收率72%～85%，平均为79.8%。另外年产铜精矿1825t。表11-29为选矿厂处理各种原料的浮选结果。

表11-29 伊克斯约贝格选矿厂处理各种原料的浮选结果

处理原料	质量/t	品位/%				回收率/%	
		Cu	WO_3	CaF	$CaCO_3$	Cu	WO_3
伊克斯约贝格矿石							
给矿	92649	0.21	0.384	6.2	5.9	100	100
铜精矿	678	22.60	0.01			79	
钨精矿	405.3	0.01	69.9	1.8	10.7		79.4
尾矿	91566	0.045	0.08			21	20.6
威格斯特浪姆矿石							
给矿	22584	0.05	0.289	8.7	9.2		100
钨精矿	81		65.00	0.8	13.0		78.2
尾矿	22503	0.05	0.055				21.8
旧存尾矿							
给矿	5735		0.124	3.6	4.5		100
钨精矿	6		66.6	7.3	7.6		56.4
尾矿	5726		0.054				43.6
总计							
给矿	120986	0.163	0.355	6.60	5.5	100	100
铜精矿	678	22.6	0.01			77.8	
钨精矿	492.3	0.01	68.8	1.70	11.3		78.8
尾矿	119798	0.036	0.076			22.2	21.2

11.8 加拿大勘探有限公司白钨矿

勘探有限公司选厂位于加拿大不列颠哥伦比亚省的萨蒙，是一小型的重选－浮选工艺的白钨选厂，生产规模为636t/d。该矿山存在于石灰岩和典型的接触岩中，原矿 WO_3 平均含量0.7%，S含量5%。矿石中钨矿物主要为白钨矿，还含有大量磁黄铁矿、方解石和磷灰石，大多数白钨矿的解离粒度为0.208mm（65目），但在－0.074mm（－200目）粒级中仍发现一些连生的白钨矿，白钨矿主要与磁黄铁矿连生。

由于原矿中磁黄铁矿含量高，含量为白钨矿的10～15倍，因此在选白钨矿之前预先分出磁黄铁矿是十分重要的。该厂的选矿工艺要点可归纳为以下几方面：（1）磨矿粒度确定为－0.074mm（－200目）含量占40%；（2）用浮选法脱除磁黄铁矿等硫化矿；（3）浮选后的槽内产品分成砂和泥两部分；（4）砂部分用水力分级法分成5级；（5）分级后的各粒级分别进行摇床分选，获得商品级白钨精矿；（6）将摇床尾矿与矿泥合并，进行浓缩和浮选以回收白钨矿；（7）用盐酸浸出白钨浮选精矿以便溶解方解石和磷灰石；（8）将摇床精矿与浸过的白钨浮选精矿分批混合，得到符合要求的白钨产品。

在磨矿回路中，原矿先给入一台棒磨机，磨矿排矿给入一台一次分级机，分级溢流入浮选，返砂给入另一台球磨机中，球磨机与另一台分级机构成闭路。一次分级的溢流产率占原矿的1/3，部分溢流返回至棒磨机，以便使新给矿更容易加入，这种措施使棒磨机处理能力从545t/d提高到636t/d。两台磨矿机的规格都为$\phi1.8m \times 3.7m$，为多米尼恩溢流式磨机，磨机衬板为单波型锰钢铸造，钢棒的大小为$\phi76mm \times 3400mm$，钢棒充填率为50%。棒磨机排矿浓度为76%～80%，球磨机排矿浓度为70%，分级机溢流浓度为45%。

硫化矿浮选的给矿含硫4%～7%，浮选的浓度为40%，浮选在自然pH值（8.4）下进行。先加入硫酸铜0.03kg/t，然后加入戊黄药0.1kg/t，艾罗弗劳特（Aerofloat）25，用量为0.07kg/t，最后每吨浮选硫化矿加入甲基戊基醇0.01kg。在硫化矿浮选中曾加入硫酸3kg/t，目的是提高磁黄铁矿的可浮性，但对下步白钨的浮选产生了不利影响，其原因是硫酸与含钙矿物反应生成硫酸钙，使得白钨浮选中苏打的用量必须加大，但有时仍然不能达到白钨浮选所需的pH值（10.2），因而以后停止添加硫酸。

为了使白钨精矿中硫化矿含量合乎要求，在进入精选摇床之前增加硫化矿浮选作业。硫化矿浮选的槽内产品用两次道尔型水力旋流器脱泥，旋流器的溢流进浓密机浓缩，沉砂进入法伦瓦尔德型水力分级机分成5级，各级分别用摇床分选，采用No.6戴斯特菱形床面，其坡度可依据粒度进行调节，当处理粗粒级物料时，横向坡度为9.4%，而处理细粒级物料时，横向坡度为6.25%。选厂共有18台粗选摇床，4台中矿摇床和4台精选摇床，在中矿摇床前和精选摇床前先用小型水力分级机进行分级，在精选摇床前用湿式磁选法和硫化矿浮选法脱除硫化矿。

旋流器溢流和摇床尾矿进入$\phi12m$浓密机浓缩，为了加快浓缩速度，添加0.0025kg/t的絮凝剂赛帕隆（Separan）2610或艾罗弗劳克（Aerofloc）3000。浓密机沉砂浓度为45%，用苏达1.25kg/t调节pH值至10.1～10.2，在16～20℃下调浆16min，用水玻璃1.25kg/t、白雀树皮汁0.4kg/t、氰化钠0.075kg/t为调整剂，用油酸0.2kg/t作捕收剂浮选白钨矿，浮选精矿WO_3含量30%，S含量0.24%，P含量13.5%。这种精矿用盐酸浸出法除去方解石和磷灰石后可进一步提高品位。选矿原则流程如图11-12所示，选厂技术指标如表11-30所示。

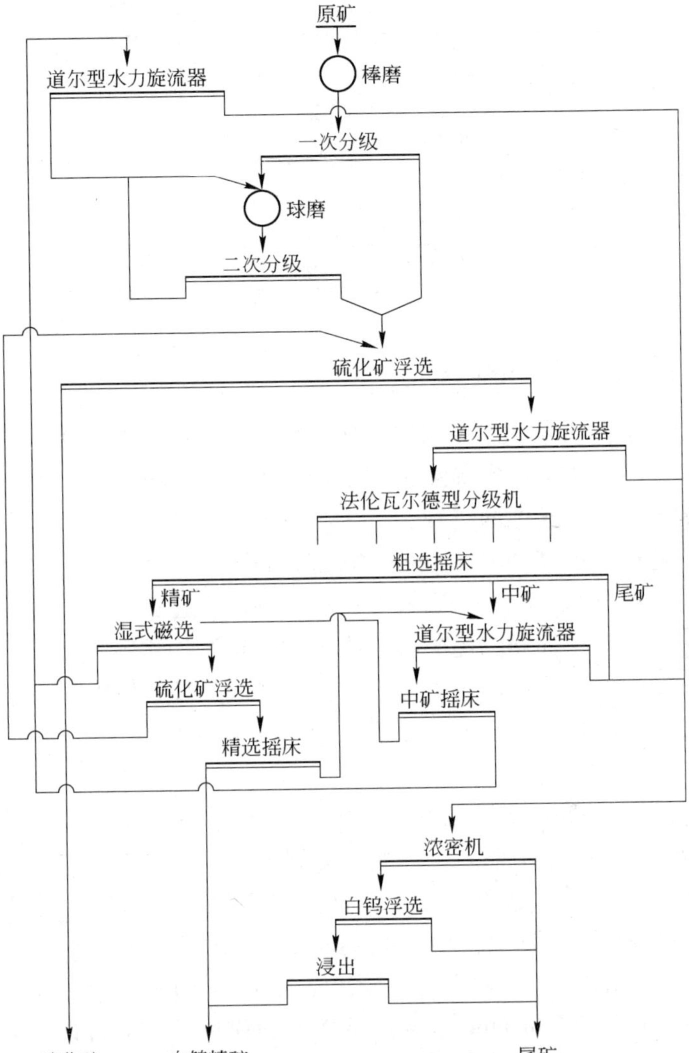

图 11-12 加拿大勘探有限公司钨选矿原则流程

表 11-30 加拿大勘探有限公司钨选厂技术指标

产 品	产率/%	WO_3 品位/%	回收率/%
原 矿	100.00	0.71	100.00
硫精矿	8.19	0.12	1.39
摇床精矿	0.31	75.03	33.28
白钨浮选给矿	91.50	0.50	65.33
白钨浮选精矿	1.33	26.94	50.72

续表 11-30

产　品	产率/%	WO_3 品位/%	回收率/%
白钨浮选尾矿	90.17	0.11	14.61
浸后白钨精矿	0.54	64.14	49.71
浸出损失			1.01
总尾矿	99.15	0.12	17.01
总回收率			82.99

11.9　美国蒙大拿州格伦选厂

格伦选厂属于美国蒙大拿矿物工程公司，是世界上最典型的重要白钨生产厂，其特点是采用选矿生产中等品位的白钨精矿，回收率较高，再采用化学法处理全部白钨精矿，分离其中的钨和钼。

格伦选厂处理的原矿 WO_3 品位 1%，矿石中还有辉钼矿、黄铜矿、黄铁矿等，脉石矿物有石英、方解石、黑云母、角闪石、阳起石、透闪石和萤石等。该厂采用浮－重联合流程处理白钨矿石，以浮选粗选和扫选丢弃低品位尾矿，浮选精矿用重选精选和浮选精选得到最终白钨精矿。该厂日处理能力为 227t，经选别后获得 WO_3 含量 45% 的白钨精矿，尾矿 WO_3 含量 0.08%，钨的总回收率为 90% ~92%。

该厂破碎能力为 45t/h，一段采用一台 406mm×762mm 的艾利斯－查默斯型颚式破碎机，二段破碎采用西蒙兹标准型圆锥破碎机，用筛子控制产品粒度，全部碎矿产品为 -22mm。破碎的矿石与苏打（2.5kg/t）一起用皮带给矿机给入一台 ϕ2134mm×2483mm 的球磨机中，磨矿浓度为 60% ~65%，pH 值为 10.0，磨机与 DSM 筛构成闭路，磨矿粒度为 -0.295mm（-48 目）。

矿浆与硅酸钠、DresinatetX、Emersol 221 和松油一起在 ϕ1829mm 的搅拌桶中调浆。DresinatetX 是油酸钠和亚油酸钠的混合物，Emersol 221 是一种低冻点油酸，这种油酸主要用于控制起泡和回收粗粒级中的白钨矿。白钨粗选的浮选浓度为 35%，选出的精矿再用摇床分选，不过如果需要的话，粗选头两个浮选槽的精矿可以作为最终精矿，因为这两个槽的泡沫品位足以保证精矿质量要求。在摇床分选之前，往粗选精矿中添加硅酸钠，使细粒物料完全分散，同时也为了在精选作业中进一步抑制脉石矿物。

获得最终浮选精矿需要五个精选段，在整个精选作业中连续添加丹宁酸抑制方解石。摇床尾矿经白钨浮选后，其槽内产品再经摇床分选，摇床尾矿与白钨浮选粗选作业的尾矿一并进行磨矿，磨矿后再进行白钨浮选扫选。磨机采用 ϕ914mm×1219mm 锥形球磨机，磨机与水力旋流器构成闭路，磨矿产品进行白钨浮选扫选，扫选丢弃最终尾矿，扫选精矿与粗选精矿一起进入摇床分选。最终精矿经一台 ϕ6.096m 的丹佛型浓密机浓缩，再经 1.219m 圆盘过滤机脱水，最后采用单层炉进行干燥。

浮选药剂用量：苏打灰 2.5kg/t，硅酸钠 2.5kg/t，DresinatetX 0.1kg/t、Emersol 221 0.15kg/t，松油 0.05kg/t，丹宁酸 0.05kg/t。

选矿原则流程如图 11-13 所示。

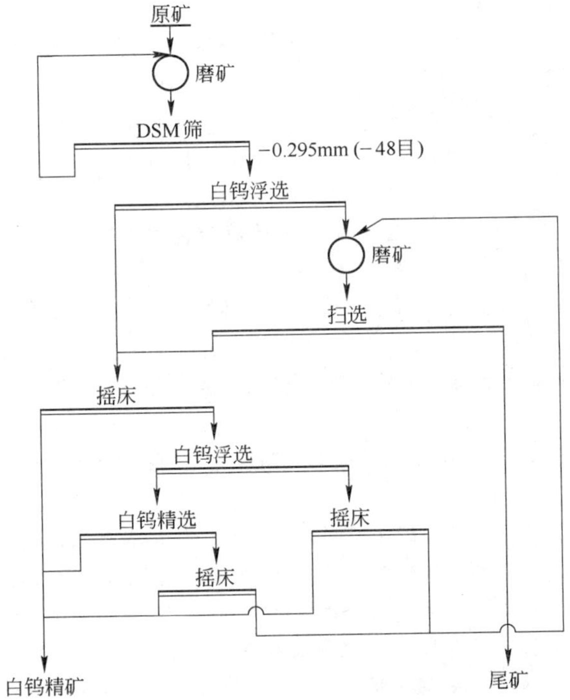

图 11-13 美国格伦选厂选矿原则流程

该选厂的主要特点是：(1) 采用浮－重联合流程，先用浮选丢弃最终尾矿，粗精矿用摇床或浮选进行精选，精选尾矿进入浮选扫选回路，这是保证获得较高回收率的关键，而且使一些难处理的脉石矿物从总尾矿排出，避免了恶性循环。(2) 磨矿采用 DSM 筛与磨机呈闭路，减少了单体白钨矿的过粉碎，而且可以节省磨矿费用。(3) 浮选给矿粒度为 0.295mm（48 目）以下，对氧化矿浮选来说，粒度有些过粗，采用油酸钠的混合剂 DresinatetX 及 Emersol 221 作捕收剂，主要控制浮选泡沫回收粗粒级的白钨矿。

目前，该厂采用热盐酸溶液溶煮铁钨沉淀，制备一种品位更高更容易销售的钨精矿，通过热盐酸溶出 99% 的铁和 30% 的砷，剩下的渣是可溶性极小的钨酸产品，产品 WO_3 含量 86%、S 含量 0.55%、As 含量 0.16%，这种产品更易销售。

参考文献

[1] 叶维洪，等．钨——资源、性质和应用［M］．北京：冶金工业出版社，1983，457～474.
[2] 刘世友．钨的应用现状与发展［J］．有色金属与稀土应用，1998，(2)：12～14.
[3] 王正文．中国钨的应用与消费［J］．中国钨业，2000，(2)：12～14.
[4] 徐显坤，等．中国钨矿山生产技术［J］．江西有色金属，1997，(3)：14～18.
[5] 康永孚，等．中国钨矿地质特征、类型及其分布［J］．矿床地质，1991，10 (1)：19～25.
[6] 李俊萌．中国钨资源浅析［J］．中国钨业，2009，(4)：9～13.
[7] 孔昭庆．新中国钨工业60年［J］．中国钨业，2009，(5)：2～37.
[8] 林海清．中国钨矿选的百年变迁［J］．中国钨业，2007，(6)：11～15.
[9] Mark Seddon. 全球钨资源和未来供应［J］．中国钨业，2001，(5～6)：135～137.
[10] 杨晓峰，等．我国白钨矿的资源分布及选矿的现状和进展［J］．矿业快报，2008，(4)：6～9.
[11] 矿产资源综合利用编辑委员会．矿产资源综合利用手册［M］．北京：科学出版社，2000，125～132.
[12]《选矿手册》编辑委员会．选矿手册（第八卷第二分册）［M］．北京：冶金工业出版社，1990，146～290.
[13]《选矿手册》编辑委员会．选矿手册（第八卷第三分册）［M］．北京：冶金工业出版社，1990，72～80.
[14] 陈名瑞．铁山垅钨矿重选工艺流程的改进［J］．有色金属（选矿部分)，1995，(5)：15～17.
[15] 叶雪均，等．钨矿山多金属硫化矿回收研究［J］．世界有色金属，2009，(2)：32～33.
[16] 黄万抚．钨矿山枱浮硫化矿的综合回收研究［J］．江西有色金属，1999，(4)：7～10.
[17] 林鸿珍．我国钨矿预选富集工艺进展［J］．有色金属（选矿部分)，1991，(4)：6～10.
[18] 林芳万．JS型动筛式隔膜跳汰机及其在钨重选粗粒级跳汰中的应用［J］．有色金属（选矿部分)，1993，(4)：24～28.
[19] 林芳万．大吉山钨矿的跳汰机研究与实践［J］．中国钨业，1999，(5～6)：126～129.
[20] 任俊，等．强化摇床分选的途径［J］．金属矿山，1995，(8)：38～40.
[21] 刘学军．我国钨矿资源开发利用现状及对策［J］．中国钨业，2003，(2)：17～22.
[22] 罗新民，等．Dyna旋涡旋流器研制与重介质选矿工艺研究［J］．有色金属（选矿部分)，2005，(2)：28～41.
[23] 钟能．大吉山钨矿选厂细泥处理流程改造的生产实践［J］．中国钨业，2008，(6)：12～14.
[24] 刘辉．江西钨矿细泥选矿技术发展与应用［J］．中国钨业，2002，(5)：30～32.
[25] 林培基．铁山垅钨矿钨细泥回收工艺改进及生产实践［J］．中国钨业，2002，(6)：27～29.
[26] 汪淑慧．分选矿石的X射线辐射分选法［J］．国外金属矿选矿，2007，(8)：4～8.
[27] 李明新，等．关于某钨矿枱浮硫化矿的综合回收［J］．江西有色金属，1991，(2)：30～35.

[28] 张泽强，等．白钨－锡石分离试验研究［J］．有色金属（选矿部分），1993，(6)：4～8.

[29] 刘北林．钨矿中伴生钼综合回收的生产和试验［J］．南方冶金学院学报，1990，(1)：40～45.

[30] 魏厌玉．白钨的化学选矿［J］．中国钨业，2000，(4)：26～28.

[31] 杨久流．微细粒黑钨矿选择性絮凝剂的研究［J］．矿冶，1995，(4)：30～33.

[32] 卢毅屏．细粒黑钨矿絮团浮选的研究［J］．南方冶金学院学报，1991，(3)：286～290.

[33] 韦大为，等．系统动力学因素对黑钨矿油团聚的影响［J］．有色金属，1989，(2)：18～20.

[34] 孙伟，等．钨矿回收工艺研究进展［J］．矿产保护与利用，2000，(1)：42～46.

[35] 傅联海．提高钨矿山废石选出率的工艺与实践［J］．有色金属（选矿部分），2006，(6)：28～30.

[36] 林海清．近20年来我国钨选矿技术的进展［J］．中国钨业，2001，69～74（Z1）.

[37] 祝修盛．我国的钨资源与钨工业［J］．中国钨业，2003，(05)：24～29.

[38] 刘学军．我国钨矿资源开发利用现状及对策［J］．中国钨业，2003，(04)：17～22.

[39] 张忠汉．我国钨矿石浮选技术进展［C］．2007年中国稀土资源综合利用与环境保护研讨会论文集，2007.

[40] 严在春，等．黑白钨混合浮选分离的生产实践［J］．有色金属（选矿部分），1992，(1)：5～8.

[41] 张忠汉，等．GY法浮钨新工艺在柿竹园选厂的工业实践［J］．有色金属，2000，52(4)：146～148.

[42] 肖庆苏．柿竹园多金属矿CF法浮选钨主干全浮选矿工艺研究［J］．矿冶，1996，5(3)：26～32.

[43] 张有仁．用选冶联合工艺综合回收钨矿中有价金属的研究［J］．广东有色金属学报，1991，(09)：86～93.

[44] 刘义茂，等．柿竹园超大型钨矿床的成矿作用与成矿条件［J］．湖南地质，1995，(4)：211～219.

[45] 廖经桢．国内外伴生钨综合回收的现状［J］．有色冶金设计与研究，1999，(4)：1～13.

[46] 张燕红，等，从栾川浮钼尾矿中综合回收白钨的试验研究［J］．中国钼业，2002，(4)：14～17.

[47] 陆英英，等．黑钨矿细泥浮选药剂研究［J］．赣南师范学院学报，1992，(6)：100～103.

[48] 陈典助．柿竹园多金属矿选矿厂设计与生产实践［J］．有色金属（选矿部分），2007，(2)：35～38.

[49] 周晓彤，等．白钨浮选尾矿回收黑钨矿的强磁选试验研究［J］．中国矿业，2010，(4)：64～67.

[50] 孙传尧，等．钨铋钼萤石复杂多金属矿综合选矿新技术——柿竹园法［J］．中国钨业，2004，(5)：8～13.

[51] 胡为柏. 浮选 [M]. 北京: 冶金工业出版社, 1990, 350 ~ 353.

[52] 叶雪均. 白钨矿常温浮选工艺研究 [J]. 中国钨业, 1999, 14 (5 ~ 6): 113 ~ 117.

[53] 程琼, 等. 江西某白钨钽精矿加温精选试验研究 [J]. 矿产综合利用, 2007, 8 (4): 3 ~ 6.

[54] 黄万抚. "石灰法" 浮选白钨矿的研究 [J]. 江西冶金, 1989, (1): 16 ~ 20.

[55] 黄枢, 等. 石灰浮选法在白钨精选中的应用 [J]. 江西有色金属, 1994, 8 (1): 19 ~ 23.

[56] 王秋林, 等. 高效组合抑制剂 Y88 白钨常温精选工艺研究 [J]. 湖南有色金属, 2003, (5): 11 ~ 12.

[57] 朱建光, 等. 6RO - X 系列捕收剂浮选含钙矿物 [J]. 化工矿物与加工, 1990, (6): 32 ~ 34.

[58] 朱建光, 等. RO - X 系列捕收剂浮选含钙矿物 [J]. 矿产综合利用, 1991, (3): 1 ~ 6.

[59] 朱建光, 等. 4RO - X 系列捕收剂浮选含钙矿物 [J]. 非金属矿, 1991, (04): 19 ~ 22.

[60] 邓丽红, 等. 新型捕收剂 R - (31) 浮选低品位白钨矿的研究 [J]. 矿产保护与利用, 2007, (4): 19 ~ 22.

[61] 周晓彤, 等. 新型复合捕收剂 Ta 在湖南某钨矿浮选工艺的应用 [J]. 矿产综合利用, 2008, (6): 22 ~ 24.

[62] 石德俊. 浮选柱在钨钼浮选中的应用 [J]. 中国钼业, 2009, (3): 9 ~ 13.

[63] 王政德. 浮选分离铜铅锌混合硫化矿的试验研究 [J]. 有色金属 (选矿部分), 1997, (1): 5 ~ 7.

[64] 付广钦, 等. 黑钨细泥浮选研究现状 [J]. 中国钨业, 2010, (1): 22 ~ 25.

[65] 邓丽红, 等. 从原次生细泥中回收黑白钨矿的选矿工艺研究 [J]. 金属矿山, 2008, (11): 148 ~ 151.

[66] 邓丽红, 等. 白钨矿常温浮选工艺研究 [J]. 中国钨业, 2008, (5): 20 ~ 22.

[67] 周晓彤, 等. 钨细泥重 - 浮 - 重选矿新工艺的研究 [J]. 材料研究与应用, 2008, (3): 231 ~ 233.

[68] 周晓彤, 等. 黑白钨细泥选矿新工艺的研究 [J]. 材料研究与应用, 2007, (3): 303 ~ 306.

[69] 张忠汉, 等. 难选白钨矿重 - 浮选矿新工艺的研究 [J]. 广东有色金属学报, 2001, (2): 79 ~ 83.

[70] 张忠汉, 等. 难选白钨矿选矿新工艺的研究 [J]. 广东有色金属学报, 2000, (2): 84 ~ 87.

[71] 高玉德. 微细粒钨矿的选矿工艺 [J]. 材料研究与应用, 2007, (4): 307 ~ 308.

[72] 高玉德, 等. 西北某白钨矿常温浮选工艺研究 [J]. 中国钨业, 2010, (3): 11 ~ 14.

[73] 徐晓萍, 等. 江西某钨矿的可选性试验研究 [J]. 中国钨业, 2009, (3): 22 ~ 24.

[74] 高玉德, 等. 苯甲羟肟酸捕收白钨矿浮选溶液化学研究 [J]. 有色金属 (选矿部分), 2003, (4): 27 ~ 31.

[75] 高玉德. 微细粒级黑钨矿浮选现状 [J]. 广东有色金属学报, 1997, (2): 90 ~ 94.

[76] 徐晓萍, 等. 江西某大型白钨矿钨的选矿试验研究 [J]. 中国钨业, 2007, (2): 23 ~ 26.

冶金工业出版社部分图书推荐

书　　名	作　　者	定价(元)
矿用药剂	张泾生　阙煊兰	249.00
选矿厂辅助设备与设施	周晓四	22.00
铁矿选矿新技术与新设备	印万忠　丁亚卓	28.00
钼矿选矿	马　晶　张文钲　李枢本	28.00
尾矿的综合利用与尾矿库的管理	印万忠　李丽匣	28.00
泡沫浮选	龚明光	30.00
选矿原理与工艺	于春梅　闻红军	28.00
浮游选矿技术	王　资	36.00
磁电选矿技术	陈　斌	29.00
重力选矿技术	周晓四	40.00
磁电选矿	王常任	35.00
碎矿与磨矿技术	杨家文	35.00
选矿知识问答	杨顺梁　等	22.00
选矿厂设计	冯守本	36.00
选矿设计手册	本书编委会	199.00
选矿试验研究与产业化	朱俊士	138.00
生物技术在矿物加工中的应用	魏德洲	22.00
中国冶金百科全书 选矿	本书编委会	140.00
金属矿山尾矿综合利用与资源化	张锦瑞　等	16.00
矿石及有色金属分析手册	北京矿冶研究总院	47.80
硫化铜矿的生物冶金	李宏煦	56.00
含砷难处理金矿石的生物氧化工艺及应用	杨松荣	20.00
现代金银分析	成都印钞公司	118.00
硫化锌精矿加压酸浸技术及产业化	王吉坤	25.00
金属及矿产品深加工	戴永年	68.00
有色金属矿石及其选冶产品分析	林大泽　张永德　吴　敏	22.00